21 世纪全国高职高专机电系列技能型规划教材

AutoCAD 应用项目化实训教程

主　编　王利华　吴志清
副主编　申海霞
参　编　胡　威　冯俊丽
陈晓娜　孙晓辉

内 容 简 介

本教材采用项目任务方式的结构体系，以“技能训练任务”“相关知识”“知识链接”“拓展训练”的体例组织编写，贯穿了《机械制图》的相关知识、标准化意识并设置计算机绘图职业能力训练。

本教材共分 8 个项目：项目 1 基本设置，项目 2 抄画平面图，项目 3 视图的读图与绘图，项目 4 尺寸标注，项目 5 零件图，项目 6 装配图与零件图，项目 7 图形输出与打印，项目 8 三维绘图。

本教材适合高职高专机电、数控、模具专业和近机类专业学生使用，也可供相关从业人员参考学习。

图书在版编目(CIP)数据

AutoCAD 应用项目化实训教程/王利华，吴志清主编. —北京：北京大学出版社，2014.1

(21 世纪全国高职高专机电系列技能型规划教材)

ISBN 978-7-301-23354-2

Ⅰ. ①A…　Ⅱ. ①王…②吴…　Ⅲ. ①AutoCAD 软件—高等职业教育—教材　Ⅳ. ①TP391.72

中国版本图书馆 CIP 数据核字(2013)第 245762 号

书　　　名：AutoCAD 应用项目化实训教程

著作责任者：王利华　吴志清　主编

策 划 编 辑：赖　青　邢　琛

责 任 编 辑：李娉婷

标 准 书 号：ISBN 978-7-301-23354-2/TH・0374

出 版 发 行：北京大学出版社

地　　　址：北京市海淀区成府路 205 号　100871

网　　　址：http://www.pup.cn　新浪官方微博：@北京大学出版社

电 子 信 箱：pup_6@163.com

电　　　话：邮购部 62752015　发行部 62750672　编辑部 62750667　出版部 62754962

印　刷　者：北京鑫海金澳胶印有限公司

经　销　者：新华书店

787 毫米×1092 毫米　16 开本　20.75 印张　486 千字

2014 年 1 月第 1 版　　2014 年 1 月第 1 次印刷

定　　　价：42.00 元

前　言

本教材是按照高职高专机电、数控、模具专业和近机类专业对学生使用计算机绘图软件绘制机械工程图样的职业技能总体要求，面向高职高专机电、数控、模具专业学生而编写的一体化教材。本书满足校企合作需求，迎合实施项目化课程改革需要，并紧扣机械CAD中、高级绘图员技能考证知识点，突出职业能力培养，以机械工程图样设计绘制工作岗位实际为导向，体现任务驱动项目化教学模式。本教材基于AutoCAD 2006版(5个项目)、AutoCAD 2010版(8个项目)经多次修订，最终形成AutoCAD 2012版。

本教材采用项目任务方式的结构体系，以“技能训练任务”“相关知识”“知识链接”、“拓展训练”的体例组织编写。在“技能训练任务”中，紧扣“工作任务”的要求，提出了掌握知识与技能的“任务目标”，并就如何开展任务进行“任务分析”，再给出具体的“操作指引”，结构紧凑、操作步骤清晰，利于学生自学。在操作指引下完成任务，学生通过“训练评估”自我评估对学习成果进行检验从而形成对学习的自我管理。

AutoCAD的知识点分布在“相关知识”与“知识链接”中，“拓展训练”中则增加了大量的各类图形提供了丰富的训练素材，使学生得以在完成任务训练的过程中，逐步掌握AutoCAD相关知识点与绘图技能、巩固机械制图知识、强化对机械制图标准的认识。

本教材具有如下特点。

1. 内容新颖，体例合理

按照工作过程采用任务驱动项目化教学模式来设计教材的结构体系。项目中从“技能训练任务”到“训练评估”形成了知识学习、技能训练与学习效果评价的闭环学习方式。各项目开篇中均有“学习内容”与“项目导读”对项目的主要内容、结构体系作了较详细的介绍，方便学生自学。

2. 贴合技能训练与考证的需求

根据技能考证要求设置技能训练任务，拓展训练中的大量图例来自于考证的真题。教材在附录中对国家职业技能的知识、技能要求进行了详细的说明，附有中、高级的职业技能训练模拟题。教材可以作为机械CAD中、高级技能训练培训教材。

3. 精选实训案例

按照任务驱动项目化教学模式的要求精选项目与任务，以迎合工作岗位实际为导向的创新教学模式需要。

4. 图例丰富，适用性好

本教材在“拓展训练”中增加了大量的各类技能训练的图形，教材中还补充了国家职业技能证书考核方面的相关内容及模拟训练，方便学生课后自我学习与训练。

本教材共有8个项目，自始至终贯穿了《机械制图》的相关知识、标准化意识并设置计算机绘图职业能力训练。

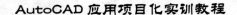

各项目的工作任务与参考学时如下。

项目内容	工作任务	参考学时
项目 1：基本设置	设置绘制环境，创建样板文件	4
项目 2：抄画平面图	绘制复杂平面图形	10
项目 3：视图的读图与绘图	绘制二维图形及补画第三个视图	2
	视图改画成剖视图	2
项目 4：尺寸标注	创建尺寸标注样式，零件图尺寸标注	4
项目 5：零件图	绘制零件图	8
项目 6：装配图与零件图	由零件图拼画装配图	2
	由装配图拆画零件图	4
项目 7：图形输出与打印	模型空间图纸输出与打印	2
	图纸空间图纸输出与打印	2
项目 8：三维绘图	创建简单零件的三维实体	2
	创建复杂零件的三维实体	6
学时总计		48

本教材提供的 AutoCAD 图例及技能拓展训练题，读者可以从广州工程技术职业学院教学资源平台(http://zy.gzvtc.cn)相关课程中查找下载，或者登录北京大学出版社第六事业部网站(www.pup6.com)下载。

本教材是由一线的骨干教师编写，由王利华、吴志清担任主编，具体编写分工为：王利华、孙晓辉、陈晓娜负责编写项目 1、项目 3、项目 7，吴志清、冯俊丽负责编写项目 2、项目 4、项目 5，胡威负责编写项目 6、项目 8。王利华负责项目 1、项目 3、项目 6、项目 8 以及附录内容的统稿与审核；吴志清负责项目 2、项目 4、项目 5 的统稿与审稿。附录的素材由冯俊丽、王利华提供。申海霞负责本教材文字的统审与编排，并提供了图例素材。在教材的编写过程中还得到校企合作单位的大力支持，并提供了图例素材，在此一并感谢！

由于编者水平有限，加之时间仓促，书中疏漏之处在所难免，恳请读者批评指正。

编　者

2013 年 10 月

目　录

项目1

基本设置

学习内容

操作与指令	【图层】(颜色、线型、线宽)的设置与图线的应用；【直线】(LINE)、【矩形】(RECTANG)；【偏移】(OFFSET)、【修剪】(TRIM)等命令及运用，相对坐标、对象捕捉方式绘制图框、标题栏；完成文字样式设置、填写与编辑文字
相关知识	AutoCAD 基础知识、坐标系与数据输入的方式
知识链接	鼠标的使用、对象的选择方式、图样幅面和图框格式
拓展训练	(1) 创建 A4 图幅(横装，不留装订边)的样板文件 (2) 创建 A3 图幅(横放，留装订边)的样板文件

项目导读

随着计算机技术的迅猛发展，计算机辅助设计(CAD-Computer Aided Design)作为重要的制图工具广泛应用于各行各业。AutoCAD 是 CAD 系统中应用最为普及的辅助设计软件之一，特别是它的二维绘图设计功能尤为突出，在机械、电子和建筑等工程设计领域中作为首选的辅助设计软件之一得以普及与推广。

AutoCAD 软件是美国 Autodesk 公司在 IBM 微机系统上开发的图形软件，自 1982 年推出 1.0 版，到 2011 年推出 AutoCAD 2012。经过近 30 年的应用、发展，AutoCAD 绘图技术不断完善，其二维绘图、三维绘图更为简单、直观和高效。

使用 AutoCAD 绘制平面图，首先需要对绘图环境作基本设置，通过创建样板文件(*.dwt)，在绘图中直接调用样板文件，避免重复进行绘图环境设置，既可以保证同一项目中所有图形文件统一和规范，又能高效、规范绘图。

本项目以创建符合机械制图标准要求的图线、文本样式，进行基本绘图环境设置为目标，通过创建 A3 标准图框的样本文件的技能任务训练，掌握机械工程制图标准中的图样规格要求和 CAD 绘图软件的基本设置技能。能独立创建绘图样板文件，并通过机械 CAD 中高级技能证书考试中对绘图基本设置的考核。

1.1 技能训练：绘图的基本设置

1.1.1 工作任务

启动 AutoCAD，新建文件，完成以下绘图环境基本设置与绘图操作，如图 1.17 所示，以文件名“A101.dwg”保存。

(1) 设置图层、线型和线宽(应符合国家标准规定设置(含颜色及线宽))，并设置适当的线型比例，见表 1-1。

表 1-1 推荐 CAD(机械类)制图的图线

图层名称	颜色(号数)	线 型	线宽/mm	备 注
01	绿(3)	实线 Continuous(粗实线用)	0.7/0.5	
02	白(7)	实线 Continuous(细实线用)	0.35/0.25	
04	黄(2)	虚线 Acad-ISO02w100/Dashed	0.35/0.25	
05	红(1)	点画线 Acad-ISO04w100/Center	0.35/0.25	
07	粉红(6)	双点画 Acad-ISO05w100/Phantom	0.35/0.25	

注：本项目中粗线线宽 0.5mm，细线线宽 0.25mm，并将文字、尺寸标注也置于 02 层。

(2) 按 1∶1 比例设置 A3 图幅(横装)一张，留装订边，画出图框线(图纸边界线起点设在坐标原点)。

(3) 按国家标准规定设置有关的文字样式，填写如图 1.1 所示的标题栏内容，不标注尺寸。

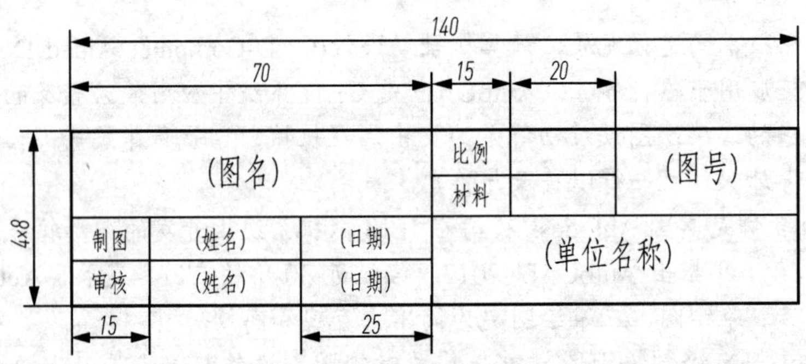

图 1.1 标题栏格式

1.1.2 任务目标

掌握机械工程制图标准中的图样规格要求和 CAD 绘图软件的基本设置技能。能独立创建绘图样板文件，并通过机械 CAD 中、高级技能考证对绘图基本设置的考核。

1. 知识目标

(1) 机械制图相关知识：图样幅面、图框的格式、标题栏的格式和尺寸等。

(2) 绘图软件的相关知识：设置图样幅面、添加新图层、更改图层的颜色、加载线型、更改图层的线型；文字样式的设置、录入文字和修改文字；绘制直线(LINE)、矩形

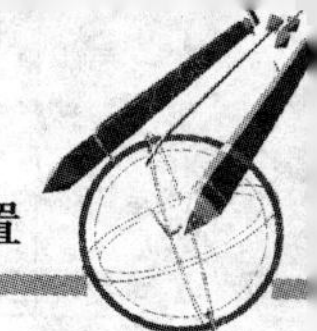

(RECTANG)；偏移(OFFSET)、修剪(TRIM)等命令，相对坐标及对象捕捉辅助绘图。

2. 技能目标

(1) 按照机械制图标准规定，运用绘图软件完成绘图的基本设置，包括图幅设置、图层、线型、颜色设置。

(2) 运用绘图与编辑命令绘制图框，按要求绘制标题栏。

(3) 按照机械制图标准规定，完成文字样式设置、填写与编辑文字。

1.1.3 任务分析

用 AutoCAD 绘图软件进行绘图时，要根据具体情况对系统进行一些设置，以有效提高绘图效率，并使同一项目达成规范、统一绘图。绘图环境设置应符合行业标准规范，基本设置一般包括：图层、线型、线宽、文字样式、标注样式、打印样式设置等内容。

完成本任务不仅要掌握软件操作，更重要是确立绘图标准化意识。绘图中，按 CAD 制图标准对图层、线型、线宽的规定，按照机械制图国家标准对图样幅面、图框的格式、标题栏的格式和尺寸的规定绘图。

本任务中不需要标注尺寸，尺寸标注请阅项目 4(尺寸标注)。

1.1.4 操作指引

1. 启动软件

(1) 在桌面上双击图标启动软件。

(2) 单击菜单“开始/程序/Autodesk/AutoCAD2012”，新建图形文件“Drawing1.dwg”，完成任务要求的操作并以文件名“A101.dwg”保存在指定的工作盘。

2. 设置图层

按表 1-1 设置图层。

执行方式

- ◆ 下拉菜单:【格式】|【图层】
- ◆ 功能区:【常用】|【图层】|单击
- ◆ 命令行: Layer
- ◆ 工具栏:

执行上述任一操作后，出现图 1.2 所示【图层特性管理器】对话框。

AutoCAD 默认的图层是 0 层，其状态是打开且解冻的，线型是“Continuous”，颜色号是 7，线宽为默认值。

下面以 05 图层为例，说明其设置方法。

(1) 图层重命名。单击【新建】按钮或在右键快捷菜单中选择【新建图层】，图层名【图层 1】将自动添加到图层列表中，如图 1.3 所示。单击对话框中深色长条【图层 1】，输入新的名称“05”。

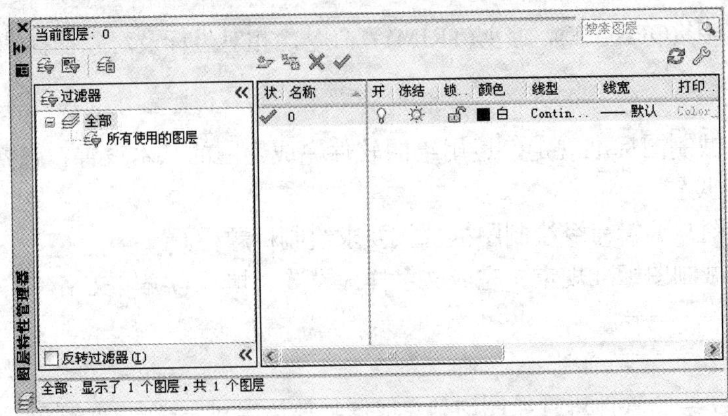

图 1.2 【图层特性管理器】对话框

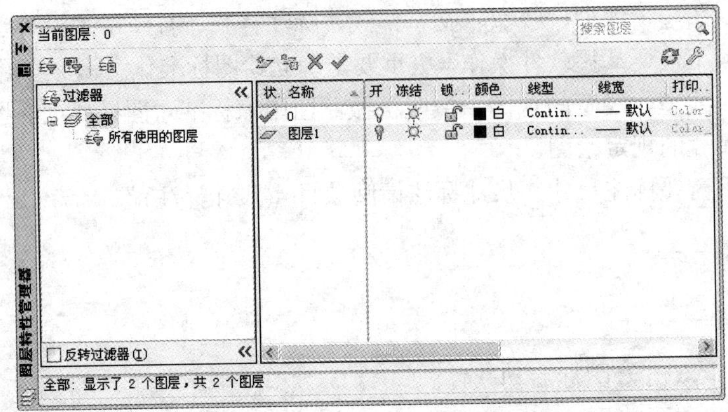

图 1.3 【图层特性管理器】对话框

(2) 设置颜色、线型、线宽。单击深色长条对应【颜色】的一栏，出现图 1.4 所示【选择颜色】对话框，其上方依次排列有：红(1 号)、黄(2 号)、绿(3 号)、青(4 号)、蓝(5 号)、粉红(6 号)、白(7 号)颜色。单击红色的小块，单击【确定】按钮，原对话框的颜色栏即出现红色。

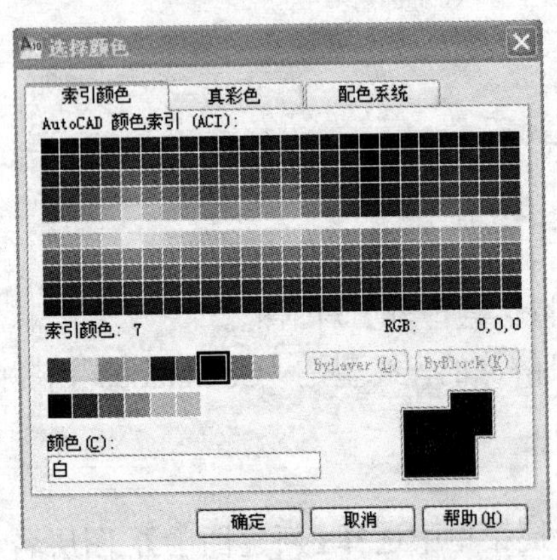

图 1.4 【选择颜色】对话框

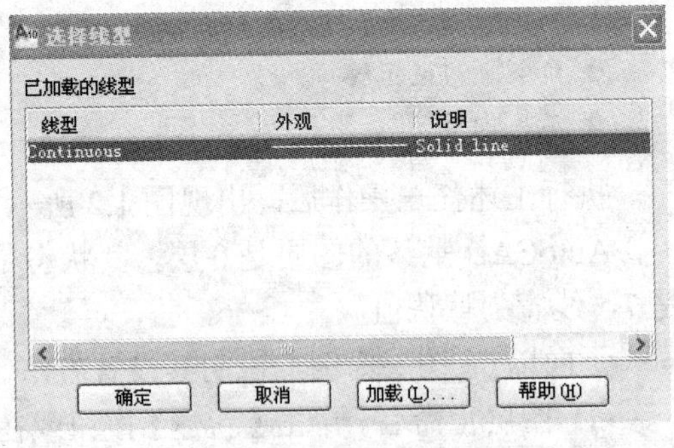

图 1.5 【选择线型】对话框

在图 1.3 中，单击长条中对应的【线型】的一栏，出现图 1.5 所示【选择线型】对话框，系统默认的线型只有一种(Contionous)。

单击【加载】按钮，弹出如图 1.6 所示的【加载或重载线型】对话框。

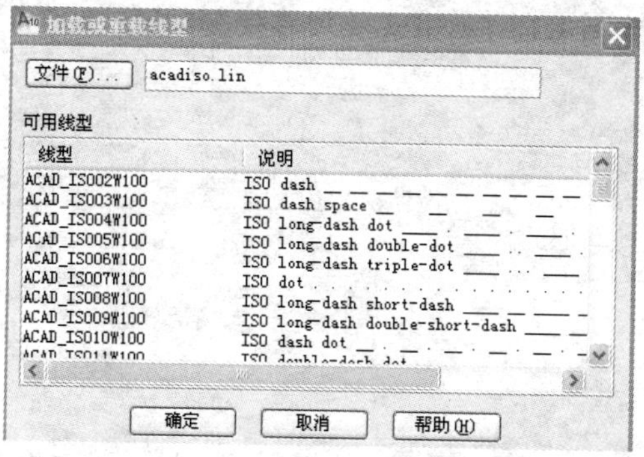

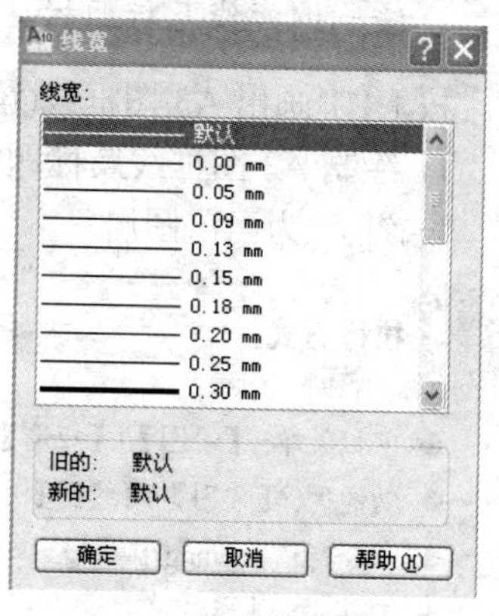

图 1.6 【加载或重载线型】对话框

图 1.7 【线宽】对话框

选择“ACAD-ISO04W100”的标准点画线，并单击【确定】，返回【选择线型】对话框，在已加载的线型列表中已有【ACAD-ISO04W100】线型。在该对话框中，选择【ACAD-ISO04W100】线型，再单击【确定】按钮，返回【图层特性管理器】对话框，即设定了该线型。

在图 1.3 中，单击长条中对应的【线宽】一栏，弹出如图 1.7 所示【线宽】对话框，选择【0.25mm】，单击【确定】按钮，返回【图层特性管理器】对话框，即完成线宽设置。

按此操作完成其他图层的设置，图层设置结果如图 1.8 所示。

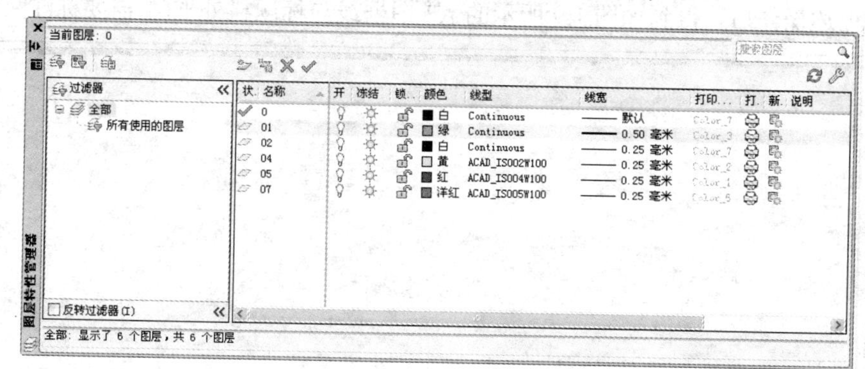

图 1.8 图层设置结果

特别提示

1. 加载线型提示

(1) 只有已加载的线型才能被选用。

(2) 加载选择线型时按下【Ctrl】或【Shift】键，可以一次加载多种线型。

2. 图层特性状态的提示

(1) 打开/关闭图层：当图层打开时，绘制的图形是可见的，并可以打印。当图层关闭时，绘制的图形是不可见的，并不能打印。

(2) 解冻/冻结：在所有视口中冻结选定的图层。冻结的图层 AutoCAD 将不显示，利用冻结可提高图形显示的速度。解冻冻结图层时，AutoCAD 将重生成并显示该图层上的对象。

(3) 解锁/锁定：被锁定的图层上的对象可以查看，但不可以进行编辑。

3. 绘制图框线及标题栏

按 1∶1 画出 A3 图框线(留装订边)，按图 1.1 所示格式及尺寸绘制标题栏。

1) 绘制 A3 图框线及标题栏外框线

设置[01]为当前图层。

执行方式

- ◆ 下拉菜单:【绘图】|【矩形】
- ◆ 功能区:【常用】|【绘图】|
- ◆ 命令行: Rectang
- ◆ 工具栏:

指定第一个角点或[倒角(C)/标高(E)/圆角(F)/厚度(T)/宽度(W)]: 0，0

指定另一个角点: 420，297

命令: (重复矩形命令)

指定第一个角点或[倒角(C)/标高(E)/圆角(F)/厚度(T)/宽度(W)]: 25，5

指定另一个角点: 415，292

命令: (重复矩形命令)

指定第一个角点或[倒角(C)/标高(E)/圆角(F)/厚度(T)/宽度(W)]: 415，5

指定另一个角点: @-140，32

执行上述操作后，得到如图 1.9 所示的 A3 图框线与标题栏外框(不需要标注尺寸)。

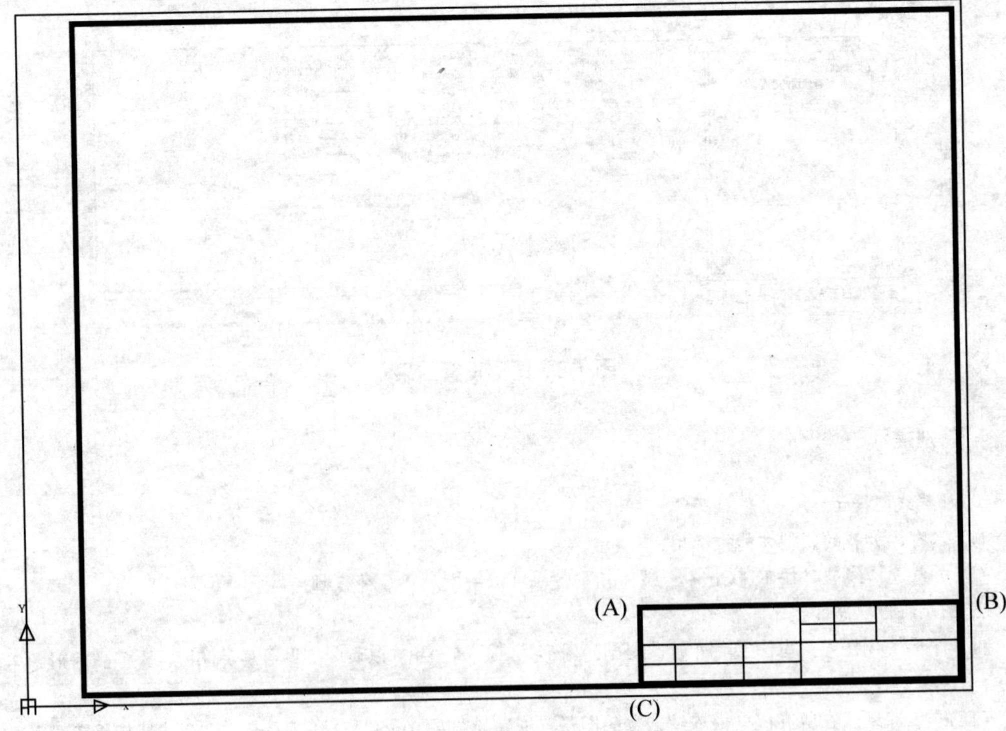

图 1.9　A3 图框线与标题栏外框

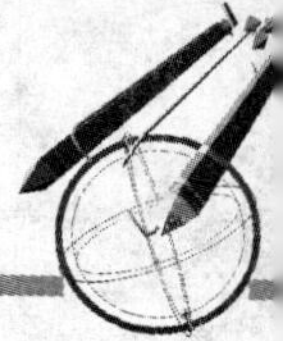

2) 绘制标题栏内表格线

执行方式

- 下拉菜单:【修改】|【分解】
- 功能区:【常用】|【修改】|
- 命令行: Explode
- 工具栏:

选择对象: 找到 1 个(选取标题栏外框矩形)

选择对象:

特别提示

标题栏的矩形外图框已分解为四个直线图形元素。

执行方式

- 下拉菜单:【修改】|【偏移】
- 功能区:【常用】|【修改】|
- 命令行: Offset
- 工具栏:

指定偏移距离或[通过(T)]<通过>: 8

选择要偏移的对象或<退出>: (选择标题栏外框上方的水平线，图 1.9 中直线 AB)

指定点以确定偏移所在一侧: (点击直线 AB 的下方)

选择要偏移的对象或<退出>: (选取刚才生成的水平线)

指定点以确定偏移所在一侧: (点击水平线的下方)

选择要偏移的对象或<退出>: (选择刚才生成的水平线)

指定点以确定偏移所在一侧: (点击水平线的下方)

选择要偏移的对象或<退出>:

命令: (重复上一命令: Offset 偏移)

指定偏移距离或[通过(T)]<8.0000>: 70

选择要偏移的对象或<退出>: (选择标题栏外框左方的垂直线，图 1.9 中直线 AC)

指定点以确定偏移所在一侧: (点击垂直线的右侧)

选择要偏移的对象或<退出>:

……

参照操作绘制其余的线段，结果如图 1.10 所示。

3) 修剪标题栏内框多余的线段

执行方式

- 下拉菜单:【修改】|【修剪】
- 功能区:【常用】|【修改】|
- 命令行: Trim

◆ 工具栏:

当前设置: 投影 =UCS 边 = 无

选择剪切边…

选择对象: 找到两个 (选择图 1.10 中直线 AB、CD 作边界)

选择对象:

选择要修剪的对象或[投影(P)/边(E)/放弃(U)]:(按图 1.10 选取标题栏中不需要的线段 1、线段 2、线段 3，修剪结果如图 1.11 所示。)

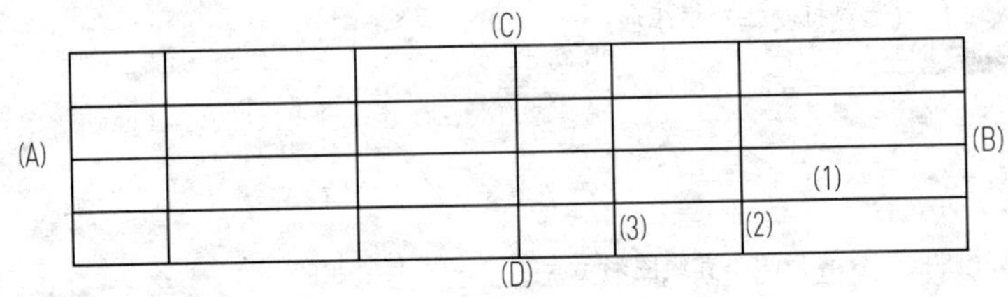

图 1.10　标题栏 1

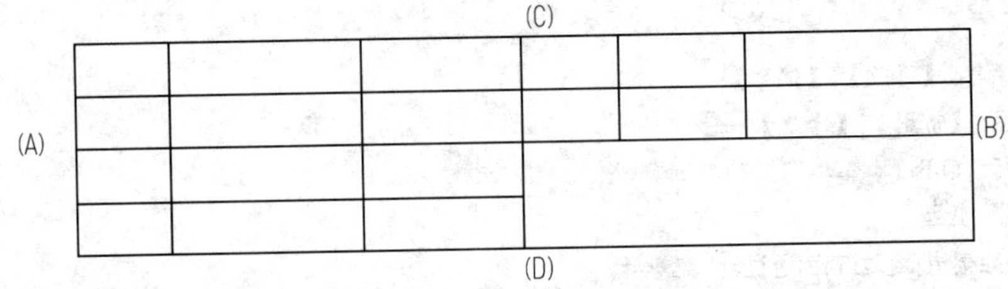

图 1.11　标题栏 2

用同样的方法进行修剪，修剪后的结果如图 1.12 所示。

图 1.12　标题栏 3

选取图框外框线，标题栏内框线，调整内框线为[02]图层。标题栏外框线为[01]图层。

4. 设置文字样式，填写标题栏

AutoCAD 系统提供了一个名为 Standard 的字样供写文字使用。在绘制工程图样时，需设置两种文字样式，一种用于汉字输入(推荐: gbcbig.shx)，一种用于数字及尺寸标注(推荐: gbeitc.shx)。

1) 创建文字样式

执行方式

◆ 下拉菜单:【格式】|【文字样式】

◆ 功能区:【常用】|【注释】|

◆ 命令行：Style

◆ 工具栏：【注释】|

弹出图 1.13【文字样式】对话框。

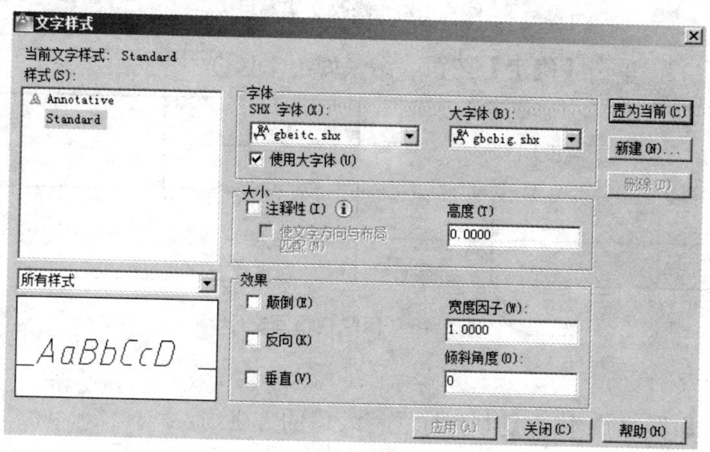

图 1.13　【文字样式】对话框图

参照图 1.13【文字样式】对话框设置相关选项，并单击【置为当前】按钮，最后单击【应用】按钮，即可建立符合要求的文字样式。

2) 填写标题栏

(1) 输入文字。

执行方式

◆ 下拉菜单：【绘图】|【文字】|【多行文字】

◆ 功能区：【常用】|【注释】| A

◆ 命令行：mtext

◆ 工具栏：A

当前文字样式："Standard"

当前文字高度：2.5

指定第一角点：(捕捉标题栏中左上角点 1)

指定对角点或[高度(H)/对正(J)/行距(L)/旋转(R)/样式(S)/宽度(W)]：(捕捉标题栏中交点 2)

打开"多行文字编辑器"对话框，如图 1.14 所示

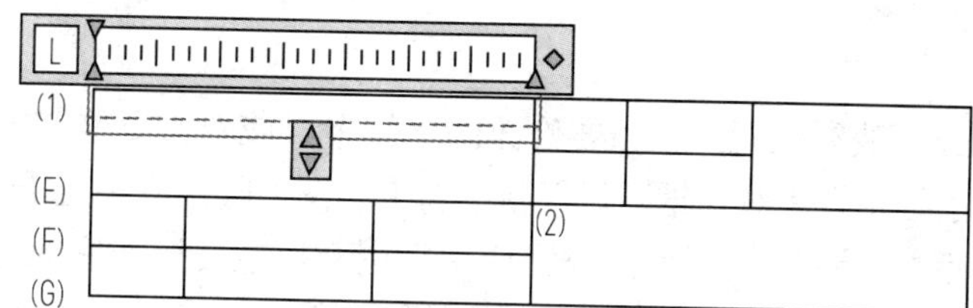

图 1.14　标题栏填写文字

单击文字对正方式的图标 选取水平、垂直对中，字体高度改为"5"如图 1.15 所示。

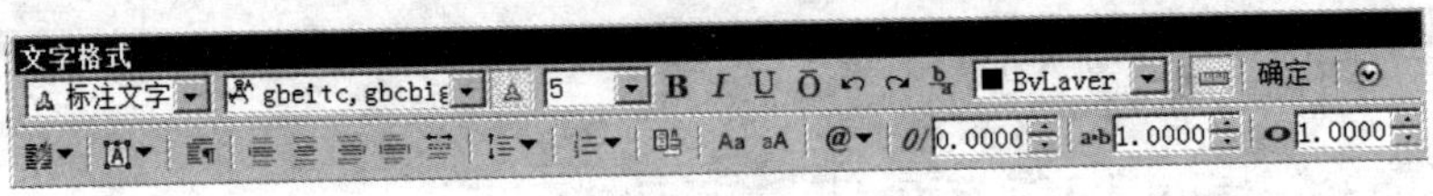

图 1.15　修改文字高度

输入【(图名)】，单击【确定】按钮，结果如图 1.16 所示。

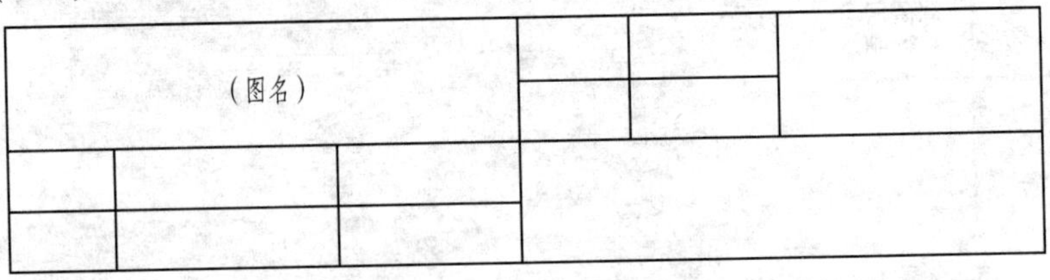

(图名)

图 1.16　标题栏填写文字

(2) 编辑文字。

① 将文字【(图名)】依次复制到标题栏表格的方格内。

执行方式

- 功能区:【修改】| 单击
- 下拉菜单:【修改】|【复制】
- 命令行: Copy
- 工具栏:

选择对象: 找到 1 个 (选取文字 “(图名)”)

选择对象:

指定基点或位移，或者[重复(M)]: (图 1.16 所示，关闭对象捕捉，基点选在 “(图名)” 字符中心位置。)

指定基点或 [位移(D)/模式(O)] <位移>: 指定第二个点或 <使用第一个点作为位移>: (依次将 “(图名)” 复制到各个需要填写文字的方框的中心位置。)

② 按图 1.1 依次将文字“(图名)”修改为“制图”、“审核” 、“姓名”、“(日期)”、“材料”、“比例”、“(单位名称)”、“(图号)” 等等。

执行方式

- 下拉菜单:【修改】|【对象】|【文字】|【编辑】
- 命令行: Ddedit
- 工具栏:

选择注释对象或【放弃(U)】: 选择要修改的字符串，或双击要修改的字符串。

打开【多行文字编辑器】对话框，输入新字符【制图】取代原字符【(图名)】，单击【确定】按钮，关闭对话框，返回绘图界面，完成文字更新。按此操作完成其他栏目的填写。

在编辑文字时，注意将“(图名)”、“(图号)” 和 “(单位名称)” 的字体大小改为“10”。结果如图 1.17 所示。

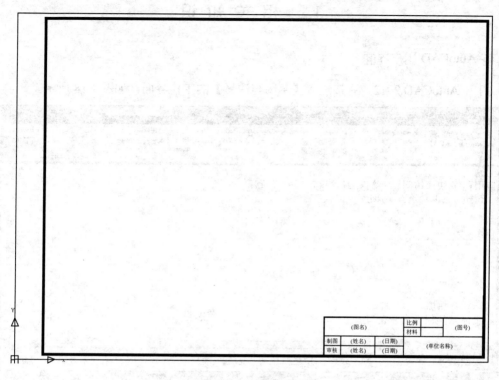

图 1.17 A3 图幅样图

特别提示

(1) 完成操作后检查图框及标题栏的线型是否符合国家标准，所在的图层是否正确。

(2) 图框线和标题栏外框线属于[01]层，文字及标题栏内框线属于[02]层。

5. 训练评估

(1) 通过此训练，掌握图层的设置与图线的应用，学习运用【矩形】、【偏移】、【修剪】等指令绘制图框线、标题栏，学习【文字样式】设置的方法，完成填写并编辑标题栏文字等操作。

(2) 按照表 1-2 所示要求进行自我训练评估。

表 1-2 训练评估表

工作内容	完成时间	熟练程度	自我评价
(1) 设置符合制图规定的图层 (2) 运用绘图、编辑命令绘制图框、标题栏 (3) 设置符合要求的文字样式，完成标题栏文字的填写	小于 10min	A	
	10～25min	B	
	15～20min	C	
不能完成以上操作	大于 20min	不熟练	

1.2 相关知识

1.2.1 AutoCAD 用户界面

打开 AutoCAD 2012，直接进入【草图与注释】的工作界面，如图 1.18 所示。

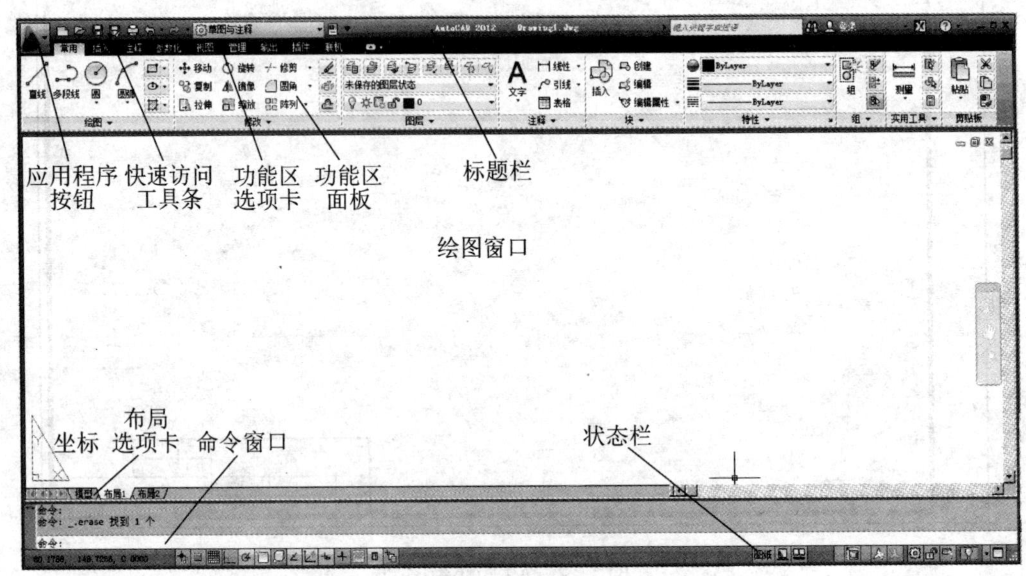

图 1.18 【草图与注释】工作空间界面

通过状态栏的【工作空间】草图与注释下拉列表，如图 1.19 所示，选择工作空间名称就可以切换到其他工作空间。不同工作空间显示的图形界面有所不同，图 1.20 所示为【AutoCAD 经典】工作空间界面。

AutoCAD 主窗口包括：标题栏、快速访问工具栏、菜单栏、功能区、工具栏、绘图区、命令与提示区及状态栏等，如图 1.18 所示。

1) 快速访问工具栏

如图 1.21 所示为 AutoCAD 2012 版本的快速访问工具栏，单击左上角的即可弹出。使用快速访问工具栏可显示常用工具，查看放弃和重做历史记录，如图 1.22 所示。

2) 标题栏、菜单栏与工具栏

(1) 标题栏。AutoCAD 的标题栏与大多数的 Windows 应用程序一样，它可以显示当前正在运行的程序名及文件名，如果当前程序窗口未处于最大化或最小化状态，则将光标移至标题栏后，按下鼠标左键并且拖动，可以移动程序窗口的位置。

(2) 菜单栏。AutoCAD 的标准菜单栏包括控制 AutoCAD 运行的功能和命令。例如，利用【文件】下拉菜单，用户可以打开、保存、输出或打印图形文件。AutoCAD 的下拉菜单中的大多数菜单项代表相应的 AutoCAD 命令。AutoCAD 的标准菜单栏如图 1.23 所示。

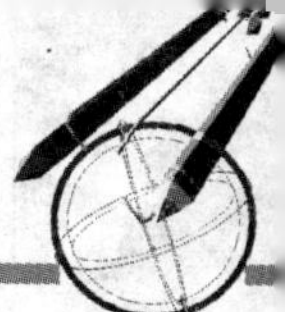

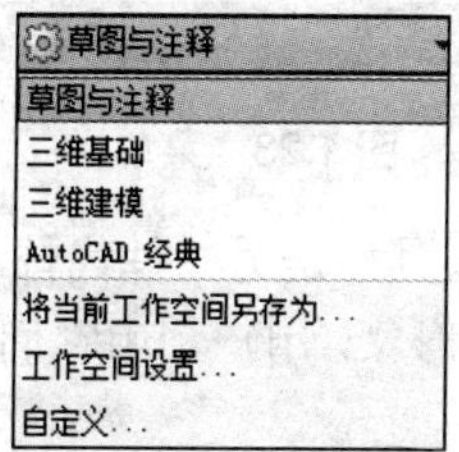

图 1.19　工作空间切换列表

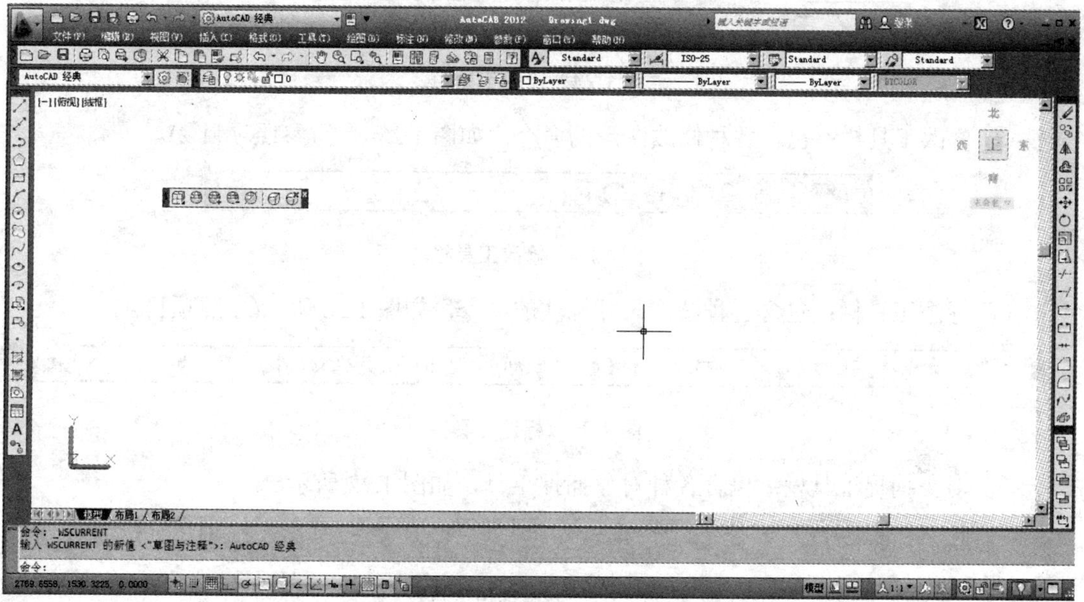

图 1.20 【AutoCAD 经典】工作空间界面

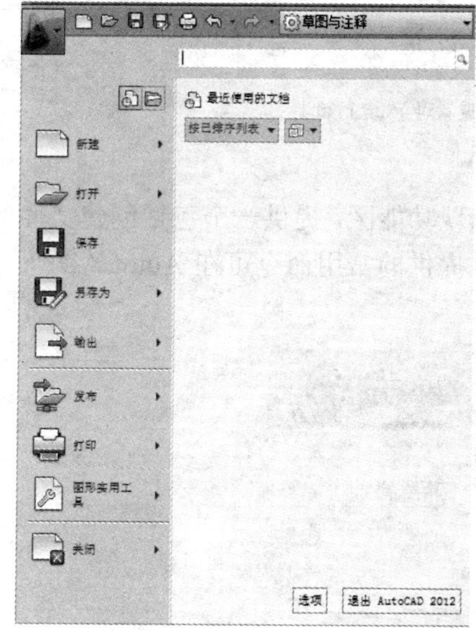

图 1.21　快速访问工具栏

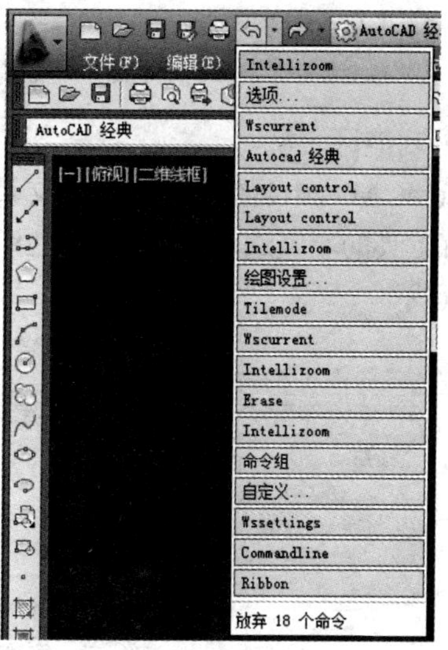

图 1.22　查看放弃和重做历史记录

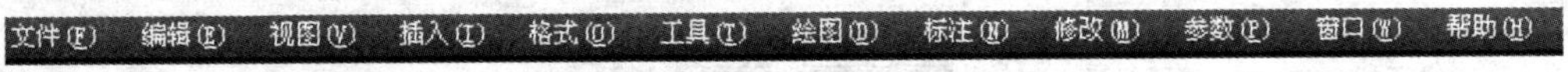

文件(F) 编辑(E) 视图(V) 插入(I) 格式(O) 工具(T) 绘图(D) 标注(N) 修改(M) 参数(P) 窗口(W) 帮助(H)

图 1.23　菜单栏

(3) 工具栏。在 AutoCAD 中，工具栏是另一种代替命令的简便工具，每个工具栏分别包含数量不等的工具，工具图标直观、形象，用户利用它们可以快捷地完成大部分的绘图工作。

CAD 常用的工具栏如下。

① 绘图工具栏：包含各种绘图的命令，如图 1.24 所示(参照项目 2)。

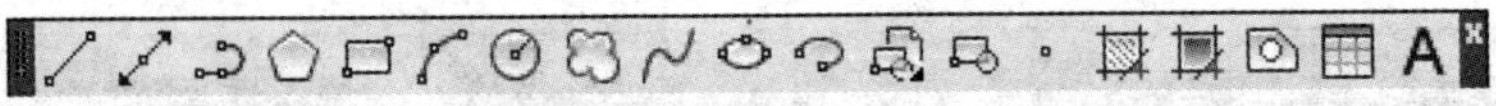

图 1.24　绘图工具栏

② 修改工具栏：包含各种修改图形的命令，如图 1.25 所示(参照项目 2)。

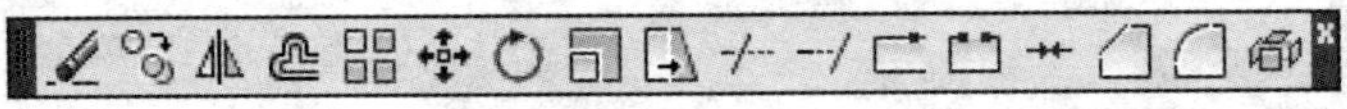

图 1.25　修改工具栏

③ 标注工具栏：包含各种图形尺寸标注的命令，如图 1.26 所示(参照项目 4)

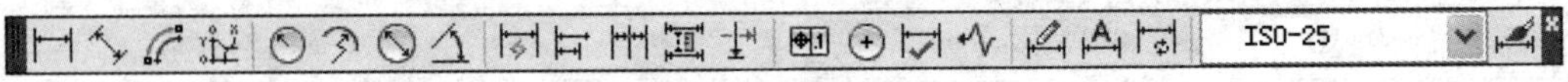

ISO-25

图 1.26　标注工具栏

④ 对象捕捉工具栏：包含各种对象捕捉工具，如图 1.27 所示。

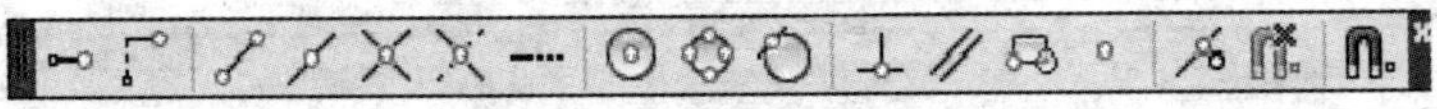

图 1.27　对象捕捉工具栏

特别提示

如何打开/关闭更多的工具栏?

将鼠标移至任一工具栏的空白处，单击鼠标右键，弹出快捷菜单，进行选择。

3) 功能区

AutoCAD 2012 在创建或打开文件时，会主动出现功能区，提供一个包括创建文件所需的所有工具的小型选项板，如图 1.28 所示。功能区提供的常用命令可在 AutoCAD 下拉菜单中查找。

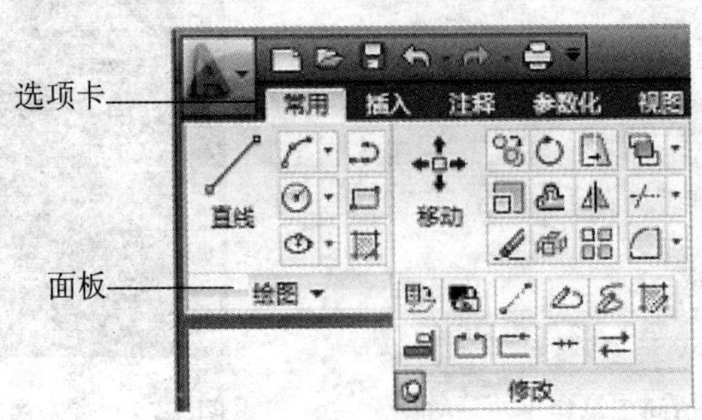

图 1.28　选项板

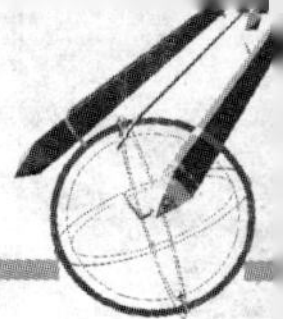

4) 状态栏与快捷菜单

状态栏主要用于显示当前光标的坐标，还用于显示和控制捕捉、栅格、正交、极轴、对象捕捉、对象追踪、动态输入、线宽和模型显示的状态，如图 1.29 所示。状态栏包含的功能按钮，是精确绘图的重要辅助工具。

图 1.29　状态栏

打开或关闭状态栏各功能键的方法如下。

(1) 单击状态栏上的各功能按扭，打开或关闭各功能状态。

(2) 直接使用键盘相应的功能键打开或关闭功能状态，各键的功能见表 1-3。

表 1-3　各快捷键对应的功能

快捷键	功　　能	快捷键	功　　能
F1	打开帮助菜单	F7	栅格(开/关)
F2	打开文本窗口	F8	正交模式(开/关)
F3	对象捕捉(开/关)	F9	捕捉栅格(开/关)
F4	三维对象捕捉(开/关)	F10	极轴(开/关)
F5	等轴测平面的转换	F11	对象追踪(开/关)
F6	状态栏中的坐标显示与转换	F12	DYN 动态输入(开/关)

(3) 光标指向状态按钮单击鼠标右键，弹出快捷菜单进行状态的设置或关闭状态。

快捷菜单：

在 CAD 中，用户可以随时通过单击鼠标右键，打开一个和当前操作状态相关的快捷菜单。例如，在工具区单击鼠标右键，可以打开工具开关控制菜单；在绘图区单击鼠标右键，将打开一个包含复制、粘贴等操作的快捷菜单。如图 1.30 所示为打开快捷菜单。

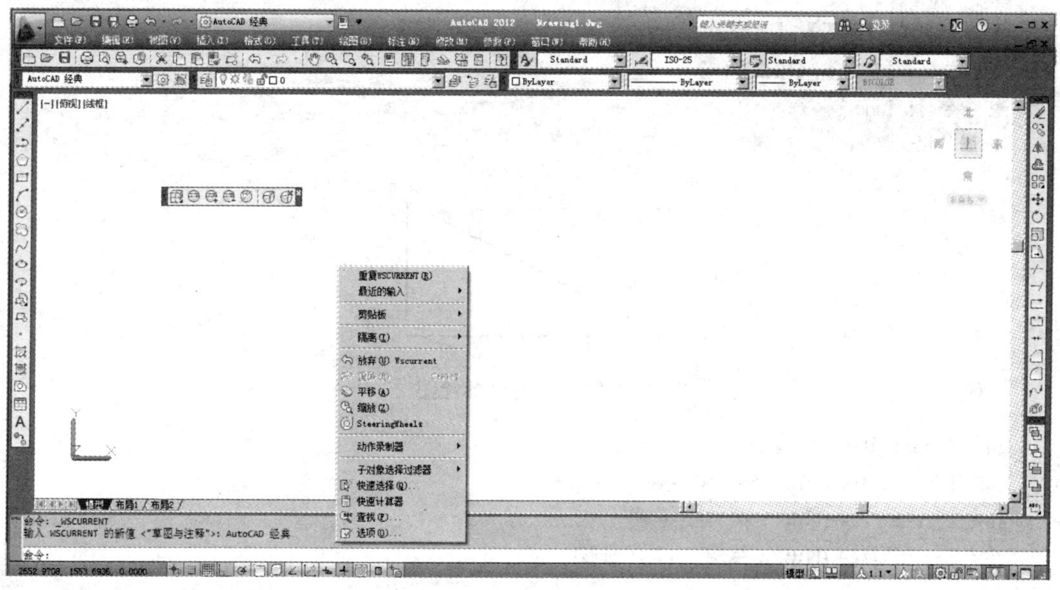

图 1.30　打开快捷菜单

快捷菜单上通常包含以下选项：

① 重复执行输入的上一个命令。

② 取消当前命令。

③ 实现用户最近输入的命令的列表。

④ 剪切、复制以及从剪贴板粘贴。

⑤ 选择其他命令选项。

⑥ 显示对话框，例如“选项”或“自定义”。

⑦ 放弃输入的上一个命令。

1.2.2 坐标系与数据输入的方式

1. 坐标系

AutoCAD 中有两种坐标系：世界坐标系(WCS)和用户坐标系(UCS)

AutoCAD 默认的坐标系是世界坐标系(WCS)，使用世界坐标系，AutoCAD 图形的生成和编辑都是在一个单一的、固定的坐标系统中进行，已能满足二维绘图的需要。在 WCS 中，规定 *X* 轴向右为正，*Y* 轴向上为正，*Z* 轴垂直于 *XY* 平面，指向绘图者为正。

2. 数据的输入方式：绝对坐标输入、相对坐标输入

1) 绝对坐标

绝对坐标体现了某点基于坐标原点(0，0)的位移。

(1) 绝对直角坐标：表示方法 *x*，*y*。

应用实例 1-1

已知图示 1.31 各点的绝对坐标，绘制三角形。

操作步骤如下。

- 下拉菜单：【绘图】|【直线】
- 功能区：【常用】|【绘图】|
- 命令行：Line
- 工具栏：

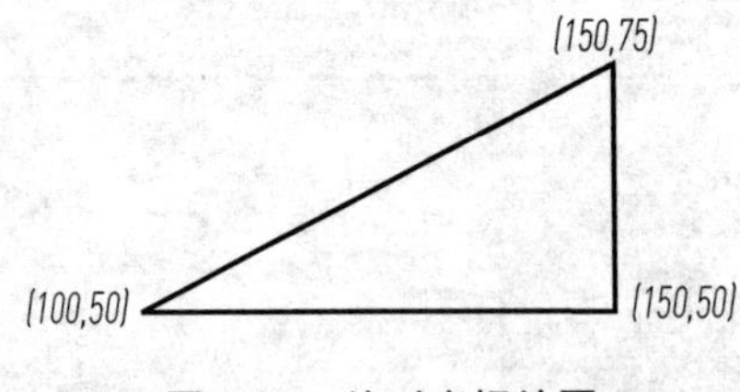

图 1.31 绝对坐标绘图

指定第一点：100，50

指定下一点或[放弃(U)]：150，50

指定下一点或[放弃(U)]：150，75

指定下一点或[放弃(U)]：c (封闭图形)

(2) 绝对极坐标：表示方法　距离<角度。

应用实例 1-2

如图 1.32 所示，点 A 的极坐标为(50<30)

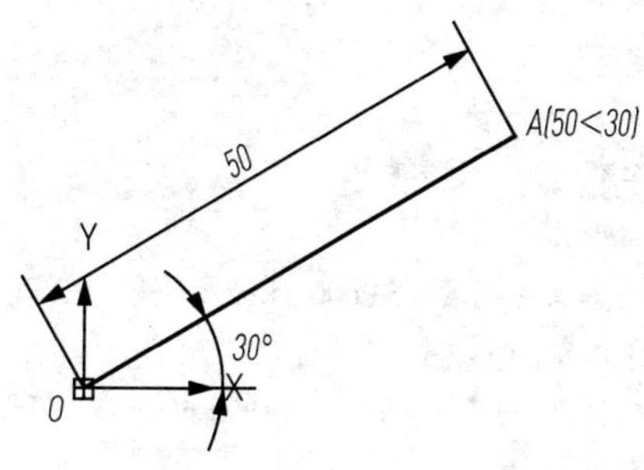

图 1.32　A 点的极坐标

提示：连线与 X 轴(正方向)的夹角为 30°(逆时针为正，顺时针为负)

2) 相对坐标

相对坐标体现的是某点相对于上一个点的位移。

相对坐标表示方法：在绝对坐标表达式前加@符号。

相对直角坐标：@x，y。

相对极坐标：@距离＜角度 (@50<30)。

应用实例 1-3

已知图示 1.33 尺寸，绘制三角形。

操作步骤如下。

- ◆ 下拉菜单：【绘图】|【直线】
- ◆ 功能区：【常用】|【绘图】| 直线
- ◆ 命令行：Line ↵
- ◆ 工具栏：

指定第一点：(鼠标定点 A)

指定下一点或[放弃(U)]：@50，0 ↵ (以前一点 A 为基点度量点 B 的坐标)

指定下一点或[放弃(U)]：@0，25 ↵ (以前一点 B 为基点度量点 C 的坐标)

指定下一点或[放弃(U)]：c ↵ (封闭图形)

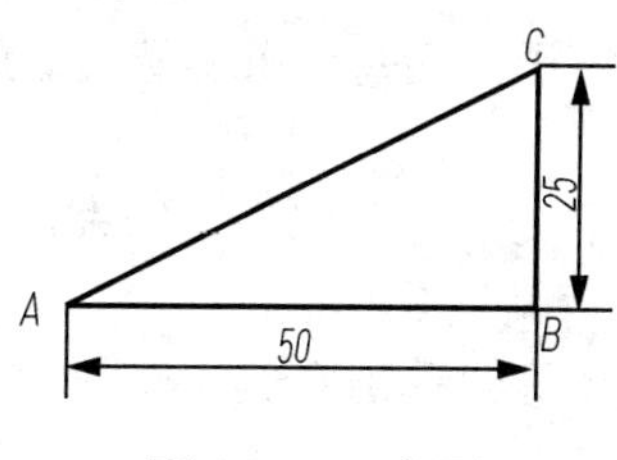

图 1.33　三角形

1.2.3 文字录入方式：单行文字录入、多行文字录入

多行文字的录入方式已在填写标题栏时作了介绍，下面仍以图1.1标题栏的填写为例，介绍单行文字的输入方式。

执行方式

◆ 下拉菜单：【绘图】|【文字】|【单行文字】

◆ 命令行：dt(dtext 缩写) ↵

当前文字样式："标注文字样式" 文字高度：5.0000 注释性：是

指定文字的起点或 [对正(J)/样式(S)]: j ↵

[对齐(A)/布满(F)/居中(C)/中间(M)/右对齐(R)/左上(TL)/中上(TC)/右上(TR)/左中(ML)/正中(MC)/右中(MR)/左下(BL)/中下(BC)/右下(BR)]: mc ↵

指定文字的中间点：(在表格内中间位置选取一点，作为文字输入的点)

指定文字的旋转角度 <0>: ↵

输入文字：制图 ↵

输入文字：审核

鼠标点击"制图"后面方框中间位置。

输入文字：(姓名) ↵

输入文字：(姓名)

鼠标点击"姓名"后面方框中间位置

输入文字：(日期) ↵

输入文字：(日期)

……

依次输入"制图、审核、日期、比例、材料"，完成如图1.1所示。

用同样的方法输入图名、图号、单位名称等。

1.3 知识链接

1.3.1 鼠标的使用

在不同的软件中，鼠标各功能键的定义是不一样的。

1. 双按钮鼠标

(1) 左按钮是拾取键，一般用于：指定位置、选择编辑对象、选择菜单选项、对话框按钮和字段。

(2) 右按钮的操作取决于上下文，它可用于：结束正在进行的命令、显示快捷菜单、显示【对象捕捉】菜单、显示【工具栏】对话框。

在【选项】(Options)对话框中修改单击右键操作。

2. 滑轮鼠标

滑轮鼠标上的两个按钮之间有一个小滑轮，左右按钮的功能和标准鼠标一样，滑轮可

以转动或按下，不使用任何 AutoCAD 命令，直接使用滑轮即可缩放和平移图形，表 1-4 列出了滑轮鼠标的功能及操作。

表 1-4 滑轮鼠标操作

功　　能	操　　作
放大或缩小	转动滑轮：向前放大、向后缩小
缩放到图形范围	双击滑轮按钮
平移	按住滑轮按钮并拖动鼠标
平移(操纵杆)	按住 Ctrl 键以及滑轮按钮并拖动鼠标
显示[对象捕捉]菜单	将 Mbuttonpan 系统变量设置 0 并单击滑轮按钮

1.3.2 对象的选择方式

对象：在 AutoCAD 中，点、线、圆、圆弧、平面图形、文字、剖面线、尺寸等都是对象，编辑图形是以对象为单位来操作的。当对象被选中时，会出现若干个蓝色小方框，称为夹点，如图 1.34 所示。

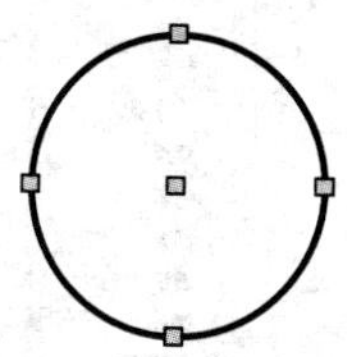

图 1.34 选中对象后

对象的选择方式最常用的有以下四种。

1. 点选

用户可以用拾取框直接点击对象，选择完后继续提示选择对象，不选按↵结束。

2. 窗口选择方式(Window)——W 窗口方式

按下鼠标左键(不要松手)，从左向右拖动光标即可出现选择窗口，当所选的图形对象全部放到矩形窗口中时，单击鼠标左键确定。

特别提示

必须将图形全部放到矩形窗口中才能被选中。

3. 交叉窗口选择方式(Crossing)——C 窗口选择方式

按下鼠标左键(不要松手)，从右向左拖动光标即可出现选择窗口，当所选的图形对象只要和矩形窗口交叉时，单击鼠标左键确定。

特别提示

图形在窗口内及与窗口交叉均被选中。

4. 全部选择方式(All)

命令：All (图形对象全选)。

特别提示

按 重复刚使用过的命令，按 ESC 健，可取消进行中的命令。

1.3.3 对象捕捉方式

AutoCAD 提供了对象捕捉功能。利用该功能可以快速、准确捕捉到某些特殊点(圆心、端点、中点、切点等)，从而精确地绘制出图形。

对象捕捉常用方式：

将鼠标指向图 1.17 所示状态栏对象捕捉上，然后单击鼠标右键，选择【设置】(S)，弹出如图 1.35 所示的快捷菜单，选择相应的选项，即完成对象捕捉设置。

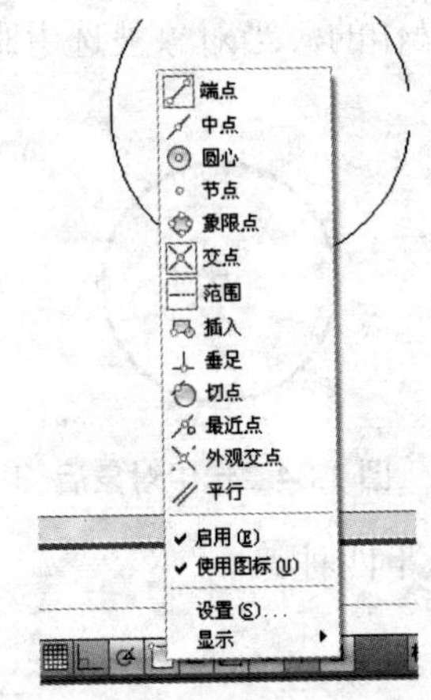

图 1.35 对象捕捉选项

1.3.4 图样幅面和图框格式

为了便于图样的装订和保管，国家标准《技术制图》(GB/T 14689—2008)对图纸幅面尺寸和图框格式、标题栏及附加符号作了统一规定。

图框的格式分为保留装订边和不留装订边(横放、竖放)两种，当图样需要装订时，采用保留装边格式，不需要装订的图样可采用不留装订边格式，一般同一产品的图样只能采用一种格式。

一般 A3 幅面采用横装，A4 幅面采用竖装。表 1-5 列出了图样幅面尺寸，图 1.36、图 1.37 分别为保留装订边与不保留装订边的图框格式。

表 1-5 图样幅面尺寸

<table>
<tr><th colspan="2">幅面代号</th><th>A0</th><th>A1</th><th>A2</th><th>A3</th><th>A4</th></tr>
<tr><td colspan="2">尺寸 B×L</td><td>841×1189</td><td>594×841</td><td>420×594</td><td>297×420</td><td>210×297</td></tr>
<tr><td rowspan="3">周边尺寸</td><td>a</td><td colspan="5">25</td></tr>
<tr><td>c</td><td colspan="3">10</td><td colspan="2">5</td></tr>
<tr><td>e</td><td colspan="2">20</td><td colspan="3">10</td></tr>
</table>

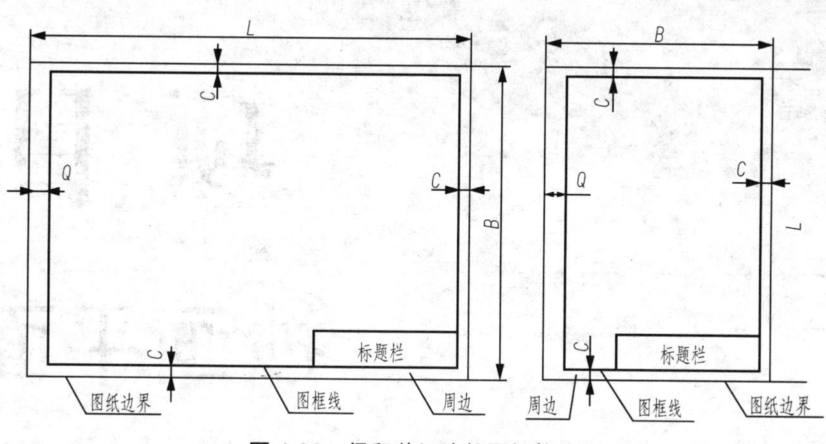

图 1.36 保留装订边的图框格式

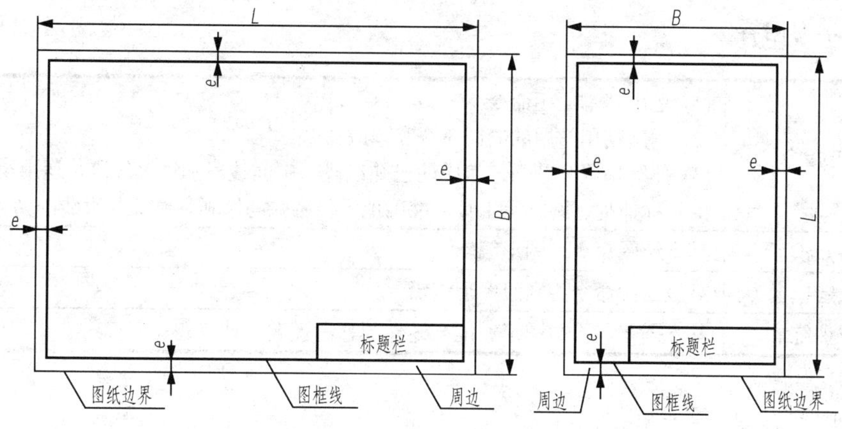

图 1.37 不留装订边的图框格式

1.4 拓展训练

1.4.1 创建 A4 图幅(横装，不留装订边)的样板文件

(1) 按表 1-1 设置图层、线型和线宽(应符合国家标准规定设置(含颜色及线宽))，并设置适当的线型比例。

(2) 按 1∶1 比例设置 A4 图幅(竖装)一张，留装订边，画出图框线(图纸边界线起点设在坐标原点，A4 图幅参考尺寸见表 1-5)。

(3) 按国家标准规定设置有关的文字样式，然后按图 1.1 标题栏格式画出标题栏并填写相关内容，不标注尺寸，完成操作后以文件名“B101.dwg”保存。

1.4.2 创建 A3 图幅(横放，留装订边)的样板文件

(1) 按表 1-1 设置图层、线型和线宽(应符合国家标准规定设置(含颜色及线宽))，并设置适当的线型比例。

(2) 按 1∶1 比例设置 A3 图幅(横装)一张，留装订边，画出图框线(图纸边界线起点设在坐标原点，A3 图幅参考尺寸见表 1-5)。

(3) 按国家标准规定设置有关的文字样式，然后按图 1.1 标题栏格式画出标题栏并填写相关内容，不标注尺寸，完成操作后以文件名“B102.dwg”保存。

项目 2

抄画平面图

学习内容

操作与指令	(1) 运用基本绘图命令 (2) 运用使用常用的绘图命令和修改命令 (3) 熟练地区分圆弧连接中的已知线段、中间线段和连接线段，运用绘图软件中的目标捕捉、跟踪等工具，准确地定位圆弧与圆弧、圆弧与直线的切点
相关知识	基本绘图命令、图形编辑
知识链接	高级绘图命令、高级图形编辑
拓展训练	基本图案、平面图形、配合零件图、考证题、计算题

项目导读

任何复杂图形都可以看作是由直线、圆弧等基本图元所组成的，掌握这些基本图元的绘制方法是学习 AutoCAD 的基础。在使用绘图工具进行绘图的同时，系统还提供了正交、对象捕捉、极轴追踪、捕捉追踪等绘图辅助工具。强大的编辑功能是 AutoCAD 的另一个特点，利用其编辑功能，可以实现移动、复制、旋转、阵列、拉伸、延长、修剪、缩放对象等，使图形的绘制和修改更简单、快捷，减少重复的工作，提高绘图的效率和质量。

通过本项目的学习，学生要掌握独立绘制平面图形和机械工程图的方法。

二维图形的绘制：介绍一些简单的绘图命令的使用方法，如直线(Line)、构造线(Xline)、多段线(Pline)、多线(Mline)、样条曲线(Spline)、圆(Circle)、椭圆(Ellipse)、圆弧(Are)、圆环(Donut)、矩形(Rectangle)和正多边形(Polygon)等组成二维图形的构成要素的绘制方法。

二维图形的编辑：图形的编辑是指对已有的图形对象进行复制(Copy)、删除(Erase)、移动(Move)、旋转(Rotate)、陈列(Array)、偏移(Offset)、缩放(Scale)、修剪(Trim)、延伸(Extend)、圆角(Fillet)、例角(Chamfer)等操作。

绘图和编辑命令的调用：各种绘图、编辑修改命令的调用通常可采用以下任何一种方法。

方法一：单击下拉菜单，选择下拉菜单中相应的菜单项进行调用。

方法二：单击工具栏中相应的图标进行调用。

方法三：在命令行中输入相应的命令关键字进行调用。

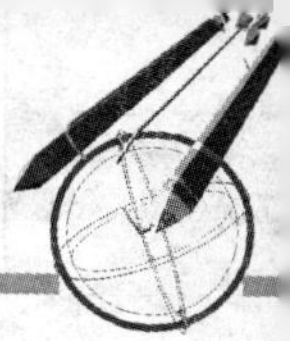

2.1　技能训练任务

2.1.1　技能训练任务1

1. 工作任务

(1) 调用原来设置的图层画图，绘图比例为1∶1。

(2) 不标注尺寸。

(3) 以“A201.dwg”为文件名把完成的图形存储在指定的工作盘。

(4) 抄画图2.1所示的正五角星。

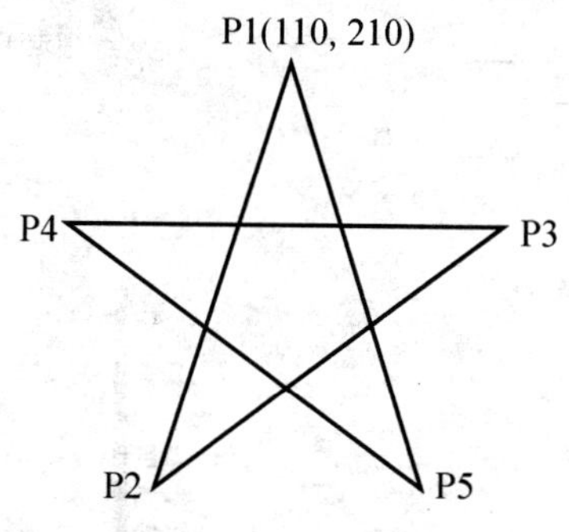

图2.1　正五角星

2. 任务目标

利用直线命令和坐标输入方式绘制各种定点直线。

3. 任务分析

该图形由直线构成，主要训练学生如何在AutoCAD中调用命令和对坐标输入方式的掌握。

4. 操作指引

(1) 调用项目1设置的图层，并将文件另存为“A201.dwg”。

(2) 调用直线命令，运用绝对坐标输入P1点，如图2.2所示。

(3) 根据图形分析，输入P2点坐标@80<-108，如图2.3所示。

(4) 输入P3点坐标@80<36，然后通过鼠标指明P4点方向，直接输入80，回车，绘制P4点，如图2.4所示。

(5) 输入P5点坐标@80<-36，如图2.5所示。

(6) 输入C，回车，结束命令，结果如图2.6所示。

(7) 保存图形。

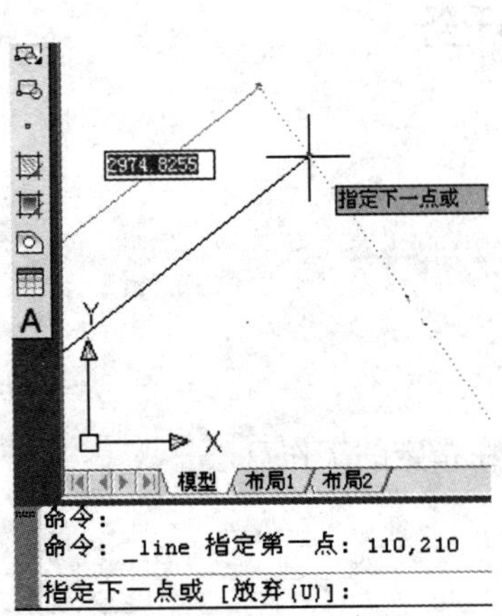

图 2.2

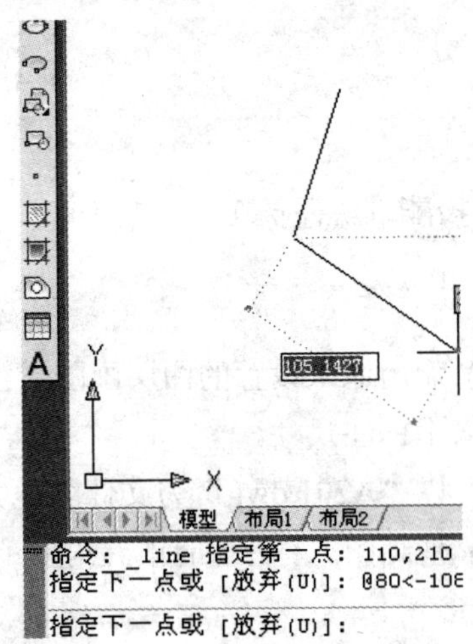

图 2.3

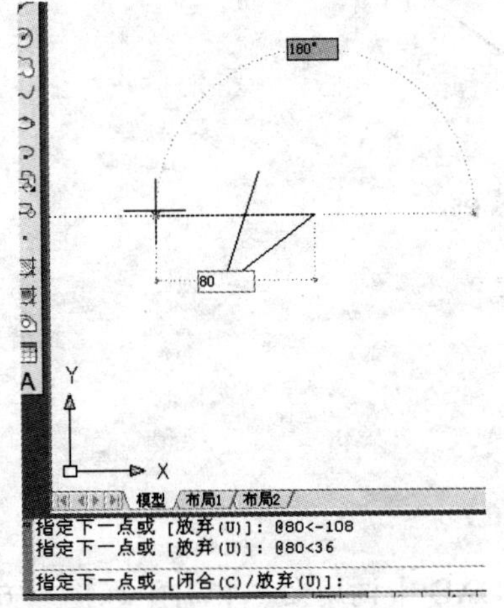

图 2.4

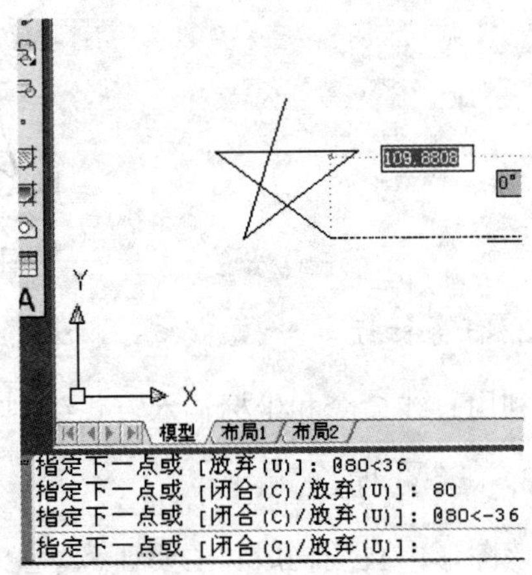

图 2.5

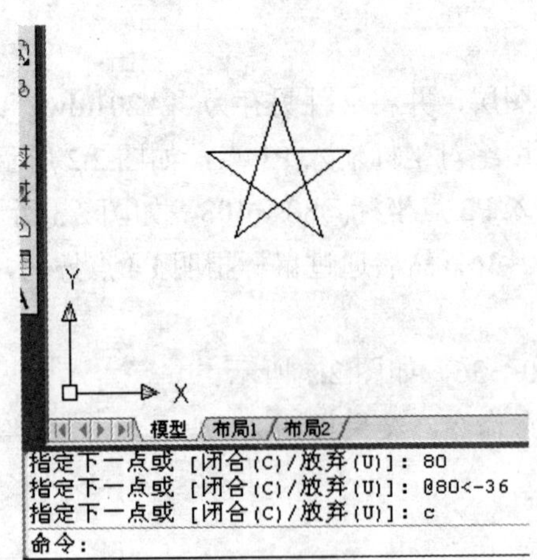

图 2.6

5. 训练评估

(1) 通过此训练，学习坐标输入的各种输入方式及技巧，学习运用绘图工具绘制平面的一些基本图形，学习运用编辑命令对图元进行修改等操作。

(2) 按照下表 2-1 所示要求进行自我训练评估。

表 2-1　训练评估表

工作内容	完成时间	熟练程度	自我评价
(1) 熟练运用坐标输入方式创建图元 (2) 运用绘图工具直线的命令创建直线 (3) 能运用修改命令对图元进行修改等操作	小于 10min	A	
	10～20min	B	
	20～30min	C	
不能完成以上操作	大于 30min	不熟练	

2.1.2　技能训练任务 2

1. 工作任务

(1) 调用原来设置的图层画图，绘图比例为 1∶1。

(2) 不标注尺寸。

(3) 以“A202.dwg”为文件名把完成的图形存储在指定的工作盘。

(4) 抄画图 2.7 所示平面图。

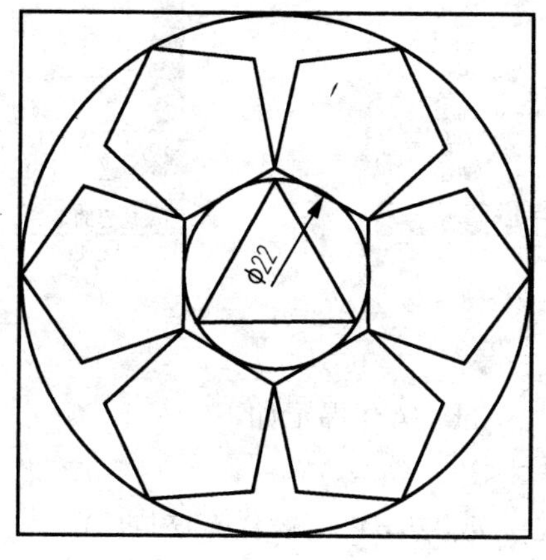

图 2.7

2. 任务目标

学会使用常用的绘图命令和修改命令，掌握一般平面图的绘制方式。

3. 任务分析

本项目由圆和正多边形构成，调用圆命令和正多边形命令即可完成，为提高绘图速度，还可以使用阵列命令，一次性完成多个正五边形的绘制。

4. 操作指引

(1) 调用项目 1 设置的图层，并将文件另存为“A202.dwg”。

(2) 绘制直径为 22 的圆。

激活【圆】命令，AutoCAD 提示如下。

① circle 指定圆的圆心或[三点(3P)/两点(2P)/切点、切点、半径(T)]：//单击绘图区任一位置设为圆的圆心；

② 指定圆的半径或[直径(D)]：d；

③ 输入圆的直径：22，回车。

(3) 绘制内接三角形。

激活【正多边形】命令，AutoCAD 提示如下。

① _polygon 输入边的数目<4>：(输入)3，回车。

② 指定正多边形的中心点或[边(E)]：//鼠标置于状态栏【对象捕捉】处单击右键，选择捕捉圆心，如图 2.8 所示。

③ 输入选项[内接于圆(I)/外切于圆(C)]<I>：I。

④ 指定圆的半径：//用鼠标捕捉正三角形和圆的交点，如图 2.9 所示。

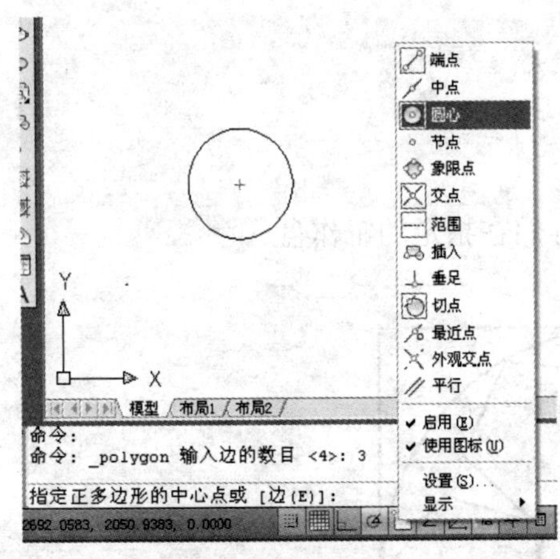

图 2.8

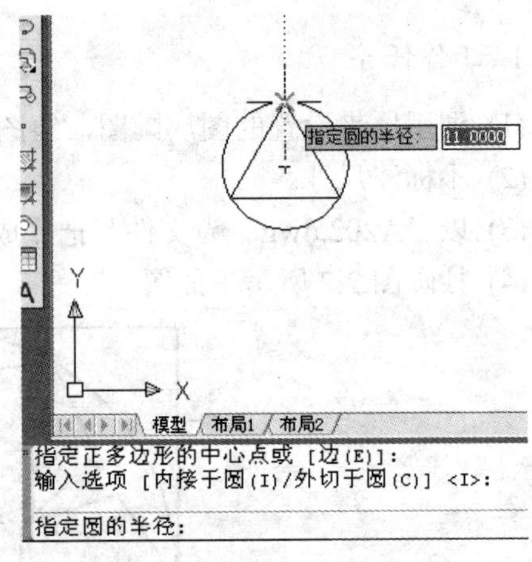

图 2.9

(4) 绘制正六边形。

激活【正多边形】命令，AutoCAD 提示如下。

① polygon 输入边的数目<3>：(输入)6。

② 指定正多边形的中心点或[边(E)]：[操作方法同(3)]。

③ 输入选项[内接于圆(I)/外切于圆(C)] <C>：C。

④ 指定圆的半径：[操作方法同(3)]。

(5) 绘制正五边形。

激活【正多边形】命令，AutoCAD 提示如下。

① polygon 输入边的数目<6>：5。

② 指定正多边形的中心点或[边(E)]：e。

③ 指定边的第一个端点：//捕捉如图 2.10 的 A 点。

④ 指定边的第二个端点：//捕捉如图 2.10 的 B 点。

(6) 绘制剩余的正五边形。

激活【阵列】命令，弹出如图 2.11 对话框，操作如下。

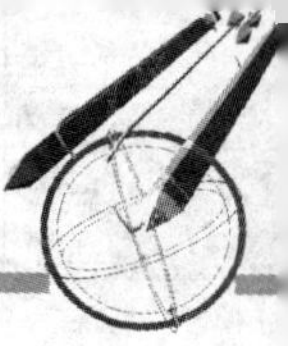

① 在【环形阵列】中设置总项目为 6，填充角度为 360°。

② 单击【中心点】按钮，返回到 AutoCAD 界面，捕捉圆心为阵列中心。

③ 单击【选择对象】按钮，返回到 AutoCAD 界面，选择正五边形。

④ 单击【确定】按钮，完成环形阵列，如图 2.12 所示。

(7) 绘制圆。

激活【圆】命令，AutoCAD 提示如下。

① circle 指定圆的圆心或[三点(3P)/两点(2P)/切点、切点、半径(T)]：//捕捉如图 2.13 的圆心。

② 指定圆的半径或 [直径(D)] <11.0000>：//捕捉如图 2.13 的圆与正五边形的交点。

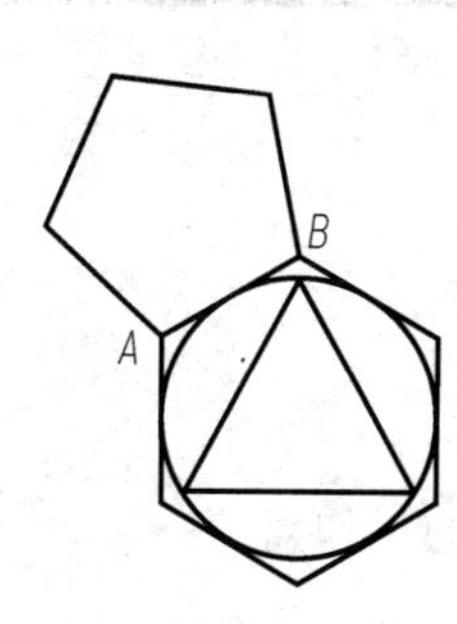

图 2.10

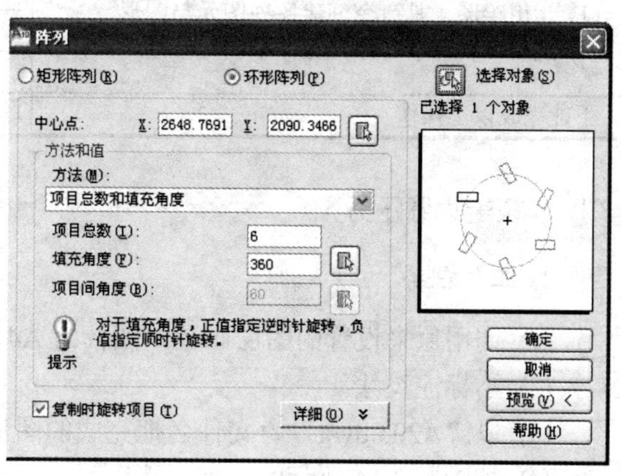

图 2.11

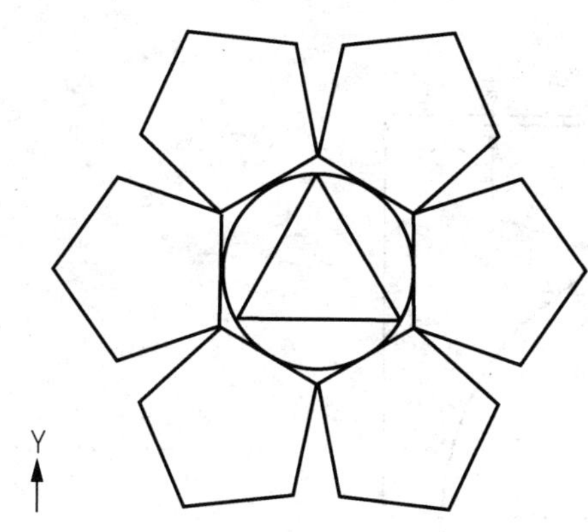

图 2.12

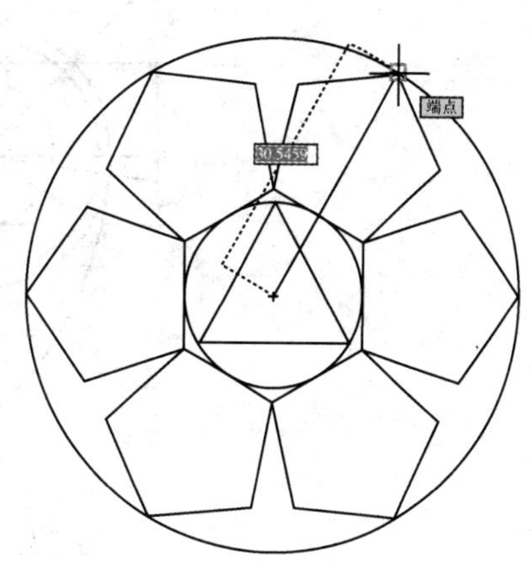

图 2.13

(8) 绘制正四边形。

激活【正多边形】命令，AutoCAD 提示如下。

① polygon 输入边的数目<5>：4。

② 指定正多边形的中心点或[边(E)]：//捕捉圆心作为中心点。

③ 输入选项[内接于圆(I)/外切于圆(C)] <C>：C。

④ 指定圆的半径：//捕捉正四边形与圆的交点作为内接圆的半径。

(9) 保存图形。

5. 训练评估

(1) 通过此训练，学习运用绘图工具绘制平面的一些基本图形，学习运用编辑命令对图元进行编辑与修改等操作。

(2) 按照下表2-2所示要求进行自我训练评估。

表2-2 训练评估表

工作内容	完成时间	熟练程度	自我评价
(1) 运用绘图工具命令创建各种图元与图形 (2) 运用编辑命令对图元进行编辑与修改等操作	小于10min	A	
	10～20min	B	
	20～30min	C	
不能完成以上操作	大于30min	不熟练	

2.1.3 技能训练任务3

1. 工作任务

(1) 调用原来设置的图层画图，图幅为A4，绘图比例为1∶1。

(2) 不标注尺寸。

(3) 以“A203.dwg”为文件名把完成的图形存储在指定的工作盘。

(4) 抄画图2.14所示的几何图形。

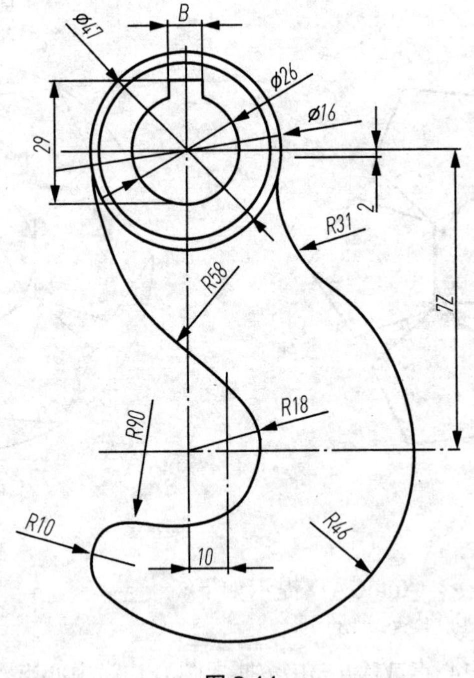

图2.14

2. 任务目标

本任务为几何作图，重点训练对圆弧连接中的已知线段、中间线段和连接线段的认识，对通过绘图软件进行圆弧连接的方法和步骤，要求能熟练运用绘图软件中的目标捕捉、跟踪等工具，准确地定位圆弧与圆弧、圆弧与直线的切点。

3. 任务分析

本任务涉及工程制图中的知识点主要为圆弧连接等内容；涉及 AutoCAD 中主要知识点有：圆(CIRCLE)、圆弧(ARC)、倒圆角(FILLET)、直线(LINE)、偏移(OFFECT)、修剪(TRIM)以及对象捕捉等命令的综合使用。

(1) 绘制平面图形时，按照工程制图的要求，首先应该对图形进行线段和尺寸分析，根据定形尺寸和定位尺寸，判断出已知线段、中间线段和连接线段，先绘制已知线段，再中间线段、后连接线段的绘图顺序完成图形。

(2) 该吊钩的平面图形，分析线段类型为：

① 已知线段：钩柄部分的圆ϕ26、ϕ42、ϕ46 和键槽；钩子弯曲中心部分的 R90、R46、R18 圆弧。

② 中间线段：钩子尖部分的 R10 圆弧、钩柄部分过渡圆弧 R31。

③ 连接线段：钩柄部分过渡圆弧 R58。

4. 操作指引

(1) 设置图幅和背景色；(参照项目 1)。

(2) 设置图层和加载线型；(参照项目 1)。

(3) 绘制图框和标题栏；(参照项目 1)。

(4) 设置对象捕捉和打开正交；(参照项目 1)。

(5) 绘制中心线；(如图 2.15 所示)。

(6) 绘制吊钩柄部已知圆和键槽；(如图 2.16 所示)。

(7) 绘制已知圆 R90、R46、R18；(如图 2.17 所示)。

(8) 绘制连接弧 R10 和 R31；(如图 2.18 所示)。

(9) 修剪圆弧；(如图 2.19 所示)。

(10) 绘制连接圆弧 R58 和与两圆弧相切的直线；(如图 2.20 所示)。

(11) 修剪圆弧；(如图 2.21 所示)。

(12) 修剪中心线，并延长中心线在轮廓外 4mm 的长度；(如图 2.22 所示)。

(13) 保存图在指定的盘，文件名为“A201.dwg”。

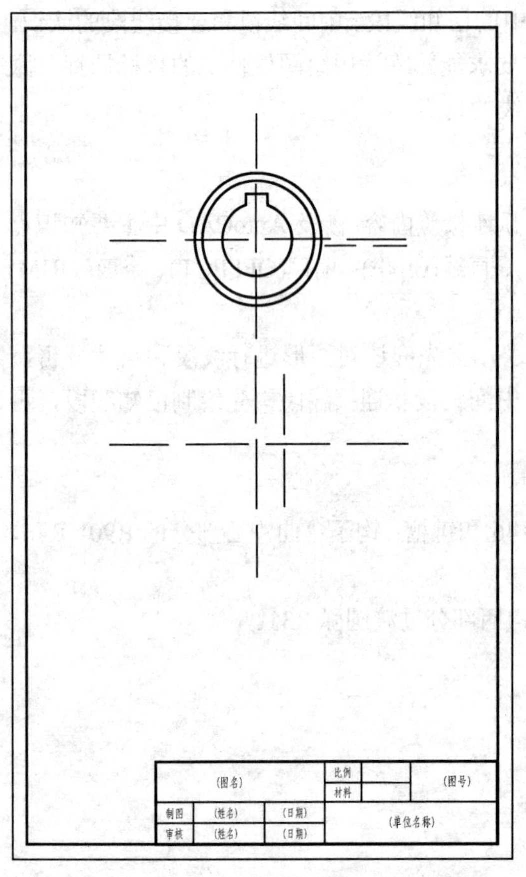

图 2.15　绘制中心线

图 2.16　绘制钩柄已知圆和键槽

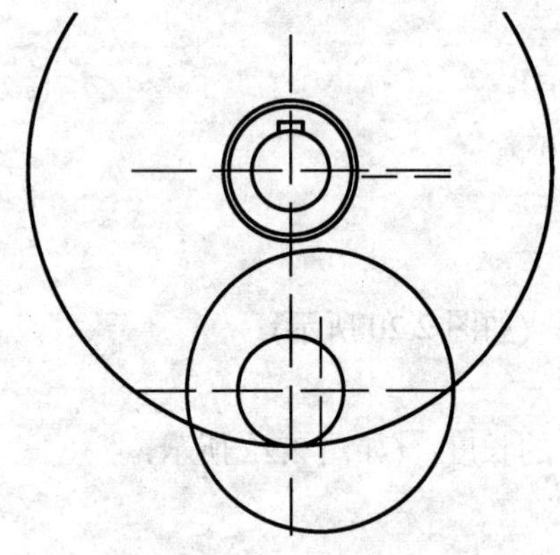

图 2.17　绘制已知圆

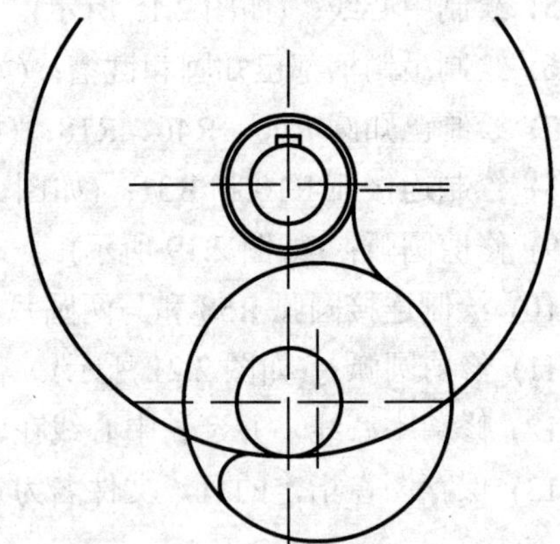

图 2.18　绘制连接圆

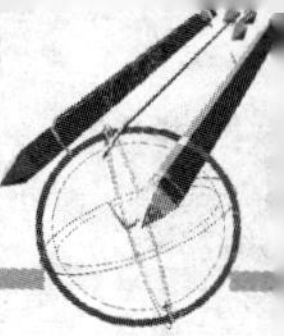

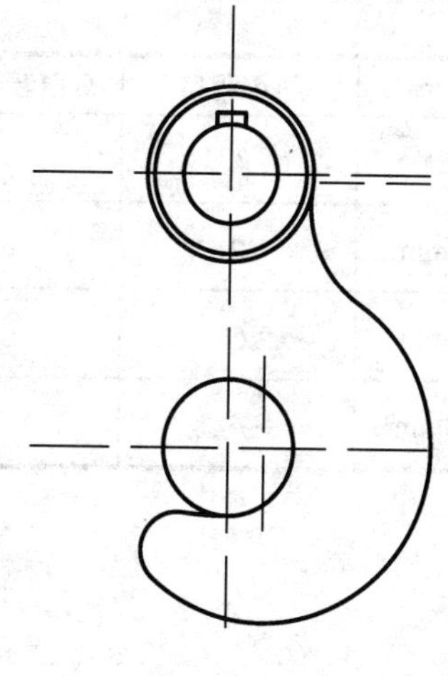

图 2.19　修剪圆弧

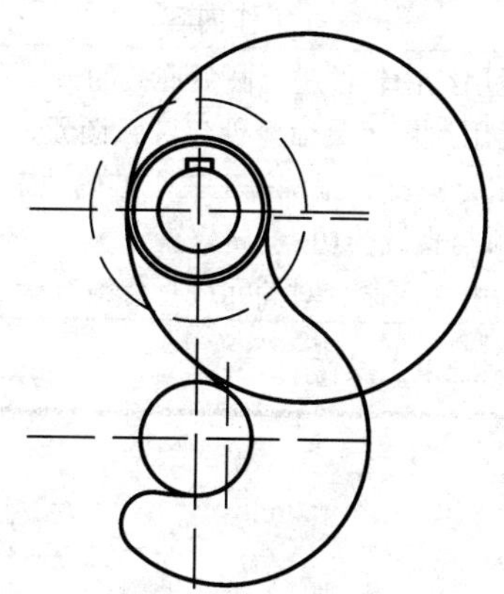

图 2.20　绘制连接圆弧 R58 及相切线

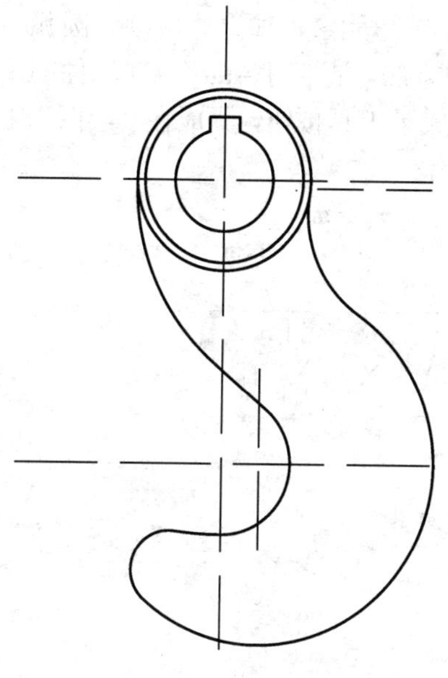

图 2.21　修剪圆弧

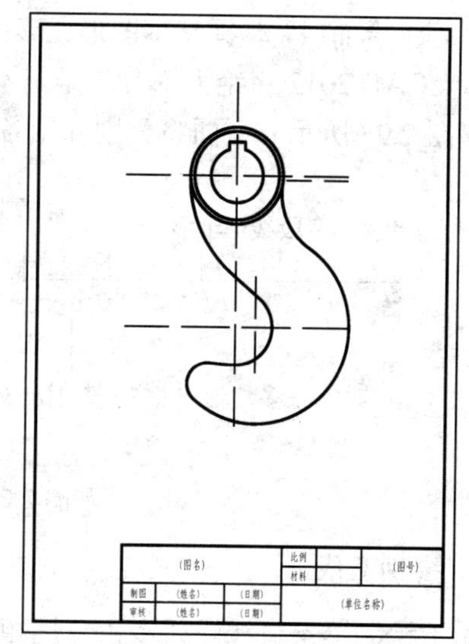

图 2.22　修剪中心线，延长中心线

5. 训练评估

(1) 通过此训练，学习圆弧的各种连接方式，学习运用绘图软件进行圆弧连接的绘制方法和步骤，运用绘图工具命令创建圆弧图元，运用绘图软件中的目标捕捉、跟踪等工具，准确地定位圆弧与圆弧、圆弧与直线的切点；学习运用编辑命令对图元进行修改等操作。

(2) 按照下表2-3所示要求进行自我训练评估。

表2-3　训练评估表

工作内容	完成时间	熟练程度	自我评价
(1) 运用绘图软件进行圆弧连接的方法和步骤 (2) 运用绘图工具命令创建圆弧图元，运用绘图软件中的目标捕捉、跟踪等工具，准确地定位圆弧与圆弧、圆弧与直线的切点 (3) 运用修改命令对图元进行修改等操	小于10min	A	
	10～20min	B	
	20～30min	C	
不能完成以上操作	大于30min	不熟练	

2.2　相关知识

2.2.1　基本绘图命令

任何一幅图形、零件图或工程图都是由一些基本图形元素，如直线、圆、圆弧、组线和文字等组合而成，掌握基本图形元素的计算机绘图方法，是学习AutoCAD软件的重要基础。AutoCAD 2012将绝大部分二维基本绘图命令制成了工具按钮，集成在“绘图”工具条上，如图2.23所示。下面将分别介绍各种工具的使用。

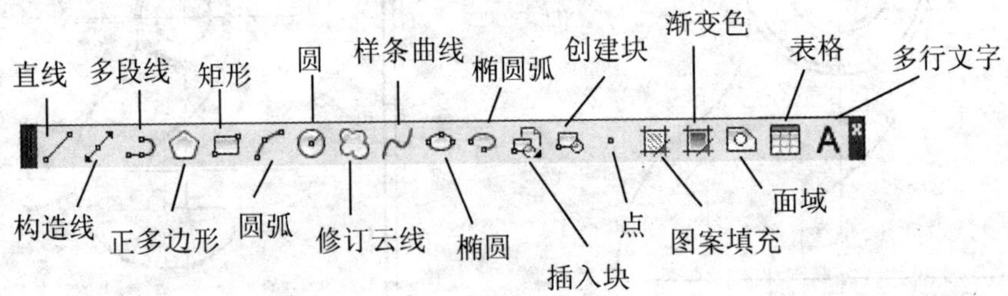

图2.23　“绘图”工具条

1. 绘制直线

用于绘制单条直线段或多条首尾相接的直线段。

执行方式

- ◆ 下拉菜单:【绘图】|【直线】
- ◆ 功能区:【常用】|【绘图】|
- ◆ 命令行: LINE(L)
- ◆ 工具栏:

LINE命令主要用于在两点之间绘制直线段。用户可以通过鼠标或输入点坐标值来决定线段的起点和端点。使用LINE命令，也可以创建一系列连续的线段。当用LINE命令绘制线段时，AutoCAD允许以该线段的端点为起点，绘制另一条线段，如此循环直到按Enter键或Esc键终止命令。

LINE 命令操作时可以使用下列 3 种方法确定第二点坐标值：

(1) 输入绝对坐标值，如直角坐标(100，100)，极坐标(100＜45)。

(2) 输入相对坐标，如直角相对坐标(@100，100)，相对极坐标(@100＜45)。

(3) 移动鼠标指示直线方向，输入直线长度值，如 100。

2. 绘制射线

创建通常用作构造线的单向无限长直线。射线具有一个确定的起点并单向无限延伸。该线通常在绘图过程中作为辅助线使用。

执行方式

◆ 下拉菜单:【绘图】|【射线】
◆ 功能区:【常用】|【绘图】|
◆ 命令行: RAY
◆ 工具栏:

3. 绘制构造线

用于绘制无限长直线，与射线一样，该线也通常在绘图过程中作为辅助线使用。本命令用于创建一条无限长的构造线，作为用户绘制等分角、等分圆等图形的辅助线。

执行方式

◆ 下拉菜单:【绘图】|【构造线】
◆ 功能区:【常用】|【绘图】|
◆ 命令行: XLINE(XL)
◆ 工具栏:

单击【构造线】按钮，命令启动时，给出的各选项含义如下。

(1) 水平(H)：默认辅助线为水平线，单击一次创建一条水平辅助线，直到用户单击鼠标右键或回车时结束。

(2) 垂直(V)：默认辅助线为垂直线，单击一次创建一条垂直辅助线，直到用户单击鼠标右键或回车时结束。

(3) 角度(A)：创建一条用户指定角度的倾斜辅助线，单击一次创建一条倾斜辅助线，直到用户单击鼠标右键或回车时结束。

(4) 等分(B)：让用户先指定一个角的顶点，再分别确定此角两条边的两个点，从而创建一条辅助线。该辅助线通过用户指定的角的顶点，并平分该角。注意，这个角不一定是实际存在的，可以是想象中的一个不可见的角。

(5) 偏移(O)：创建平行于另一个实体的辅助线，类似于偏移编辑命令。选择的另一个实体可以是一条辅助线、直线或复合线实体。

4. 绘制圆

用于绘制没有宽度的圆形。

执行方式

◆ 下拉菜单:【绘图】|【圆】
◆ 功能区:【常用】|【绘图】|
◆ 命令行: CIRCLE(C)
◆ 工具栏:

单击【圆】按钮后，AutoCAD 给出下列 5 种画圆的方法，如图 2.24 所示。

(1) 三点(3P)：三点确定一圆。AutoCAD 提示输入三点，创建通过三个点的圆。

(2) 两点(2P)：用直径的两端点确定一圆。AutoCAD 提示输入直径的两端点。

(3) 相切、相切、半径(T)：与两物相切配合半径确定一圆。AutoCAD 提示选择两物体，并要求输入半径。

(4) 圆心，半径：圆心配合半径决定一圆。AutoCAD 提示给定圆心和半径。

(5) 圆心，直径：圆心配合直径决定一圆。AutoCAD 提示给定圆心和直径。

(a)

(b)

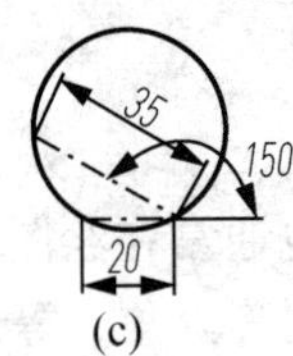

(c)

(d)

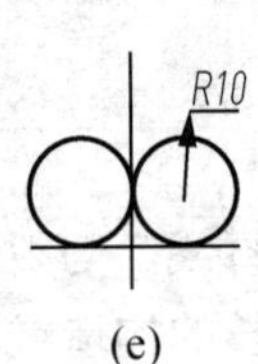

(e)

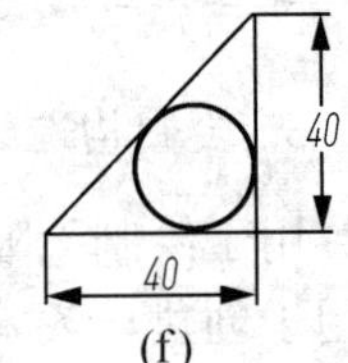

(f)

图 2.24 绘制圆的方式

5. 绘制圆弧

执行方式

◆ 下拉菜单:【绘图】|【圆弧】
◆ 功能区:【常用】|【绘图】|
◆ 命令行: ARC(A)
◆ 工具栏:

用 AutoCAD 绘制圆弧的方法很多，共有 11 种，所有方法都是由起点、方向、终点、包角、端点、弦长等参数来确定绘制的。系统提供了下列 10 种创建圆弧的方法(分别对应图 2.25(a)～(j))。

(1) 三点：通过输入三个点的方式绘制圆弧。

(2) 起点，圆心，终点：以起始点、圆心、终点方式画弧。

(3) 起点，圆心，角度：以起始点、圆心、圆心角方式绘制圆弧。

(4) 起点，圆心，弦长：以起始点、圆心、弦长方式绘制圆弧。

(5) 起点，终点，角度：以起始点、终点、圆心角方式绘制圆弧。

(6) 起点，终点，方向：以起始点、终点、切线方向方式绘制圆弧。

(7) 起点，终点，半径：以起始点、终点、半径方式绘制圆弧。

(8) 圆心，起点，终点：以圆心、起始点、终点方式绘制圆弧。

(9) 圆心，起点，角度：以圆心、起始点、圆心角方式绘制圆弧。

(10) 圆心，起点，弦长：以圆心、起始点、弦长方式绘制圆弧。

默认状态下，AutoCAD 以逆时针方向绘制圆弧。

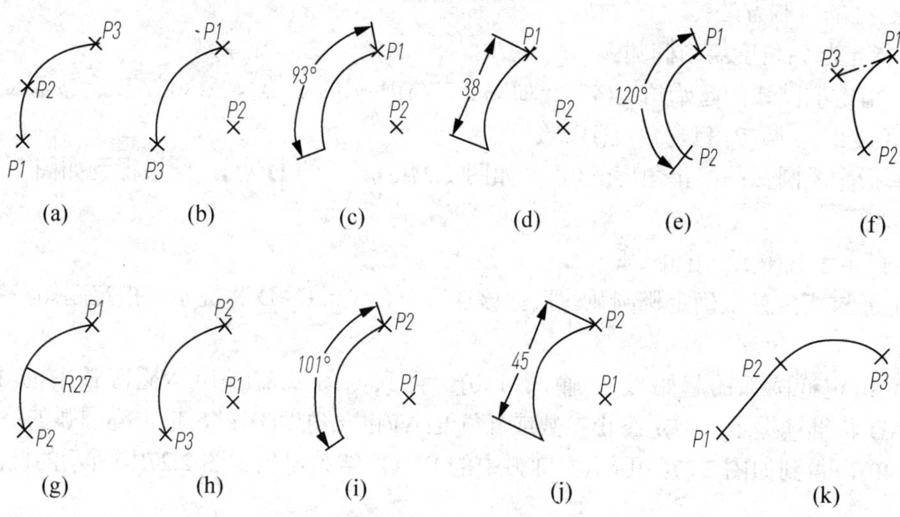

图 2.25　圆弧子菜单的应用

例 2-1　绘制一个由 5 个相同大小的半圆连接而成的梅花图案，如图 2.26 所示。

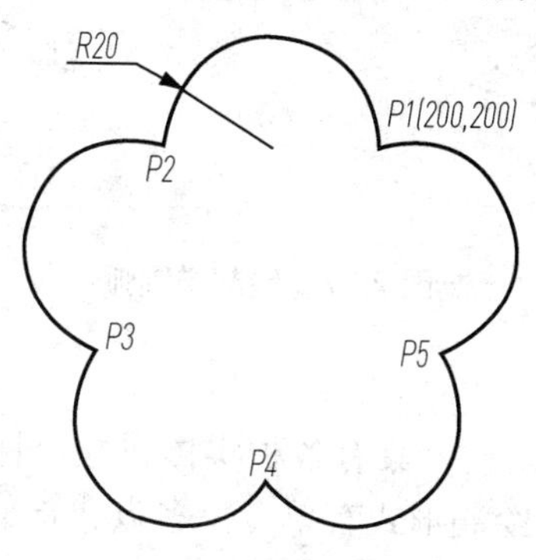

图 2.26　梅花图案

6. 绘制椭圆及椭圆弧

在 AutoCAD 中文版中绘制椭圆和椭圆弧的命令都是一样的，只是相应的内容不同。

执行方式

- 下拉菜单:【绘图】|【椭圆】
- 功能区:【常用】|【绘图】|
- 命令行: ELLIPSE(EL)
- 工具栏:

特别提示

(1) [旋转(R)]为通过绕第一条轴旋转圆来创建椭圆。指定绕长轴旋转的角度：指定点或输入一个有效范围为 0～89.4 的角度值，输入值越大，椭圆的离心率就越大，输入 0 将绘制圆。

(2) 椭圆绘制好后，可以根据椭圆弧所包含的角度来确定椭圆弧。因此，绘制椭圆弧需首先绘制椭圆。

椭圆弧的绘制方法：

1) 指定起始角度绘制椭圆弧

(1) 指定椭圆弧的起始角度(45°，如图 2.27(a)所示的 C 点)，AutoCAD 会接着提示“指定终止角度或[参数(P)/包含角度(I)]：”。

(2) 指定椭圆弧的终止角度(−30°，如图 2.27(a)所示的 D 点)。结果得到如图 2.27(a)所示的椭圆弧。

2) 指定参数(P)绘制椭圆弧

(1) 通过指定参数确定椭圆弧。执行该选项时，AutoCAD 将提示“指定起始参数或[角度(A)]：”。

(2) 指定椭圆弧的起始参数(输入−130)，得到如图 2.27(b)所示椭圆弧中的 E 点，AutoCAD 将继续提示“指定终止参数或 [角度(A)/包含角度(I)]：”，指定椭圆弧的终止参数(输入 140)，得到如图 2.27(b)所示椭圆弧中的 F 点。结果得到如图 2.27(b)所示的椭圆弧。

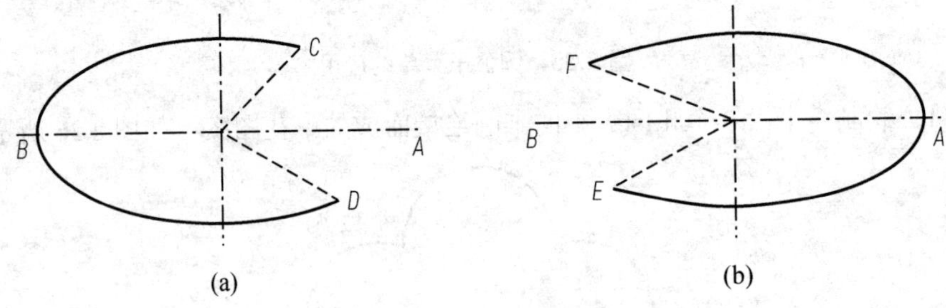

图 2.27 绘制椭圆弧

7. 绘制点

点作为组成图形实体部分之一，具有各种实体属性，且可以被编辑。点系统提供了多种形式的点，如图 2.28 所示，绘制形式有单点、多点、定数等分点和定距等分点等。

1) 设置点样式

执行方式

- 下拉菜单：【格式】|【点样式】
- 命令行：DDPTYPE ↵

特别提示

在“点大小”文本框中输入控制点的大小。

(1) “相对于屏幕设置大小”单选项用于按屏幕尺寸的百分比设置点的显示大小。当进行缩放时，点的显示大小并不改变。

(2) “按绝对单位设置大小”单选项用于按“点大小”下指定的实际单位设置点显示的大小。当进行缩放时，AutoCAD 显示的点的大小随之改变。

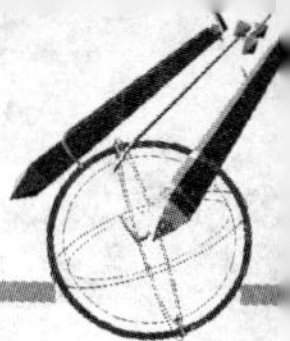

2) 绘制点

执行方式

- 下拉菜单：【绘图】|【点】|【单点】、【多点】
- 功能区：【常用】|【绘图】|
- 命令行：POINT(PO)、MULTIPLE POINT
- 工具栏：

单击【点】按钮后，AutoCAD 将显示当前点的模式和大小，并提示用户指定点的位置："当前点模式：PDMODE=0　PDSIZE=0.0000 指定点："，这时输入坐标值或直接用鼠标定位。

若要设置点的格式，可执行下列操作：

(1) 选择"格式"→"点样式"命令，得到如图 2.28 所示的"点样式"对话框。

(2) "点样式"对话框中提供了 20 种点样式，用户可根据需要来选择其中一种。

3) 绘制定数等分点

定数等分点是按给定线段数目等分指定的对象，并且在各个等分点处绘制点标记或块对象。可以进行定数等分的对象包括直线、圆弧、圆、椭圆、椭圆弧、多段线和样条曲线。

执行方式

- 下拉菜单：【绘图】|【点】|【定数等分】
- 功能区：【常用】|【绘图】|【点】|
- 命令行：DIVIDE(DIV)

DIVIDE 命令是在某一图形上以等分长度设置点或块，等分数目由用户指定。如在如图 2.28 所示的"点样式"对话框中选择 X 型点，输入等分数 4，然后单击"确定"按钮，这样线段被分为 4 等份，如图 2.29 所示。

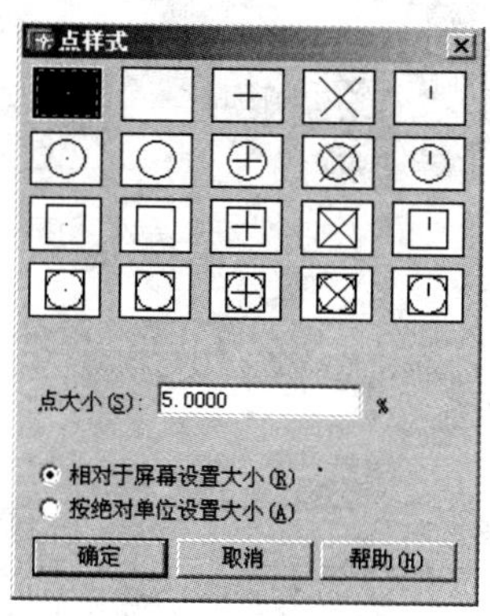

图 2.28　点样式

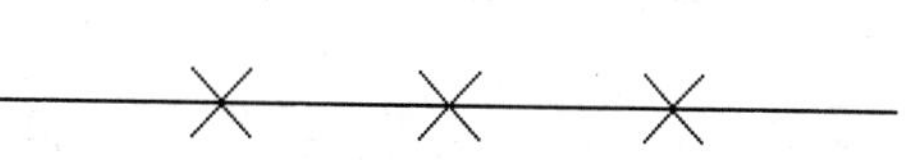

图 2.29　点数等分点

4) 绘制定距等分点

定距等分点是指按给定的距离等分指定的对象，并且在各个等分点处绘制点标记或块对象。

执行方式

◆ 下拉菜单:【绘图】|【点】|【定距等分】
◆ 功能区:【常用】|【绘图】|【点】|
◆ 命令行: MEASURE(ME)

MEASURE 命令用于在所选择对象上用给定的距离设置点，实际是提供了一个测量图形长度，并按指定距离标上标记的命令，或者说它是一个等距绘图命令，与 DIVIDE 命令相比，DIVIDE 是以给定数目等分所选实体，而 MEASURE 命令则是以指定的距离在所选实体上插入点或块，直到余下部分不足一个间距为止。

特别提示

进行定距等分时，注意在选择等分对象时鼠标左键应单击被等分对象的位置。单击位置不同，结果可能不同。

8. 绘制矩形

执行方式

◆ 下拉菜单:【绘图】|【矩形】
◆ 功能区:【常用】|【绘图】|
◆ 命令行: RECTANG(REC)
◆ 工具栏:

RECTANG 命令以指定两个对角点的方式绘制矩形，当两角点形成的边相同时则生成正方形。用本命令绘制的矩形平行于当前的用户坐标系(UCS)，如图 2.30 所示单击【矩形】按钮后，命令行给出“指定第一个角点或[倒角(C)/标高(E)/圆角(F)/厚度(T)/宽度(W)]”，各选项的意义如下。

(1) 指定第一个角点：继续提示，确定矩形另一个角点来绘制矩形。
(2) 倒角(C)：给出倒角距离，绘制带倒角的矩形。
(3) 标高(E)：给出线的标高，绘制有标高的矩形。
(4) 圆角(F)：给出圆角半径，绘制有圆角半径的矩形。
(5) 厚度(T)：给出线的厚度，绘制有厚度的矩形。
(6) 宽度(W)：给出线的宽度，绘制有线宽的矩形。

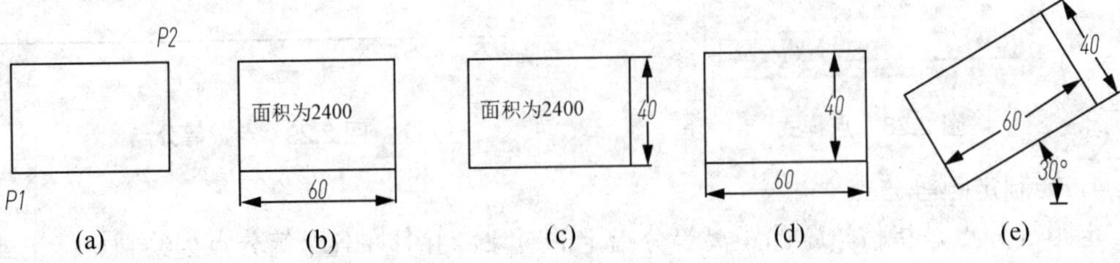

图 2.30　绘制矩形的方式

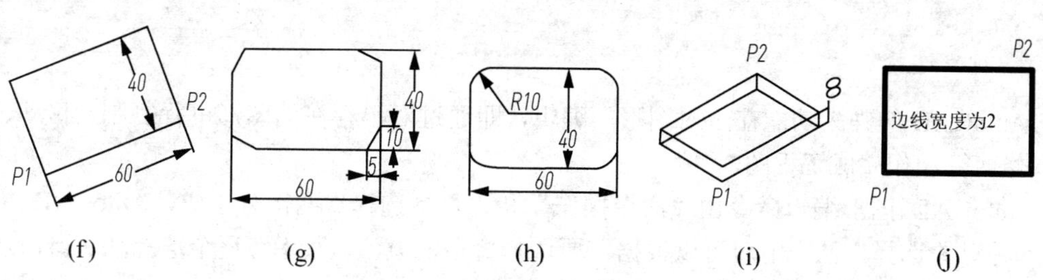

图 2.30　绘制矩形的方式(续)

特别提示

标高和厚度是两个不同的概念。设定标高是指在距基面一定高度的面内绘制矩形，而设定厚度则表示可以绘制出具有一定厚度(给定值)的矩形。

9. 绘制正多边形

PLOLYGON 命令可以绘制由 3～1024 条边组成的正多边形。

执行方式

- 下拉菜单：【绘图】|【正多边形】
- 功能区：【常用】|【绘图】|
- 命令行：POLYGON(POL)
- 工具栏：

特别提示

因为正多边形实际上是多段线，所以不能用“圆心”捕捉方式来捕捉一个已存在的多边形的中心。正多边形的创建方法有以下 3 种。

(1) 设定圆心和外接圆半径(I)，如图 2.31(a)所示。

(2) 设定圆心和内切圆半径(C)，如图 2.31(b)所示。

(3) 设定正多边形的边长(Edge)和一条边的两个端点，如图 2.31(c)及图 2.31(d)所示。

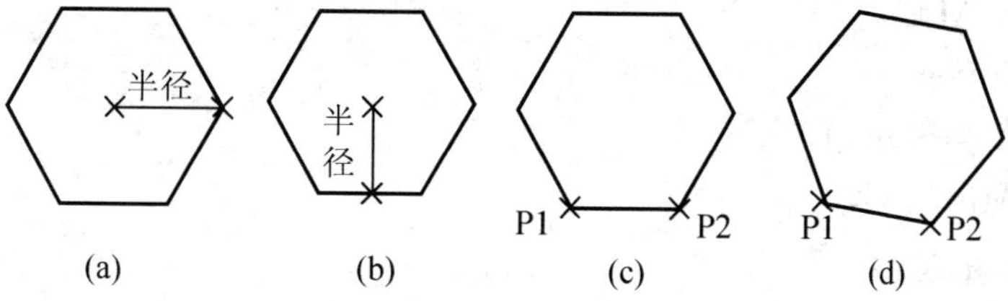

图 2.31　画正多边形的方法

2.2.2　图形编辑

要编辑图形，就要选择对象。我们把选中的一个或多个对象的集合叫做选择集。默认情况下，编辑图形时，既可以先启动编辑命令再选择需要编辑的对象，也可以先选择需要编辑的对象再调用编辑命令。

1. 对象选择

AutoCAD 的强大功能在于对图形的编辑，即通过对已存在的图形进行复制、移动、镜像和修剪等操作完成工程图。

AutoCAD 图形编辑命令由“命令操作”和“目标选择”两部分组成，AutoCAD 提供了 16 种对象选择方法，用户可以根据需要选择合适的方法。其中，逐个选择法、窗口选择法和交叉选择法是三种最基本也是最常用的选择法。

(1) 自动选择(Auto)。这是系统默认的对象选择方法。操作时，将拾取框直接移动到对象上压住要选择的对象，然后单击，即可将该对象选中。如果需要，可以重复这样操作，以便选择多个对象。

(2) W 窗口选(Window)。操作时，首先将光标移动到待选对象的左边并且单击，指定第一个角点，再向右移动光标，从左向右动态地拖动出一个临时实线矩形窗口，当该窗口完全围住待选对象时再次单击，指定第二个角点。这样，凡是位于这两个角点所定义的实线矩形窗口内的对象全部被选中，而那些只有一部分位于该窗口内或完全在该窗口外的对象则不会被选中。

(3) C 窗口选(Crossing)。操作时，首先将光标移动到待选对象的右边并且单击，指定第一个角点，然后向左移动光标，从右向左动态地拖动出一个临时虚线矩形窗口，再次单击，指定第二个角点。这样，凡是位于这两个角点所定义的虚线矩形窗口内或与该窗口相交的对象全部被选中，而那些完全位于该窗口外的对象则不会被选中。

(4) BOX 选(Box)。

(5) 最后图元(Last)。

(6) 前选择集(Previous)。

(7) 移去(Remove)。

(8) 添加(Add)。

(9) 撤消(Undo)。

(10) WP 窗口选(WPolygon)。

(11) CP 窗口选(CPolygon)。

(12) 围栏选(Fence)。

(13) 全部选(ALL)。

(14) 组选(Group)。

(15) 单一选择(SIngle)。

(16) 多点选(Multiple)。

2. 基本图形编辑

一幅图形、零件图或工程图不可能仅利用绘图命令完成，通常会由于作图需要或误操作产生多余的线条，因此需要对图线进行修改。AutoCAD 将各种图形编辑修改命令的工具按钮集中在“修改(Modify)”工具条上，如图 2.32 所示。

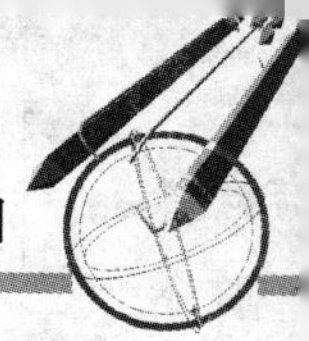

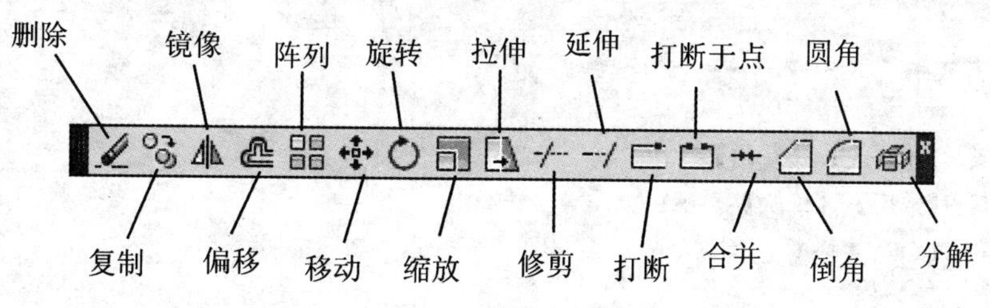

图 2.32　“修改”工具条

1) 删除与恢复对象

(1) 放弃与恢复对象。放弃上一个命令操作。恢复单个或多个【u】或【undo】命令放弃的操作。

执行方式

- 下拉菜单:【编辑】|【放弃】、【恢复】
- 快速访问工具栏:
- 命令行: UNDO | REDO
- 工具栏:

执行“放弃”时，命令行会显示被放弃操作的命令或系统变量名。

(2) 删除对象。从图形中删除已有对象。

执行方式

- 下拉菜单:【修改】|【删除】
- 功能区:【常用】|【修改】|
- 命令行: ERASE
- 工具栏:

通常，当发出【删除】命令后，用户需要选择要删除的对象，然后按 Enter 键或 Space 键结束对象选择，同时将删除已选择的对象。如果用户在【选项】对话框的【选择】选项卡中，选中【选择模式】选项组中的【先选择后执行】复选框，那么就可以先选择对象，然后单击【删除】按钮将其删除。

特别提示

使用 OOPS 命令，可以恢复最后一次使用【打断】、【块定义】和【删除】等命令删除的对象。

2) 【修改】菜单下复制对象

- 快捷键：Ctrl+X
- 快捷菜单：在绘图区域右击鼠标，从打开的快捷菜单中选择【剪切】

执行上述命令后，所选择的实体从当前图形上剪切到剪贴板上，同时从原图形中消失。

执行方式

◆ 下拉菜单:【修改】|【复制】
◆ 功能区:【常用】|【修改】|
◆ 命令行: COPY
◆ 工具栏:
◆ 快捷菜单: 选择要复制的对象，在绘图区域右击鼠标，从打开的快捷菜单上选择【复制选择】。

可以从已有的对象复制出副本，并放置到指定的位置。执行该命令时，首先需要选择对象，然后指定位移的基点和位移矢量(相对与基点的方向和大小)。

复制绘图区的图形。单击“复制对象”按钮，按提示完成对象选择后，AutoCAD 提示“指定基点或位移，或者 [重复(M)]”。直接单击指定基点后，光标处即跟随一个待复制对象，再次单击指定位移点后，就完成了一个对象的复制。

如果在指定基点前输入 M，则重复提示“指定位移的第二点或 <用第一点作位移>”，直至单击鼠标右键或按 Enter 键后结束。一次可以完成多个复制对象，如图 2.33 所示。

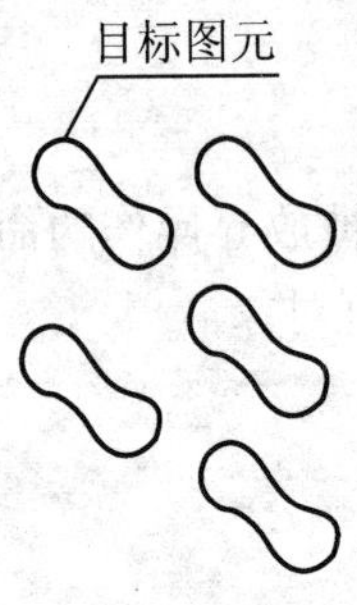

图 2.33　多重复制

3) 【编辑】菜单下复制对象

(1)【剪切】命令。执行上述命令后，所选择的对象从当前图形上复制到剪贴板上，原图形不变。

执行方式

◆ 下拉菜单:【编辑】|【剪切】
◆ 命令行: CUTCLIP
◆ 工具栏: 执行方式

(2) 【复制】命令。

◆ 下拉菜单:【编辑】|【复制】
◆ 命令行: COPYCLIP
◆ 快捷键: Ctrl+C
◆ 快捷菜单: 在绘图区域右击鼠标，从打开的快捷菜单中选择【复制】

特别提示

使用【剪切】和【复制】功能复制对象时，已复制到目的文件的对象与源对象毫无关系，源对象的改变不会影响复制得到的对象。

(3)【带基点复制】命令。

执行方式

◆ 下拉菜单:【编辑】|【带基点复制】
◆ 命令行: COPYBASE ↵
◆ 快捷键: Ctrl+Shift+C
◆ 快捷菜单: 在绘图区域右击鼠标，从快捷菜单中选择【带基点复制】

(4) 复制链接对象。

执行方式

◆ 下拉菜单:【编辑】|【复制链接】
◆ 命令行: COPYLINK ↵

对象链接和嵌入的操作过程与用剪切板粘贴的操作类似，但其内部运行机制却有很大的差异。链接对象与其创建应用程序始终保持联系。例如，Word 文档中包含一个 AutoCAD 图形对象，在 Word 中双击该对象，Windows 自动将其装入 AutoCAD 中，以供用户进行编辑。如果对原始 AutoCAD 图形作了修改，则 Word 文档中的图形也随之发生相应的变化。如果是用剪贴板粘贴上的图形，则它只是 AutoCAD 图形的一个复制，粘贴之后，就不再与 AutoCAD 图形保持任何联系，原始图形的变化不会对它产生任何作用。

4) 【粘贴】命令

执行方式

◆ 下拉菜单:【编辑】|【粘贴】
◆ 命令行: PASTECLIP ↵
◆ 快捷键: Ctrl+V
◆ 快捷菜单: 在绘图区域右击鼠标，从打开的快捷菜单中选择【粘贴】

执行上述命令后，保存在剪切板上的对象被粘贴到当前图形中。

(1) 选择性粘贴对象。

执行方式

◆ 下拉菜单:【编辑】|【选择性粘贴】
◆ 命令行: PASTESPEC ↵

系统打开【选择性粘贴】对话框，在该对话框中进行相关参数设置。

(2) 粘贴为块。

执行方式

◆ 下拉菜单:【编辑】|【粘贴为块】
◆ 命令行: PASTEBLOCK
◆ 快捷键: Ctrl+Shift+V
◆ 快捷菜单: 终止所有活动命令，在绘图区域单击鼠标右键，然后选择【粘贴为块】。

将复制到剪贴板的对象作为块粘贴到图形中指定的插入点。

5) 镜像复制对象

可以将对象以镜像线对称复制。绕指定轴线翻转对象，从而创建对称的镜像图形。镜像复制对象时可以选择是删除源对象还是保留源对象。【镜像】命令对创建对称图形非常有用，因为只需绘制半个图形，然后将其镜像便可以获得整个图形。

执行方式

◆ 下拉菜单:【修改】|【镜像】
◆ 功能区:【常用】|【修改】|
◆ 命令行: MIRROR
◆ 工具栏:

在 AutoCAD 中，使用系统变量 MIRRTEXT 可以控制文字对象的镜像方向。如果 MIRRTEXT 的值为 1，则文字对象完全镜像，镜像出来的文字变得不可读。如果 MIRRTEXT 的值为 0，则文字对象方向不镜像，镜像出来的文字变得可读。生成与源图形对称的目标图形。本命令的关键是确定对称直线，必须确定直线上的两点，如图 2.34 所示。

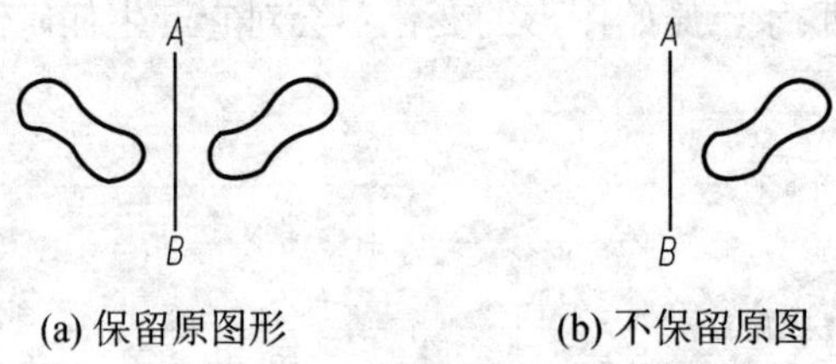

(a) 保留原图形　　　　(b) 不保留原图

图 2.34　以 AB 直线为对称线镜像

6) 偏移复制对象

用于创建造型与选定的源对象造型平行的新对象，如同心圆、平行直线和平行曲线等。可以偏移的对象包括直线、圆弧、圆、椭圆、椭圆弧、二维多段线、构造线和样条曲线等。

执行方式

◆ 下拉菜单:【修改】|【偏移】
◆ 功能区:【常用】|【修改】|
◆ 命令行: OFFSET
◆ 工具栏:

可以对指定的直线、圆弧、圆等对象作偏移复制。在实际应用中，常利用【偏移】命令的这些特性创建平行线或等距离分布图形。

特别提示

使用【偏移】命令复制对象时，对直线段、构造线、射线作偏移，是平行复制。对圆弧作偏移后，新圆弧与旧圆弧同心且具有同样的包含角，但新圆弧的长度会发生改变；对圆或椭圆作偏移后，新圆、新椭圆与旧圆、旧椭圆有同样的圆心，但新圆的半径或新椭圆的轴长会发生变化。

例 2-2　复制一个与指定图元(直线、圆、弧和多段线等)平行并保持等距离的新图元，效果如图 2.35 所示。单击“偏移”按钮，AutoCAD 给出“指定偏移距离或 [通过(T)] <10.0000>”提示 。

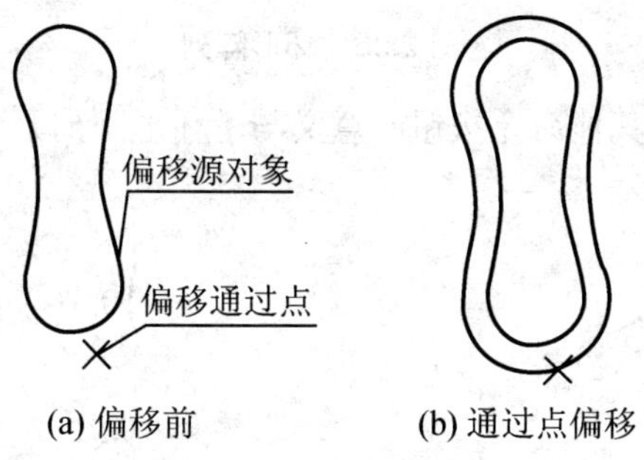

图 2.35　偏移操作

7) 阵列复制对象

用于创建按指定方式(矩形或环形)排列的多个对象副本。

执行方式

- ◆ 下拉菜单：【修改】|【阵列】
- ◆ 功能区：【常用】|【修改】|
- ◆ 命令行：ARRAY
- ◆ 工具栏：

打开【阵列】对话框，可以在该对话框中设置以矩形或者环形方式阵列复制对象。

特别提示

(1) 行距、列距和阵列角度的值的正负性将影响将来的阵列方向：行距和列距为正值将使阵列沿 X 轴或者 Y 轴正方向阵列复制对象；阵列角度为正值则沿逆时针方向阵列复制对象，负值则相反。如果采用单击按钮在绘图窗口中设置偏移距离和方向，则给定点的前后顺序将确定偏移的方向。

(2) 预览阵列复制效果时，单击【接受】按钮，则确认当前的设置，阵列复制对象并结束命令；单击【修改】按钮，则返回到【阵列】对话框，可以重新修改阵列复制参数；单击【取消】按钮，则退出【阵列】命令，不做任何编辑。

将选中的图元按矩形或环形的排列方式复制图形。单击【阵列】按钮，系统弹出【阵列】对话框，如图 2.36 所示。AutoCAD 提供了矩形阵列和环形阵列两种方式。

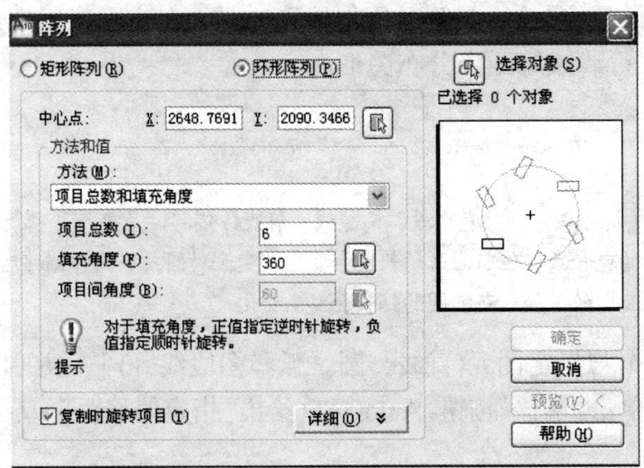

图 2.36　环形阵列

“矩形阵列”选项卡的其他命令按钮的意义与【环形阵列】选项卡中的相同，阵列的效果如图 2.37 所示。

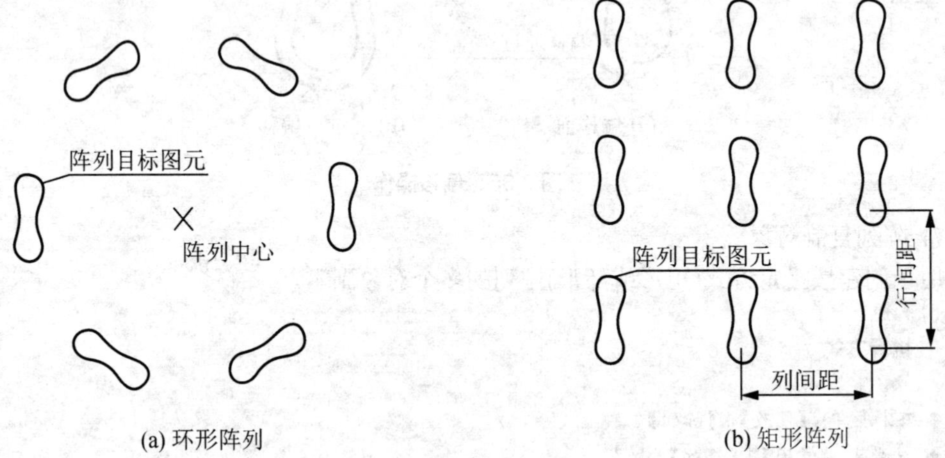

图 2.37　阵列效果

8) 移动复制对象

移动对象是指对象的重定位，在指定方向上按指定距离移动对象，将图形对象从图形的一个位置移到另一个位置，可以在指定方向上按指定距离移动对象，对象的位置发生了改变，但方向和大小不改变。

执行方式

◆ 下拉菜单:【修改】|【移动】
◆ 功能区:【常用】|【修改】|
◆ 命令行: MOVE
◆ 工具栏:

“移动”与“实时平移”命令不同，假设屏幕是一张图纸，“实时平移”命令只是将图

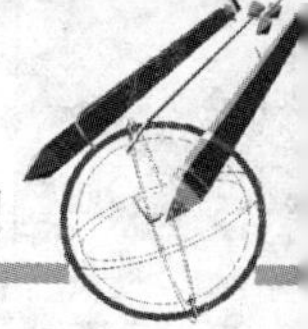

纸进行平移，而图形对象相对图纸固定不动；“移动”命令改变图形对象在图纸上的位置，图纸固定不动。

9) 旋转对象

围绕基点旋转对象，即将对象绕基点旋转指定的角度。

执行方式

- 下拉菜单:【修改】|【旋转】
- 功能区:【常用】|【修改】|
- 命令行: ROTATE
- 工具栏:

特别提示

使用系统变量 ANGDIR 和 ANGBASE 可以设置旋转时的正方向和 0 角度方向。用户也可以选择【格式】|【单位】命令，在打开的【图形单位】对话框中设置它们的值。

将图形对象围绕某一基准点作旋转。单击【旋转】按钮，系统提示“UCS 当前的正角方向：　ANGDIR=逆时针　ANGBASE=0”，并要求用户选择要旋转的对象。

10) 缩放对象

将图形对象按指定的比例因子相对于基点进行尺寸放大或缩小。

执行方式

- 下拉菜单:【修改】|【缩放】
- 功能区:【常用】|【修改】|
- 命令行: SCALE
- 工具栏:

启动缩放命令后，选取要缩放的对象，并指定缩放基准点。

11) 拉伸对象

移动或拉伸对象，操作方式根据图形对象在选择框中的位置决定。

执行方式

- 下拉菜单:【修改】|【拉伸】
- 功能区:【常用】|【修改】|
- 命令行: STRETCH
- 工具栏:

执行该命令时，可以使用交叉窗口方式或者交叉多边形方式选择对象，然后依次指定位移基点和位移矢量，AutoCAD 将会移动全部位于选择窗口之内的对象，而拉伸(或压缩)与选择窗口边界相交的对象。

对于直线、圆弧、区域填充和多段线等对象，若其所有部分均在选择窗口内，那么它们将被移动，如果它们只有一部分在选择窗口内，则遵循以下拉伸规则。

(1) 直线：位于窗口外的端点不动，位于窗口内的端点移动。

(2) 圆弧：与直线类似，但在圆弧改变的过程中，圆弧的弦高保持不变，同时由此来调整圆心的位置和圆弧起始角、终止角的值。

(3) 区域填充：位于窗口外的端点不动，位于窗口内的端点移动。

(4) 多段线：与直线或圆弧相似，但多段线两端的宽度、切线方向及曲线拟合信息均不改变。

(5) 其他对象：如果其定义点位于选择窗口内，对象发生移动，否则不动。

其中圆对象的定义点为圆心，形和块对象的定义点为插入点，文字和属性定义的定义点为字符串基线的左端点。

将图形中的一部分拉伸、移动或变形，而保持其余部分不变。在选择对象时只能用 C 或 Cp 窗口模式选取对象，全部在窗口内的图元不做变形而只做移动，部分在窗口外的图元发生变形，变形过程中窗口外的那个端点总保持不动，如图 2.38 所示。

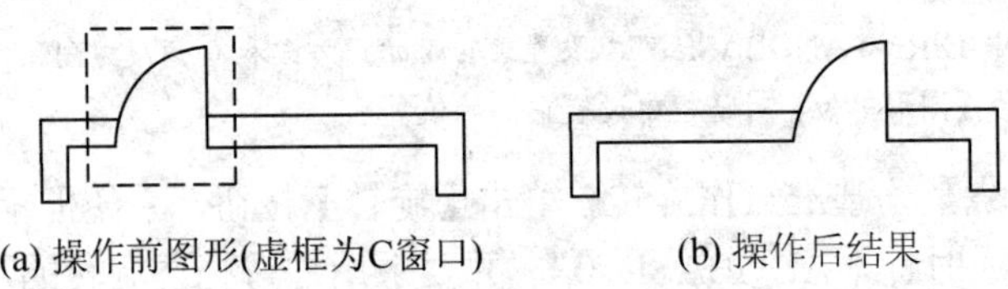

(a) 操作前图形(虚框为C窗口)　　(b) 操作后结果

图 2.38　图形的拉伸

单击【拉伸】按钮，按要求拾取对象后，在响应“指定基点或位移”提示时，用户直接单击指定基点或从命令行输入位移量。

12) 拉长对象

用于改变非闭合对象的长度和圆弧对象的包含角。改变或获得对象的长度。选择【修改】→【拉长】命令，AutoCAD 给出“选择对象或[增量(DE)/百分数(P)/全部(T)/动态(DY)]”提示。

执行方式

- 下拉菜单:【修改】|【拉长】
- 命令行: LENGTHEN
- 工具栏:

13) 对齐对象

对通过移动、旋转或倾斜源对象来使其与目标对象对齐，对齐对象时还可以选择是否基于对齐点缩放对象，使当前对象与其他对象对齐，既适用于二维对象，也适用于三维对象。在对齐二维对象时，用户可以指定 1 对或 2 对对齐点(源点和目标点)，在对齐三维对象时，则需要指定 3 对对齐点。

执行方式

- 下拉菜单:【修改】|【三维操作】|【对齐】
- 命令行: ALIGN

选择【对齐】命令，AutoCAD 会出现提示：选择对象：(选择指针，如图 2.39(a))。

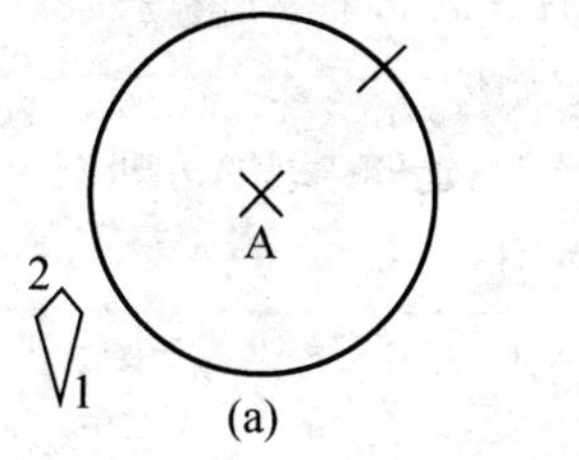

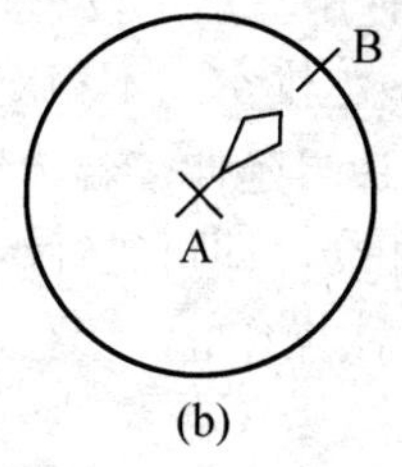

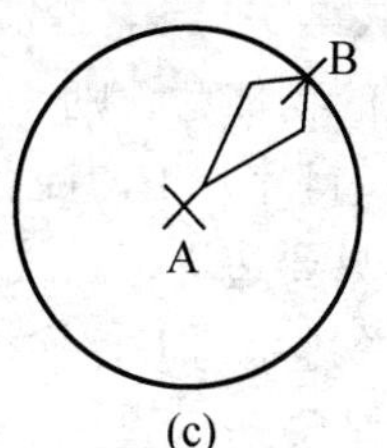

图 2.39　对齐示例

14) 修剪对象

将选中的对象修剪或延伸到指定的边界。在选择需要修剪或延伸的对象时，如果直接选择对象，则选中的对象将被修剪；如果按下 Shift 键不放，再选择对象，则选中的对象将被延伸。

执行方式

- 下拉菜单：【修改】|【修剪】
- 功能区：【常用】|【修改】|
- 命令行：TRIM
- 工具栏：

特别提示

在 AutoCAD 中，可以作为剪切边界的对象有直线、圆弧、圆、椭圆或椭圆弧、多段线、样条曲线、构造线、射线以及文字等。剪切边也可以同时作为被剪边。默认情况下，选择要修剪的对象(即选择被剪边)，系统将以剪切边为界，将被剪切对象上位于拾取点一侧的部分剪切掉。如果按下 Shift 键，同时选择与修剪边不相交的对象，修剪边将变为延伸边界，将选择的对象延伸至与修剪边界相交。

以某些对象作为边界，将另外一些对象的多余部分清除。单击【修剪】按钮后，AutoCAD 首先提示用户“当前设置：投影=UCS，边=无选择剪切边……”。修剪操作分两个阶段完成，先完成剪切边构造，然后在“选择对象”提示下选中待修剪以及作为修剪边界的全部对象，并以单击鼠标右键结束。

完成剪切边构造后，AutoCAD 提示：“选择要修剪的对象，按住 Shift 键选择要延伸的对象，或 [投影(P)/边(E)/放弃(U)]”，此时可作如下操作。

(1) 直接选对象，选中的部分被剪掉，如图 2.40 所示。

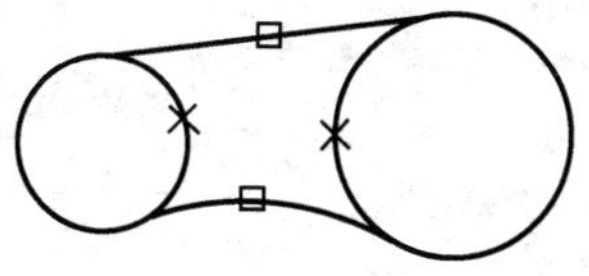

(a) TRIM操作前图形

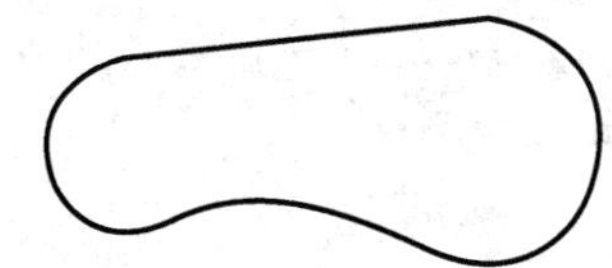

(b) TRIM操作后结果

图 2.40　修剪操作

(2) 按住 Shift 键并选择对象，则该图形对象延伸到边界。

(3) 输入关键字母 P，控制是否使用与指定投影方式。如果不进行投影，则系统只修剪三维空间相交的物体。否则，可修剪三维空间不相交物体。

(4) 输入关键字母 E，控制是否边界延伸。若选择不延伸(默认)，则只修剪相交的物体边界。否则，只要边界延长线产生相交，即可进行修剪。

(5) 输入关键字母 U，撤消上一次操作。

15) 延伸对象

将选中的对象延伸或修剪到指定的边界。在选择需要延伸或修剪的对象时，如果直接选择对象，则选中的对象将被延伸；如果按下 Shift 键不放，再选择对象，则选中的对象将被修剪。

执行方式

- ◆ 下拉菜单:【修改】|【延伸】
- ◆ 功能区:【常用】|【修改】| --/
- ◆ 命令行: EXTEND ⏎
- ◆ 工具栏: --/

可以延长指定的对象与另一对象相交或外观相交。延伸命令的使用方法和修剪命令的使用方法相似，不同的地方在于：使用延伸命令时，如果在按下 Shift 键的同时选择对象，则执行修剪命令；使用修剪命令时，如果在按下 Shift 键的同时选择对象，则执行延伸命令。

以某些图元为边界，将另外一些图元延伸到此边界，可以看成修剪的反向操作。单击【延伸】钮，其操作与修剪命令基本相同，具体效果如图 2.41 所示。

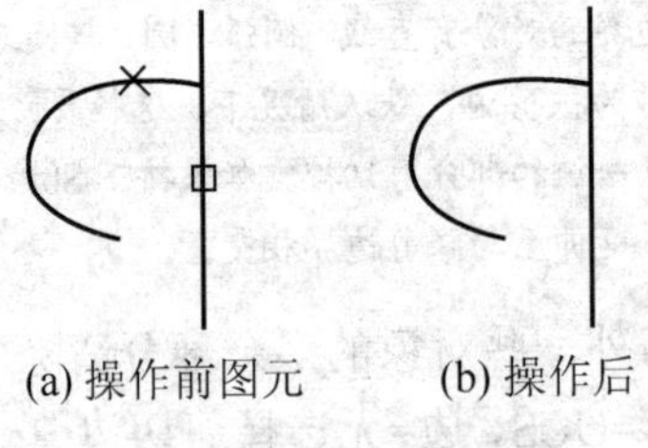

(a) 操作前图元　　(b) 操作后

图 2.41　延伸操作

16) 倒角

执行方式

- ◆ 下拉菜单:【修改】|【倒角】
- ◆ 功能区:【常用】|【修改】| ◸
- ◆ 命令行: CHAMFER ⏎
- ◆ 工具栏: ◸

使用成角的直线(或平面)连接两个相交(或它们的延长部分相交)对象。可以倒角的对象包括直线、多段线、构造线和三维实体等。

对两条线或多段线倒斜角。倒角命令是一个比较特殊的命令，单击【倒角】按钮，

AutoCAD 首先报告“当前倒角距离 1 = 10.0000，距离 2 = 10.0000”，并给出“选择第一条直线或 [多段线(P)/距离(D)/角度(A)/修剪(T)/方法(M)]”提示。

17) 圆角

执行方式

- ◆ 下拉菜单:【修改】|【圆角】
- ◆ 功能区:【常用】|【修改】|
- ◆ 命令行: FILLET
- ◆ 工具栏:

使用与对象相切并且具有指定半径的圆弧或曲面连接两个对象。可以进行圆角的对象包括圆、圆弧、椭圆、椭圆弧、直线、多段线、样条曲线、构造线等。

对两条线或多段线倒圆角。与倒角命令类似，AutoCAD 首先报告“当前设置： 模式 = 修剪，半径 = 10.0000”，并给出“选择第一个对象或 [多段线(P)/半径(R)/修剪(T)/多个(U)]:”的提示 。

2.3 知识链接

2.3.1 高级绘图命令

本节主要介绍操作步骤较多，或创建常用机械零件图形较少用到的绘图和图形编辑命令，主要包括“多线”、 “多段线”、“样条曲线”、“图案填充”、“面域”、“修订云线”、“创建块”和“插入块”等绘图命令，以及“多线”、“图库”和“对象追踪”。

1. 绘制多线

多线对象是由 1～16 条平行线组成，这些平行线称为元素。多条平行线组成的组合对象，平行线之间的间距和数目等是可以调整的。其突出的优点是能够提高绘图效率，保证图线之间的统一性。多线命令用于一次创建多条平行线。多条线的颜色、起始点和终点的形状等特征通过 “多线样式”对话框控制。

1) 多线

执行方式

- ◆ 下拉菜单:【绘图】|【多线】
- ◆ 命令行: MLINE

2) 定义多线样式

在 AutoCAD 中，用户可以根据需要创建多线样式，设置其线条数目、线型、颜色和线的连接方式等。

执行方式

◆ 下拉菜单:【格式】|【多线样式】
◆ 命令行: MLSTYLE ↵

在【格式】下拉菜单中单击【多线样式】，弹出【多线样式】对话框，如图 2.42 所示，单击【新建】按钮可建立一个新的多线样式，单击【修改】按钮，弹出的【修改多线样式】对话框中，可进行多线中每条线的颜色、线型以及线段之间偏移量的设置，如图 2.43 所示。多线示例如图 2.44 所示。

特别提示

不能修改默认的 STANDARD 多线样式，不能编辑 STANDARD 多线样式或图形中正在使用的任何多线样式的元素和多线特性。要编辑现有多线样式，必须在使用该样式绘制任何多线之前进行。

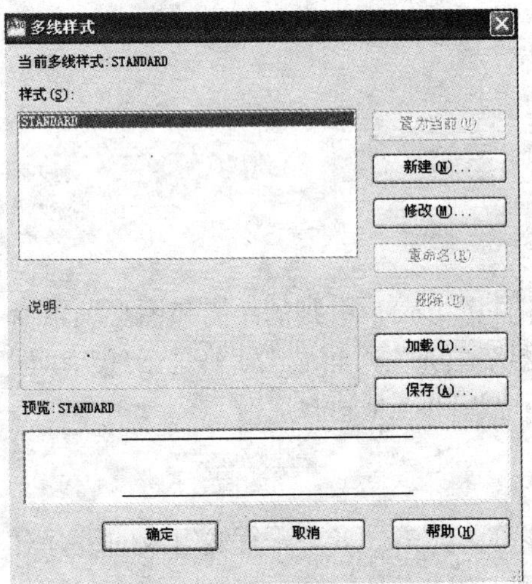

图 2.42 【多线样式】对话框

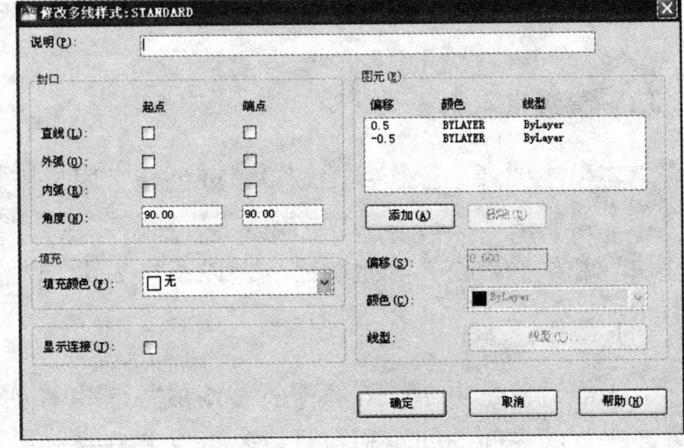

图 2.43 【修改多线样式】对话框

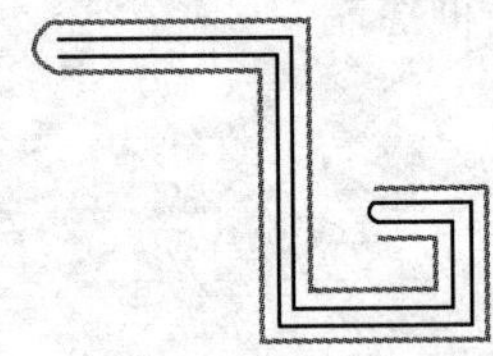

图 2.44 多线示例

3) 编辑多线

在 AutoCAD 中，可以使用编辑工具编辑多线。

执行方式

◆ 下拉菜单:【修改】|【对象】|【多线】
◆ 命令行: MLEDIT ↵

2. 多段线

多段线用于绘制等宽线、箭头等，是一种由直线段和圆弧组合而成的图形对象，多段线可具有不同线宽。这种线由于其组合形式多样，线宽可变化，弥补了直线或圆弧功能的不足，适合绘制各种复杂的图形轮廓。在 AutoCAD 中多段线是一种非常有用的线段组合体，它们既可以一起编辑，也可以分开来编辑。

1) 绘制多段线

执行方式

- 下拉菜单:【绘图】|【多段线】
- 功能区:【常用】|【绘图】|
- 命令行: PLINE
- 工具栏:

2) 编辑多段线

使用【pedit】命令可以闭合或打开多段线、合并多段线、为整个多段线设置统一线宽或分别控制多段线中各组成线段的线宽、编辑多段线的顶点、用样条曲线或圆弧拟合多线段、通过多段线创建线性近似样条曲线、拉直多段线的所有线段、控制非连继线型在多段线顶点处的显示方式等。使用【pedit】命令还可以将直线段或圆弧转变为多段线，继而可以使用【pedit】命令编辑它们。

在 AutoCAD 中，用户可以一次编辑一条多段线，也可以同时编辑多条多段线。多段线是 AutoCAD 中较为重要的一种图形对象，由多个彼此首尾相连的、相同或不同宽度的直线段或圆弧段组成，并作为一个单一的整体对象使用。

执行方式

- 下拉菜单:【修改】|【对象】|【多段线】
- 功能区:【常用】|【修改】|
- 命令行: PEDIT
- 工具栏:
- 快捷菜单: 选择要编辑的多段线/单击右键/从打开的快捷菜单上选择【编辑多段线】命令

单击【多段线】按钮，各选项的功能及操作方法如下。

(1) 圆弧(A)：由绘制直线转换成绘制圆弧。

(2) 半宽(H)：将多段线总宽度的值减半。AutoCAD 提示输入起点宽度和终点宽度。用户通过在命令行输入相应的数值，即可绘制一条宽度渐变的线段或圆弧。注意，命令行输入的数值将作为此后绘制图形的默认宽度，直到下一次修改为止。

(3) 长度(L)：提示用户给出下一段多段线的长度。AutoCAD 按照上一段的方向绘制这一段多段线，如果是圆弧则将绘制出与上一段圆弧相切的直线段。

(4) 放弃(U)：取消刚绘制的一段多段线。

(5) 宽度(W)：与半宽操作相同，只是输入的数值就是实际线段的宽度。

例 2-3　利用绘制圆弧功能完成 180° 圆弧绘制后，在命令行中输入“L”，重新转换成画线方式。按下【对象捕捉】和【对象追踪】按钮，移动光标使多段线起点出现端点符号。仔细地沿垂直方向移动光标，使垂直的对象追踪指示虚线出现，如图 2.45(a)所示，再单击

鼠标左键，即完成与第一条直线长度相同且相互平行的直线绘制。输入 A，由绘制直线转换成绘制圆弧，再在命令行输入 CL，圆弧与第一条直线起点重合，多段线创建结束，如图 2.45(b)所示。

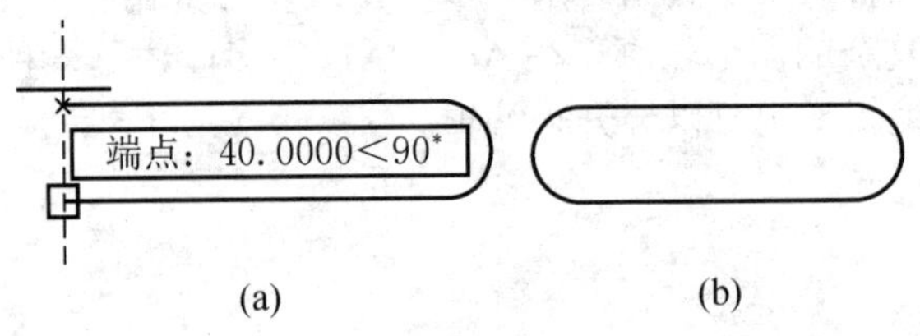

图 2.45　多段线示例

例 2-4　用 pline 命令绘制图 2.46 所示剖切符号和图 2.47 所示的二级管符号。

图 2.46　剖切符号　　图 2.47　二级管符号

特别提示

(1) 执行 PEDIT 命令后，如果选择的对象不是多段线，系统将显示【是否将其转换为多段线? <Y>】提示信息。此时，如果输入 Y，则可以将选中对象转换为多段线，然后在命令行中显示与前面相同的提示。

(2) 在 AutoCAD 中，系统变量 SPLINETYPE 用于控制拟合得到的样条曲线的类型，当其值为 5 时，生成二次 B 样条(Basis Splines)曲线。当其值为 6 时，生成三次 B 样条曲线，默认值为 6。系统变量 SPLINESEGS 用于控制拟合得到的样条曲线的精度，其值越大精度也就越高；如果其值为负，则先按其绝对值产生线段，然后再用拟合类曲线拟合这些线段，默认值为 8。系统变量 SPLFRAME 用于控制所产生样条曲线的线框显示与否，当其值为 1 时，可同时显示拟合曲线和曲线的控制线框。当其值为 0 时，只显示拟合曲线，默认值为 0。

3. 样条曲线

样条曲线是一种通过或接近指定点的拟合曲线。在 AutoCAD 中，样条曲线的类型是非均匀关系基本样条曲线(Non-Uniform Rational Basis Splines，NURBS)。这种类型的曲线适宜于表达具有不规则变化曲率半径的曲线。

1) 绘制样条曲线

由一系列控制点控制，并在规定拟合公差(Fit Tolerance)之内拟合形成的光滑曲线，称为样条曲线。

执行方式

◆ 下拉菜单:【绘图】|【样条曲线】
◆ 功能区:【常用】|【修改】|
◆ 命令行: SPLINE
◆ 工具栏:

2) 编辑样条曲线

执行方式

◆ 下拉菜单:【修改】|【对象】|【样条曲线】

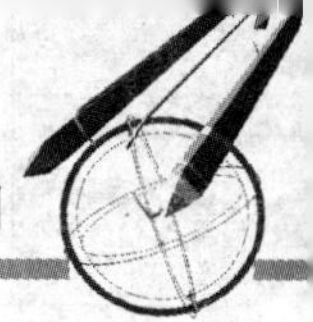

◆ 功能区:【常用】|【修改】|

◆ 命令行: SPLINEDIT

◆ 工具栏:

◆ 快捷菜单: 选择要编辑的样条曲线/单击右键/从打开的快捷菜单上选择【编辑样条曲线】命令样条曲线的选项不多，各项含义如下。

(1) 闭合(C)：自动将最后一点定义为与第一点相同，并且在连接处相切，以此使样条曲线闭合。

(2) 拟合公差(F)：修改当前样条曲线的拟合公差。选定此项并输入新的拟合公差后，将按照新的公差值拟合现有的点。

4. 剖面线

工程图纸表示剖面类型的剖面线，实质就是以指定的图案来充满某个指定区域，所以 AutoCAD 称之为图案填充。 下面以绘制如图 2.48 所示的键槽剖面图为例，讲述图案填充的操作方法。

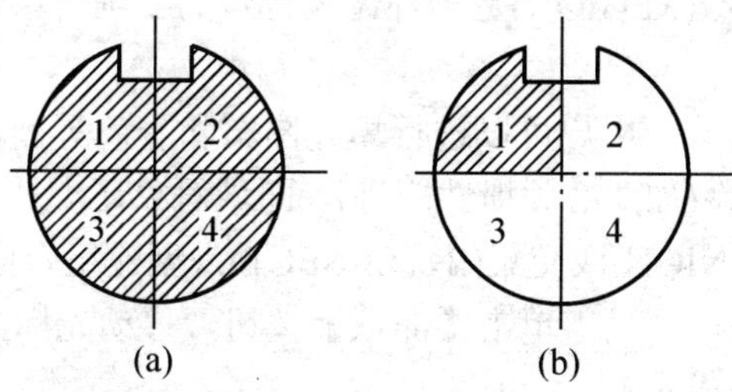

图 2.48　图案填充示例

单击【图案填充】按钮，系统弹出如图 2.49 所示的【图案填充和渐变色】对话框。对话框中的【类型】、【图案】和【样例】三者是联动的，因此单击【样例】图形框中的图案，系统打开如图 2.50 所示的【填充图案选项板】对话框。

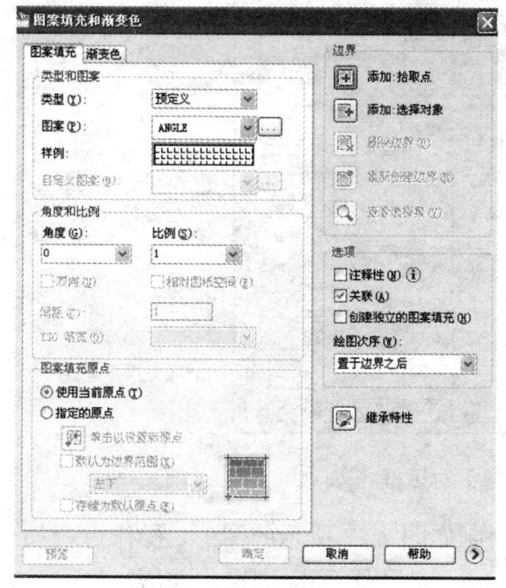

图 2.49　【图案填充和渐变色】对话框

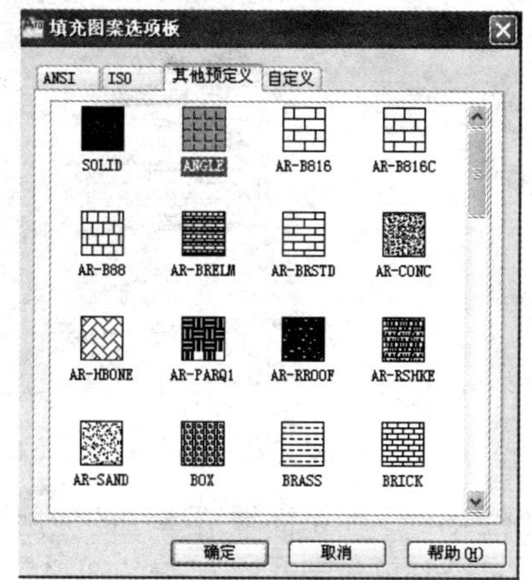

图 2.50　【图案填充选项板】对话框

1) 拾取点

2) 选择对象

单击【拾取点】按钮，对话框关闭，移动光标到如图 2.48(a)所示的 1 区域，单击鼠标左键，封闭区域的边界线呈虚线状态。单击鼠标右键结束对象拾取，单击【预览】按钮，可以看到只有四分之一圆填充了图案，如图 2.48(b)所示。若要一次性完成整个区域填充，需拾取 4 个区域。

特别提示

(1) 剖面线可以根据行业要求选取不同图案填充，机械图样推荐的剖面线图案为 ANSI31。

(2) 在进行图案填充时，应根据填充图案显示的需要调整【图案填充和渐变色】对话框中的角度和比例(见图 2.49)，以使填充的图案与图形协调。

5. 面域和边界

在 AutoCAD 中，面域(REGION)是一种比较特殊的二维对象，是由封闭边界所形成的二维封闭区域。

对于已创建的面域对象，用户可以进行填充图案和着色等操作，还可以分析面域的几何特性(如面积)和物理特性(如质心、惯性矩等)。面域对象还支持布尔运算，即可以通过差集(SUBTRACT)、并集(UNION)或交集(INTERSECT)来创建组合面域。

创建面域的方法很简单，只需单击【面域】按钮，移动光标拾取对象，再按 Enter 键或单击鼠标右键，即可完成。

如果是对象内部相交而构成的封闭区域，就不能用【面域】命令生成面域，但可选择【绘图】|【边界】命令来创建面域。启动边界命令后，系统打开如图 2.51 所示的【边界创建】对话框。

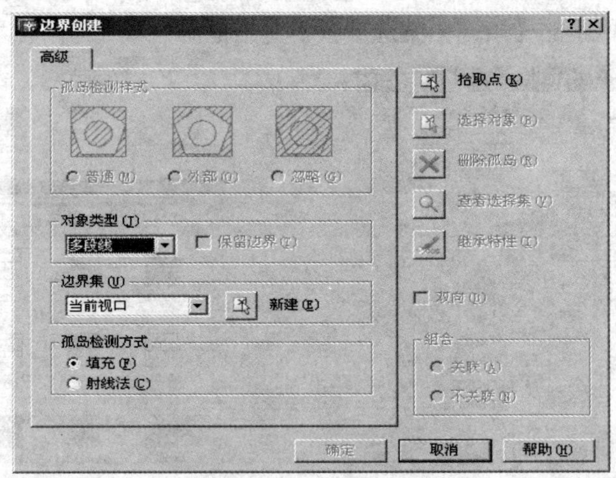

图 2.51 【边界创建】对话框

例 2-5 下面是面域造型法的应用示例，要绘制如图 2.52 所示的图形，操作过程如下。

(1) 绘制出如图 2.53 所示的图形，并将圆 A、B、C 和矩形 D 创建成面域。

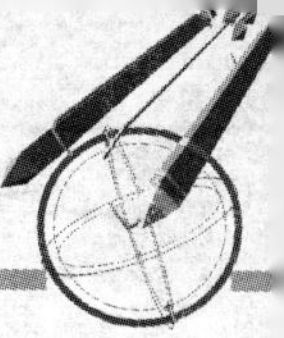

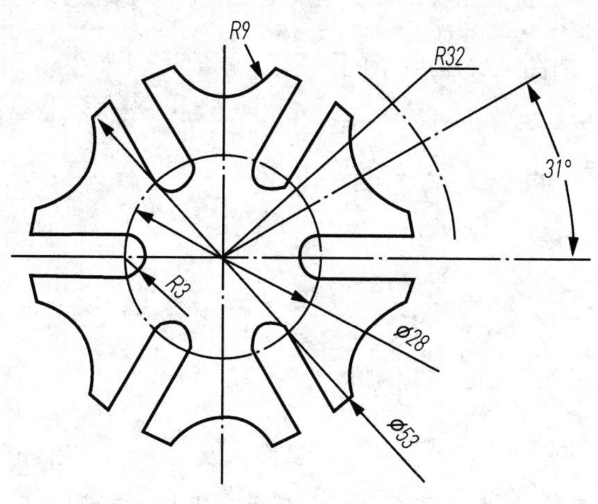

图 2.52　面域造型法应用

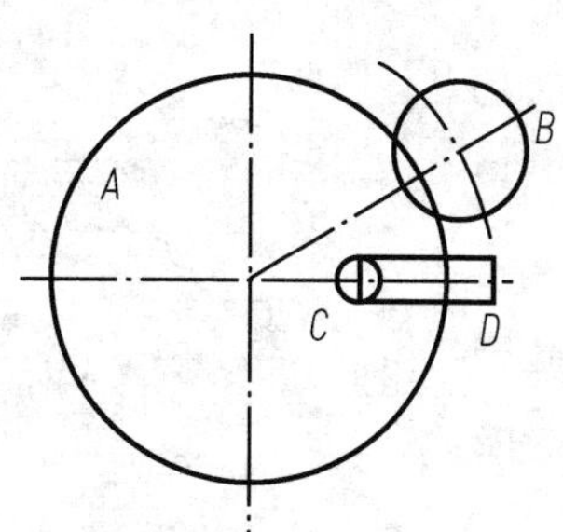

图 2.53　创建面域

(2) 建立圆 B、C 及矩形 D 的环形阵列，如图 2.54 所示。

(3) 进行布尔操作，用面域 A 减去面域 B、C、D，完成图形绘制，如图 2.55 所示。

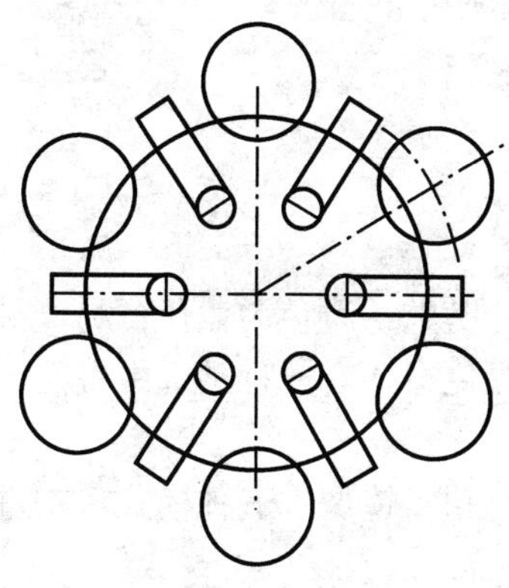

图 2.54　环形阵列

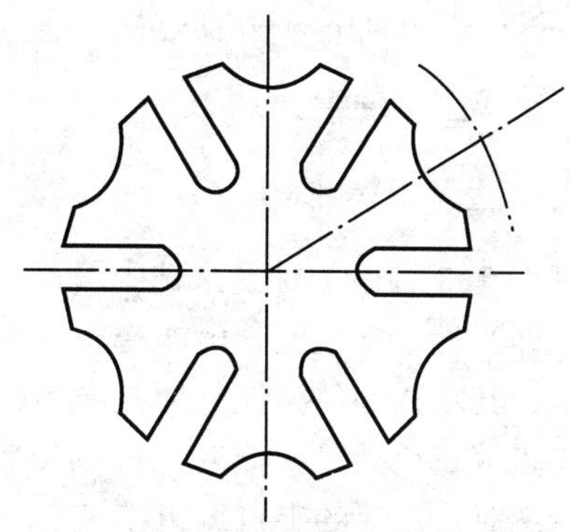

图 2.55　完成绘制

6. 绘制修订云线

修订云线是由连续圆弧组成的多段线而构成的云线形对象，其主要是作为对象标记使用，在检查或用红线圈阅图形时，可以使用修订云线功能来亮显标记以提高工作效率。用户可以从头开始创建修订云线，也可以将闭合对象(例如：圆、椭圆、闭合多段线或闭合样条曲线)转换为修订云线。将闭合对象转换为修订云线时，如果 DELOBJ 设置为 1(默认值)，原始对象将被删除。

执行方式

- ◆ 下拉菜单：【绘图】|【修订云线】
- ◆ 功能区：【常用】|【绘图】|
- ◆ 命令行：REVCLOUD
- ◆ 工具栏：

单击【修订云线】按钮后，命令行给出“指定起点或 [弧长(A)/对象(O)] <对象>：”各选项的意义如下：

(1) 指定起点：从头开始创建修订云线，如图 2.56(a)所示的图形。

图 2.56

(2) 弧长(A)：为修订云线的弧长设置最小值和最大值。应该注意最大弧长不能超过最小弧长的三倍。

(3) 对象(O)：将闭合对象(例如圆、椭圆、闭合多段线或闭合样条曲线)转换为修订云线。将闭合对象转换为修订云线时，如果 DELOBJ 设置为 1(默认值)，原始对象将被删除，如图 2.55(b)所示的图形。

2.3.2 高级图形编辑

1. 夹点图形编辑

夹点有 3 种。一种是未选中夹点，又叫做冷夹点，其默认颜色为蓝色；另一种是悬停夹点，即光标在它上面悬停的冷夹点，其默认颜色为绿色；还有一种是选中夹点，又叫做热夹点，其默认颜色为红色。

夹点编辑包括“拉伸”、“移动”、“旋转”、“缩放”和“镜像”五种模式。刚进入夹点编辑状态时，默认的夹点编辑模式是“拉伸”。

1) 夹点的概念

AutoCAD 对于用户直接选中的对象，在其特征点处将显示一个小方框作为标记，这些标记对象控制点的方框称为夹点。

2) 夹点图形编辑操作

用户选中待修改对象后，再移动光标到其中的一个小方框上单击，该夹点显示为红色填充的方框。此时命令行显示拉伸等相应的选项提示，用户可以通过下面几种办法切换到所需的夹点编辑模式：

(1) 在夹点编辑状态下按一次或多次 Enter 键。

(2) 在夹点编辑状态下按一次或多次 Space 键。

(3) 在夹点编辑状态下在绘图区右击，从弹出的“夹点编辑快捷菜单”中选择所需的夹点编辑模式。

(4) 在夹点编辑状态下输入 st(拉伸)、mo(移动)、ro(旋转)、sc(缩放)或 mi(镜像)。

3) 夹点的设置

选择【工具】|【选项】命令，在【选项】对话框的【选择集】选项卡中可完成夹点的设置，如图 2.57 所示。

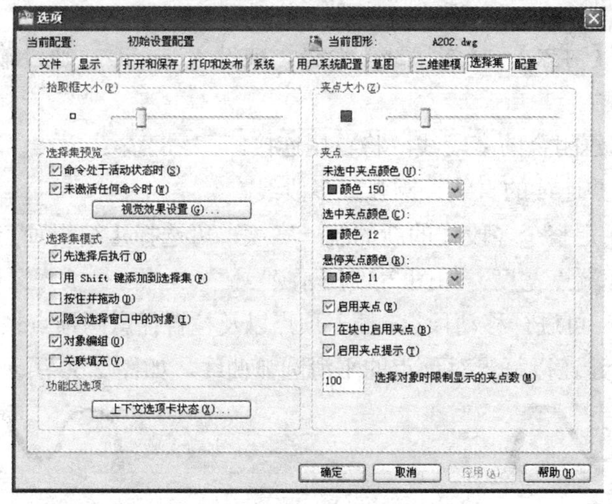

图 2.57　“选择集”选项卡

2. 修改对象特性信息

1) AutoCAD 对象的特性信息

AutoCAD 对象的特性包括基本特性、几何特性以及根据对象类型的不同而异的其他一些特性，如图 2.58 所示。用户可以通过对话框查询或修改对象特性信息。

(a) 图形对象特性

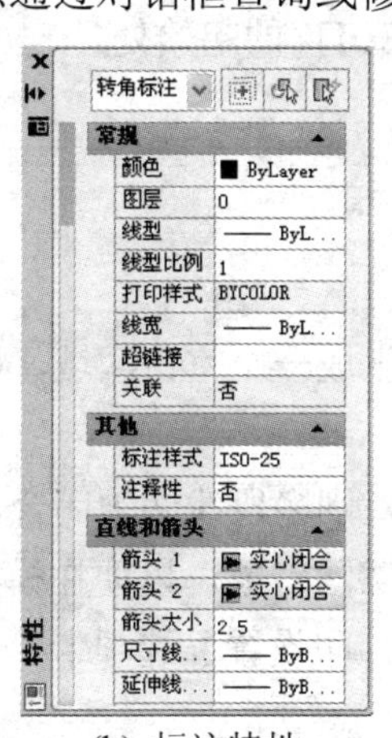

(b) 标注特性

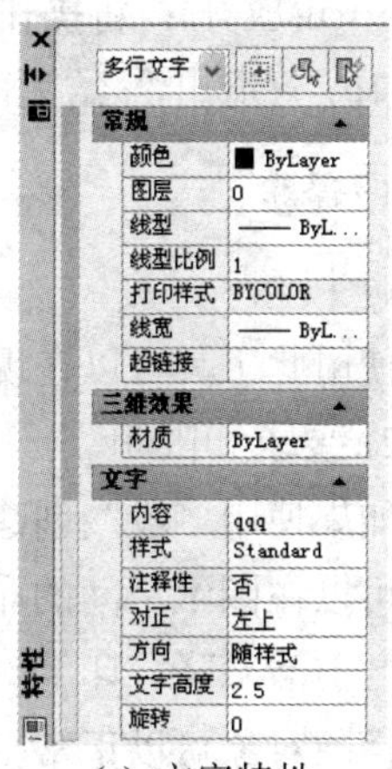

(c) 文字特性

图 2.58　对象特性

2) 对象特性的修改

选中修改对象后，单击鼠标右键调出快捷菜单，从中选取特性命令，或单击标准工具条上的【特性】按钮，系统弹出如图 2.58 所示的对话框。在特性值后的编辑栏中直接修改对应数据，即可完成对象的修改。

3. 多段线的编辑

1) 概念

可以合并相互连接的直线、圆弧或另一条多段线，也可以打开或闭合多段线，以及移动、添加或删除单个顶点来编辑多段线。

2) 操作

选择【修改】|【对象】|【多段线】命令，或键入 pedit。 通过输入一个或多个下列选项编辑多段线。

(1) c(闭合)：创建闭合的多段线，将首尾连接。

(2) j(合并)：合并连续的直线、圆弧或多段线。

(3) w(宽度)：指定整个多段线的新的统一宽度，可选择【编辑顶点】|【宽度】命令修改线段的起点宽度和端点宽度，如图 2.59 所示。

(4) e(编辑顶点)：可进行移动顶点、插入顶点以及拉直任意两顶点之间的多段线等操作。

(5) f(拟合)：创建连接每一对顶点的平滑圆弧曲线，如图 2.60 所示。

图 2.59　修改多段线宽度

图 2.60

(6) s(样条曲线)：

(7) d(非曲线化)：删除圆弧拟合或样条曲线拟合多段线插入的其他顶点并拉直所有多段线线段。

(8) L(线型生成)：生成经过多段线顶点的连续图案的线型。

(9) u(放弃)：将操作返回至 PEDIT 的起始处。

(10) x(退出)：结束命令。

4. 擦除

1) 概念

使用此工具可以在现有对象上生成一个空白区域，用于添加注释或详细的蔽屏信息。

2) 要求和限制

如果使用多段线创建擦除对象，则多段线必须闭合，只包括直线段且宽度为零。

可以在图纸空间的布局上创建擦除对象，以便在模型空间中屏蔽对象。但是，必须在打印之前清除【打印】对话框中【打印设置】选项卡上的【最后打印图纸空间】选项，以确保擦除对象可以正常打印。

由于擦除对象与光栅图像相似，因而它与光栅图像的打印要求相同：需要一台带有 ADI 4.3 光栅驱动程序或系统打印驱动程序的光栅打印机。

3) 操作

(1) 使用空白区域覆盖现有对象的步骤如下：选择【绘图】|【擦除】命令；在定义被屏蔽区域周边的点序列中指定点；按 Enter 键结束。

(2) 将所有擦除边框打开或关闭的步骤如下：选择【绘图】|【擦除】命令；在命令行中输入 f(边框)；输入 on 或 off 并按 Enter 键。

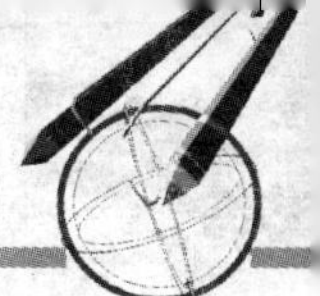

2.4　拓 展 训 练

2.4.1　基本图案

图 2.61

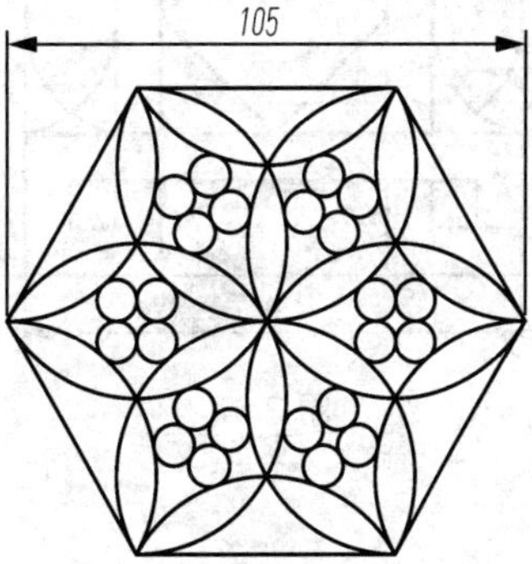

图 2.62

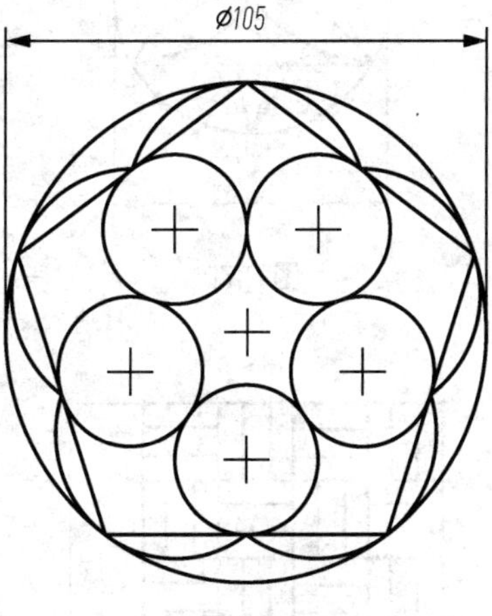

图 2.63

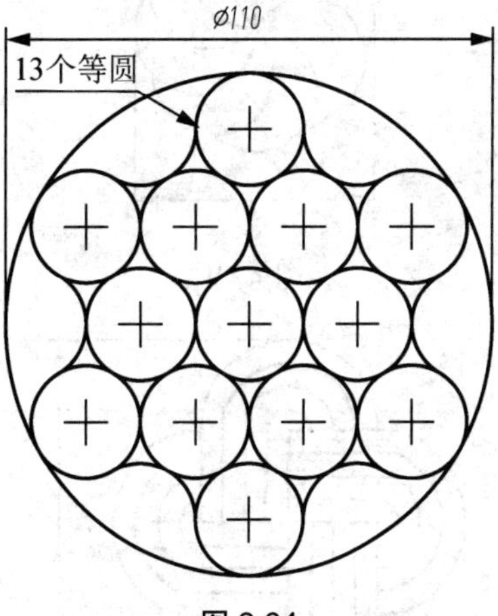

图 2.64

图 2.65

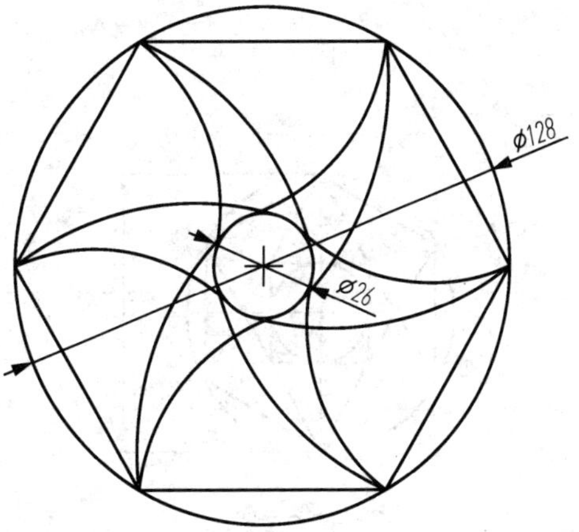

图 2.66

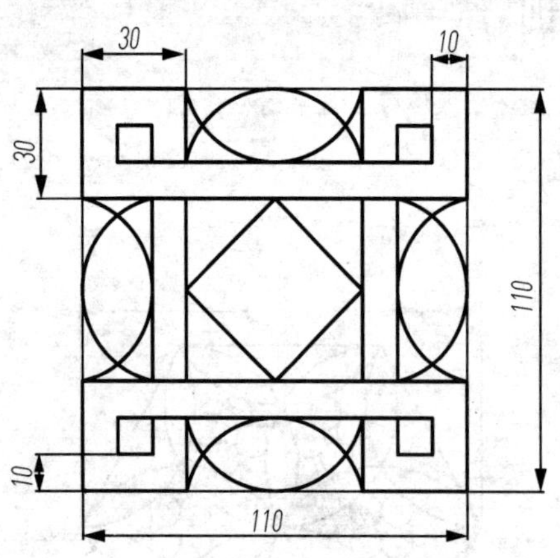

图 2.67

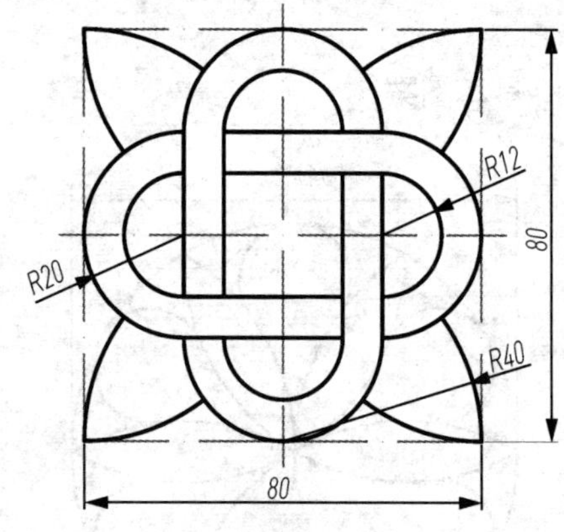

图 2.68

图 2.69

图 2.70

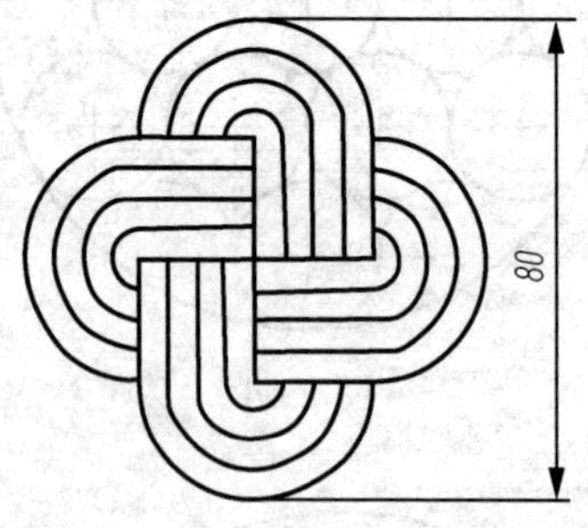

图 2.71

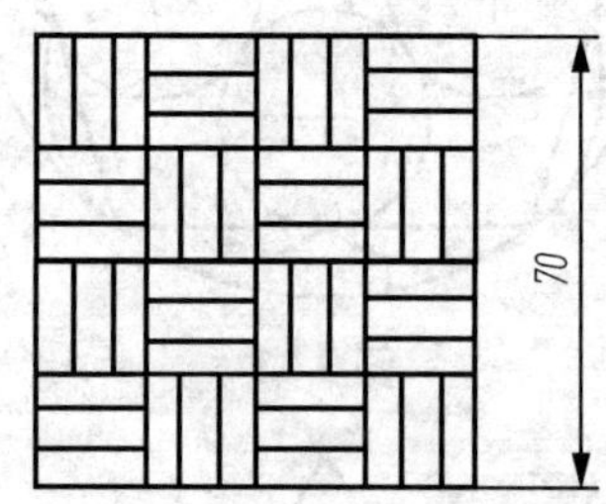

图 2.72

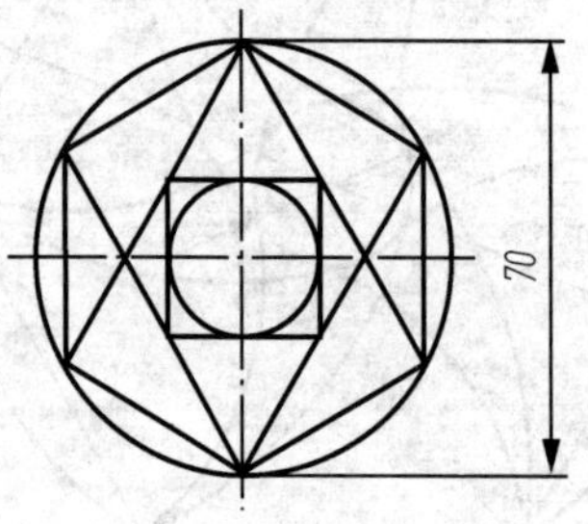

图 2.73

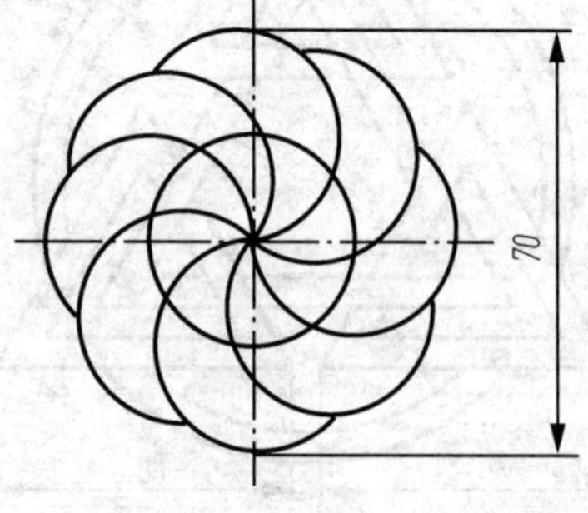

图 2.74

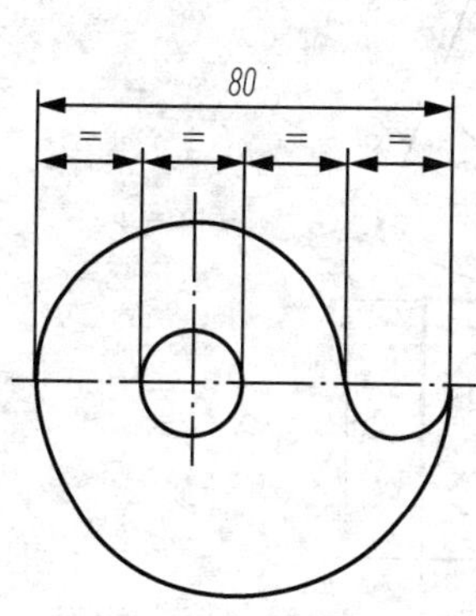

图 2.75

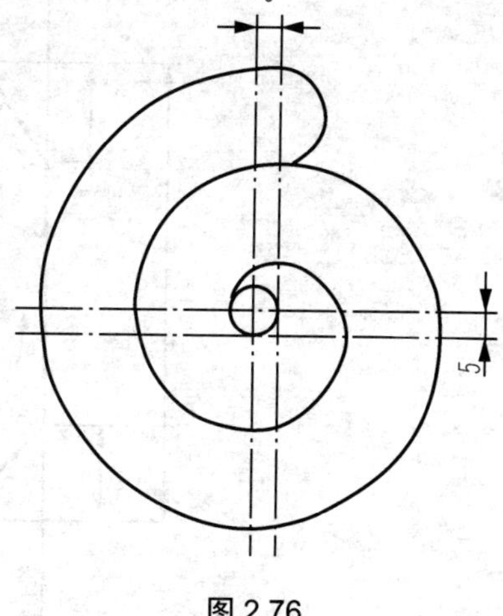

图 2.76

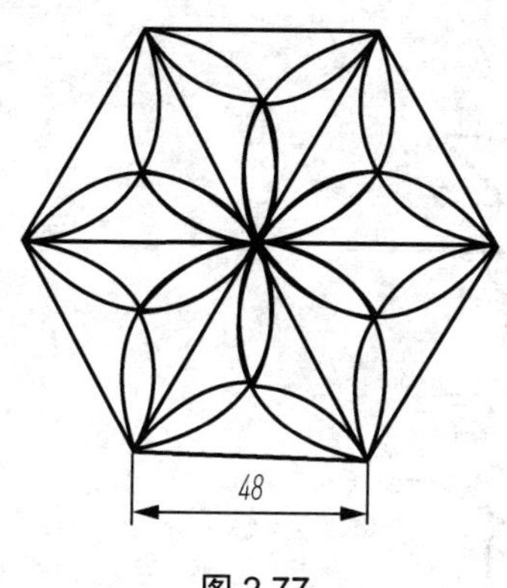

图 2.77

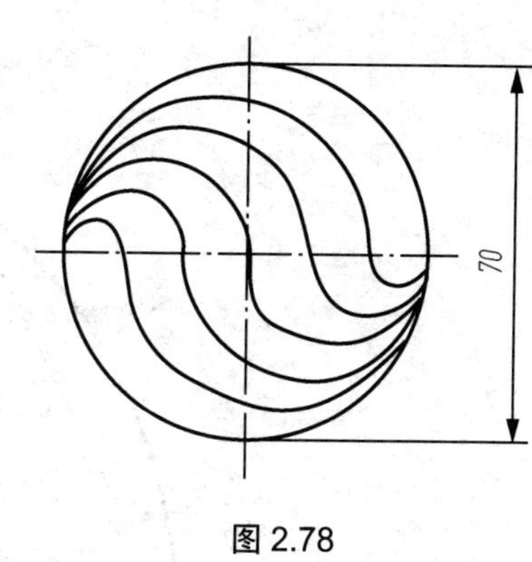

图 2.78

2.4.2　平面图形

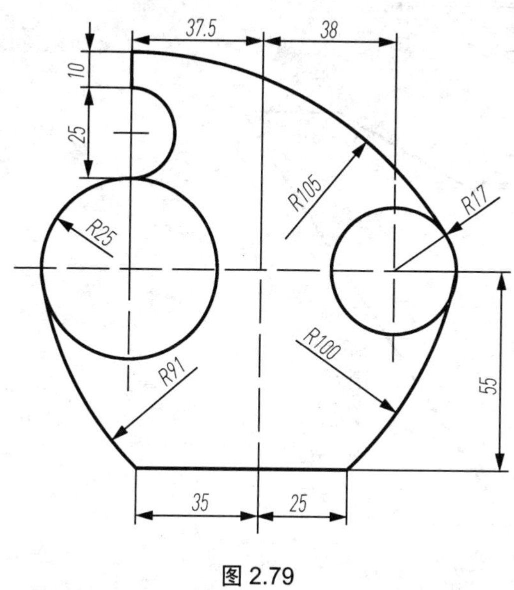

图 2.79

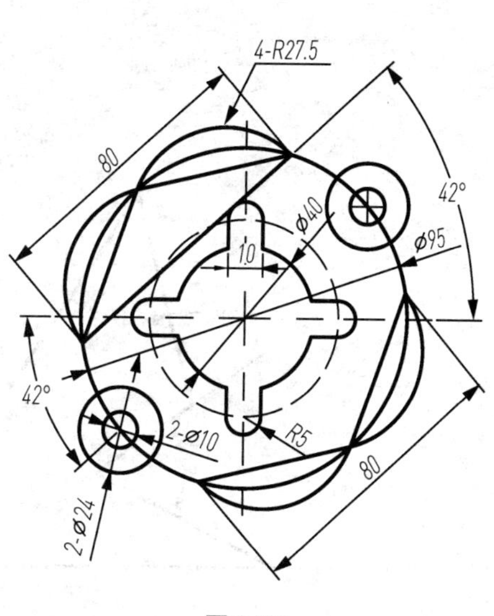

图 2.80

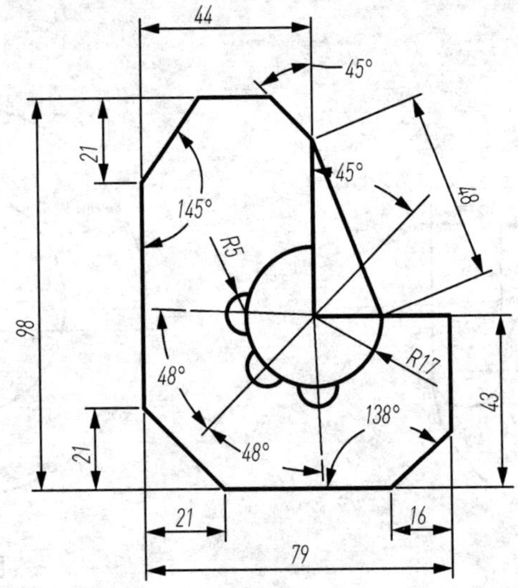

图 2.81

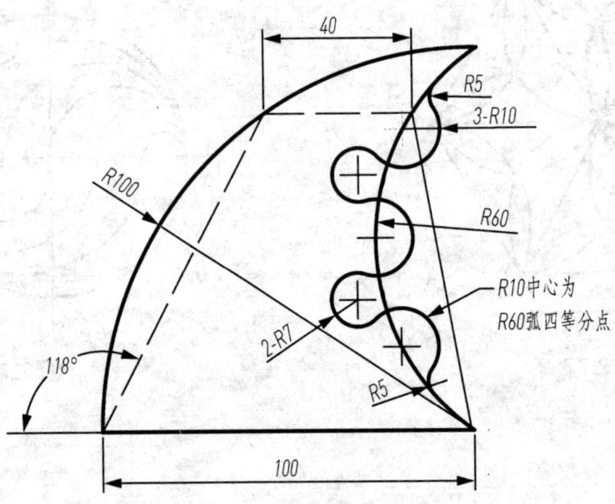

图 2.82

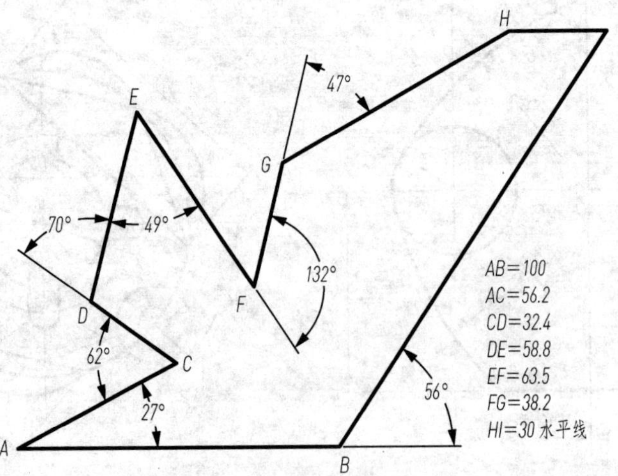

图 2.83

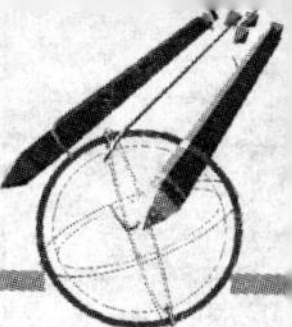

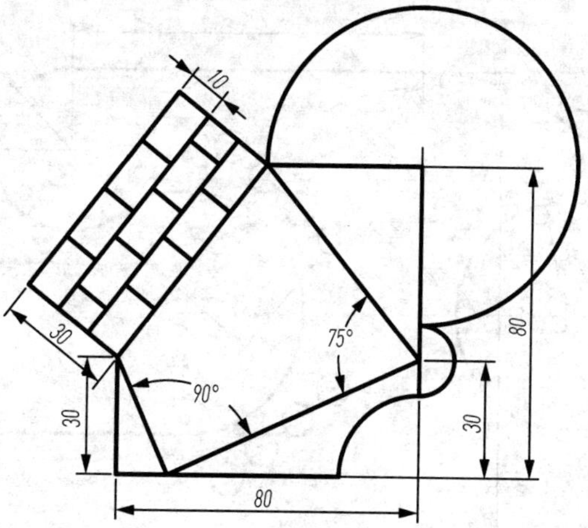

图 2.84

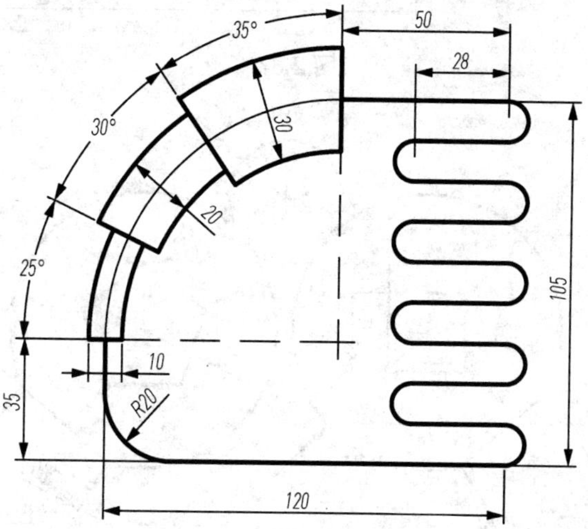

图 2.85

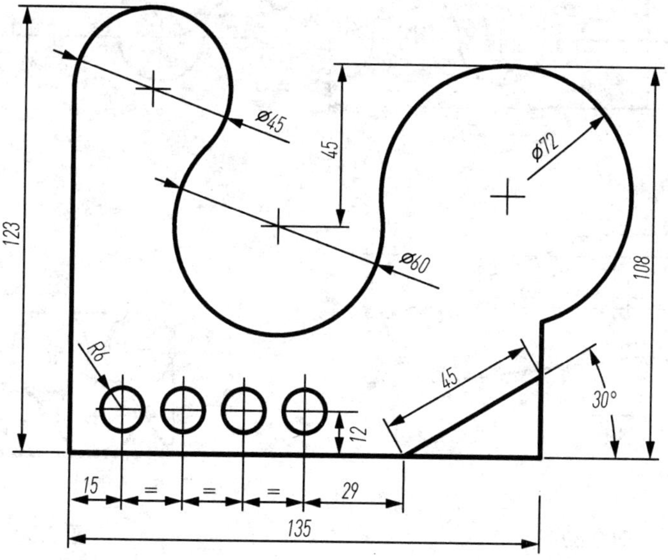

图 2.86

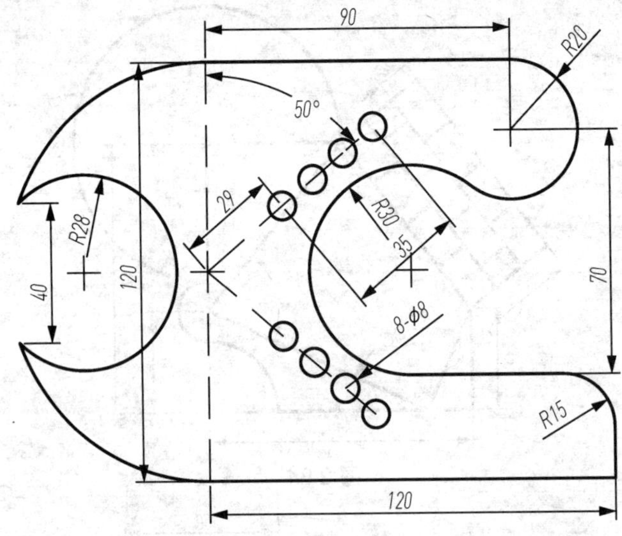

图 2.87

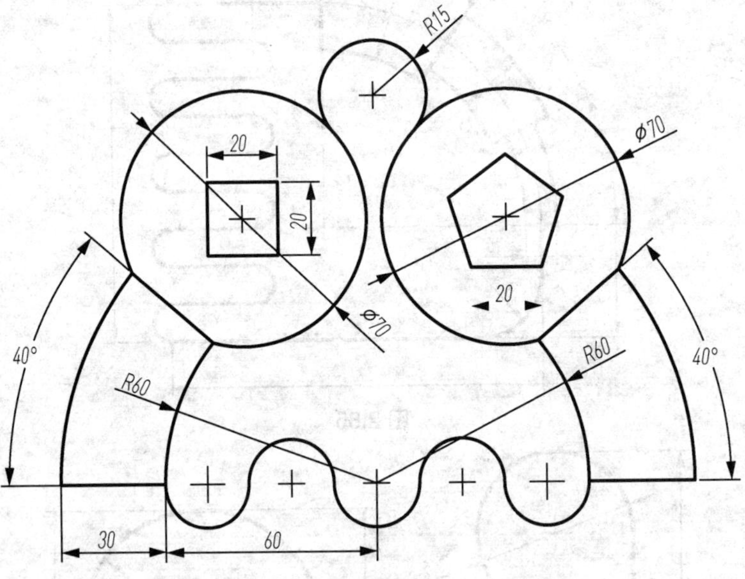

图 2.88

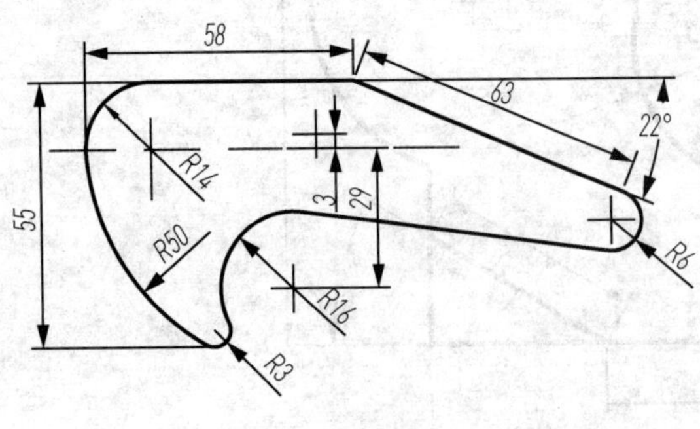

图 2.89

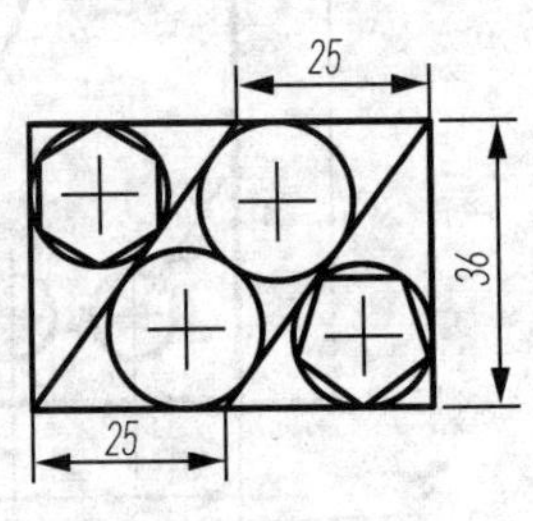

图 2.90

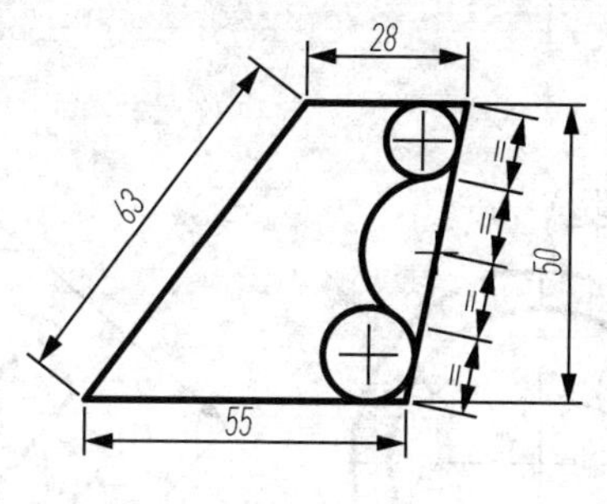

图 2.91

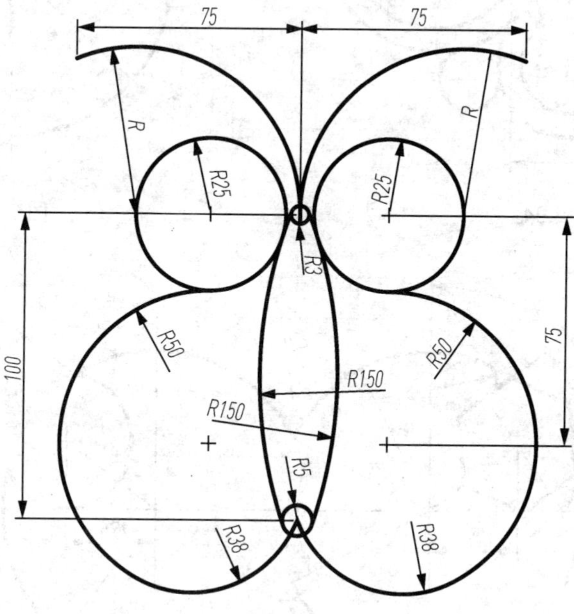

图 2.92

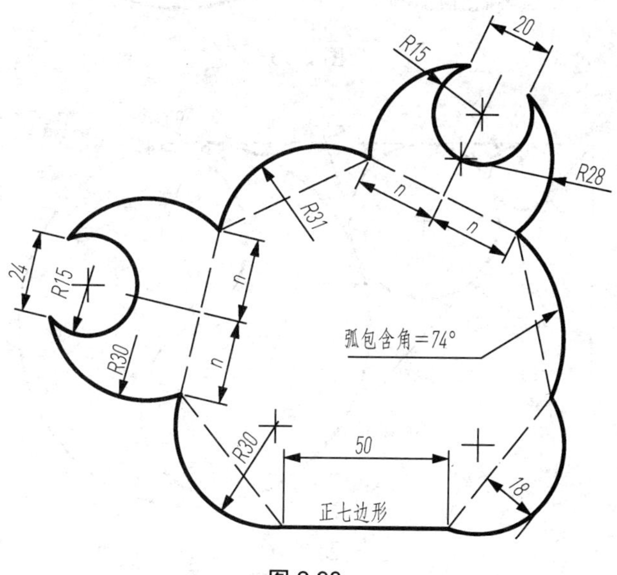

图 2.93

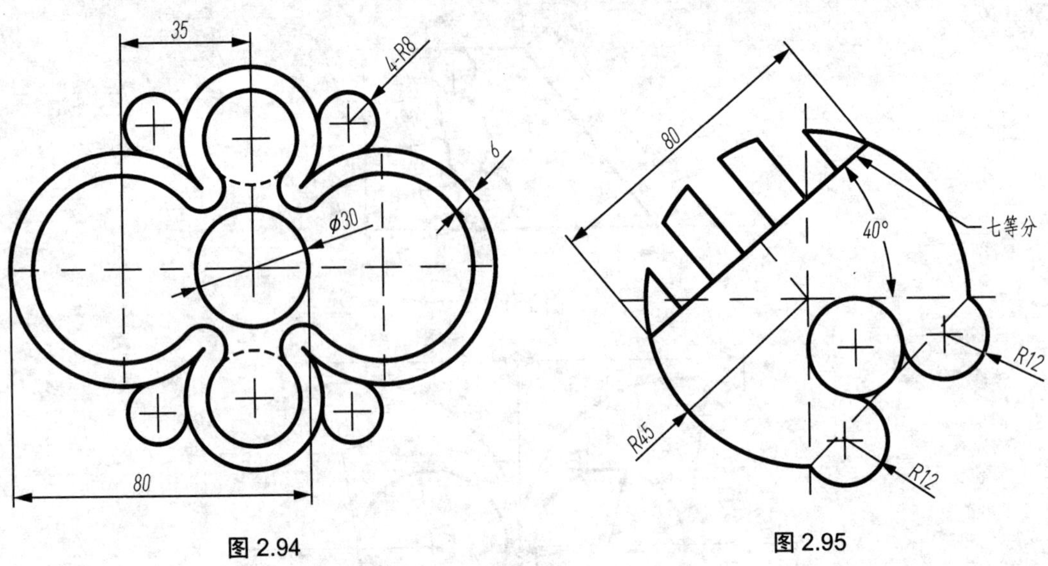

图 2.94　　图 2.95

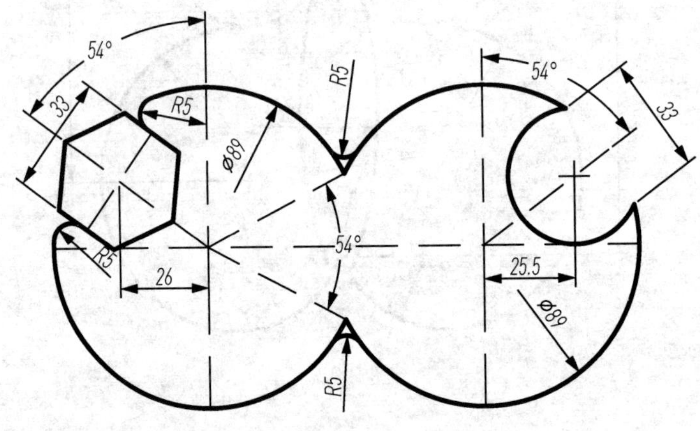

图 2.96

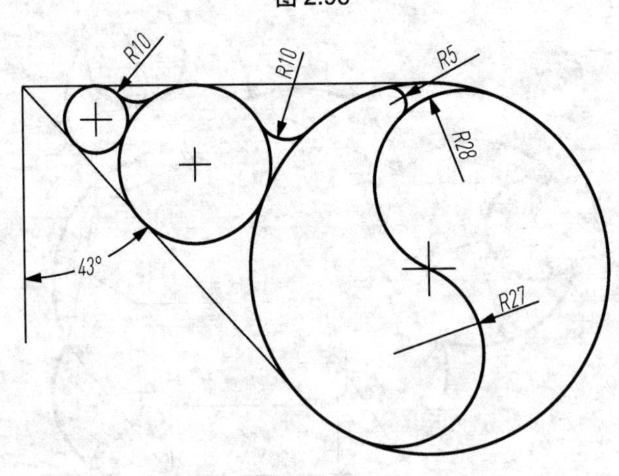

图 2.97

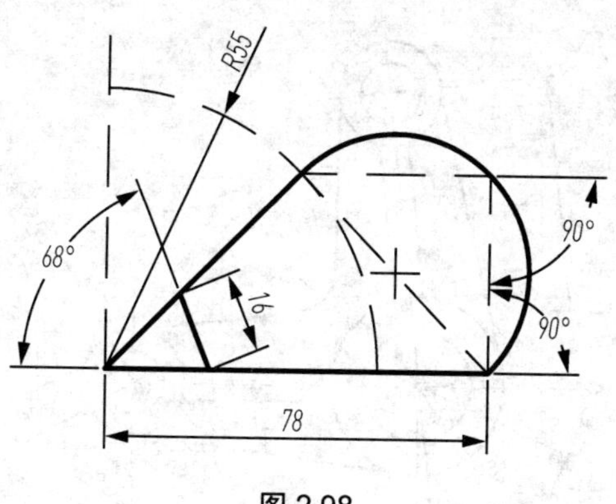

图 2.98

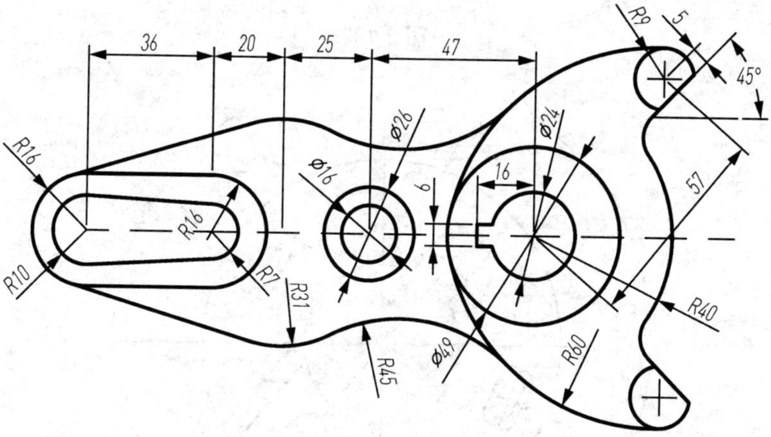

图 2.99

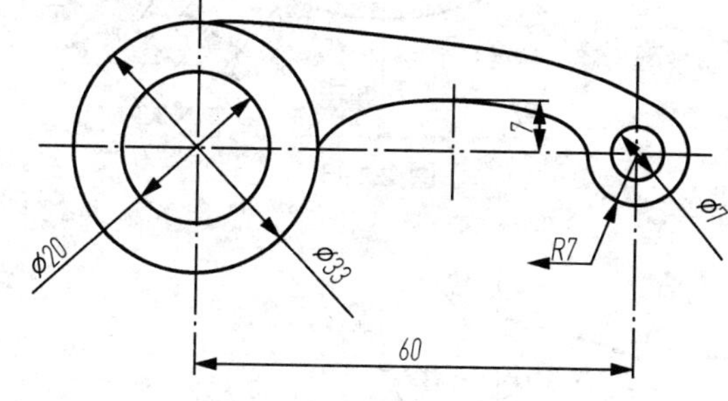

图 2.100

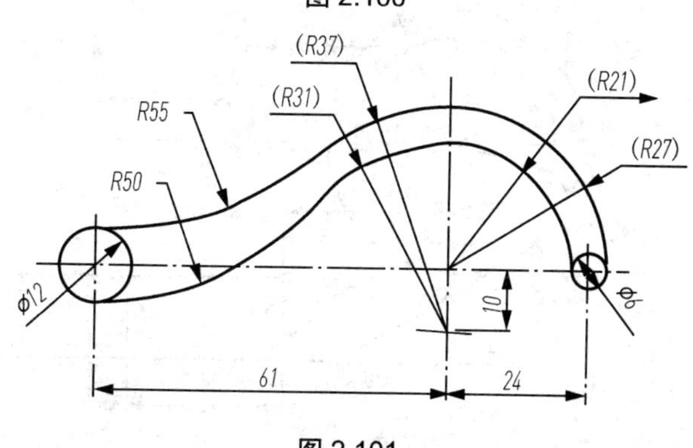

图 2.101

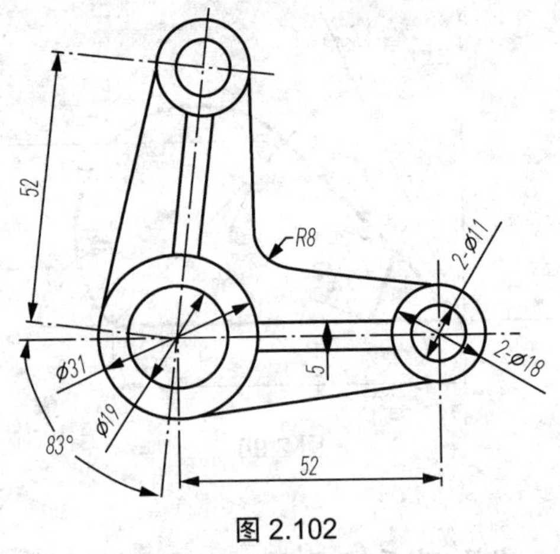

图 2.102

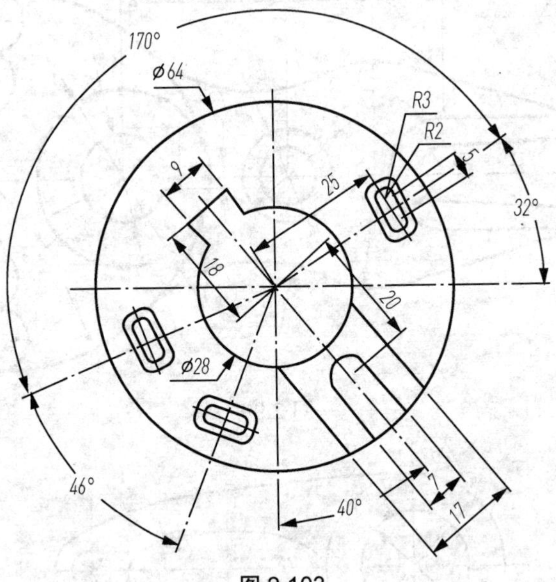

图 2.103

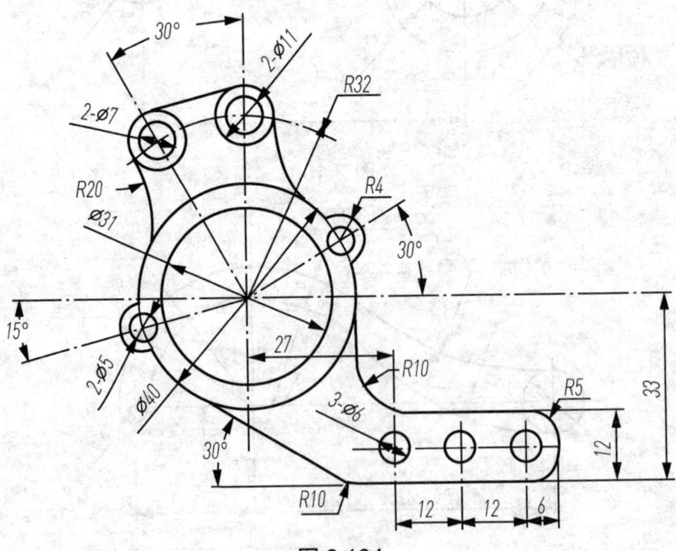

图 2.104

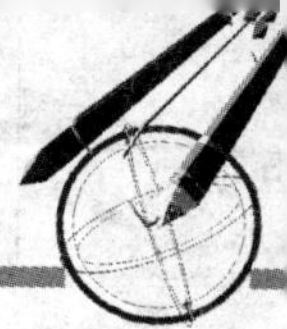

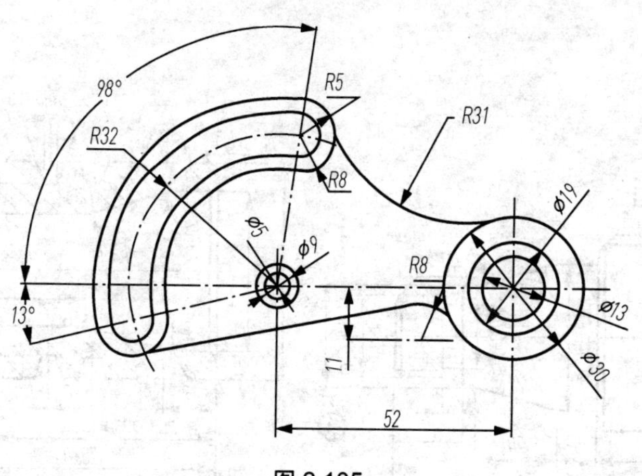

图 2.105

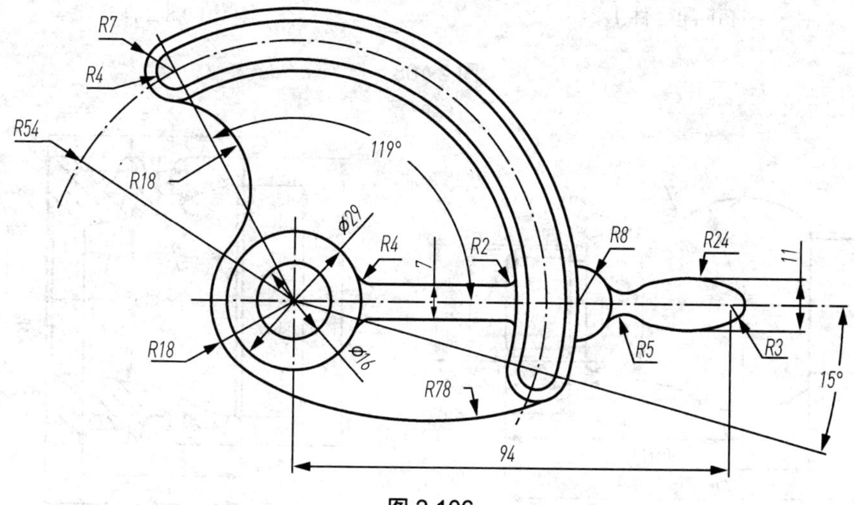

图 2.106

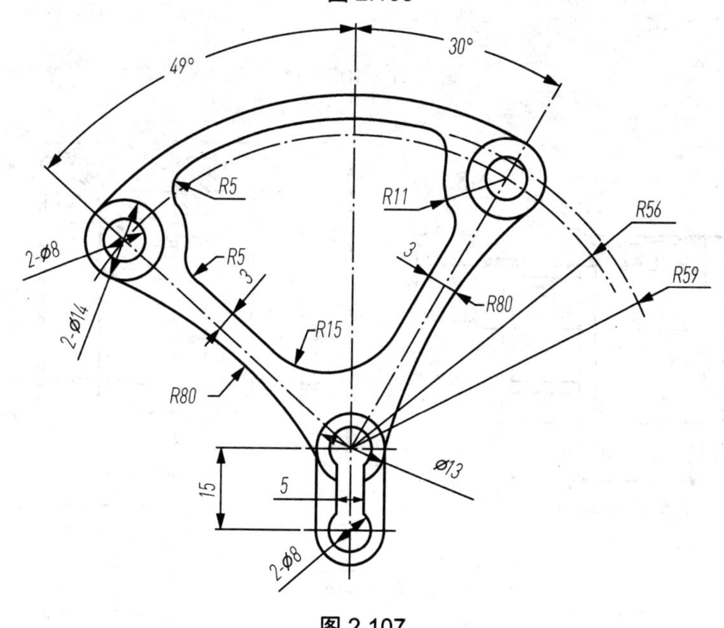

图 2.107

2.4.3 配合零件图

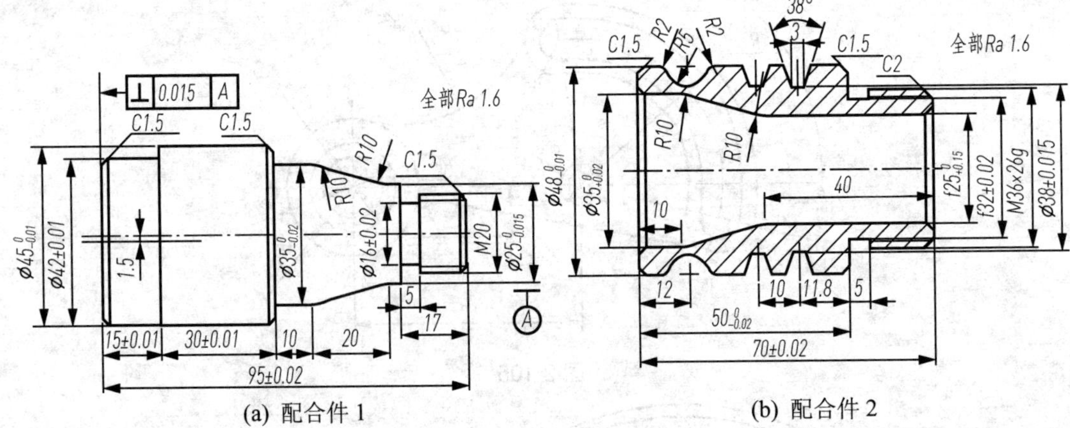

(a) 配合件 1　　(b) 配合件 2

图 2.108

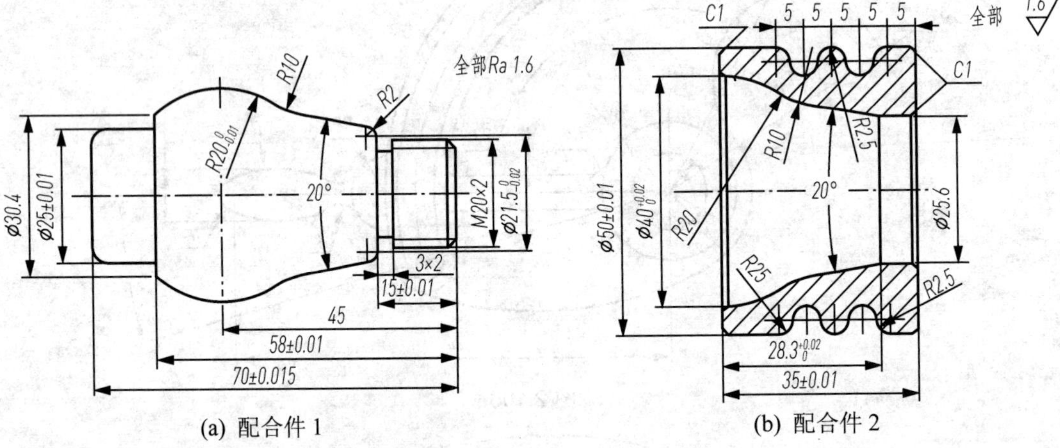

(a) 配合件 1　　(b) 配合件 2

图 2.109

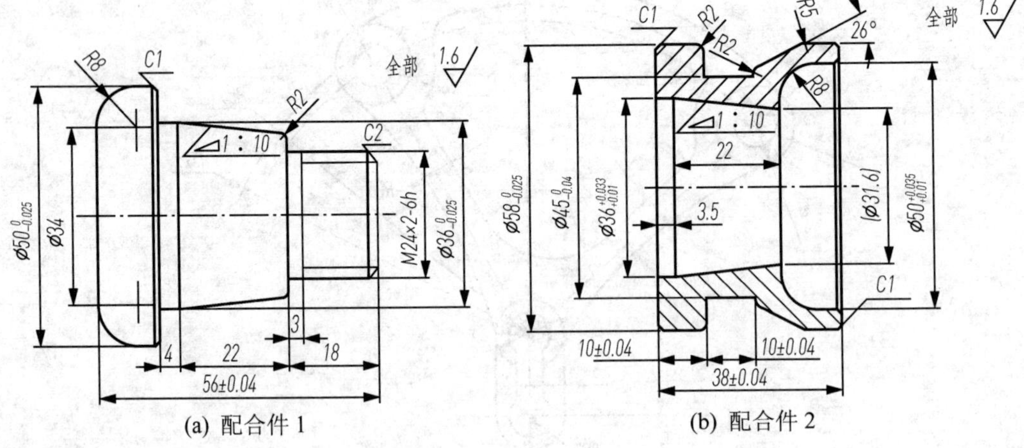

(a) 配合件 1　　(b) 配合件 2

图 2.110

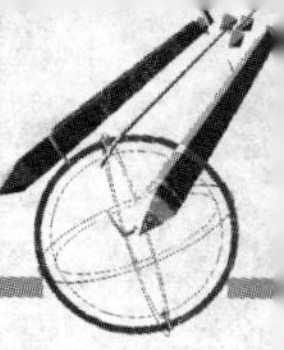

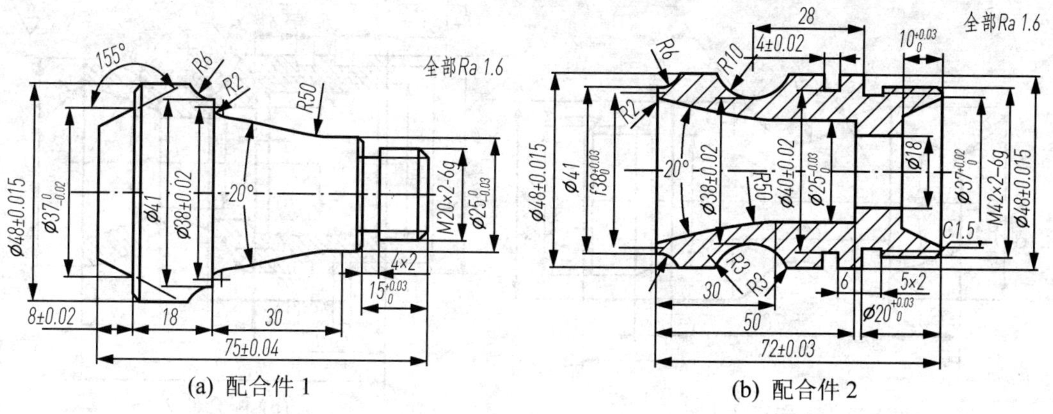

(a) 配合件 1　　(b) 配合件 2

图 2.111

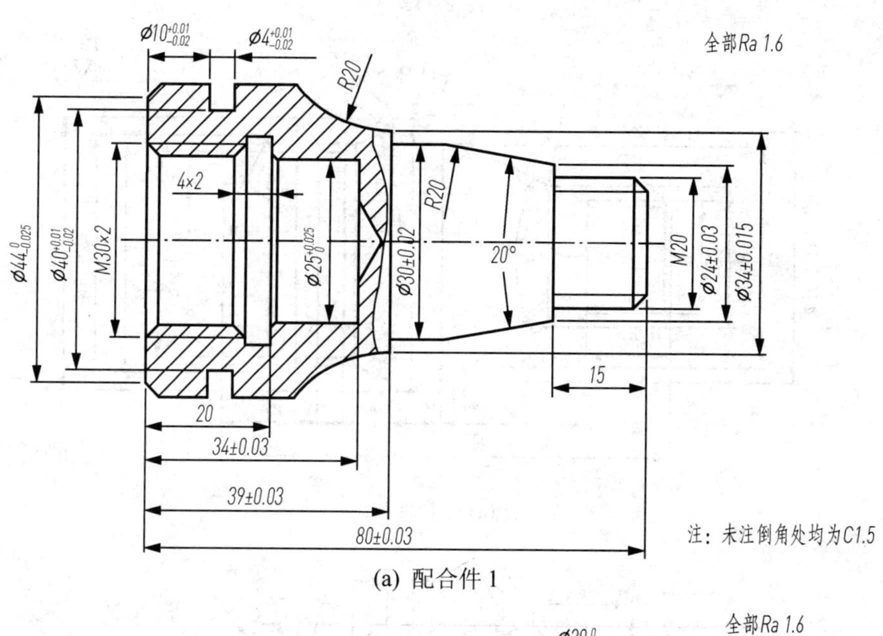

(a) 配合件 1

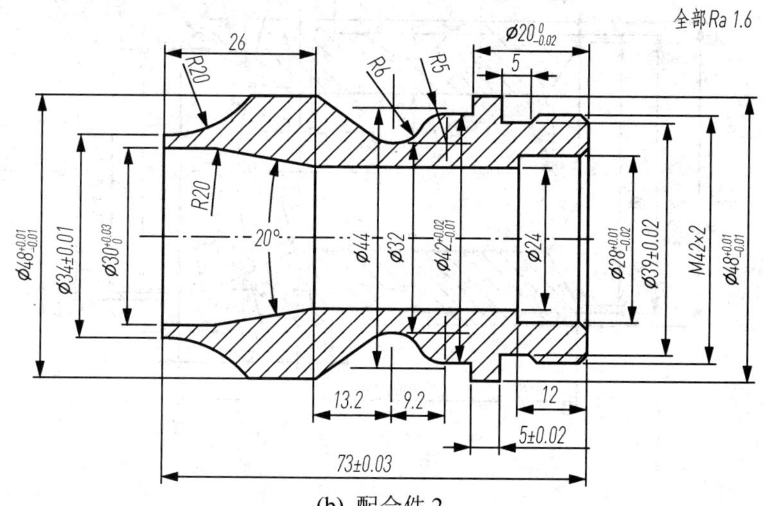

(b) 配合件 2

图 2.112

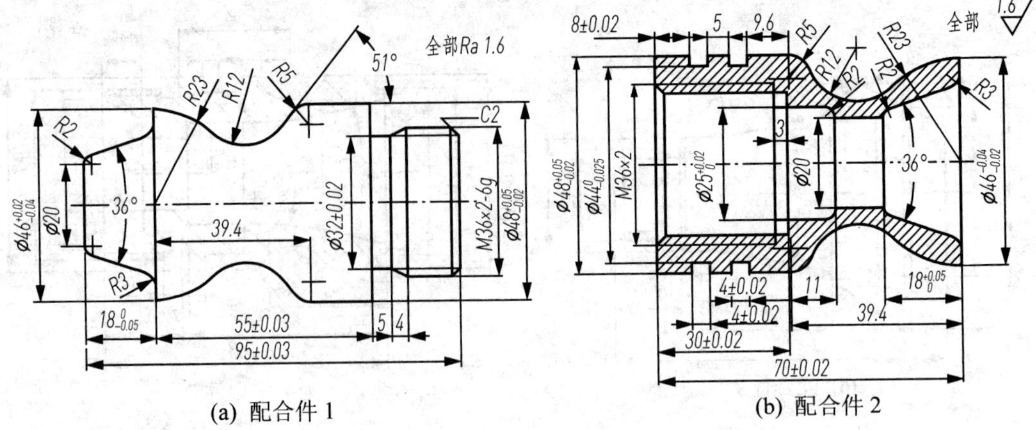

(a) 配合件 1　　(b) 配合件 2

图 2.113

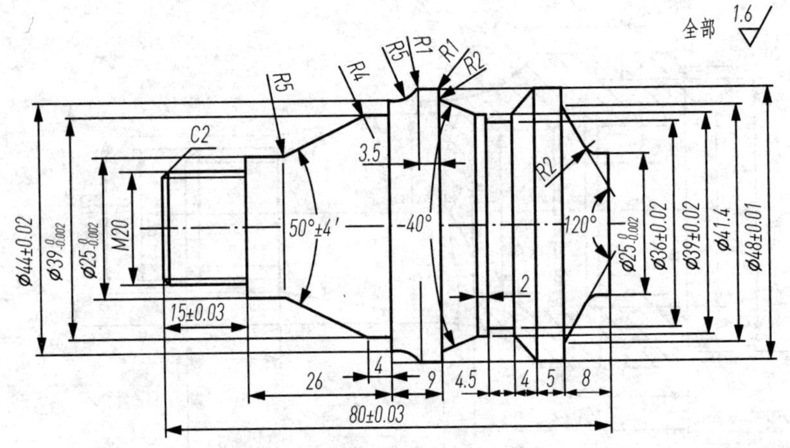

(a) 配合件1

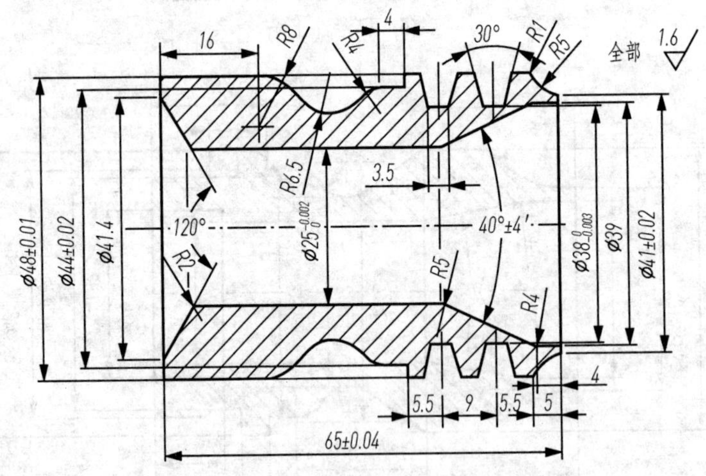

(b) 配合件2

图 2.114

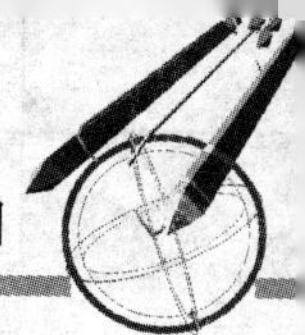

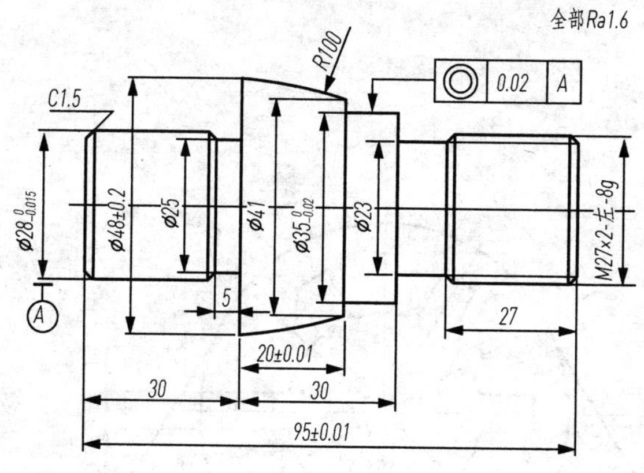

(a) 配合件 1

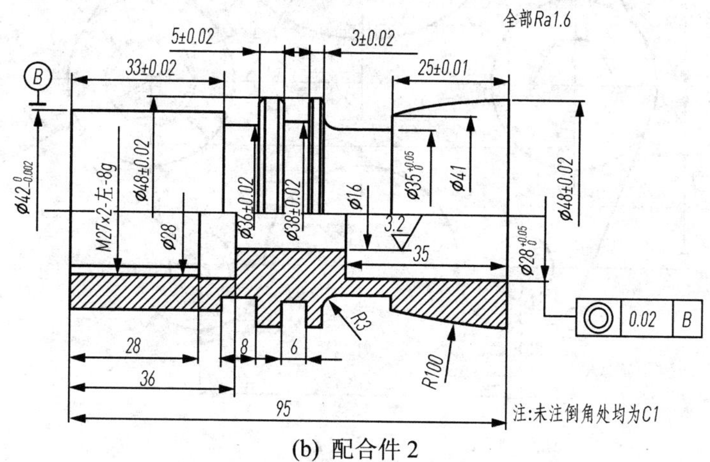

(b) 配合件 2

图 2.115

2.4.4　考证题

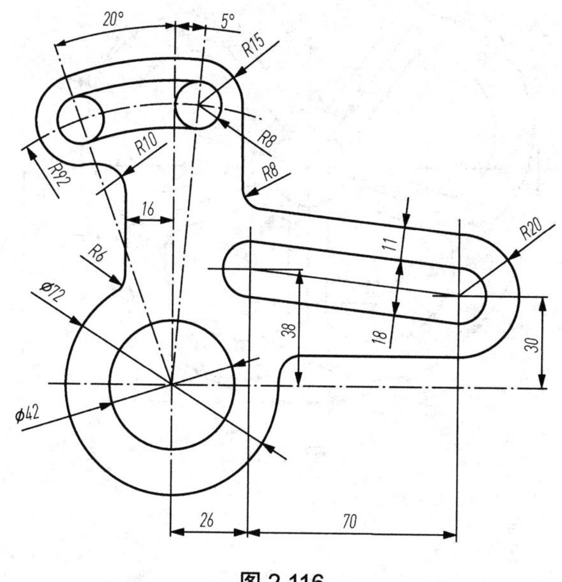

图 2.116

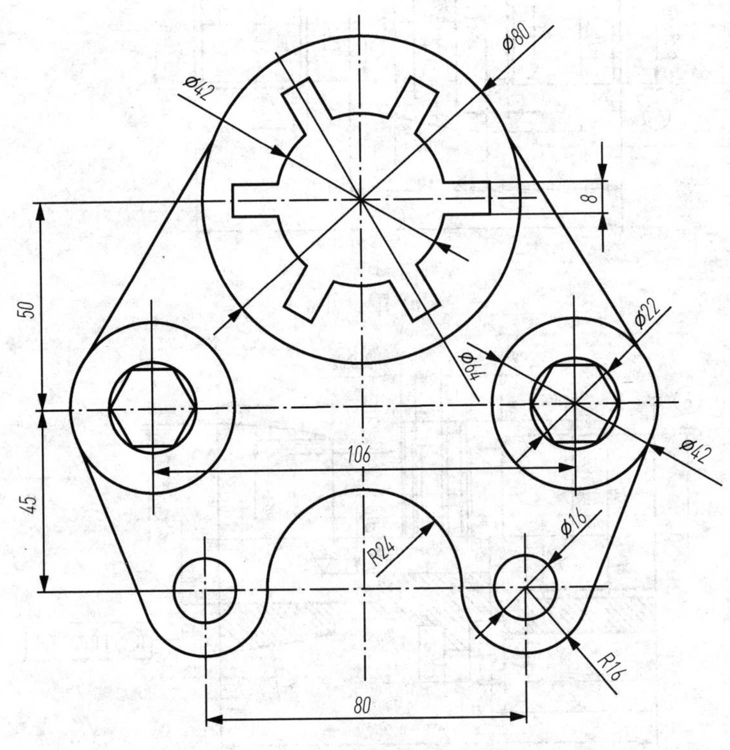
Ø80
Ø42
8
50
Ø22
Ø64
Ø42
106
45
Ø16
R24
R16
80
图 2.117

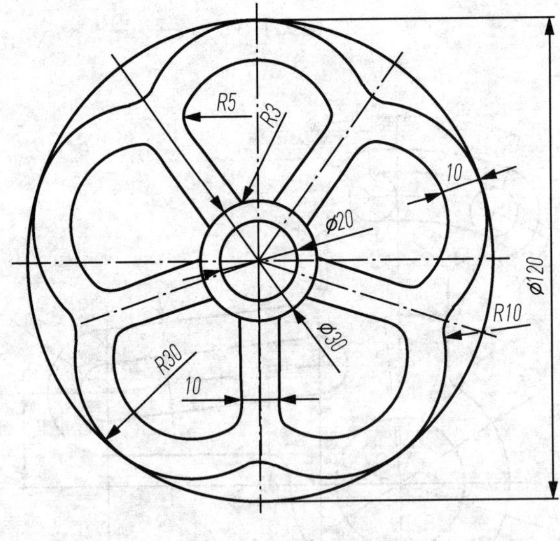
R5
R3
10
Ø20
Ø120
R10
Ø30
R30
10
图 2.118

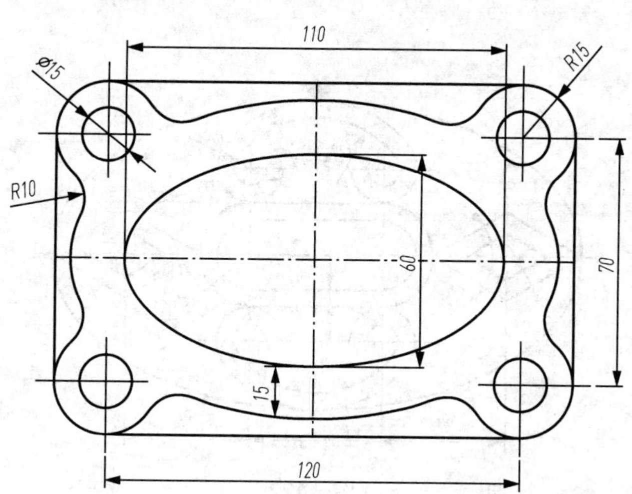

图 2.119

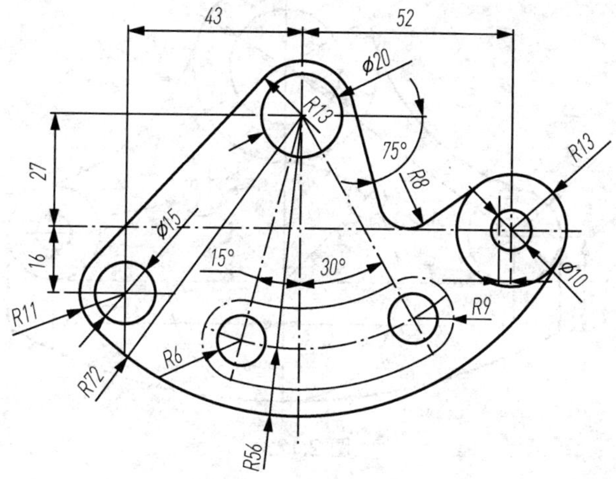

图 2.120

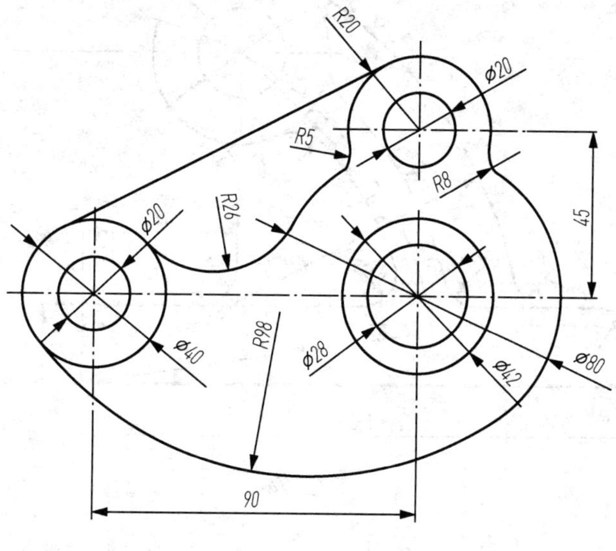

图 2.121

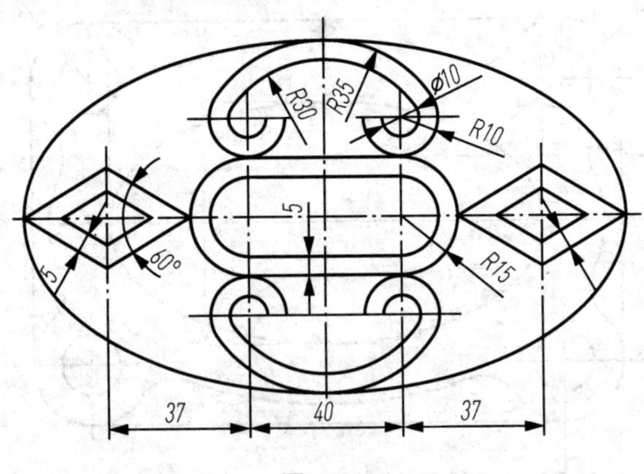

图 2.122

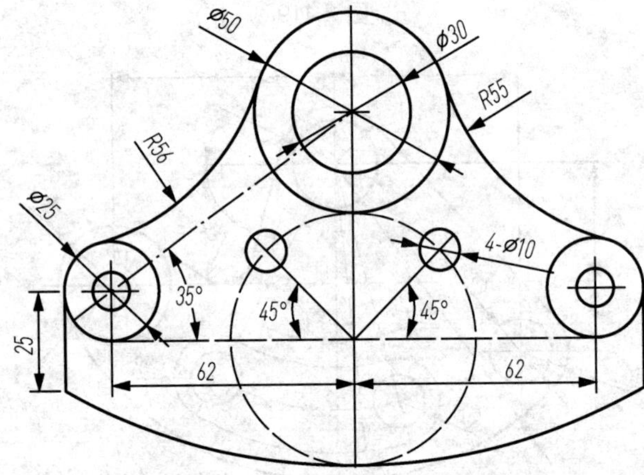

图 2.123

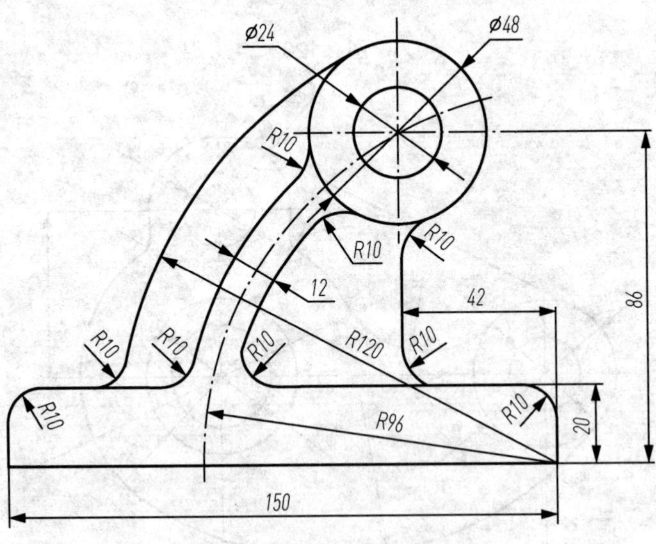

图 2.124

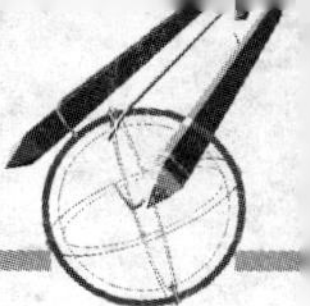

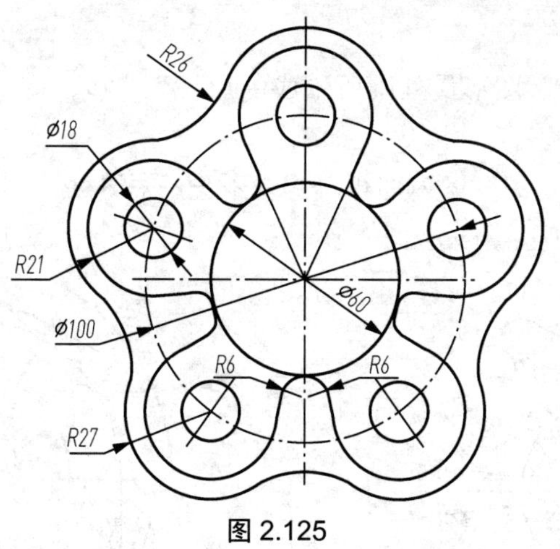

图 2.125

2.4.5　计算题

(1) 如图 2.126 所示，长度 *A* 为多少，图形所围成的面积为多少？

(2) 如图 2.127 所示，弧长 *B* 为多少，图形所围成的周长为多少？

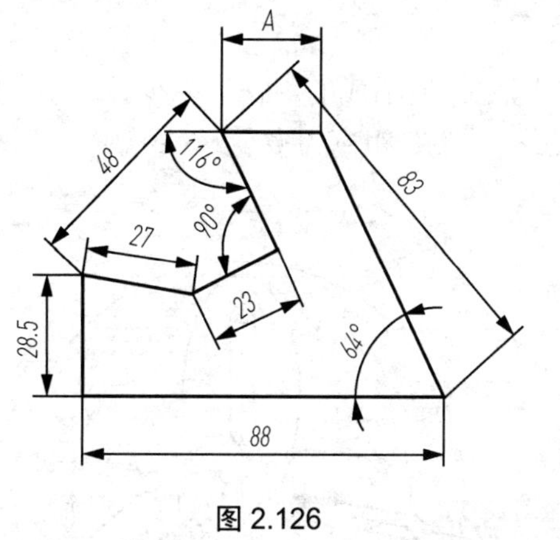

图 2.126

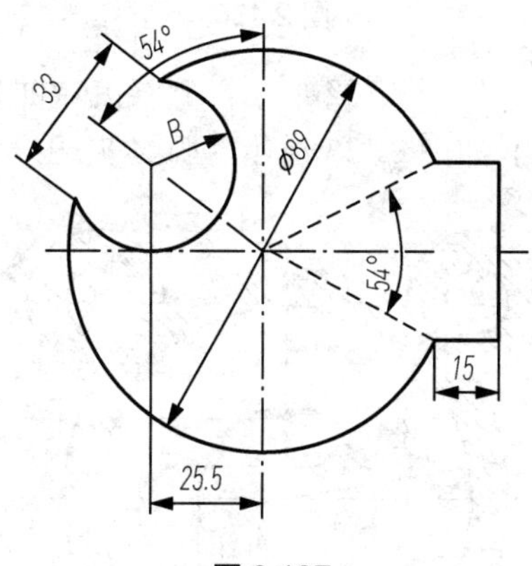

图 2.127

(3) 如图 2.128 所示，斜线区域面积为多少，区域 *A* 所围成的周长为多少，弧长 *B* 为多少？

(4) 如图 2.129 所示，区域 *A* 围成的面积为多少，长度 *B* 为多少？

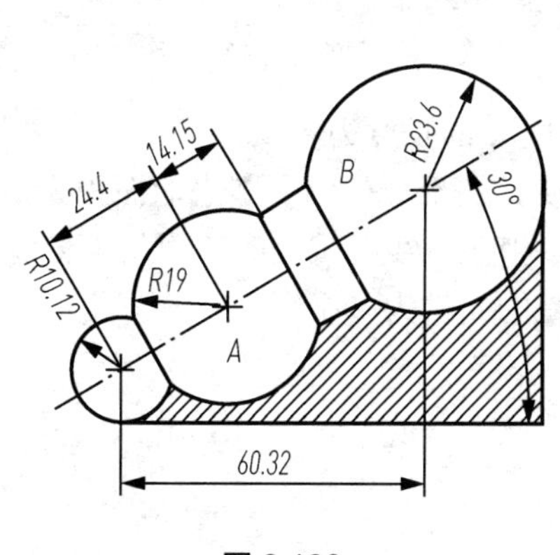

图 2.128

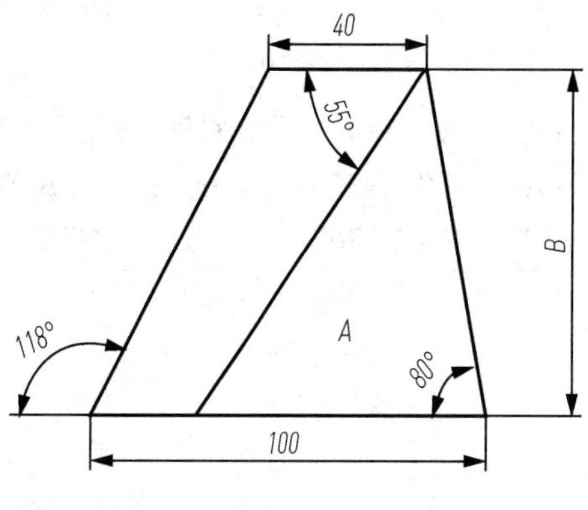

图 2.129

(5) 如图 2.130 所示，图形最外围所围成的周长为多少，图形最外围减去内孔面积为多少？

(6) 如图 2.131 所示，斜线区域面积总和为多少，点 *A* 至点 *B* 角度为多少？

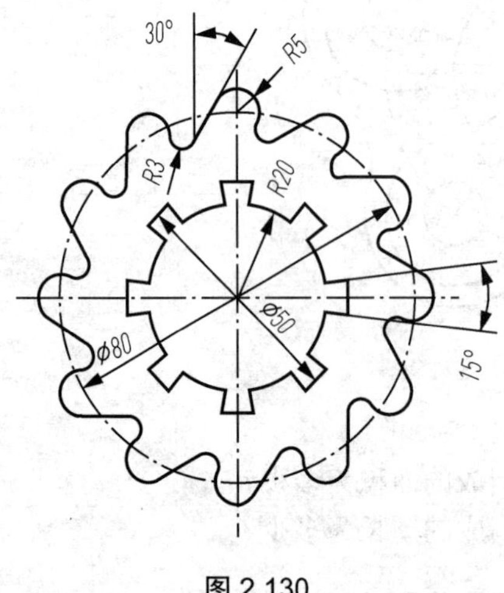

图 2.130

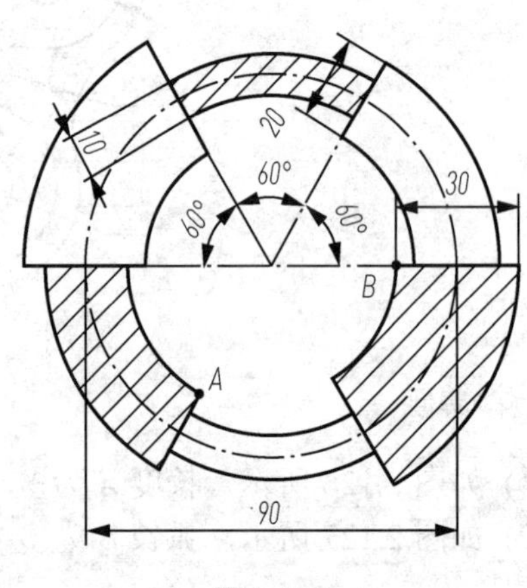

图 2.131

(7) 如图 2.132 所示，斜线区域面积为多少，区域 *A* 所围成的周长为多少？

(8) 如图 2.133 所示，弧 *A* 夹角度为多少，点 *B* 至点 *C* 距离为多少？

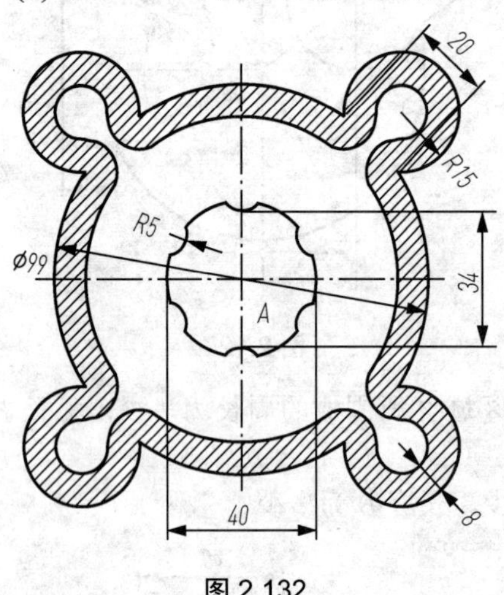

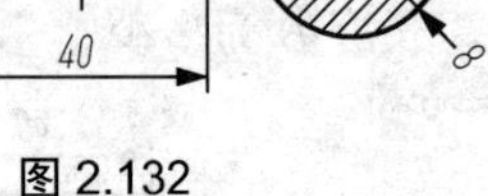

图 2.132

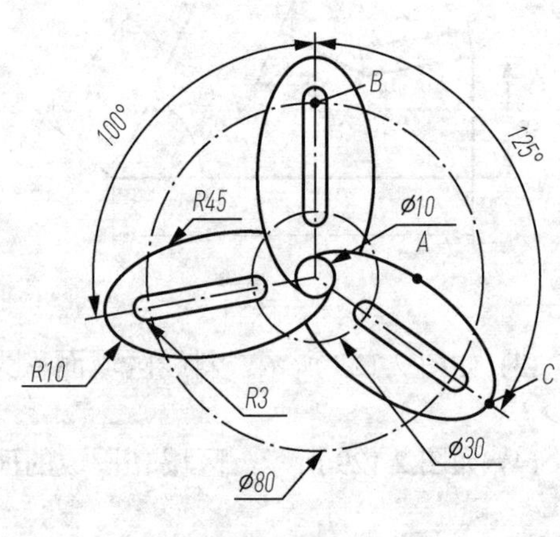

图 2.133

(9) 如图 2.134 所示，斜线区域面积为多少，线段 *A* 的长度为多少？

(10) 如图 2.135 所示，点 *A* 到点 *B* 的角度为多少，图形最外围所围成的面积为多少？

(11) 如图 2.136 所示，区域 *A* 减去内孔面积为多少，斜线区域围成的周长为多少？

(12) 如图 2.137 所示，距离 *B* 为多少，斜线区域的面积为多少？

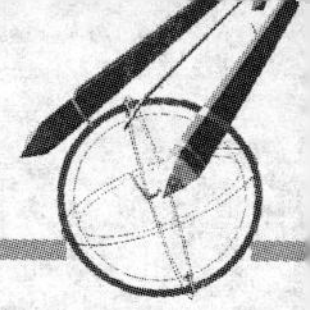

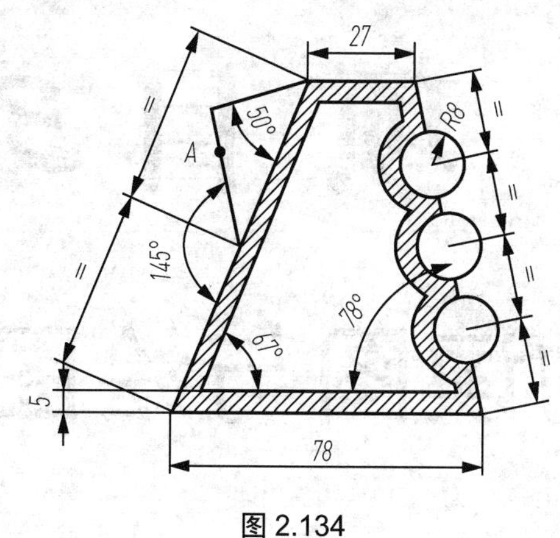

图 2.134

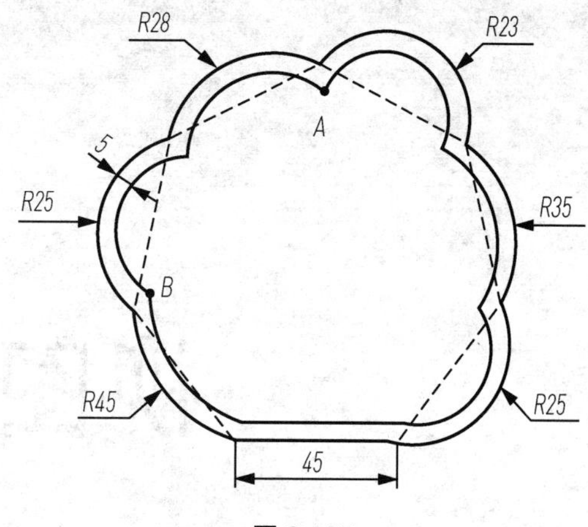

图 2.135

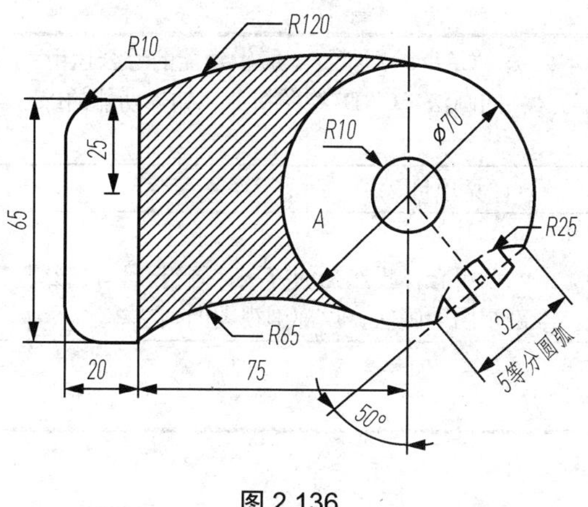

图 2.136

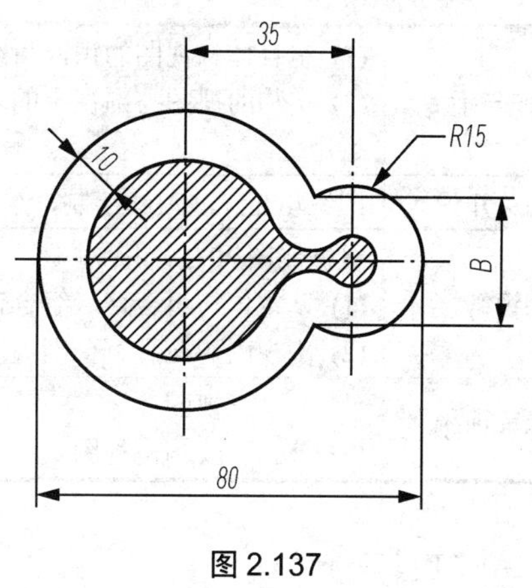

图 2.137

项目3

视图的读图与绘图

学习内容

操作与指令	(1) 组合体三视图的识读与绘图的基本方法，CAD 绘图指令、编辑功能的综合运用 (2) 实物的视图与剖视图的表达方式与具体的画法，CAD 绘图指令、编辑功能的综合运用
相关知识	图案填充、波浪线绘制，绘图与编辑指令(详见项目 2)
知识链接	机械制图相关知识： (1) 基本体与组合体、组合体的构成方式、读组合体投影图的方法、画组合体投影图 (2) 剖视图的概念、全剖视图的画法、半剖视图的画法、局部剖视图的画法等
拓展训练	(1) 补画三视图 (2) 补画、改画剖视图

项目导读

本项目以计算机辅助设计高级绘图员应具备的识图、制图能力，二维图形的生成与编辑能力的职业技能为目标，通过“绘制二维图形及补画第三个视图”、“补画(改画)视图与剖视图”的技能任务训练，提高学生的空间想象力及识图制图能力，进一步把握《机械制图》国家标准、《技术制图与机械制图》国家标准、机械工程 CAD 制图规则，并能熟练地结合计算机绘图去具体执行国家标准，能独立、熟练地完成实物的视图、全剖视图、半剖视图、局部剖视图的绘制。

3.1　技能训练任务

3.1.1　技能训练任务 1

1. 工作任务

(1) 打开样板文件(参照项目 1)。

(2) 按 1∶1 比例绘制图 3.1 所示的两个视图，并补画俯视图，不注尺寸。

(3) 作图要准确，符合国家标准的规定，投影关系要正确。

(4) 完成操作后，以“A301.dwg”为文件名保存。

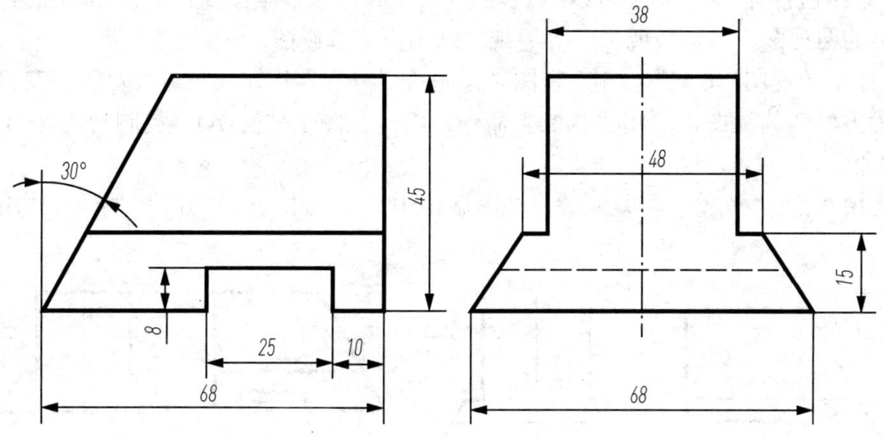

图 3.1　绘制二维图形补画第三视图

2. 任务目标

(1) 掌握组合体的读图方法，能运用形体分析法、线面分析法阅读一般难度的视图。

(2) 根据投影“三等”规律中“长对正、高平齐、宽相等”的条件，由已知的两个视图通过 AutoCAD 编辑、绘图功能(例如：复制、旋转、延伸、修剪、拉伸、打断、修改线段特性及绘图命令等)绘图并补画第三视图。

3. 任务分析

完成本任务首先要进行图形分析，阅读视图，想象出该立体件的基本形体。

组合体的读图方法：形体分析法、线面分析法。

先观察两个视图，从主视图入手，结合左视图，分析物体由哪种方式组成。分解几何体，逐个解决；细节部分用点、线、面分析的方法处理。

运用投影的基本特性：

平面多边形的投影仍然是多边形(类似形)、或积聚成一条直线段(积聚性)；互相平行的对边，其投影仍然互相平行。

图 3.1 是由长方体通过切割方式形成的立体件，使用类似形投影的基本知识：平面切平面立体，它的交线是 n 边形的话，除了积聚性的投影外，其他的投影都是 n 边形；平行边的投影仍然平行。

通过分析图 3.1 两个视图，可想象出该立体的形状，如图 3.3 所示。

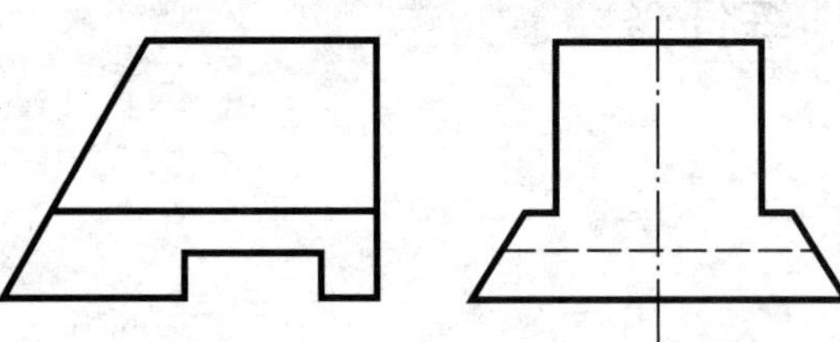
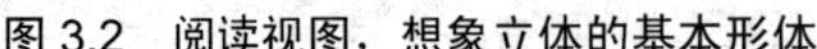

图 3.2　阅读视图，想象立体的基本形体

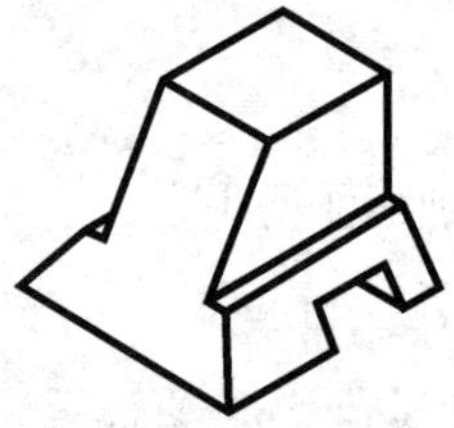

图 3.3　组合体立体图

4. 操作指引

(1) 绘图前打开 A4 样板图形文件(参照项目 1)，直接抄画图 3.1 两个视图，作图时，应根据已给的两视图，严格按照“三等”规律画出第三投影图。

(2) 绘制俯视图。CAD 绘制三视图必须满足“三等”规律，按“长对正、宽相等”的条件，为方便作俯视图，运用“复制”命令，将左视图从位置(A)、复制到位置(B)处，如图 3.4(a)所示。

再运用“旋转”命令，将复制的左视图旋转-90°，保持 A、B 点对齐更好，如图 3.4(b)所示。

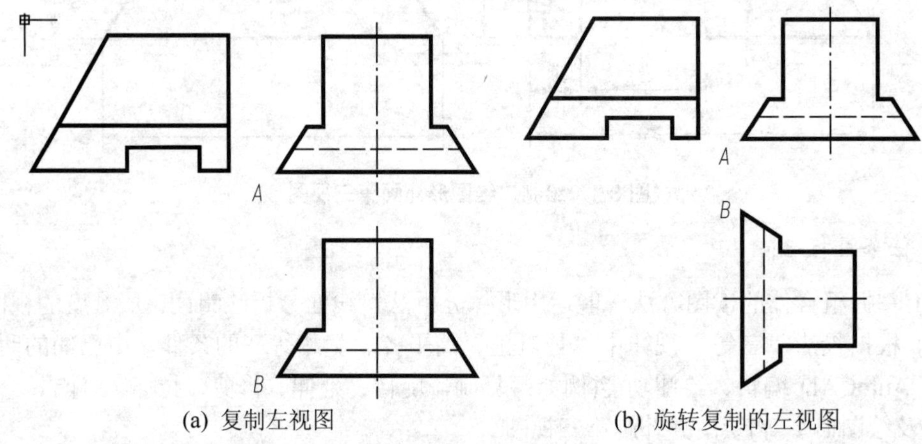

(a) 复制左视图　　(b) 旋转复制的左视图

图 3.4　复制旋转左视图

运用绘图、修改、捕捉功能，绘制俯视图(提示：双点画线仅用于标识捕捉定位)，图 3.5 所示。

(3) 检查修正图形，删除辅助图线得图 3.6。

特别提示

(1) 读图的方法包括形体分析法和线面分析法。一般情况下是两种方法并用，以形体分析法为主，线面分析法为辅。对于由切割方式形成的组合体，还需要利用线面分析方法帮助读图。

(2) 作图时要严格遵循“长对正、高平齐、宽相等”的投影基本规律。

(3) 完成绘图后，要认真检查，不要多画线段、不要漏画线段，图层、线型要符合规定。

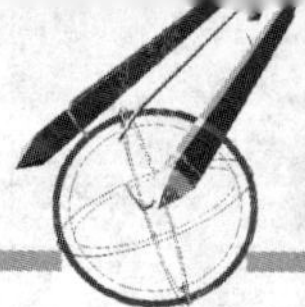

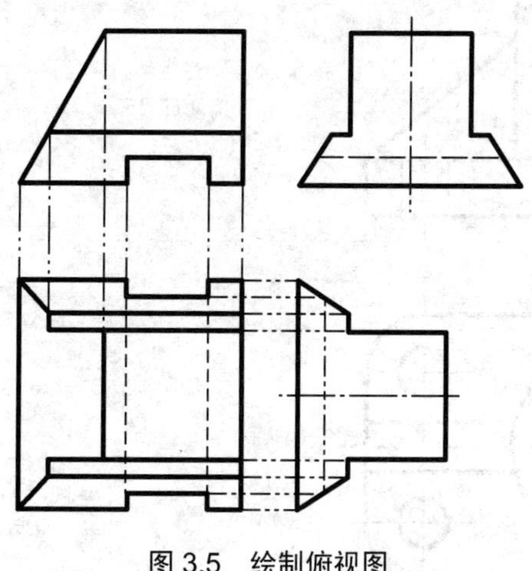

图 3.5　绘制俯视图

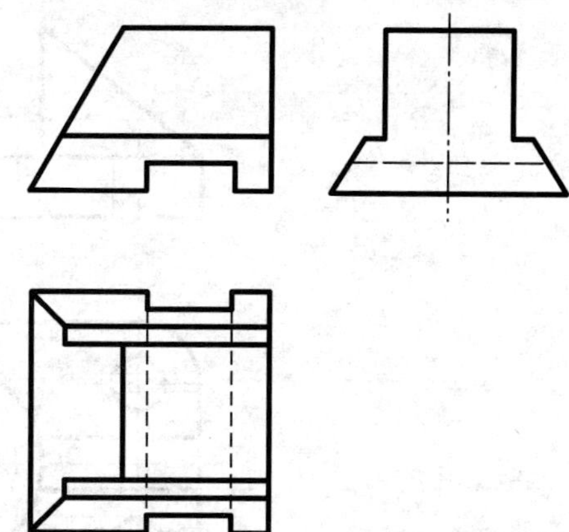

图 3.6　抄画平面二维图形及补画第三视图

5. 训练评估

(1) 通过此训练，掌握视图读图的方法，综合运用 AutoCAD 编辑、绘图功能及命令，由已知的两个视图补画出第三视图。

(2) 按照表 3-1 所示要求进行自我训练评估。

表 3-1　训练评估表

工作内容	完成时间	熟练程度	自我评价
(1) 运用组合体读图方法进行视图分析，想象出组合体的立体图 (2) 运用绘图、编辑命令补画出第三视图 (3) 正确运用图线，符合机械制图图线的要求	小于 10min	A	
	10～15min	B	
	15～20min	C	
不能完成以上操作。	大于 20min	不熟练	

3.1.2　技能训练任务 2

1. 工作任务

阅读视图图示 3.7，把主视图改画成全剖视图，补画半剖左视图。要求：

(1) 打开平面图形文件“A302.dwg”。

(2) 直接在平面图形上操作，将主视图改画成全剖视图，补画半剖左视图，不注尺寸。

(3) 作图要准确，符合国家标准的规定，投影关系要正确。

(4) 完成操作后，以“A302.dwg”为文件名保存。

2. 任务目标

(1) 掌握组合体的读图方法，能运用形体分析法、线面分析法阅读一般难度的视图。

(2) 根据投影“三等”规律中“长对正、高平齐、宽相等”的条件，由已知的两个视图通过 AutoCAD 编辑、绘图功能(例如：复制、旋转、延伸、修剪、拉伸、打断、修改线段特性及绘图命令等)绘图并补画第三视图。

(3) 掌握剖视图的画法，通过 AutoCAD 编辑、绘图功能(例如：删除、修剪、图案填充、修改线段图层特性等)把视图改为剖视图。

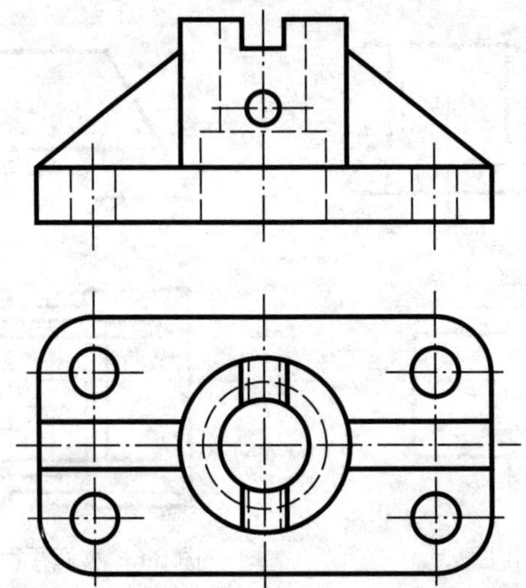

图 3.7　主视图全剖，补画左视图(半剖)

3. 任务分析

首先阅读视图，想象机件剖切后的内部结构，根据剖视图的画法确定剖切位置、剖切区域、剖切边界，对剖切面剖到的机件实体部分画上剖面符号。

图 3.7 把主视图改画成全剖视图，把左视图改画成半剖视图，涉及全剖画法、半剖画法，从结构上还需要考虑肋板结构的剖切画法。

4. 操作指引

1) 主视图全剖画法

图 3.7 中主视图采用全剖方式，为了表达座板上的小孔，剖切面通过机件俯视图 A-A 位置(如图 3.8(a)所示)，剖切后的主视图布置在基本视图位置，不需加标注。

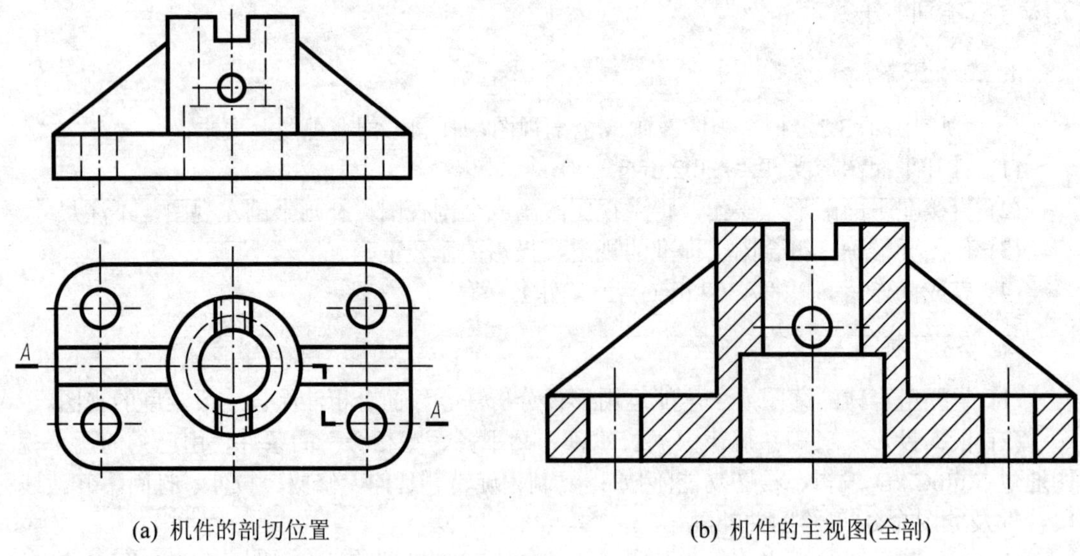

(a) 机件的剖切位置　　(b) 机件的主视图(全剖)

图 3.8　机件的全剖主视图

图 3.8 中，主视图全剖时出现了肋板剖切情况。根据机件的肋、轮辐及薄壁等剖切画法规定，如纵向剖切，肋、轮辐及薄壁等结构均不画剖面符号，只需用粗实线将它与共邻接部分分开，图例中的主视图全剖时，肋板应按不剖处理。

调整主视图内孔壁轮廓的图层、线型，在剖切面补加剖面线，得全剖后的主视图。如图 3.8(b)所示。

2) 左视图半剖画法

图中，左视图采用半剖视图，一般将左视图的左半部分画成视图形式，而右半部分画成剖视图形式；由于本视图是对称结构，内部结构已通过右半部分的剖视图表达清楚了，其左半部分视图中的虚线不再画出。

为方便作左视图，运用“复制”、“旋转”、“移动”命令，将俯视图复制后再旋转-90°，并移动至如图 3.9(a)位置。

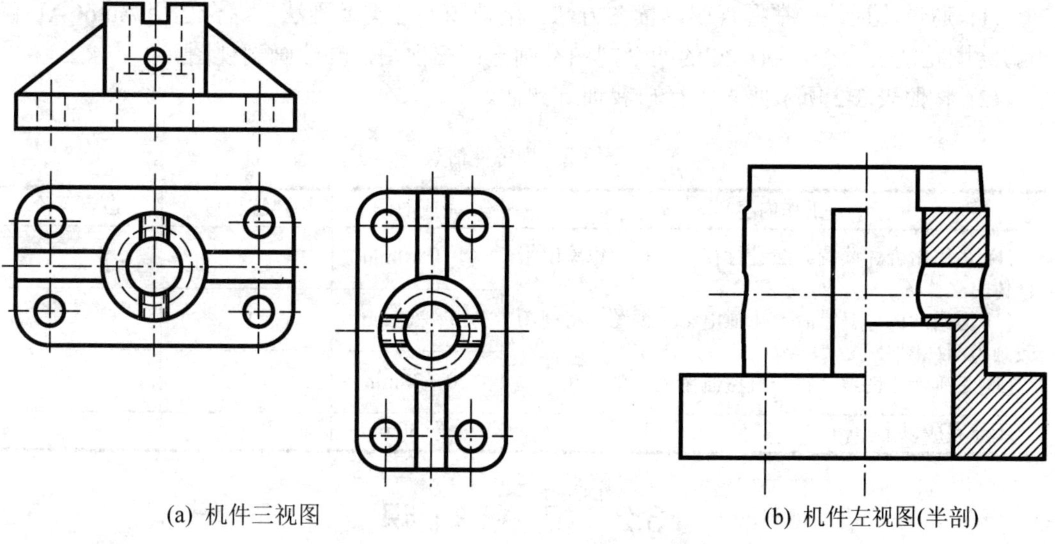

(a) 机件三视图　　(b) 机件左视图(半剖)

图 3.9　机件半剖左视图的绘制

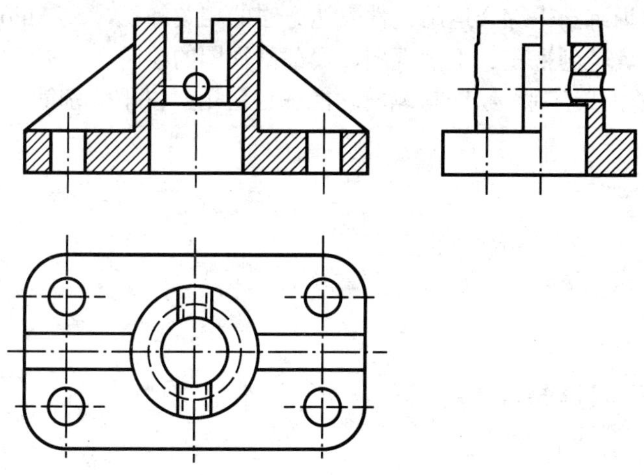

图 3.10　机件主视图(全剖)左视图(半剖)

再运用绘图、修改、捕捉功能，严格按照“三等”规律绘制左视图，注意左视图中形体表面的交线画法。机件左视图如图3.9(b)所示。

3) 检查视图

删除多余的图线，检查各视图，线型、图层是否正确符合国家标准。完成图样如图3.10所示。

特别提示

(1) 填充的剖面线要根据剖面线的要求转换所在的图层并确定适当比例。

(2) 绘图完成后要认真检查，防止多线、漏线，并用“删除”命令去掉多余线条，保证图形正确、清晰。

5. 训练评估

(1) 通过此训练，掌握视图的读图方法，剖视图的分类及画法。综合运用AutoCAD编辑、绘图功能及命令，由已知的两个视图补画出第三视图，并改画剖视图。

(2) 按照表3-2所示要求进行自我训练评估。

表3-2　训练评估表

工作内容	完成时间	熟练程度	自我评价
(1) 运用组合体读图方法进行视图分析，想象出组合体的立体图 (2) 运用绘图、编辑命令补画出第三视图，将视图改画为剖视图 (3) 正确运用图线，符合机械制图图线的要求	小于10min	A	
	10～20 min	B	
	20～30min	C	
不能完成以上操作	大于30min	不熟练	

3.2　相关知识

本项目重点是训练学生综合运用机件表达方法的相关知识，及AutoCAD软件的绘图、编辑功能完成视图、全剖视图、半剖视图、局部剖视图的绘图。

图案填充、波浪线绘制，绘图与编辑功能综合运用。以下分别简单介绍上述命令的使用方法。

1. 图案填充

用图案填充表达一个剖切的区域。

执行方式

◆ 下拉菜单:【绘图】|【图案填充】

◆ 命令行: BHATCH/BH

◆ 工具栏: 绘图

◆ 功能区:【常用】|

在弹出的【图案填充和渐变色】对话框中设置图案填充的方式、图案样式、填充角度、

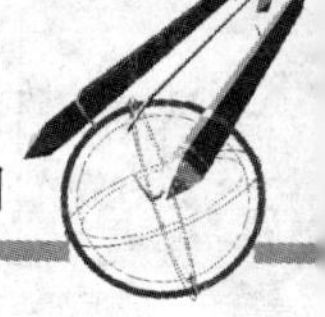

比例、图案间距、图案填充生成的起始位置、边界。在对话框中单击右下角的 按钮，将展开【孤岛】选项组，利用孤岛操作在文字、公式及孤立的封闭图形等特殊对象处断开填充或全部填充。(详见项目 2)

2. 样条曲线绘制

通常使用样条曲线命令绘制波浪线。样条曲线通常用来表示分断面的部分。

执行方式

- 下拉菜单:【绘图】|【样条曲线】
- 命令行: SPLINE/SPL
- 工具栏: 绘图
- 功能区:【常用】|【绘图】|

原理是根据计算机图形学中非均匀有理 B 样条算法，输入曲线上一些数据点及其切线的位置，拟合出相应的不规则曲线。如需编辑，可以使用下拉菜单【修改】|【对象】|【样条曲线】对样条曲线进行编辑。(详见项目 2)

3.3　知 识 链 接

机械制图相关知识要点如下。

(1) 基本体与组合体、组合体的构成方式、读组合体投影图的方法、画组合体投影图。

(2) 剖视图的概念、全剖视图的画法、半剖视图的画法、局部剖视图的画法等。

3.4　拓 展 训 练

3.4.1　补画第三视图

按 1∶1 比例绘制下面视图(图示 3.11～图示 3.19)，并补画第三视图。

(1) 作图要准确，符合国家标准的规定，投影关系要正确。

(2) 不注尺寸，完成操作后保存图形文件。

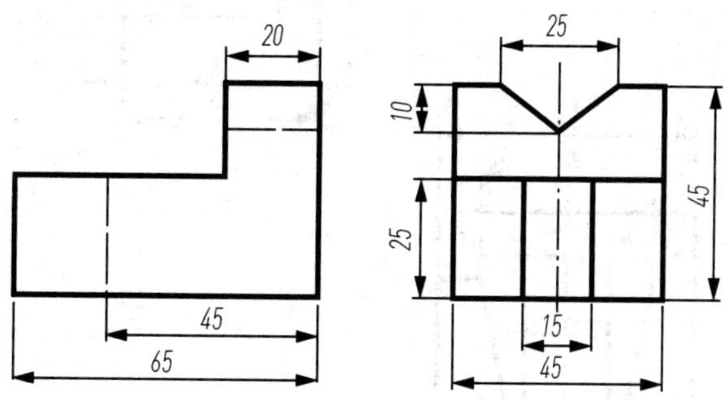

图 3.11　绘制二维图形及补画俯视图

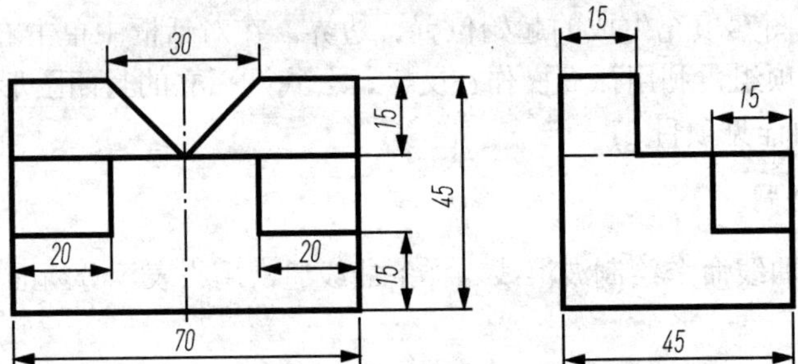

图 3.12　绘制二维图形及补画俯视图

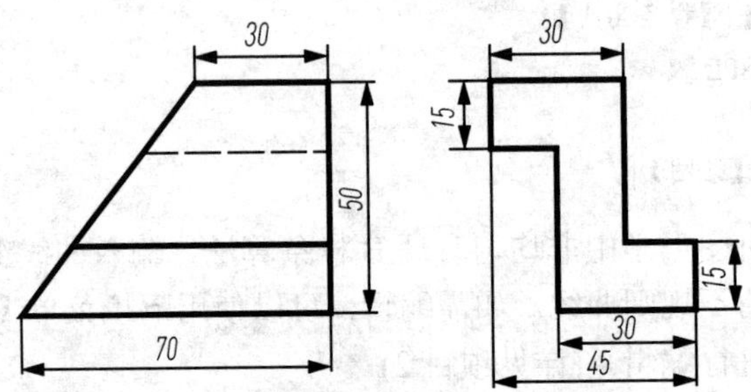

图 3.13　绘制二维图形及补画俯视图

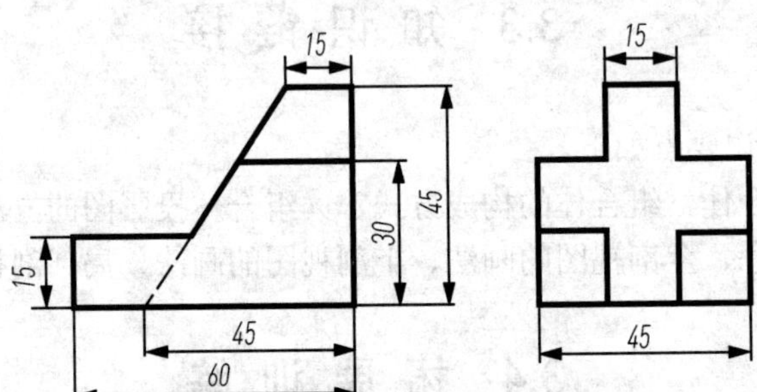

图 3.14　绘制二维图形及补画俯视图

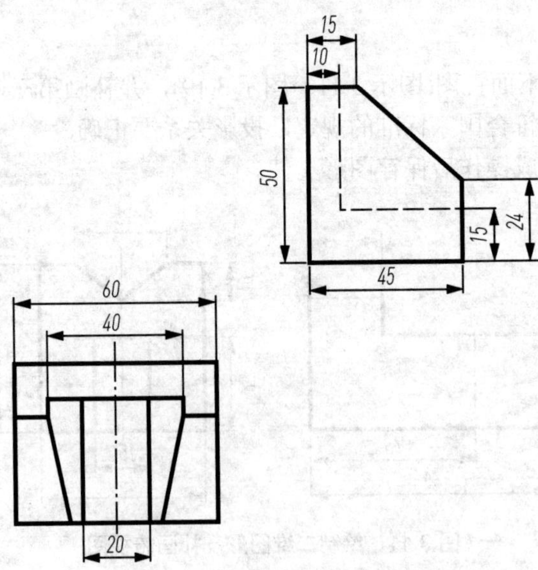

图 3.15　绘制二维图形及补画主视图

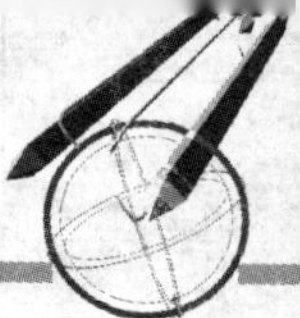

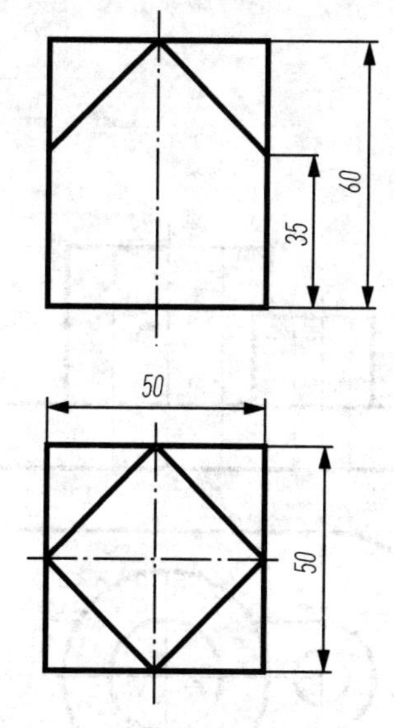

图 3.16　绘制二维图形及补画左视图

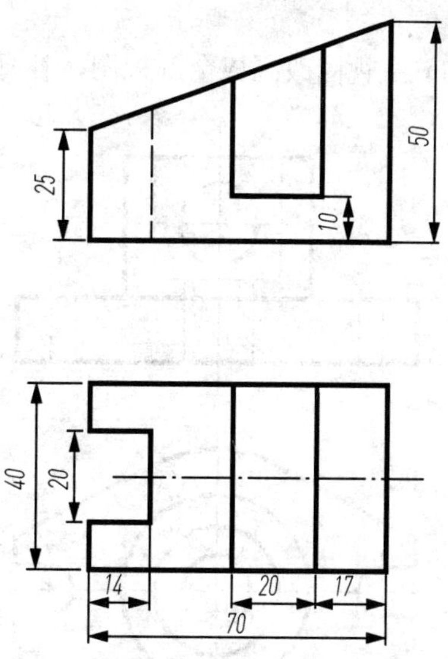

图 3.17　绘制二维图形及补画左视图

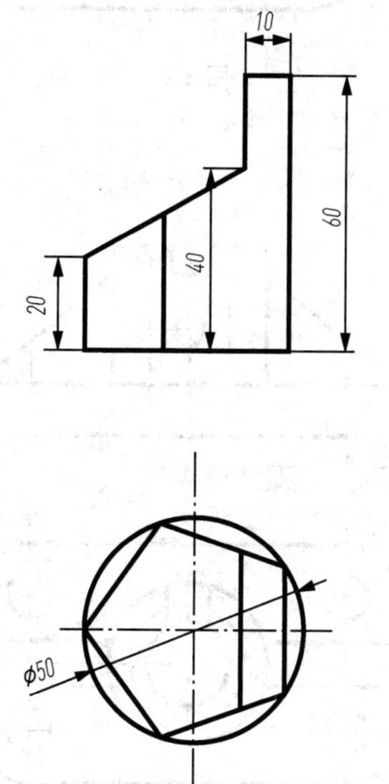

图 3.18　绘制二维图形及补画左视图

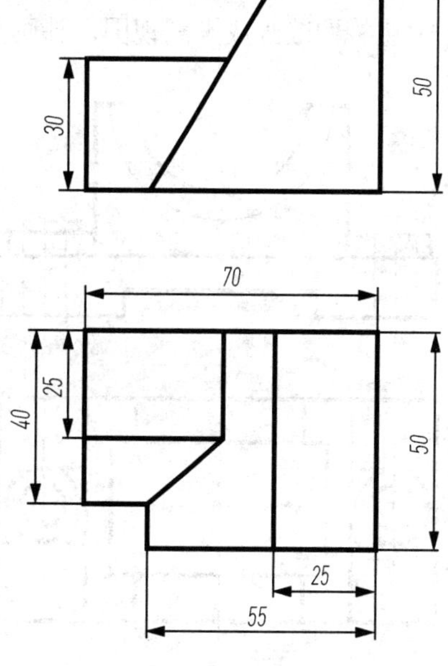

图 3.19　绘制二维图形及补画左视图

3.4.2　完成视图

打开平面图形文件，根据已给物体的两个视图，完成平面图形修改与绘图操作(图 3.20～图 3.26)，作图要准确，符合国家标准的规定，投影关系要正确。完成操作后，保存文件。

(1) 主视图改画成全剖视图，补画半剖左视图。

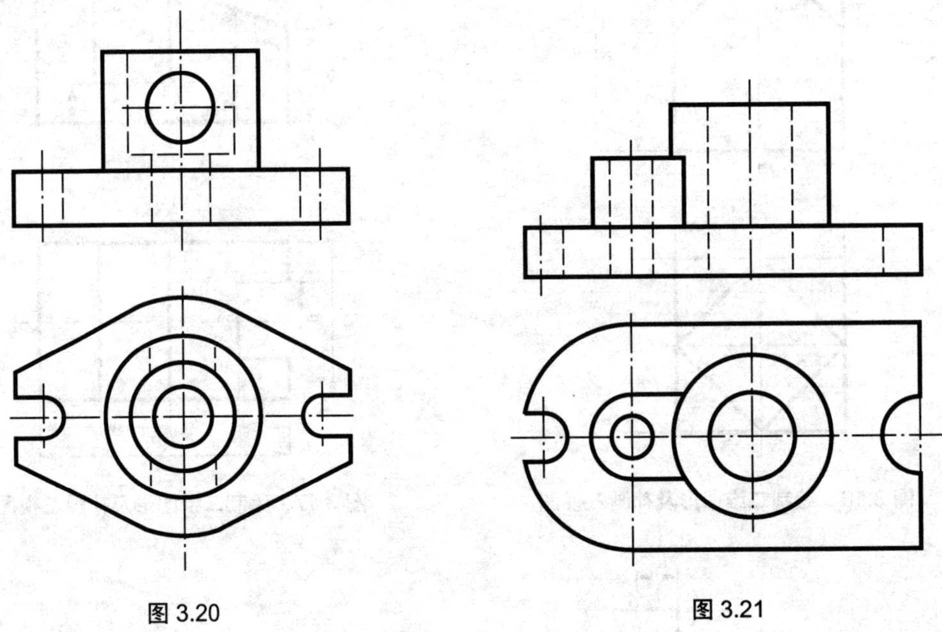

图 3.20　　图 3.21

(2) 主视图改画成半剖视图，补画全剖左视图。

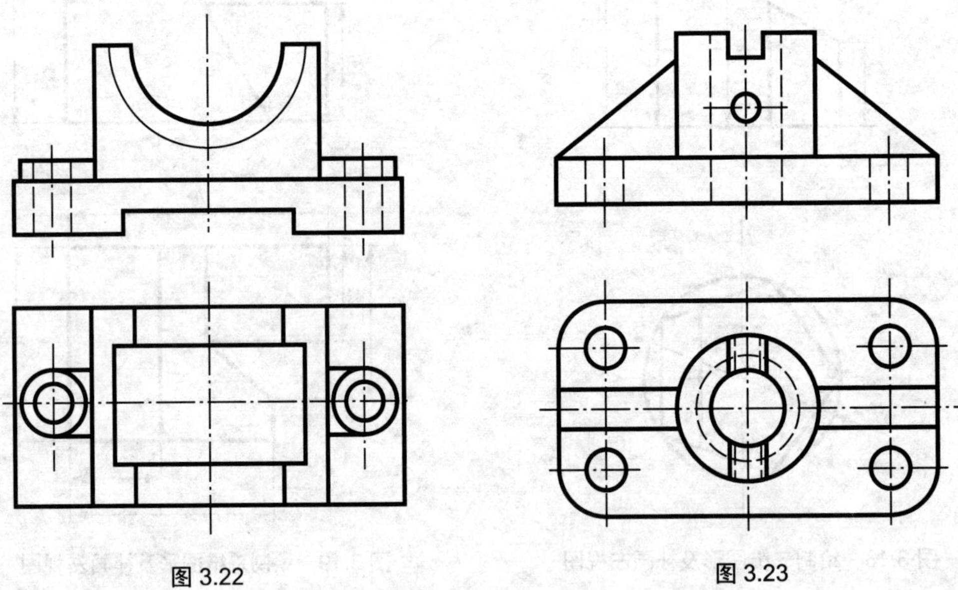

图 3.22　　图 3.23

(3) 在指定的位置上画出它的 A-A 剖视图。

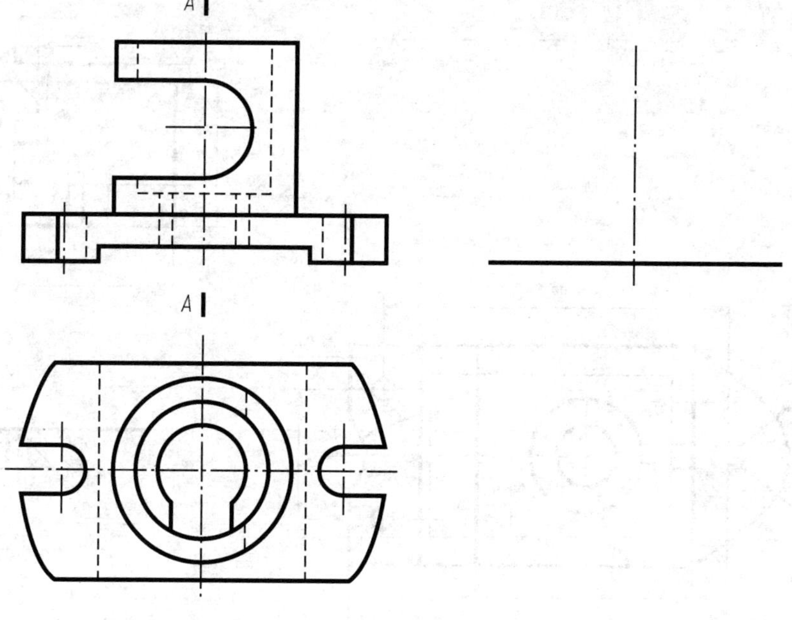

图 3.24

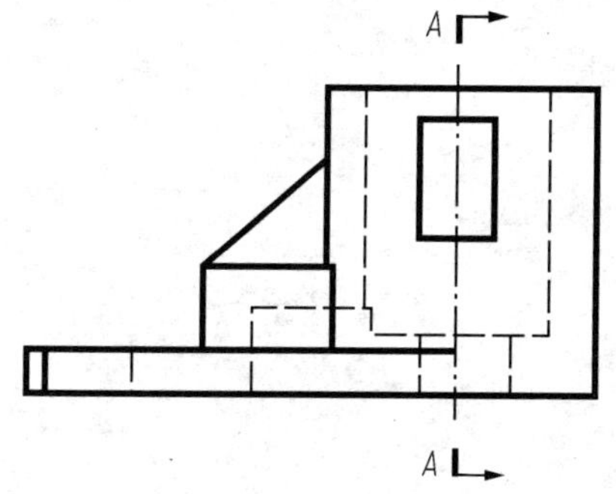

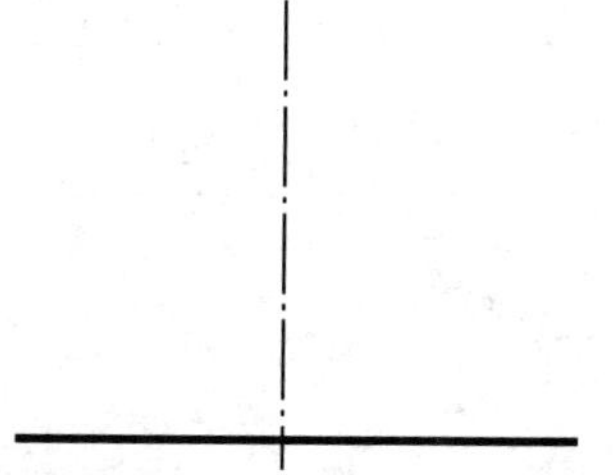

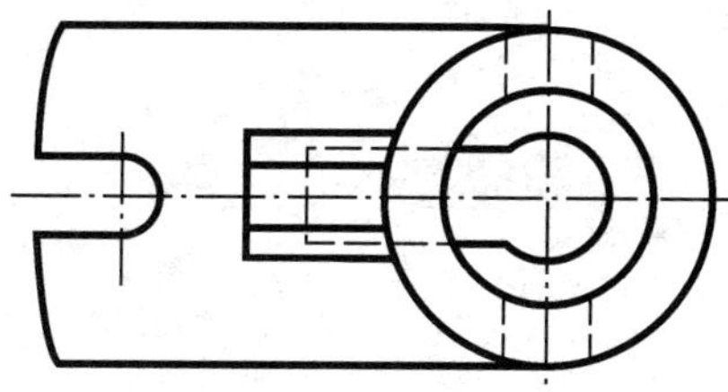

图 3.25

(4) 抄画平面图，在指定的位置上画出 B-B 剖视图。

B–B

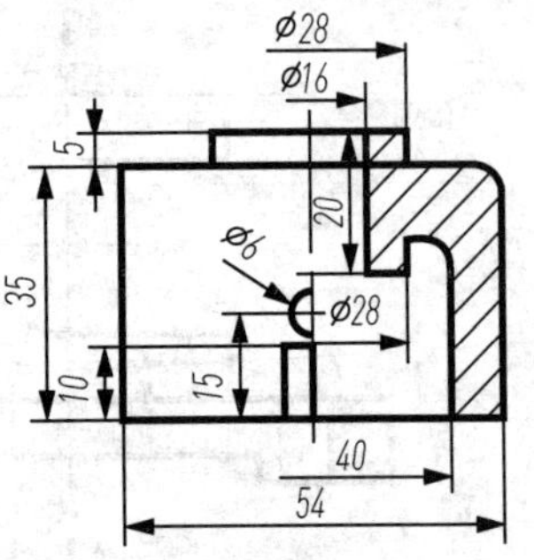

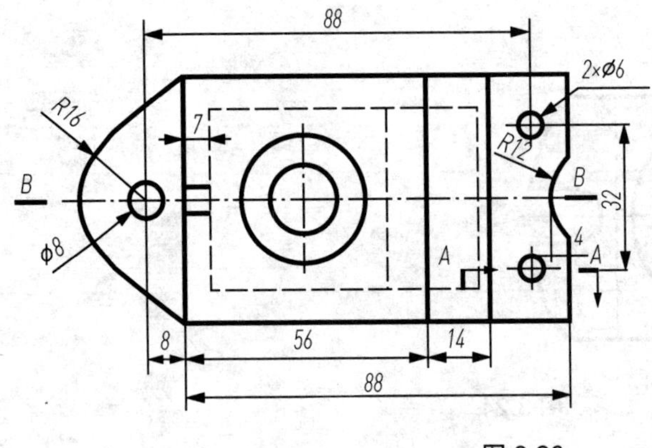

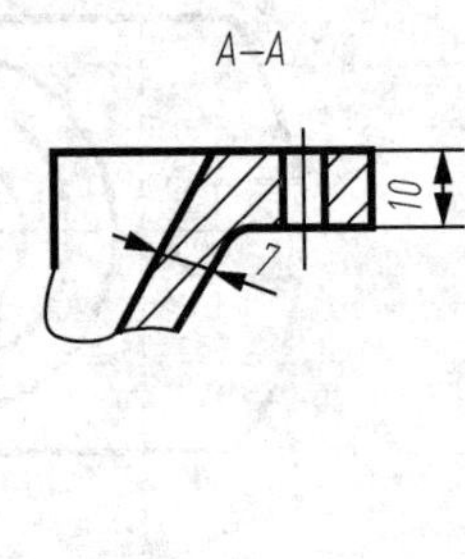

图 3.26

项目4

尺寸标注

学习内容

操作与指令	(1) 运用尺寸标注命令 (2) 运用尺寸标注命令，掌握尺寸公差和表面粗糙度的标注方法
相关知识	创建尺寸标注的步骤、创建与设置标注的样式、尺寸标注、公差标注
知识链接	文本标注、块
拓展训练	(1) 分析零件图，标注零件图的定形、定位尺寸 (2) 分析零件图，标注零件图的定形、定位尺寸及形位公差、表面粗糙度等

项目导读

尺寸标注是设计制图中一项十分重要的工作，图样中各图形元素的位置和大小要靠尺寸来确定。尺寸描述了机械图、建筑图中各类图形中物体各部分的实际大小和相对位置关系。AutoCAD软件系统中提供了一套完整的尺寸标注命令，用户可根据需要进行选择，使尺寸标注和编辑非常方便和灵活。在标注尺寸的同时，可运用对象捕捉和极轴追踪等辅助工具，更加快速、准确地进行尺寸标注。本项目重点介绍了尺寸标注中尺寸样式的设置、各种类型尺寸的标注以及尺寸的编辑修改等的方法，同时还介绍了如何标注形位公差。

在平面图形上标注尺寸，可以确定各基本图形元素的大小及它们之间的相对位置。

零件图上的尺寸是零件加工、检验的重要依据。在标注尺寸时，除了要符合组合体尺寸标注所要求的正确、完整、清晰之外，还要结合零件实际，尽量标注得合理。而尺寸标注是否合理，是指所标注尺寸能否达到设计要求，同时又便于加工和测量。为了做到真正合理，还需要了解零件的作用及加工过程，结合具体情况合理地选择尺寸基准。标注尺寸公差是为了有效地控制零件的加工精度，许多零件图上需要标注极限偏差或公差代号，它的标注形式是通过标注样式中的“公差格式”来设置的。

通过本项目的学习，学生要能熟练地运用AutoCAD软件中的尺寸标注工具来进行尺寸标注样式设置和编辑尺寸，并能快捷、准确地标注机械图样中各类尺寸、形位公差等。

尺寸标注的基本规则如下。

(1) 机件的真实大小应以图样上所注的尺寸数值为依据，与图形的绘制比例及准确度无关。

(2) 在机械图样中的线性尺寸，以毫米为单位时，不需标注计量单位的代号或名称，如果采用其他单位，如英寸、角度等，则必须注明相应的计量单位的代号或名称。

(3) 图样中所标注的尺寸，为该图样所示零件的最后完工尺寸，否则应另加说明。

(4) 机件上每一个尺寸，在图样上一般只标注一次。

4.1 技能训练任务

4.1.1 技能训练任务 1

1. 工作任务

根据《技术制图》与《机械制图》关于尺寸标注的相关国家标准规定，设置符合机械制图尺寸标注规范的 CAD 尺寸标注样式，抄画平面图 4.1，并标注全部尺寸。

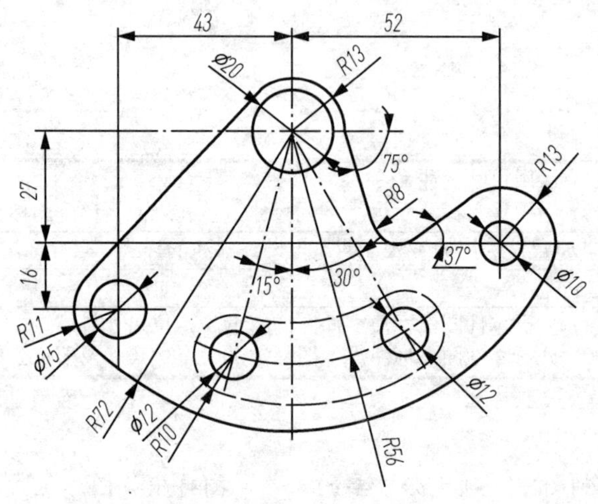

图 4.1 平面图

2. 任务目标

知识目标：

(1) 掌握平面图形基本画法与画图的技巧。

(2) 掌握尺寸标注的基本规则及常见尺寸的标注方法。

技能目标：

(1) 根据《机械制图》关于尺寸标注的国家标准规定设置符合尺寸标注规范的尺寸标注样式。

(2) 利用线性、直径、半径、角度等尺寸标注命令标注平面图形尺寸。

(3) 掌握定形尺寸及定位尺寸的区别，能会区分尺寸种类，并标注平面图中的定形、定位尺寸。

3. 任务分析

本任务主要的目的是学会利用 AutoCAD 软件标注样式的设置，掌握常用尺寸标注命令的用法。在标注尺寸时，首先设置标注样式，标注样式应符合机械制图标准规范。在尺寸标注时，必须同时考虑零件设计要求、加工工艺等，才能使尺寸标注更合理。

4. 操作指引

1) 设置标注样式

(1) 打开 AutoCAD 软件，单击【打开】按钮，打开已绘制好的平面图(图 4.1)文件。

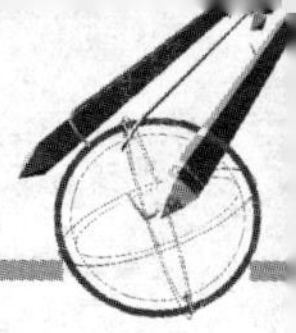

(2) 在【功能区】选项板中选择【注释】选项卡，在【标注】面板右下角单击【标注样式】按钮，打开【标注样式管理器】对话框。

(3) 在【标注样式管理器】对话框中，单击【新建】按钮，打开【创建新标注样式】对话框。在【新样式名】文本框中输入新建样式的名称“尺寸标注样式 1”。

(4) 单击【继续】按钮，打开【新建标注样式：尺寸标注样式 1】对话框。

(5) 在【线】选项卡中，按图 4.2 设置相应参数，设置完成后切换到【符号和箭头】选项卡。

(6) 在【符号和箭头】选项卡的【箭头】选项区域中，在【第一个】、【第二个】和引线下拉列表框中均选择【实心闭合】选项，并设置【箭头大小】为 3。在【圆心标记】选项区域中选择【标记】选项，并设置标记大小为 1.5。其他项为默认值即可。设置项如图 4.3 所示。

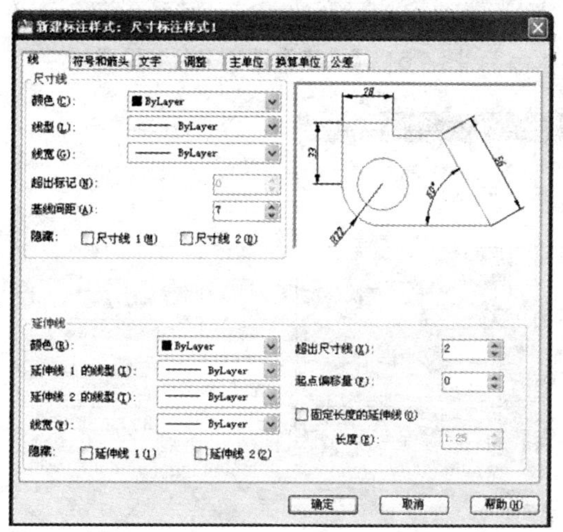

图 4.2 【线】选项卡参数设置

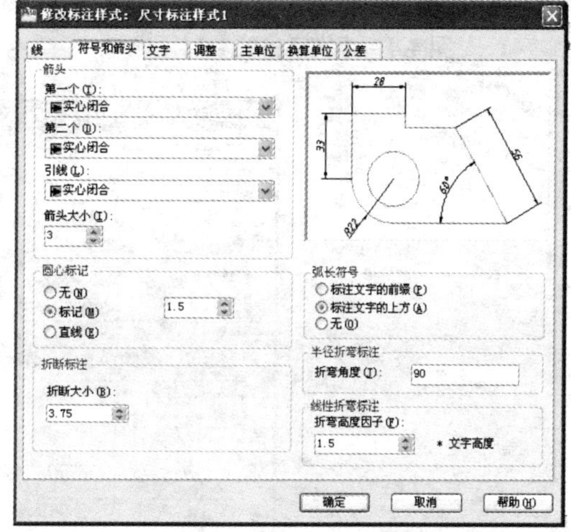

图 4.3 【符号和箭头】选项卡参数设置

(7) 在【文字】选项卡中，在【文字外观】选项区域中的文字样式下拉列表的右侧单击【新建文字样式】按钮[...]，打开【文字样式】对话框，如图 4.4 所示。单击【文字样式】对话框右侧的[新建(N)...]按钮，打开【新建文字样式】对话框，在【样式名】中输入【标注文字样式】，再单击【确定】按钮完成新样式名的命名。在【文字样式】对话框中按照图 4.4 所示设置标注文字样式的字体样式，完成后单击[置为当前(C)]按钮，把【标注文字样式】设为当前文字样式并关闭对话框。【文字】选项卡中的其他选项设置如图 4.5 所示。

(8) 在【调整】选项卡中，按照默认值设置即可。在【主单位】选项卡中按照图 4.6 所示设置相关参数。

(9)【公差】选项卡中，在【公差格式】选项区域的下拉列表中选择“无”选项，最后单击【标注样式】对话框中的【确定】按钮，完成标注样式的创建，返回到【标注样式管理器】对话框。在【标注样式管理器】对话框中选中【尺寸标注样式 1】，单击[置为当前(U)]按钮，把【尺寸标注样式 1】设置当前所有标注样式，随后单击[关闭]按钮，完成标注样式的创建和设置。

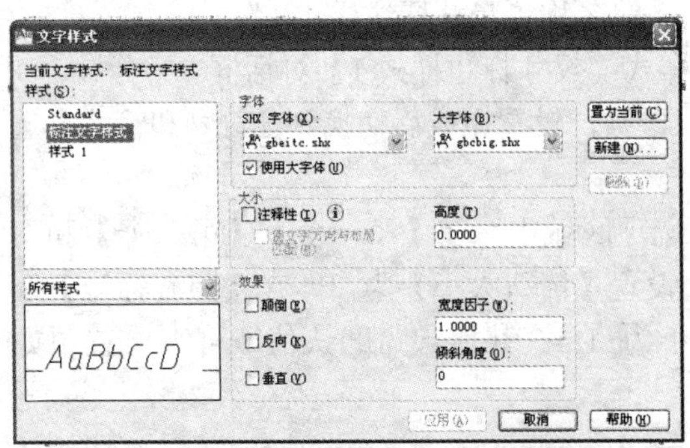

图 4.4 【文字样式】对话框

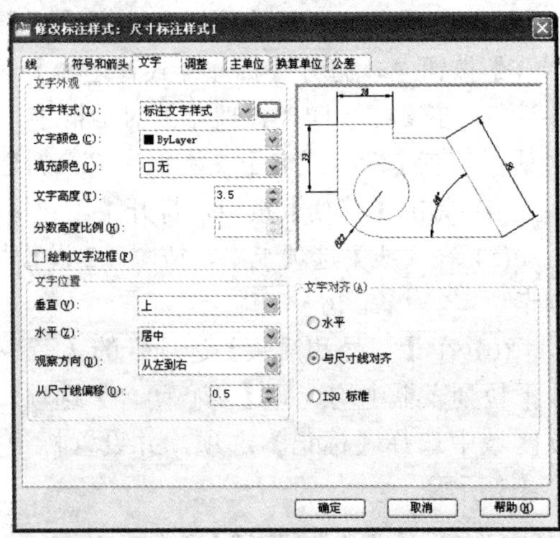

图 4.5 【文字】选项卡参数设置

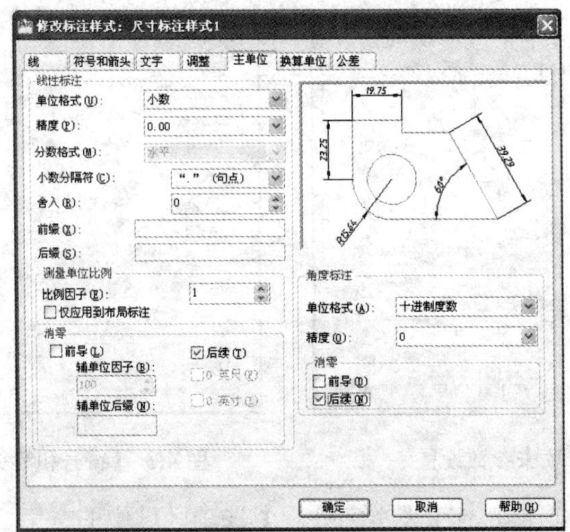

图 4.6 【主单位】选项卡参数设置

2) 标注尺寸

(1) 在【功能区】选项板中选择【注释】选项卡，在【标注】面板中单击按钮 线性，标注图 4.1 中的各圆的水平方向定位尺寸和垂直方向定位尺寸，如图 4.7 所示。

(2) 在【标注】面板中单击按钮 直径，标注图中的直径尺寸，如图 4.8 所示。

(3) 在【标注】面板中单击按钮 半径，标注图中的半径尺寸，如图 4.9 所示。

(4) 根据机械制图的尺寸标注规则，标注角度时，数值应水平放置，并放在尺寸线外部。因此，需在【标注样式管理器】中新建一个角度标注样式，用来标注角度尺寸。打开【标注样式管理器】对话框，选中【尺寸标注样式 1】并单击按钮 新建(N)...，在随后打开的【创建新标注样式】对话框的【用于(U):】下拉列表中选择【角度标注】选项，并单击继续按钮，进入到【新建标注样式：尺寸标注样式 1：角度】对话框中。在【文字】选项卡中的【文字对齐】区域中选择【水平】选项，【文字位置】选项区域中的【垂直】下拉列表中选择【外部】选项。完成设置后单击确定按钮返回到【标注样式管理器】对话框，选中【角度】，并单击置为当前(U)按钮并关闭【标注样式管理器】对话框，完成角度标注的设置。单击【标注】面板角度按钮，完成角度尺寸的标注，如图 4.10 所示。

至此，该图形的所有尺寸标注已完成，结果见图 4.10 所示。

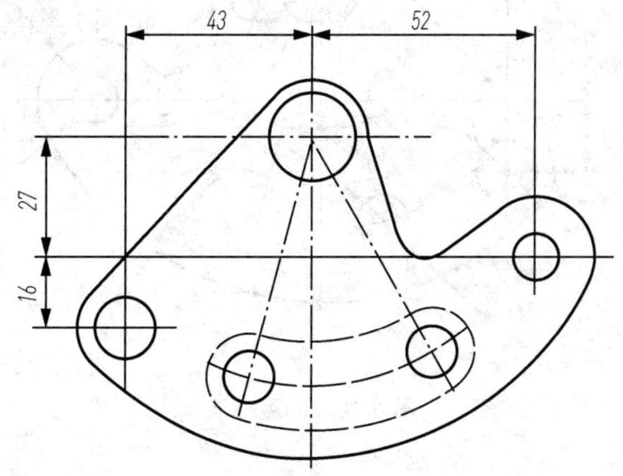

图 4.7　标注线性尺寸

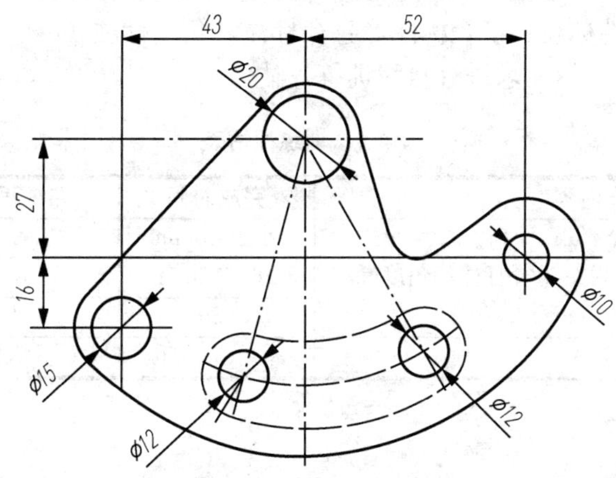

图 4.8　标注直径尺寸

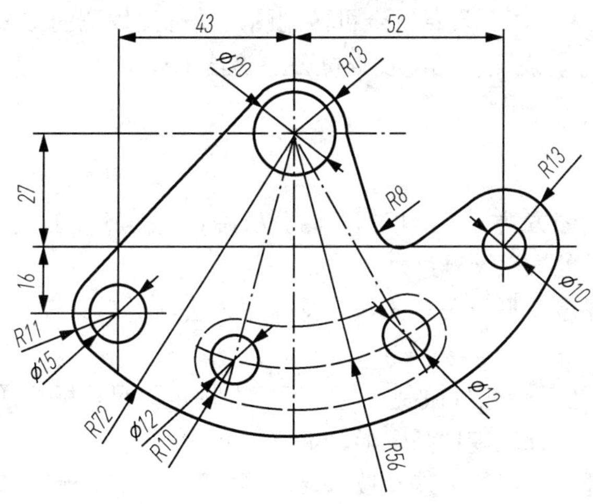

图 4.9　半径标注

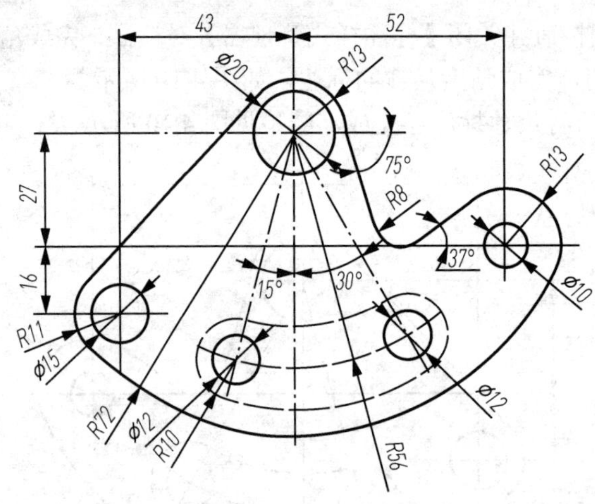

图 4.10　角度标注

5. 训练评估

(1) 通过此训练，学习尺寸标注样式的设置、常用尺寸标注命令的应用。标注尺寸中主要使用的命令：线性标注、半径标注、直径标注、角度标注。

(2) 按照下表 4-1 所示要求进行自我训练评估。

表 4-1　训练评估表

工作内容	完成时间	熟练程度	自我评价
(1) 设置尺寸标注样式 (2) 线性标注、直径标注、半径标注和角度标注 (3) 修改和调整标注样式	小于 10min	A	
	10～15min	B	
	15～20min	C	
不能完成以上操作	大于 20min	不熟练	

4.1.2　技能训练任务 2

1. 工作任务

阅读图 4.11 所示零件图，设置符合机械制图尺寸标注规范的 CAD 尺寸标注样式，分析图形，标注全部尺寸、表面粗糙度及形位公差等技术要求。

2. 任务目标

知识目标：

(1) 掌握视图的读图方法，并能根据视图分析确定需要标注的尺寸。

(2) 掌握标注尺寸的方法及顺序。

(3) 掌握表面粗糙度及形位公差的含义及标注方法。

技能目标：

(1) 利用 CAD 设置符合《机械制图》国标标准规定的尺寸标注样式。

(2) 分析零件形状，标注零件图定形、定位尺寸。

(3) 标注表面粗糙度、形位公差及技术要求等。

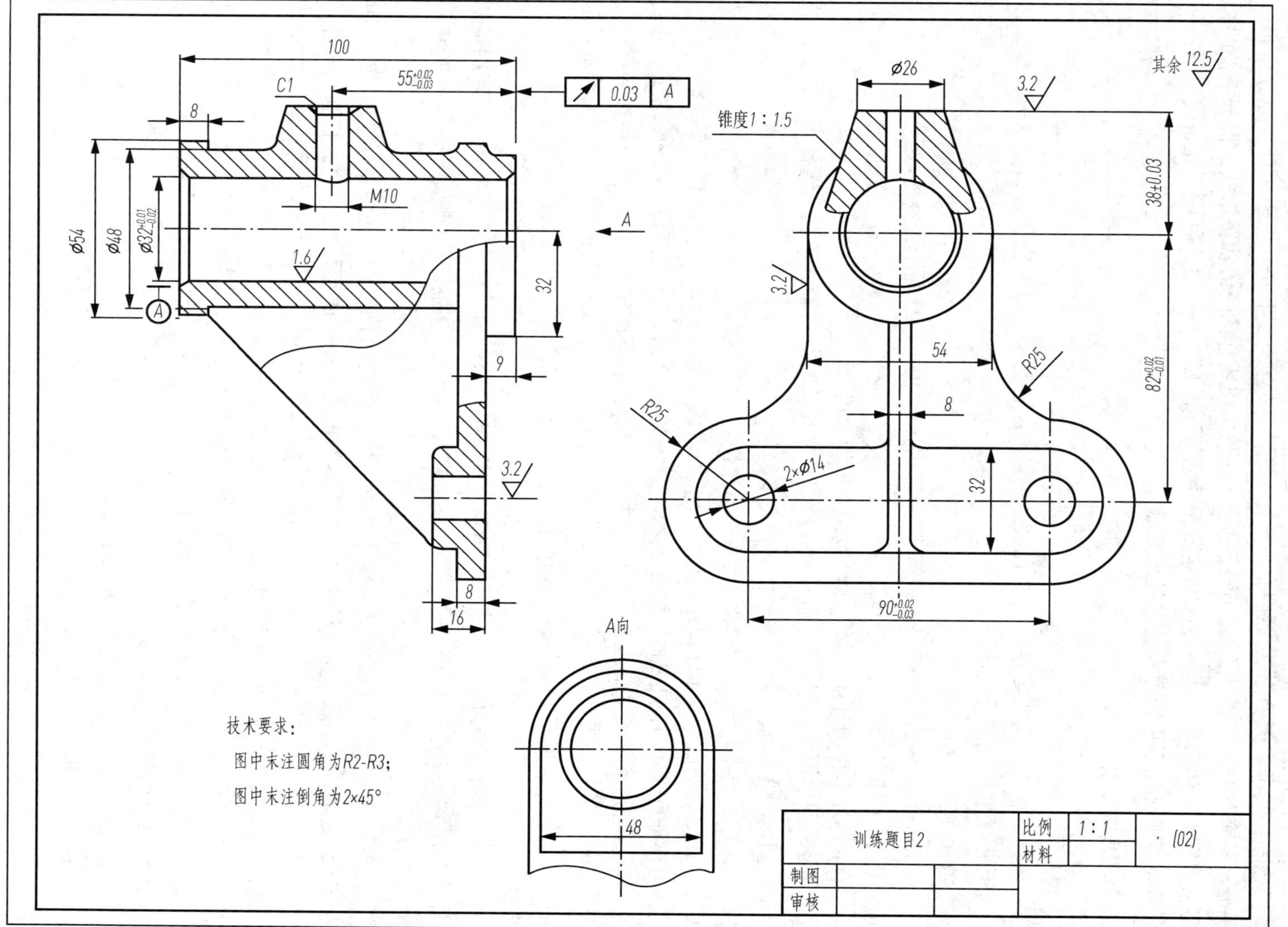
100
55+0.02 -0.03
C1
8
0.03
A
M10
Ø54
Ø48
Ø32+0.01 -0.02
A
1.6
A
32
9
3.2
8
16
Ø26
3.2
其余 12.5
锥度1：1.5
38±0.03
3.2
54
R25
82+0.02 -0.01
R25
8
2×Ø14
32
90+0.02 -0.03
A向
48
技术要求：
图中未注圆角为R2-R3；
图中未注倒角为2×45°
训练题目2
比例
1：1
材料
·(02)
制图
审核

图 4.11 零件图

3. 任务分析

该零件属于支架类零件，在标注尺寸之前需要对零件进行分析，看零件主要分为几个部分，各个部分之间是什么样的连接关系，并想象出零件的三维实体形状。根据零件图和想象的三维实体形状，进行定形和定位尺寸的标注。然后，根据零件的用途、使用条件和要求精度等标注形位公差及相关技术要求。

4. 操作指引

1) 分析零件

该零件属于支架类零件，主要有水平放置的圆柱体部分、竖直放置的支撑板和起加强固定作用的肋板几部分组成。

2) 设置尺寸标注样式

该部分设置内容详见“技能任务训练 1”的相关内容，这里不再赘述。

3) 标注尺寸

(1) 标注零件圆柱体、竖直支撑板、肋板的定形尺寸。

标注圆柱体外圆线性尺寸直径 ϕ54 时，首先在【功能区】选项板中选择【注释】选项卡，在【标注】面板中单击 线性 按钮，命令提示区提示“指定第一条延伸原点或＜选择对象＞：”时，选择起始点；再根据命令提示区提示“指定第二条延伸线原点：”时，选择结束点；在随后的命令提示区提示出现：“指定尺寸线位置或［多行文字(M)/文字(T)/角度(A)/水平(H)/垂直(V)/旋(R)］：”时，在命令区输入“m”，并单击 Enter 键确定，在随后出现的【文字编辑器】选项卡的【插入】面板中单击 @ 按钮，在其下面出现的下拉菜单中选择直径符号，在尺寸 54 前面添加直径符号“ϕ”，在空白处单击鼠标左键完成直径符号的添加，最后在合适的位置单击鼠标左键完成尺寸的标注。其他类似线性尺寸的标注方法一样，不再赘述。

在标注圆柱体内孔直径线性尺寸 ϕ32 时需要标注公差值，标注方法如下：单击【标注】面板中的 线性 按钮，按提示选择起始点和结束点，在命令提示区出现如下提示，“指定尺寸线位置或

［多行文字(M)/文字(T)/角度(A)/水平(H)/垂直(V)/旋(R)］：”时，在命令行输入“m”，并按 Enter 键确认。在随后出现的【文字编辑器】选项卡的【插入】面板中利用 @ 按钮，在尺寸数字前添加 ϕ 符号，然后在 ϕ32 后继续输入“ +0.01^–0.02 ”，按住鼠标左键选中“ +0.01^–0.02 ”部分，单击鼠标右键，在随后出现的快捷菜单中选择“堆叠”，形成带尺寸公差样式的标注形式 $\phi 32^{+0.01}_{-0.02}$，在空白处单击鼠标左键完成公差数值的添加，最后在合适的位置单击鼠标左键完成尺寸的标注。其他类似带有公差的线性尺寸的标注方法一样，不再赘述。标注结果如图 4.12 所示。

(2) 标注圆柱体、竖直支撑板、肋板之间的定位尺寸。

标注结果如图 4.13 所示。

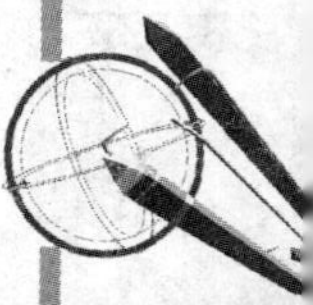

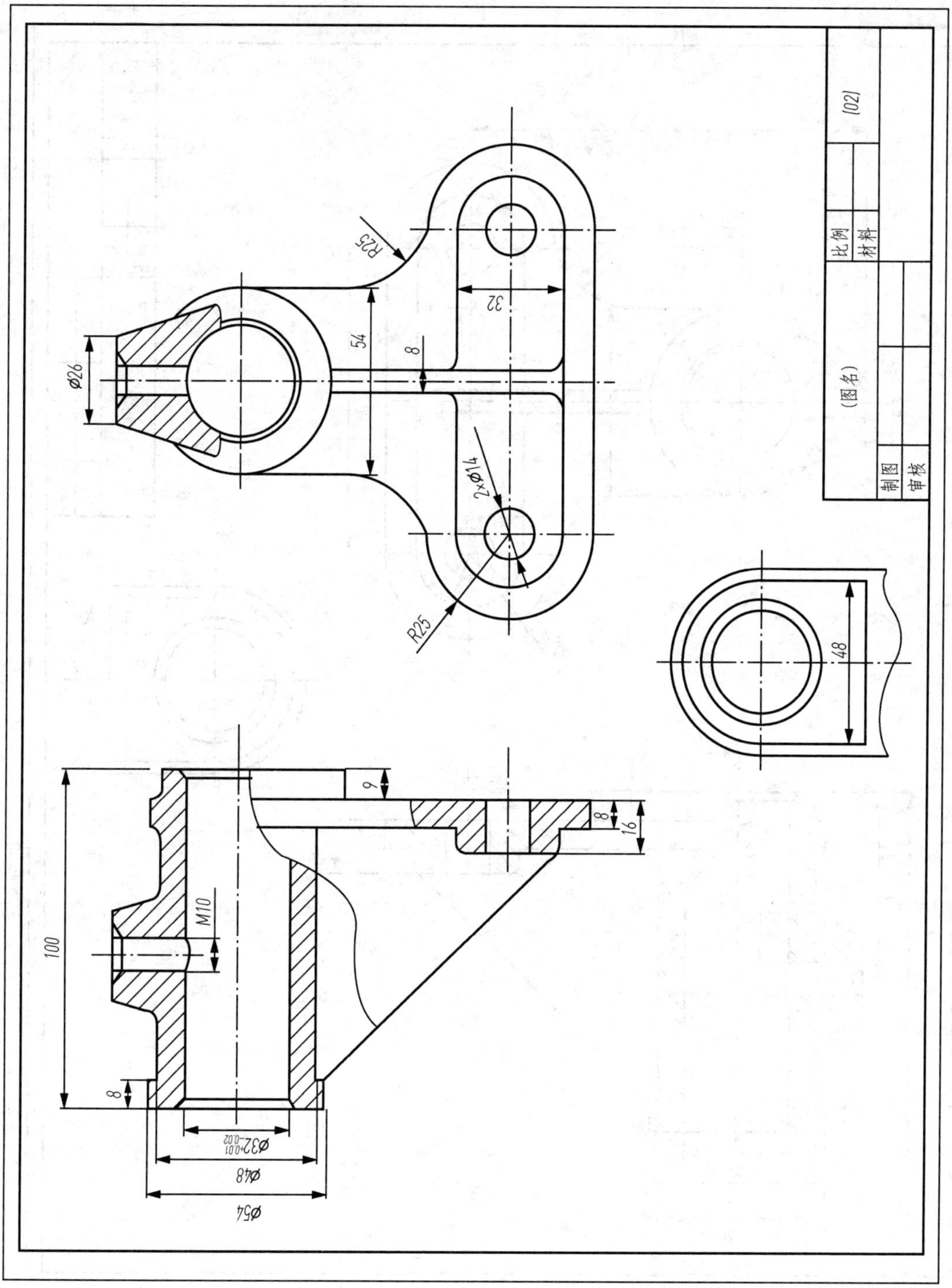

(图名)		比例		(02)
		材料		
制图				
审核				

图 4.12 标注圆柱体、支撑板、肋板定形尺寸

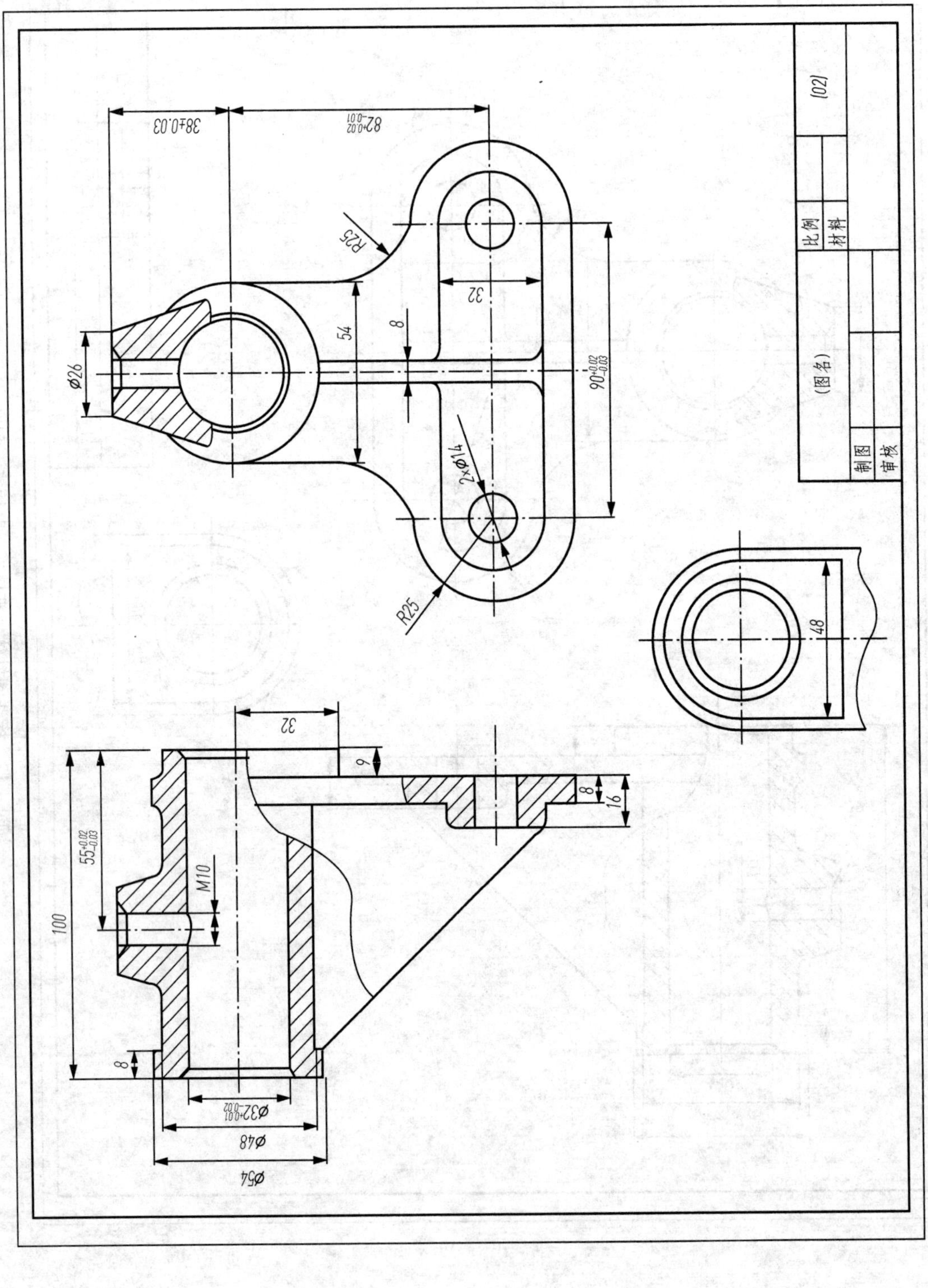

图 4.13　标注圆柱体、支撑板、肋板之间的定位尺寸

(3) 标注引线标注和形位公差。

(1) 创建多重引线样式。

在【注释】选项卡中的【引线】区域单击右下角的【多重引线样式管理器】按钮，打开【多重引线样式管理器】对话框。在对话框右侧单击新建(N)...按钮，打开【创建新多重引线样式】对话框，在新样式名中输入“无箭头引线格式”，单击对话框右侧的继续(O)按钮，打开【修改多重引线样式】对话框。在该对话框的【引线格式】和【内容】选项卡中按照图 4.14 和图 4.15 设置相关参数，然后按确定按钮完成引线格式的设置，返回到【多重引线样式管理器】对话框。选择“无箭头引线格式”，单击置为当前(U)，关闭对话框，完成“无箭头引线格式”的创建。

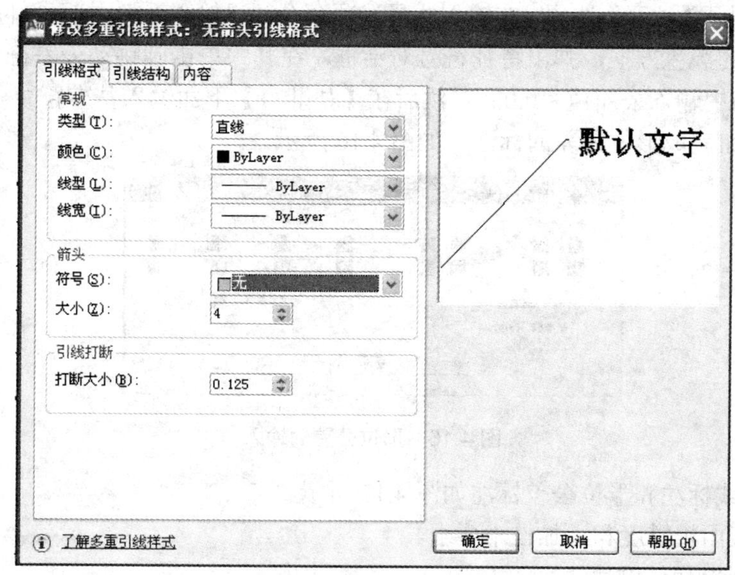

图 4.14　引线格式选项卡

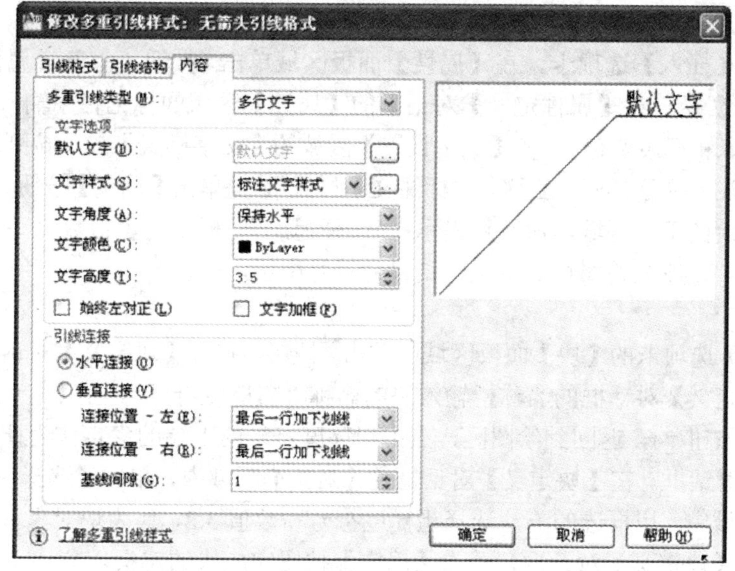

图 4.15　内容选项卡

② 标注引线标注。

单击【引线面板】中的按钮，在左视图圆柱体凸台的外圆锥轮廓线上单击一点，然后在合适的空白区域单击第二点，确定引线基线的位置，在随后的对话框中输入“锥度1∶1.5”，最后在空白区单击鼠标左键完成锥度的标注。同样的方法，标注螺纹孔的倒角尺寸 C1。在【多重引线样式管理器】中，选择“Standard”并置为当前，关闭对话框。利用多重引线功能创建主视图右侧的方向箭头，创建的过程同创建锥度一样，只是不必在文本框中输入内容而已。

③ 标注形位公差。

在命令行输入命令“leader”，指定引线的第一点，然后指定引线的第二点，接着按两次 Enter 键以显示【注释】选项。在输入注释选项命令行里输入“t”，打开形位公差对话框，单击符号下面的黑色方框，弹出特征符号对话框，在其中单击圆跳动公差符号。在【公差1】下面的空格中输入公差值“0.03”。然后在【基准 1】下面输入基准符号“A”，最后单击【确定】按钮完成形位公差的标注，如图 4.16 所示。

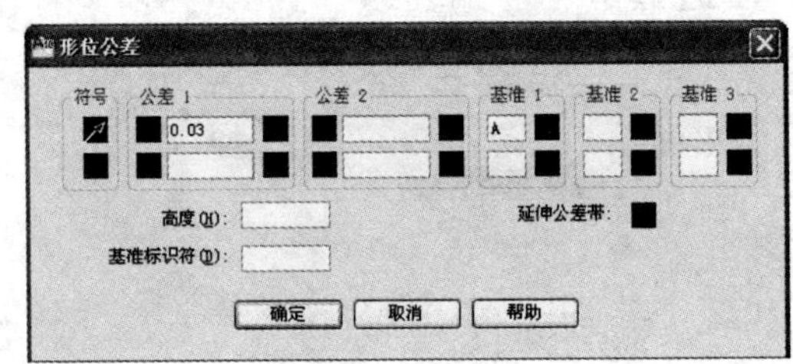

图 4.16　形位公差的输入

完成的引线标注和形位公差标注如图 4.17 所示。

④ 插入表面粗糙度和添加技术要求。

(a) 创建带有属性的块。

a. 定义块的属性。

首先，在绘图工作区域的空白处绘制粗糙度符号▽(尺寸阅图 4.59)。然后，在【功能区】选项板中选择【插入】选项卡，在【属性】面板区域单击按钮，打开【属性定义】对话框，如图 4.18 所示。在【属性定义】对话框的【属性】区域的标记栏中输入“3.2”，提示栏中输入“输入粗糙度数值”。在【文字设置】区域的【文字样式】的下拉列表中选择前面创建的用于标注的文字样式，名称是“标注文字样式”，并单击【确定】按钮完成属性定义。这时，返回到绘图工作区域，命令行提示：“选择起点”，根据提示把数值 3.2 放置在粗糙度符号的上方，完成块的属性的定义，结果为符号所示，3.2▽。

b. 创建块。

在【插入】选项卡的【块】面板区域中单击按钮，打开【块定义】对话框，如图 4.19 所示。在【块定义】对话框的名称栏输入块的名称“粗糙度符号”。在【基点】区域中，单击【拾取点】按钮，返回到绘图区，点击粗糙度符号的下端的尖点作为插入点，再返回到【块定义】对话框。在【块定义】对话框的【对象】区域中，单击【选择对象】按钮，返回到绘图区域中，用框选的方法选择粗糙度符号和数值 3.2，作为块对象，然后单击鼠标右键，返回到【块定义】对话框，单击【确定】按钮完成块的定义。

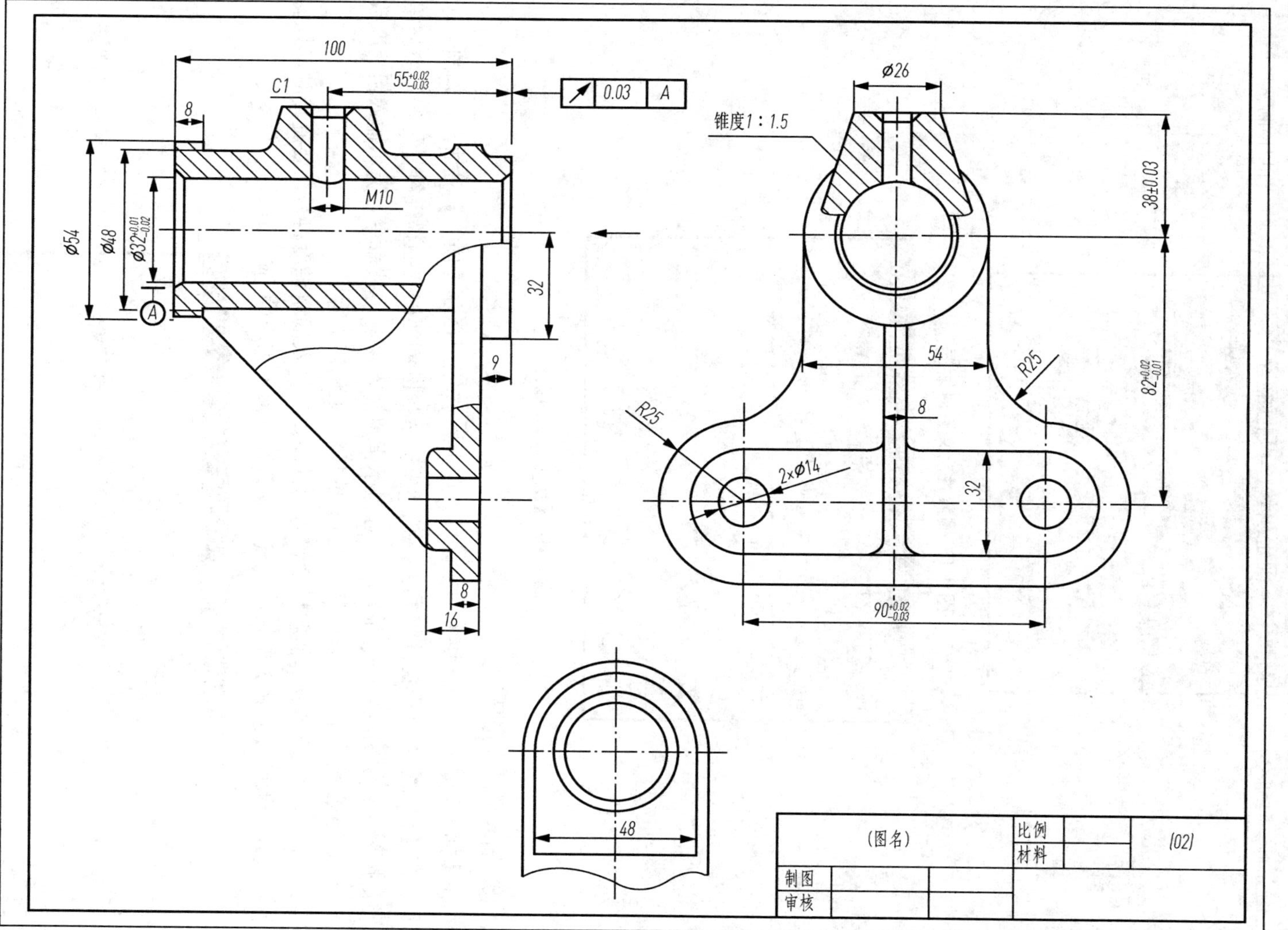

图 4.17 引线标注和形位公差标注

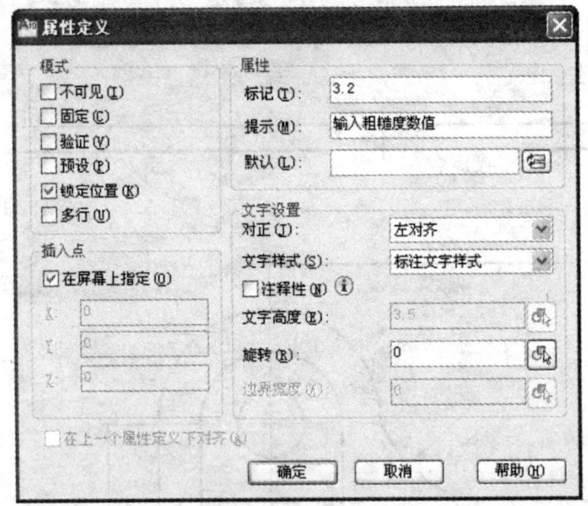

图 4.18 【属性定义】对话框

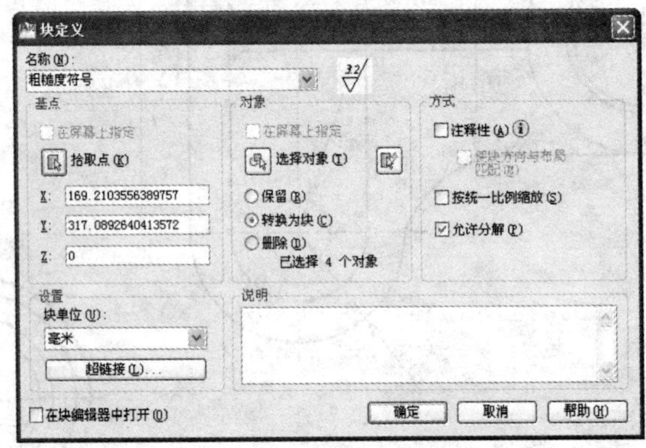

图 4.19 【块定义】对话框

(b) 插入粗糙度符号。

在【插入】选项卡的【块】面板区域中单击插入按钮，打开【插入】对话框，如图 4.20 所示。在【插入】对话框的【名称】下拉列表中选择刚创建的“粗糙度符号”块，然后单击确定按钮。在绘图区域中，根据命令行提示指定插入点，再按命令行提示输入粗糙度数“1.6”，按 Enter 键确定，完成粗糙度值 1.6 的标注如图 4.21 所示。

采用同样的方法完成其他粗糙度符号的标注。当插入的粗糙度符号需要旋转时，只需要在插入对话框的【旋转】区域中的【角度】栏中输入相应的角度即可。

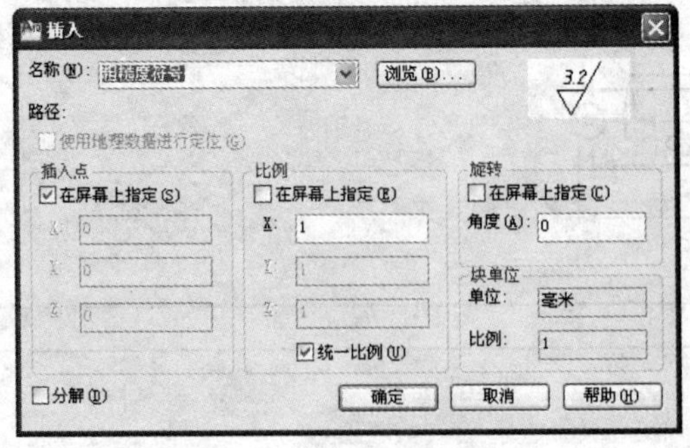

图 4.20 插入对话框

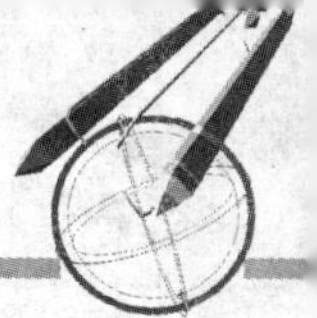

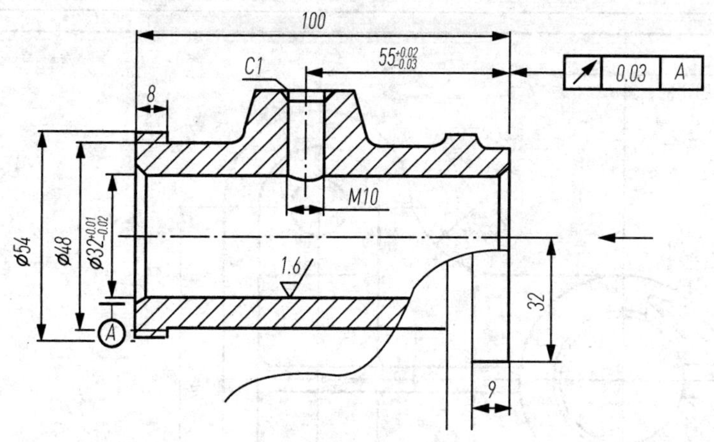

图 4.21　标注的粗糙度

另外基准符号的添加，也可先制作成块，然后插入到合适的位置即可。若有尺寸线或者尺寸界线穿过基准符号，利用打断命令打断尺寸界线进行标注。

完成粗糙度标注和基准符号添加的图形如图 4.22 所示。

(c) 添加技术要求等文字。

在【功能区】选项板中选择【注释】选项卡，在注释面板的文字选项区域中，单击文字样式按钮 Standard ，选择前面创建的文字样式“标注文字样式”。单击文字面板中的按钮 多行文字，在下拉列表中选择 A 多行文字 按钮，根据命令行提示，在绘图区左下角的空白处单击选择第一角点和第二角点，然后在【样式】面板中的文字高度输入文字高度(“技术要求”字高一般为 7，其他文字字高为 5)，在出现的文本框格中输入技术要求，如图 4.23 所示。

其他文字的添加，可用同样的方法进行输入，不再赘述。文字的位置可用移动命令进行调整。最后完成文字添加的图形如图 4.24 所示。

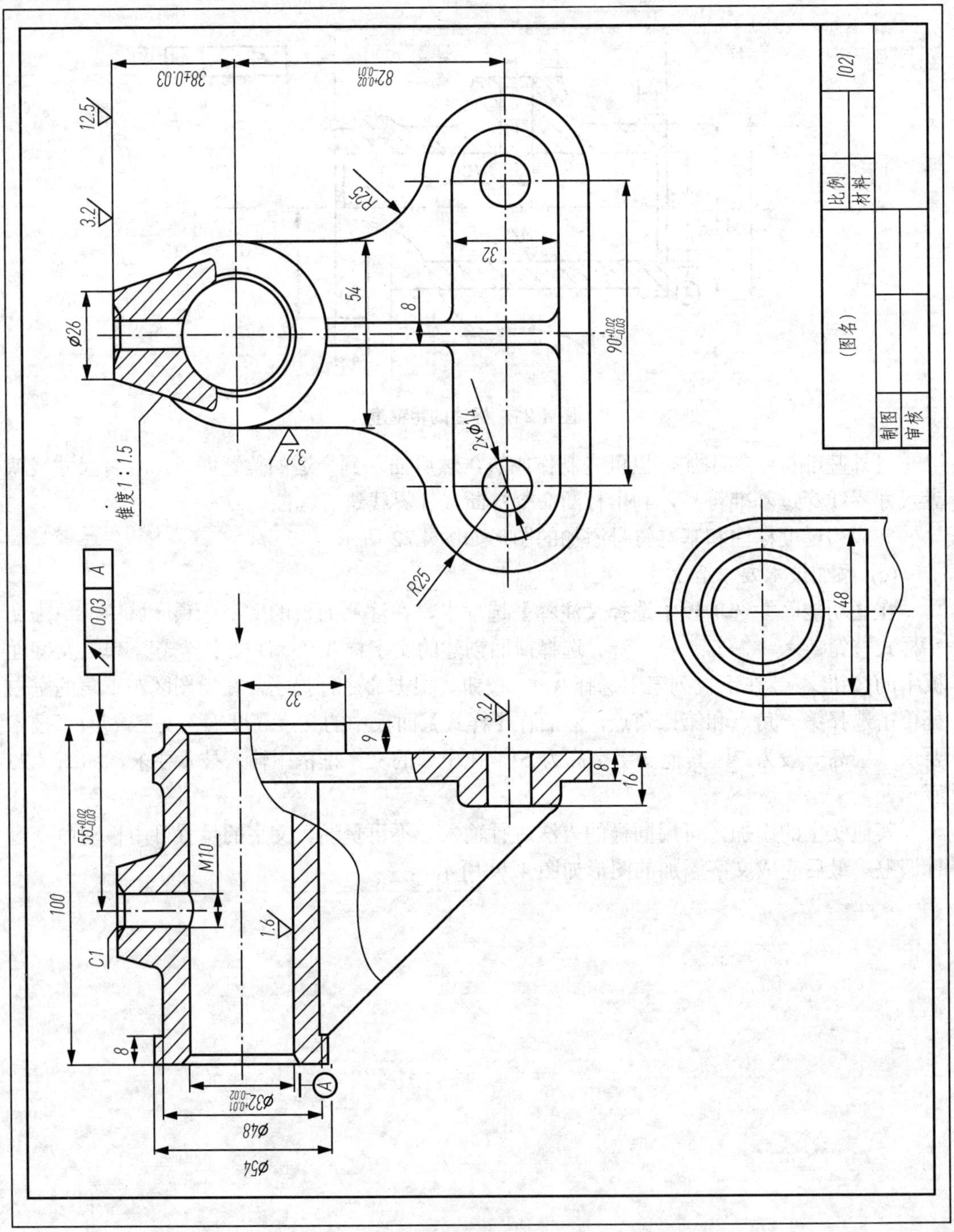

图 4.22　粗糙度符号的标注

技术要求：

1.图中未注圆角$R2-R3$

2.图中未注倒角为$2\times45°$

图 4.23　输入的技术要求

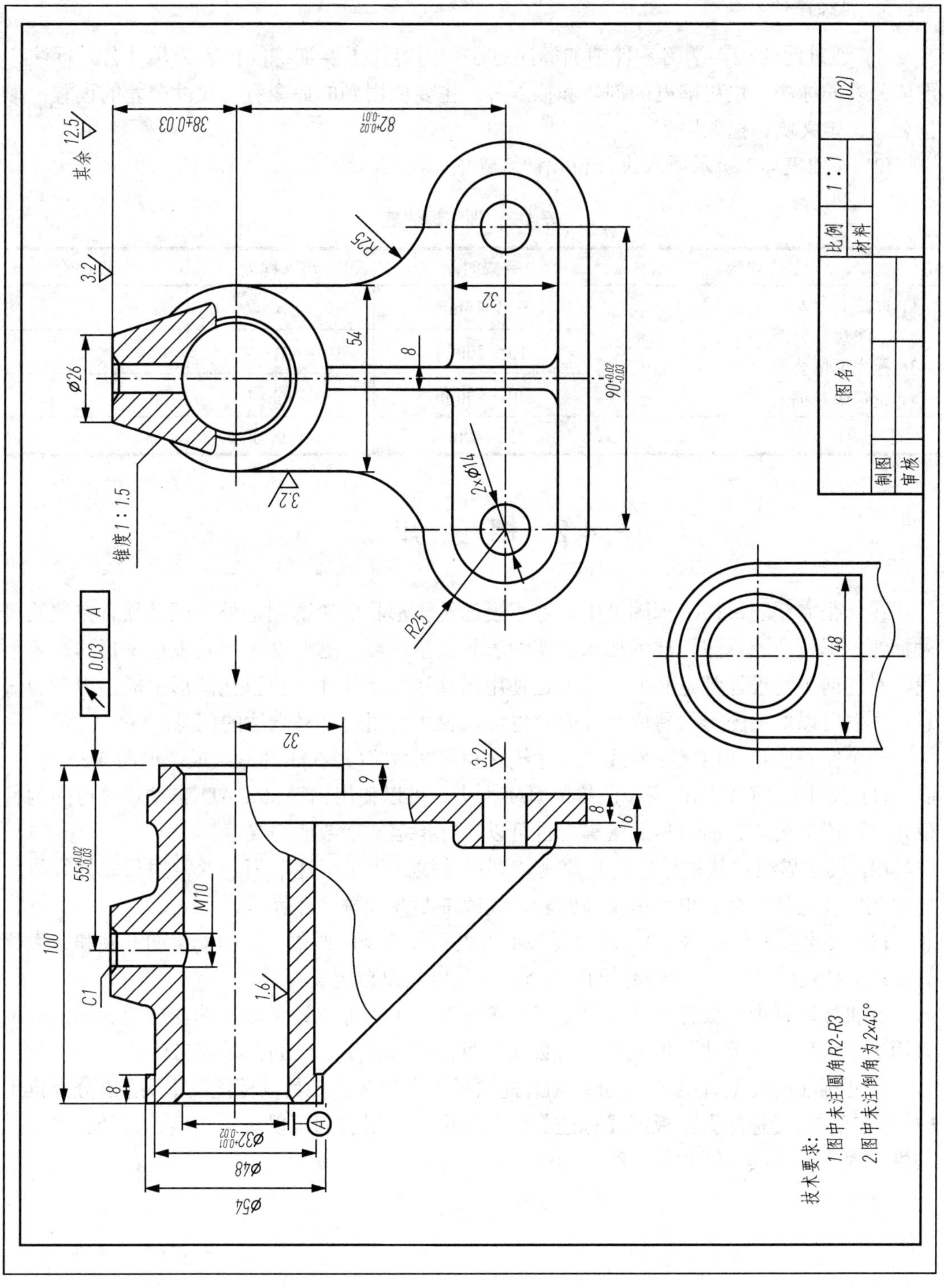

技术要求:

1.图中未注圆角R2-R3

2.图中未注倒角为2×45°

(图名)	比例	1：1	(02)
	材料		
制图			
审核			

图 4.24　文字的添加

至此，整个零件图尺寸的标注、形位公差和技术要求的添加全部完成。在标注尺寸的过程中，如需要调整，可实时进行，使整个图面的尺寸整洁、清晰、易懂。

5. 训练评估

(1) 通过此训练，学习零件图的标注方法和内容，主要训练的内容为尺寸公差标注、形位公差的标注、块粗糙度的创建和插入等。主要应用到的命令有：尺寸公差的设置；形位公差、定义块、插入块等。

(2) 按照表 4-2 所示要求进行自我训练评估。

表 4-2 训练评估表

工作内容	完成时间	熟练程度	自我评价
(1) 标注非公差尺寸 (2) 标注尺寸公差 (3) 标注形位公差 (4) 设置块及插入	小于 15min	A	
	15～30min	B	
	30～40min	C	
不能完成以上操作	大于 40min	不熟练	

4.2 相关知识

在一张完整的机械工程图纸中，除了表达结构形状的轮廓图形外，还必须有完整的尺寸标注、形位公差标注、技术要求和明细表等文字注释。这些文字都是表达图形的有效手段，对任何工程设计都是必要的。通过使用尺寸和文本标注，可以在图形中提供更多的信息，不仅可以增加图形的易懂性，而且也可以表达出图形不易表达的信息。

一个完整的尺寸由尺寸界线、尺寸线、和尺寸数字(文本)3 部分组成，如图 4.25 所示。

(1) 尺寸数字(文本)：表示图样的真实大小。可以使用由 AutoCAD 自动计算出的测量值，并可附加公差、前缀和后缀等。也可以自行指定文字或取消文字。

(2) 尺寸界线：从被标注的对象延伸到尺寸线。为了标注清晰，通常用尺寸界线将尺寸引到实体之外，有时也可用实体的轮廓线或中心线代替尺寸界线。

(3) 尺寸起止符号(箭头)：尺寸箭头用来表示尺寸线的两端，表明测量的开始和结束位置。AutoCAD 提供了多种符号可供选择，也可以创建自定义符号。

在机械图样中的线性尺寸，以毫米为单位时，不需标注计量单位的代号或名称，如果采用其他单位，如英寸、角度等，则必须注明相应的计量单位的代号或名称。

尺寸标注的类型有很多，AutoCAD 提供了十余种标注工具以标注图形对象，分别位于【标注】菜单、【标注】面板或【标注】工具栏中。使用它们可以进行角度、直径、半径、线性、对齐、连续、圆心及基线等标注。

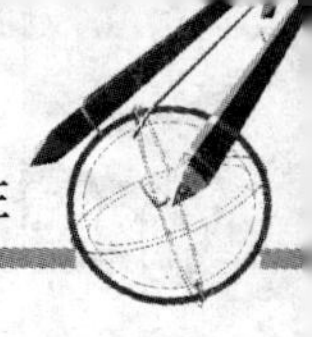

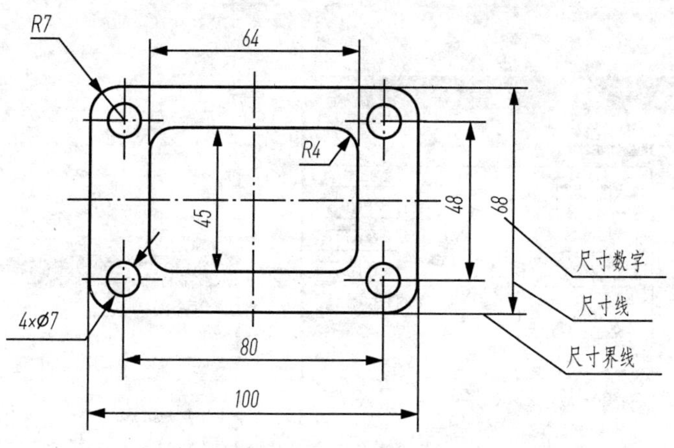

图 4.25 尺寸标注的组成

4.2.1 创建尺寸标注的步骤

在 AutoCAD 中对图形进行尺寸标注的基本步骤如下。

(1) 在【图层】选项卡区域，打开【图层特性管理器】对话框中创建一个独立的图层，用于尺寸标注(如项目 1 表 1-1 所列的图层“02”可用作尺寸标注)。

(2) 在【文字】选项区域，打开【文字样式】命令，在打开的【文字样式】对话框中创建一种文字样式，用于尺寸标注(如项目 1 图 1.13 进行文字、标注样式设置)。

(3) 在【标注】选项区域，打开【标注样式】命令，在打开的【标注样式管理器】对话框中设置标注样式。

(4) 使用对象捕捉和标注等功能，对图形中的元素进行标注。

4.2.2 创建与设置标注样式

AutoCAD 绘图系统提供了一系列标注样式，存放在“ACADISO.DWT”样板中，用户可以通过【标注样式管理器】对话框，完成各种标注样式的创建。在 AutoCAD 中，使用标注样式可以控制标注的格式和样式。建立符合相关技术标准的尺寸标注样式，有利于对标注格式及用途进行修改。

下面将重点介绍使用【标注样式管理器】对话框创建标注样式的方法。

1. 新建标注样式

创建新的标注样式，在【功能区】选项板中选择【注释】选项卡，在【标注】面板中单击【标注样式】 按钮，系统将弹出如图 4.26 所示的【标注样式管理器】对话框。单击【新建】按钮，在打开的【创建新标注样式】对话框中即可创建新标注样式，如图 4.27 所示。

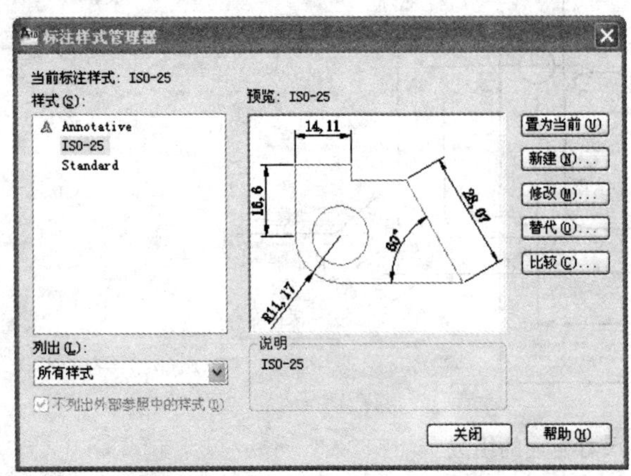

图 4.26 【标注样式管理器】对话框

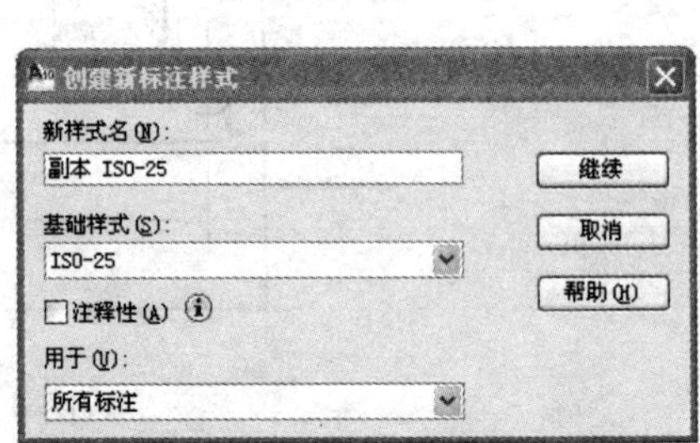

图 4.27 【创建新标注样式】对话框

新建标注样式时，可以在【新样式名】文本框中输入新样式的名称。在【基础样式】下拉列表框中选择一种基础样式，新样式将在该基础样式的基础上进行修改。此外，在【用于】下拉列表框中指定新建标注样式的适用范围，包括【所有标注】、【线性标注】、【角度标注】、【半径标注】、【直径标注】、【坐标标注】和【引线与公差】等选项；选择【注释性】复选框，可将标注定义成可注释对象。设置了新样式的名称、基础样式和适用范围后，单击该对话框中的【继续】按钮，将打开【新建标注样式】对话框，可以在其中设置标注中直线、符号和箭头、文字、单位等内容，如图 4.28 所示。

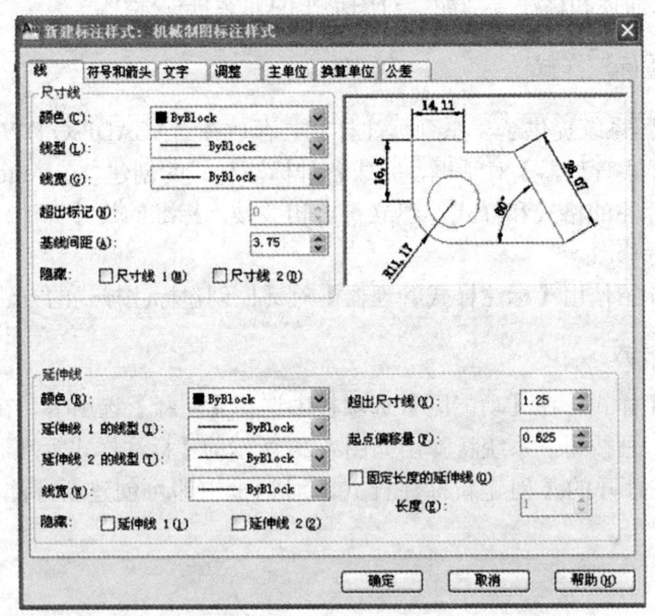

图 4.28 【新建标注样式】对话框

2. 设置线样式

在【新建标注样式】对话框中，使用【线】选项卡可以设置尺寸线和延伸线的格式和位置，如图 4.28 所示。

1) 尺寸线

在【尺寸线】选项区域中，可以设置尺寸线的颜色、线宽、超出标记以及基线间距等属性。

【颜色】下拉列表框：用于设置尺寸线的颜色，默认情况下，尺寸线的颜色随块。也可以使用变量 DIMCLRD 设置。

【线型】下拉列表框：用于设置尺寸线的线型，该选项没有对应的变量。

【线宽】下拉列表框：用于设置尺寸线的宽度，默认情况下，尺寸线的线宽也是随块，也可以使用变量 DIMLWD 设置。

【超出标记】文本框：当尺寸线的箭头采用倾斜、建筑标记、小点、积分或无标记等样式时，使用该文本框可以设置尺寸线超出延伸线的长度。

【基线间距】文本框：进行基线尺寸标注时可以设置各尺寸线之间的距离。

【隐藏】选项组：通过选择【尺寸线 1】或【尺寸线 2】复选框，可以隐藏第 1 段或第 2 段尺寸线及其相应的箭头。

2) 延伸线

在【延伸线】选项区域中，可以设置延伸线的颜色、线宽、超出尺寸线的长度和起点偏移量、隐藏控制等属性。

【颜色】下拉列表框：用于设置延伸线的颜色，也可以用变量 DIMCLRE 设置。

【线宽】下拉列表框：用于设置延伸线的宽度，也可以用变量 DIMLWE 设置。

【延伸线 1 的线型】和【延伸线 2 的线型】下拉列表框：用于设置延伸线的线型。

【超出尺寸线】文本框：用于设置延伸线超出尺寸线的距离，也可以用变量 DIMEXE 设置。

【起点偏移量】文本框：设置延伸线的起点与标注定义点的距离。

【隐藏】选项组：通过选中【延伸线 1】或【延伸线 2】复选框，可以隐藏延伸线。

【固定长度的延伸线】复选框：选中该复选框，可以使用具有特定长度的延伸线标注图形，其中在【长度】文本框中可以输入延伸线的数值。

特别提示

机械图样(如 A3、A4 图幅)推荐标注样式参数：基线间距为“8”或“10”；超出尺寸线为“3”；起点偏移量为“0”。

3. 设置符号和箭头样式

在【新建标注样式】对话框中，使用【符号和箭头】选项卡可以设置箭头、圆心标记、弧长符号和半径折弯标注的格式与位置等，如图 4.29 所示。

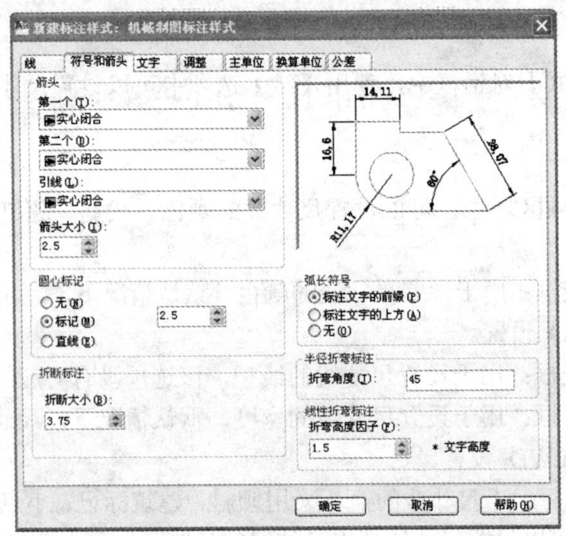

图 4.29 【符号和箭头】选项卡

1) 箭头

在【箭头】选项区域中可以设置尺寸线和引线箭头的类型及尺寸大小等。通常情况下，尺寸线的两个箭头应一致。

为了适用于不同类型的图形标注需要，AutoCAD 设置了 20 多种箭头样式。可以从对应的下拉列表框中选择箭头，并在【箭头大小】文本框中设置其大小。

2) 圆心标记

在【圆心标记】选项区域中可以设置圆或圆弧的圆心标记类型，如【标记】、【直线】和【无】。其中，选择【标记】单选按钮可对圆或圆弧绘制十字圆心标记；选择【直线】单选按钮，可对圆或圆弧绘制中心线；选择【无】单选按钮，则没有任何标记。当选择【标记】或【直线】单选按钮时，可以在【大小】文本框中设置圆心标记的大小。

3) 弧长符号

在【弧长符号】选项区域中可以设置弧长符号显示的位置，包括【标注文字的前缀】、【标注文字的上方】和【无】3 种方式。

4) 半径折弯标注

在【半径折弯标注】选项区域的【折弯角度】文本框中，可以设置标注圆弧半径时标注线的折弯角度大小。

5) 折断标注

在【折断标注】选项区域的【折断大小】文本框中，可设置标注折断时标注线的长度大小。

6) 线性折弯标注

在【线性折弯标注】选项区域的【折弯高度因子】文本框中，可以设置折弯标注打断时折弯线的高度大小。

特别提示

机械图样(如 A3、A4 图幅)推荐箭头参数为“2.8”或“3”。

4. 设置文字样式

在【新建标注样式】对话框中，使用【文字】选项卡设置标注文字的外观、位置和对齐方式，如图 4.30 所示。

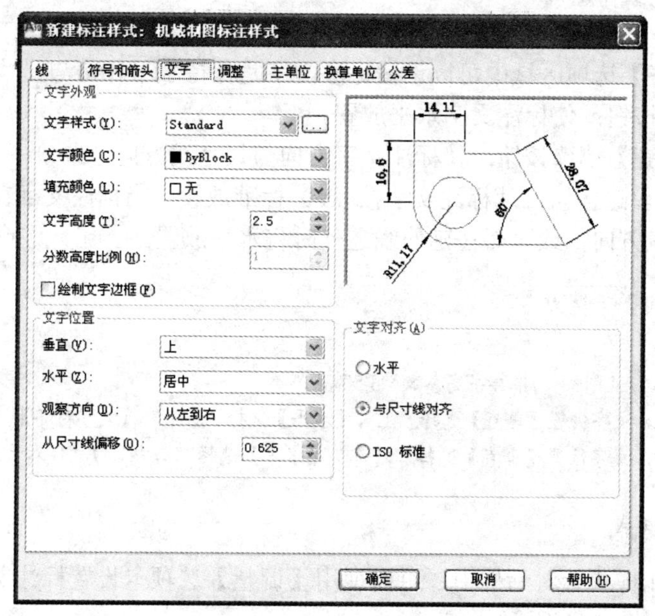

图 4.30 【文字】选项卡

1) 文字外观

在【文字外观】选项区域中设置文字的样式、颜色、高度和分数高度比例，以及控制是否绘制文字边框等。

【文字样式】下拉列表框：用于选择标注的文字样式。也可以单击其后的按钮，打开【文字样式】对话框，选择文字样式或新建文字样式。

【文字颜色】下拉列表框：用于设置标注文字的颜色，也可以用变量 DIMCLRT 设置。

【填充颜色】下拉列表框：用于设置标注文字的背景色。

【文字高度】文本框：用于设置标注文字的高度，也可以用变量 DIMTXT 设置。

【分数高度比例】文本框：设置标注文字中的分数相对于其他标注文字的比例，AutoCAD 将该比例值与标注文字高度的乘积作为分数的高度。

【绘制文字边框】复选框：设置是否给标注文字加边框。

2) 文字位置

在【文字位置】选项区域中可以设置文字的垂直、水平位置以及从尺寸线的偏移量。

【垂直】下拉列表框：用于设置标注文字相对于尺寸线在垂直方向的位置，如【居中】、【上方】、【外部】和 JIS。其中，选择【居中】选项可以把标注文字放在尺寸线中间；选择【上方】选项，将把标注文字放在尺寸线的上方；选择【外部】选项可以把标注文字放在远离第一定义点的尺寸线一侧；选择 JIS 选项则按 JIS 规则放置标注文字。

【水平】下拉列表框：用于设置标注文字相对于尺寸线和延伸线在水平方向的位置，如【居中】、【第一条延伸线】、【第二条延伸线】、【第一条延伸线上方】、【第二条延伸线上方】。

【观察方向】下拉列表框：用来控制标注文字的观察方向。

【从尺寸线偏移】文本框：设置标注文字与尺寸线之间的距离。如果标注文字位于尺寸线的中间，则表示断开处尺寸线端点与尺寸文字的间距。若标注文字带有边框，则可以控制文字边框与其中文字的距离。

3) 文字对齐

在【文字对齐】选项区域中可以设置标注文字是保持水平还是与尺寸线平行。

【水平】单选按钮：使标注文字水平放置。

【与尺寸线对齐】单选按钮：使标注文字方向与尺寸线方向一致。

【ISO 标准】单选按钮：使标注文字按 ISO 标准放置，当标注文字在延伸线之内时，它的方向与尺寸线方向一致，而在延伸线之外时将水平放置。

特别提示

机械图样(如 A3、A4 图幅)，推荐字高参数“3.5”。

线性尺寸标注时，文字位置【垂直】选择“上”，【水平】选择“居中”，【文字对齐】点选“与尺寸线对齐”。

角度尺寸标注时，文字位置【垂直】选择“外部”，【水平】选择“居中”，【文字对齐】点选“水平”。

5. 设置调整样式

在【新建标注样式】对话框中，可以使用【调整】选项卡设置标注文字、尺寸线、尺寸箭头的位置，如图 4.31 所示。

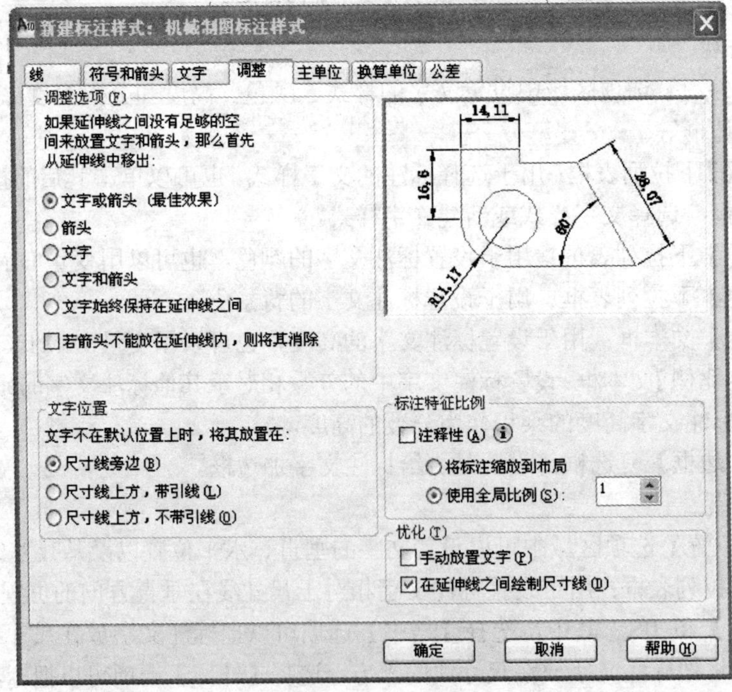

图 4.31 【调整】选项卡

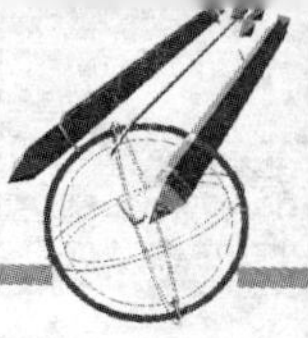

1) 调整选项

在【调整选项】选项区域中，可以确定当延伸线之间没有足够的空间同时放置标注文字和箭头时，应从延伸线之间移出的对象。

【文字或箭头(最佳效果)】单选按钮：按最佳效果自动移出文本或箭头。

【箭头】单选按钮：首先将箭头移出。

【文字】单选按钮：首先将文字移出。

【文字和箭头】单选按钮：将文字和箭头都移出。

【文字始终保持在延伸线之间】单选按钮：将文本始终保持在延伸线之内。

【若箭头不能放在延伸线内，则将其消除】复选框：如果选中该复选框，则抑制箭头显示。

2) 文字位置

在【文字位置】选项区域中，设置当前文字不在默认位置时的位置。

【尺寸线旁边】单选按钮：选中该按钮可以将文本放在尺寸线旁边。

【尺寸线上方，带引线】单选按钮：选中该按钮可以将文本放在尺寸线的上方，并带上引线。

【尺寸线上方，不带引线】单选按钮：选中该单选按钮可以将文本放在尺寸线的上方，但不带引线。

3) 标注特征比例

在【标注特征比例】选项区域中，可以设置标注尺寸的特征比例，以便通过设置全局比例来增加或减少各标注的大小。

【注释性】复选框：选择该复选框，可以将标注定义成可注释性对象。

【将标注缩放到布局】单选按钮：选择该单选按钮，可以根据当前模型空间视口与图纸空间之间的缩放关系设置比例。

【使用全局比例】单选按钮：选择该单选按钮，可以对全部尺寸标注设置缩放比例，该比例不改变尺寸的测量值。

4) 优化

在【优化】选项区域中，可以对标注文字和尺寸线进行细微调整，该选项区域包括以下两个复选框。

【手动放置文字】复选框：选中该复选框，则忽略标注文字的水平设置，在标注时可将标注文字放置在指定的位置。

【在延伸线之间绘制尺寸线】复选框：选中该复选框，当尺寸箭头放置在延伸线之外时，也可在延伸线之内绘制出尺寸线。

6. 设置主单位样式

在【新建标注样式】对话框中，可以使用【主单位】选项卡设置主单位的格式与精度等属性，如图 4.32 所示。

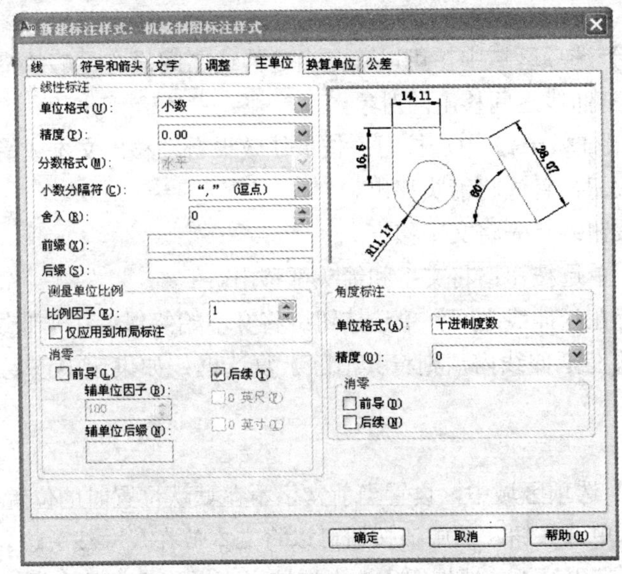

图 4.32 【主单位】选项卡

1) 线性标注

在【线性标注】选项区域中可以设置线性标注的单位格式与精度。

【单位格式】下拉列表框：设置除角度标注之外的其余各标注类型的尺寸单位，包括【科学】、【小数】、【工程】、【建筑】和【分数】等选项。

【精度】下拉列表框：设置除角度标注之外的其他标注的尺寸精度。

【分数格式】下拉列表框：当单位格式是分数时，可以设置分数的格式，包括【水平】、【对角】和【非堆叠】3 种方式。

【小数分隔符】下拉列表框：设置小数的分隔符，包括【逗点】、【句点】和【空格】3 种方式。

【舍入】文本框：用于设置除角度标注外的尺寸测量值的舍入值。

【前缀】和【后缀】文本框：设置标注文字的前缀和后缀，在相应的文本框中输入字符即可。

【测量单位比例】选项区域：使用【比例因子】文本框可以设置测量尺寸的缩放比例，AutoCAD 的实际标注值为测量值与该比例的积。选中【仅应用到布局标注】复选框，可以设置该比例关系仅适用于布局。

【消零】选项区域：可以设置是否显示尺寸标注中的【前导】和【后续】零。

2) 角度标注

在【角度标注】选项区域中，使用【单位格式】下拉列表框设置标注角度时的单位，使用【精度】下拉列表框设置标注角度的尺寸精度，使用【消零】选项区域设置是否消除角度尺寸的【前导】和【后续】零。

7. 设置公差样式

在【新建标注样式】对话框中，使用【公差】选项卡设置是否标注公差，以及以何种方式进行标注，如图 4.33 所示。

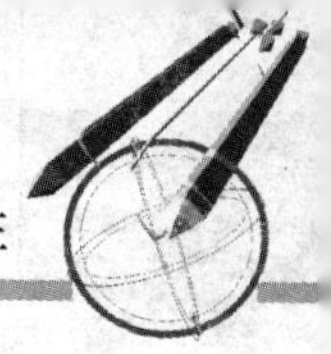

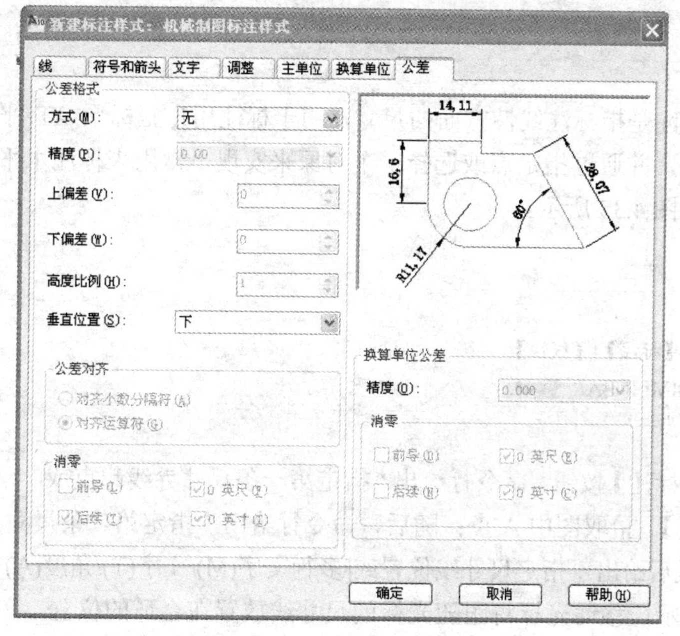

图 4.33 【公差】选项卡

在【公差格式】选项区域中可以设置公差的标注格式，部分选项的功能如下。

【方式】下拉列表框：确定以何种方式标注公差，共有【无】、【对称】、【极限偏差】、【极限尺寸】、【基本尺寸】五种形式。

【上偏差】、【下偏差】文本框：设置尺寸的上偏差、下偏差。

【高度比例】文本框：确定公差文字的高度比例因子。确定后，AutoCAD 将该比例因子与尺寸文字高度之积作为公差文字的高度。

【垂直位置】下拉列表框：控制公差文字相对于尺寸文字的位置，包括【上】、【中】和【下】3 种方式。

【换算单位公差】选项：当标注换算单位时，可以设置换算单位精度和是否消零。

4.2.3　尺寸标注

学习了尺寸标注的相关概念及标注样式的创建和设置方法之后，下面介绍如何利用 AutoCAD 中的标注命令标注图形尺寸。【标注】工具条如图 4.34 所示。

图 4.34 【标注】工具条

1. 线性标注

线性尺寸标注是指标注线性方面的尺寸，用于标注用户坐标系 *XY* 平面中的两个点之间的距离测量值，并通过指定点或选择一个对象来实现，常用来标注水平尺寸、垂直尺寸和旋转尺寸，如图 4.35 所示。

执行方式

- ◆ 下拉菜单:【标注】|【线性】
- ◆ 命令行: DIMLINEAR
- ◆ 工具栏:

单击【线性标注】按钮，命令行给出“指定第一条尺寸界线起点或 <选择对象>”提示，按下【对象捕捉】，拾取图中 A 点；随后，命令行给出“指定第二条尺寸界线起点”提示，再拾取 B 点；最后给出“指定尺寸线位置或[多行文字(M)/文字(T)/角度(A)/水平(H)/垂直(V)/旋转(R)]”的提示，移动光标将跟随光标的尺寸线放置在合适的位置，单击鼠标左键，即完成一个线性尺寸的标注。

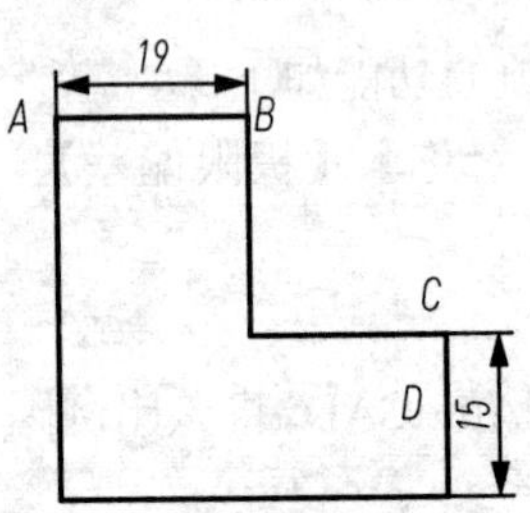

图 4.35　线性标注

默认情况下，指定了尺寸线的位置后，系统将按自动测量出的两个延伸线起始点间的距离标注出尺寸。其他各选项的功能说明如下。

【多行文字(M)】选项：选择该选项将进入多行文字编辑模式，可以使用【多行文字编辑器】对话框输入并设置标注文字。其中，文字输入窗口中的尖括号(< >)表示系统测量值。

【文字(T)】选项：可以以单行文字的形式输入标注文字，此时将显示“输入标注文字”提示信息，要求输入标注文字。

【角度(A)】选项：设置标注文字的旋转角度。

【水平(H)】选项和【垂直】选项：标注水平尺寸和垂直尺寸。可以直接确定尺寸线的位置，也可以选择其他选项来指定标注的标注文字内容或标注文字的旋转角度。

【旋转(R)】选项：旋转标注对象的尺寸线。

特别提示

当需要标注的尺寸(数字)与系统自动测量得出的尺寸(数字)不一致时，可双击该尺寸(数字)，直接对标注的数字进行修改，也可通过【文字】编辑命令来修正需要标注的尺寸(数字)。

2. 对齐标注

对齐标注用于创建尺寸线与图形中的轮廓线相互平行的尺寸标注，如图 4.36 中的 29 长度尺寸。AutoCAD 提供 DIMALIGNED(对齐标注)命令可以进行该类型的尺寸标注。

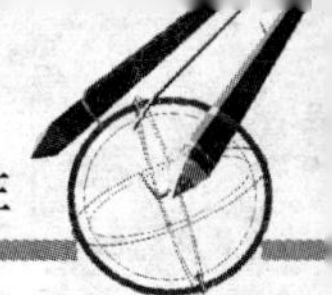

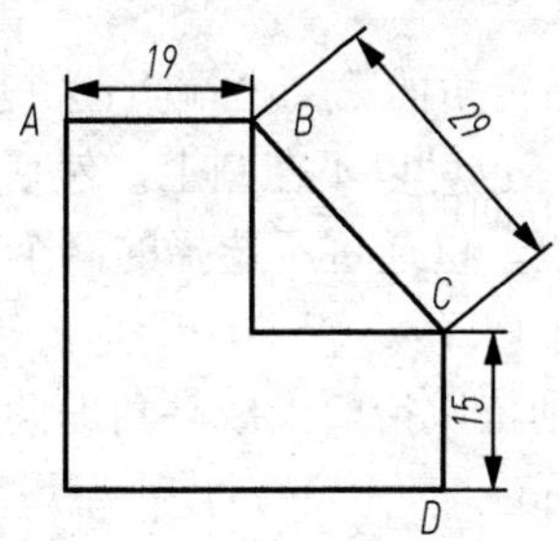

图 4.36 对齐标注

执行方式

◆ 下拉菜单:【标注】|【对齐】
◆ 命令行: DIMALIGNED
◆ 工具栏:

单击【对齐标注】按钮，指定第一条尺寸界线原点或 <选择对象>：按下【对象捕捉】，拾取图中 B 点；指定第二条尺寸界线原点：拾取 C 点；指定尺寸线位置或[多行文字(M)/文字(T)/角度(A)]：移动光标将跟随光标的尺寸线放置在合适的位置，最后单击鼠标左键，即完成一个对齐尺寸的标注。或先单击鼠标右键，再拾取 BC 线段，移动光标单击定位，即可完成对齐尺寸的标注。

标注方法同线性标注，主要用来标注未知倾斜角度直线，对齐标注是线性标注尺寸的一种特殊形式。

3. 角度标注

角度标注用于测量圆、圆弧包角、两条非平行线的夹角以及三点之间夹角的标注，如图 4.37 所示。标注角度尺寸常用的命令是“DLMANGULAR”。

执行方式

◆ 下拉菜单:【标注】|【角度】
◆ 命令行: DLMANGULAR
◆ 工具栏:

单击【角度】按钮，系统给出“选择圆弧、圆、直线或<指定顶点>”提示。

1) 标注圆弧角度

当选择圆弧时，命令行显示【指定标注弧线位置或 [多行文字(M)/文字(T)/角度(A)]:】提示信息。此时，如果直接确定标注弧线的位置，AutoCAD 会按实际测量值标注出角度。也可以使用【多行文字(M)】、【文字(T)】及【角度(A)】选项，设置尺寸文字和它的旋转角度。

2) 标注圆角度

当选择圆时，命令行显示【指定角的第二个端点:】提示信息，要求确定另一点作为角的第2个端点。该点可以在圆上，也可以不在圆上，然后再确定标注弧线的位置。这时，标注的角度将以圆心为角度的顶点，以通过所选择的两个点作为延伸线。

3) 标注两条不平行直线之间的夹角

对于两条非平行线的夹角，则依次拾取形成夹角的两条直线，并确定标注弧线位置，即完成两条非平行线之间的角度标注。

4) 根据3个点标注角度

对于三点之间夹角的角度标注，需先单击鼠标右键或按Enter键。待命令行出现“指定角的顶点”提示时，利用“对象捕捉”功能拾取顶点，再依次拾取两个端点，最后确定标注弧线位置，即可完成三点之间夹角的标注。

特别提示

当通过【多行文字(M)】和【文字(T)】选项重新确定尺寸文字时，只有给新输入的尺寸文字加后缀“%%D”，才能使标注出的角度值有角度(°)符号，否则没有该符号。

4. 弧长标注

标注圆弧段或多段圆弧段部分的弧长。

执行方式

- 下拉菜单:【标注】|【弧长】
- 命令行: DLMARC
- 工具栏:

当选择需要标注对象后，命令行提示如下，“指定弧长标注位置或[多行文字(M)/文字(T)/角度(A)/部分(P)/引线(L)]:”。当指定了尺寸线的位置后，系统将按实际测量值标注出圆弧的长度。也可以利用【多行文字(M)】、【文字(T)】或【角度(A)】选项，确定尺寸文字或尺寸文字的旋转角度。另外，如果选择【部分(P)】选项，可以标注选定圆弧某一部分的弧长。

5. 半径标注

用于标注圆或圆弧的半径，并自动带半径符号“R”，如图4.38所示。

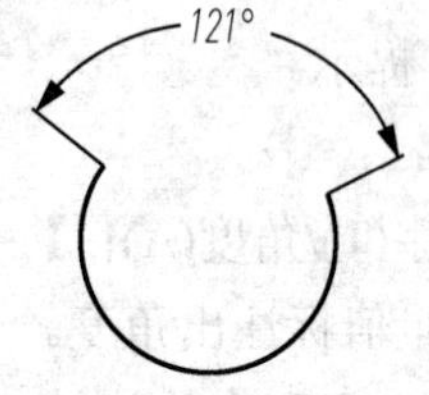

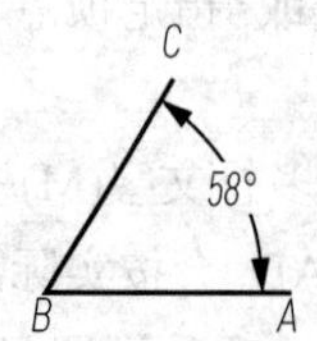

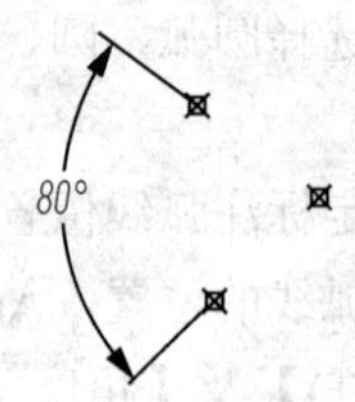

图4.37 角度标注示例

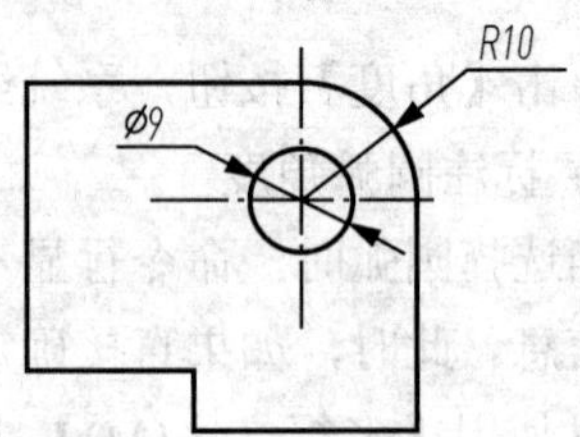

图4.38 半径和直径标注

执行方式

◆ 下拉菜单:【标注】|【半径】
◆ 命令行: DIMRADIUS
◆ 工具栏:

单击【半径】按钮，系统提示“选择圆弧或圆”，选择要标注半径的圆弧或圆，移动光标拾取图中的圆弧。系统在命令行给出“指定尺寸线位置或[多行文字(M)/文字(T)/角度(A)]”提示，移动光标使半径尺寸文字位置合适，单击鼠标左键指定尺寸线位置，结束半径标注。

当指定了尺寸线的位置后，系统将按实际测量值标注出圆或圆弧的半径。也可以利用【多行文字(M)】、【文字(T)】或【角度(A)】选项，确定尺寸文字或尺寸文字的旋转角度。其中，当通过【多行文字(M)】和【文字(T)】选项重新确定尺寸文字时，只有给输入的尺寸文字加前缀“R”，才能使标出的半径尺寸有半径符号“R”，否则没有该符号。

6. 直径标注

用于标注圆或大于半圆的圆弧的直径。用于圆或圆弧的直径尺寸标注，如图4.38所示。

执行方式

◆ 下拉菜单:【标注】|【直径】
◆ 命令行: DIMDIAMETER(或命令缩写DDI)
◆ 工具栏:

直径标注的方法与半径标注的方法相同。单击【直径】按钮，系统提示“选择圆弧或圆”，移动光标拾取图中的圆弧，当选择了需要标注直径的圆或圆弧后，系统在命令行给出“指定尺寸线位置或[多行文字(M)/文字(T)/角度(A)]”提示，直接确定尺寸线的位置，系统将按实际测量值标注出圆或圆弧的直径。当通过【多行文字】和【文字】选项重新确定尺寸文字时，需要在尺寸文字前加前缀“%%C”，才能使标出带有直径符号“ϕ”的直径尺寸。

7. 折弯标注

标注折弯圆和圆弧的半径。

执行方式

◆ 下拉菜单:【标注】|【折弯】
◆ 命令行: DIMJOGGED
◆ 工具栏:

该标注方式与半径标注方法基本相同，但需要指定一个位置代替圆或圆弧的圆心和折弯位置。

8. 坐标标注

标注相对于用户坐标原点的坐标。

执行方式

◆ 下拉菜单:【标注】|【坐标】
◆ 命令行: DIMORDINATE
◆ 工具栏:

执行该命令时，命令行提示，“指定坐标:”，在该提示下确定要标注坐标尺寸的点，而后系统命令行将提示如下，“指定引线端点或[X 基准(X)/Y 基准(Y)/多行文字(M)/文字(T)/角度(A)]:”，默认情况下，指定引线的端点位置后，系统将在该点标注出指定点坐标。此外，在命令提示中，【X 基准(X)】、【Y 基准(Y)】选项分别用来标注指定点的 X、Y 坐标，【多行文字(M)】选项用于通过当前文本输入窗口输入标注的内容，【文字(T)】选项直接要求输入标注的内容，【角度(A)】选项则用于确定标注内容的旋转角度。

9. 连续标注

连续标注是指首尾相连的尺寸标注，可以创建一系列首尾相连的标注，每个标注都从前一个标注的第 2 个延伸线处开始。在进行连续标注之前，必须先创建(或选择)一个线性、坐标或角度标注作为基准标注，以确定连续标注所需要的前一尺寸标注的延伸线，然后执行【连续】标注命令，连续标注用于尺寸线串联排列的一系列尺寸标注，如图 4.39 所示。

执行方式

◆ 下拉菜单:【标注】|【连续】
◆ 命令行: DIMCONTINUE
◆ 工具栏:

连续标注与基线标注一样，必须以线性、坐标或角度标注作为创建基础。在完成基础标注后，单击【连续标注】按钮，系统在命令行给出与基线标注一样的提示。用户按照与创建基线标注相同的步骤进行操作，即可完成连续标注。

执行【连续】标注命令，此时命令行提示如下，“指定第二条延伸线原点或［放弃(U)/选择(S)］＜选择＞:”，在该提示下，当确定了下一个尺寸的第 2 条延伸线原点后，AutoCAD 按连续标注方式标注出尺寸，即把上一个或所选标注的第二条延伸线作为新尺寸标注的第一条延伸线标注尺寸，当标注完成后，按 Enter 键结束命令。

10. 基线标注

基线标注用于以同一尺寸界线为基准的一系列尺寸标注，可创建一系列由相同的标注原点测量出来的标注。与连续标注一样，在进行基线标注之前也必须先创建(或选择)一个线性、坐标或角度标注作为基准标注，然后执行【基线】标注命令，如图 4.40 所示。

执行方式

◆ 下拉菜单:【标注】|【基线】
◆ 命令行: DIMBASELINE
◆ 工具栏:

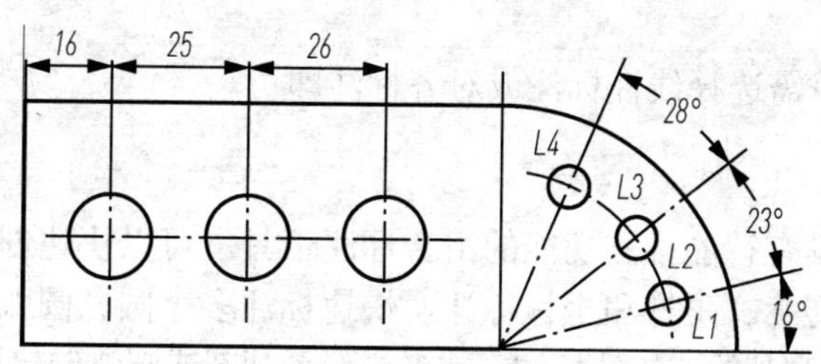

图 4.39 连续标注

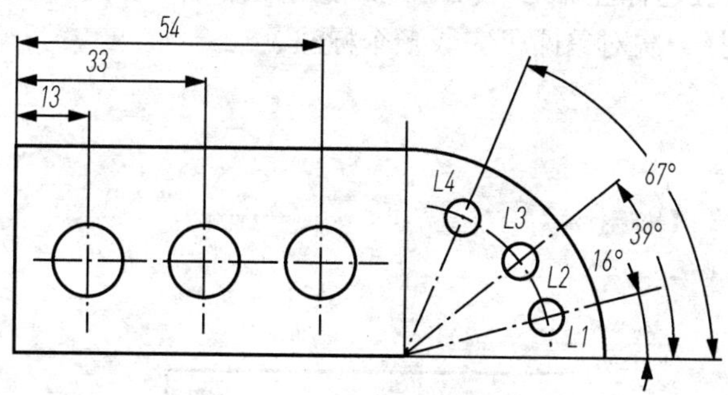

图 4.40 基线标注

基线标注是一个比较特殊的标注，为创建基线标注，首先必须完成线性、坐标或角度关联标注。然后单击【基线标注】按钮，系统给出“指定第二条尺寸界线起点或 [放弃(U)/选择(S)] <选择>”，将光标移动到第二条尺寸界线起点，单击鼠标左键确定，即完成一个尺寸的标注。重复拾取第二条尺寸界线起点操作，可以完成一系列基线尺寸的标注。基线标注中尺寸线之间的间距，由标注样式中的基线间距控制。

11. 圆心标注

圆心标记是用户使用较少的标注，用于创建指示圆心位置的标记，可标注圆和圆弧的圆心。其大小和形式在“标注样式管理器”对话框中设定。

执行方式

◆ 下拉菜单:【标注】|【圆心标注】

◆ 命令行: DIMCENTER

◆ 工具栏:

本命令操作十分简单，单击【圆心标记】按钮后，此时只需要选择待标注其圆心的圆弧或圆即可。圆心标记的形式是以十字线作为圆心标记。

12. 折弯线性标注

可在线性或对齐标注上添加或删除折弯线。

执行方式

◆ 下拉菜单:【标注】|【折弯线型】

◆ 命令行: DIMCENTER

◆ 工具栏:

执行该命令时，只需选择线性标注或对齐标注即可。

13. 快速标注

快速标注是一个具有智能推测功能的组合标注工具，可以快速创建一系列标注。可快速创建成组的基线、连续、阶梯和坐标标注，快速标注多个圆、圆弧，以及编辑现有标注的布局。例如，创建系列基线或连续标注，或者为一系列圆或圆弧创建标注，如图4.41所示。

AutoCAD中具有快速标注命令“QDIM”，使用该命令可以同时选择多个对象进行基线标注和连续标注，选择一次对象即可完成多个标注。

执行方式

◆ 下拉菜单:【标注】|【快速标注】
◆ 命令行: QDIM
◆ 工具栏:

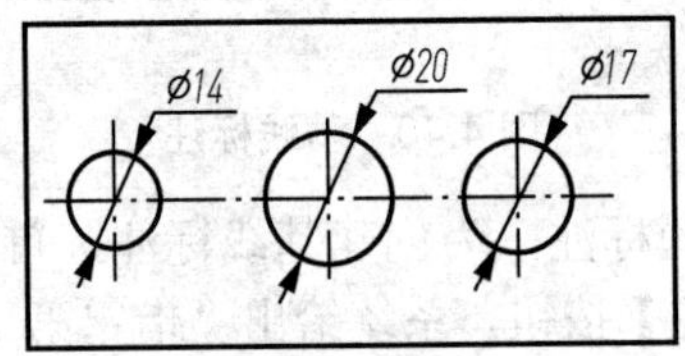

图4.41　快速标注

执行【快速标注】命令，并选择需要标注尺寸的各图形对象后，命令行提示“指定尺寸线位置或[连续(C)/并列(S)/基线(B)/坐标(O)/半径(R)/直径(D)/基准点(P)/编辑(E)/设置(T)]<连续>:”，使用该命令可以进行【连续】、【并列】、【基线】、【坐标】、【半径】及【直径】等一系列标注。

14. 多重引线标注

创建引线和注释以及设置引线和注释的样式。

执行方式

◆ 下拉菜单:【标注】|【多重引线标注】
◆ 命令行: MLEADER

在【功能区】选项板中选择【注释】选项卡，在如图4.42所示的【多重引线】面板中单击【多重引线】按钮。

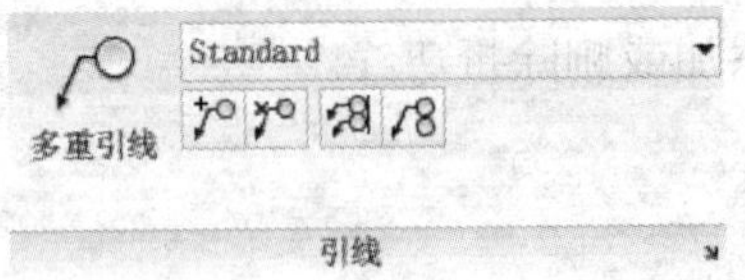

图4.42　【多重引线】面板

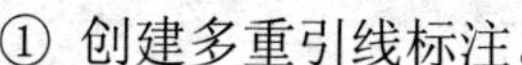

① 创建多重引线标注。

执行【多重引线】命令，命令行将提示“指定引线箭头的位置或［引线基线优先(L)/内容优先(C)/选项(O)］＜选项＞：”。

在图形中单击确定引线箭头的位置，然后在打开的文字输入窗口输入注释内容即可。在【多重引线】面板中单击【添加引线】按钮，可以为图形继续添加多个引线和注释。

② 管理多重引线样式。

在【多重引线】面板中单击右下角的按钮，打开【多重引线样式管理器】对话框，如图4.43所示。该对话框和【标注样式管理器】对话框功能类似，可以设置多重引线的格式、结构和内容。单击【新建】按钮，打开【创建新多重引线样式】对话框后，设置新样式的名称和基础样式，单击该对话框中的【继续】按钮，系统将打开【修改多重引线样式】对话框，可以创建多重引线的格式、结构和内容，如图4.44所示。

设置好引线格式、结构和内容后，单击【确定】按钮完成设置，然后在【多重引线样式管理器】对话框将新样式置为当前即可。

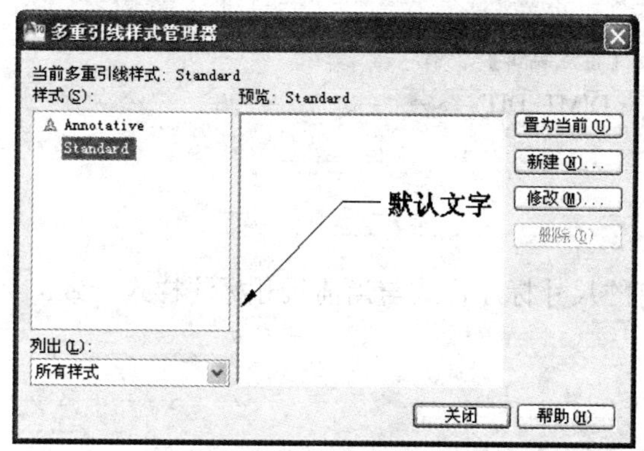

图4.43 【多重引线样式管理器】对话框

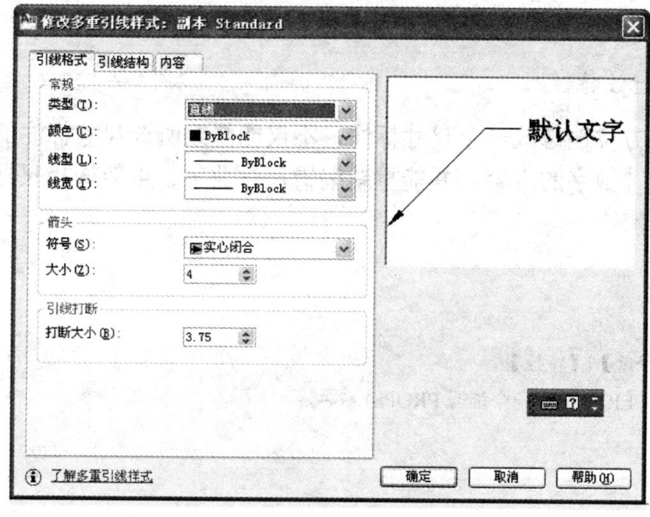

图4.44 【修改多重引线样式】对话框

15. 编辑尺寸标注

用于改变已标注文本的内容、转角、位置，同时还可以改变尺寸界线与尺寸线的相对倾角。

执行方式

◆ 下拉菜单:【标注】|【标注编辑】
◆ 命令行: DIMEDIT
◆ 工具栏:

16. 编辑标注文字

用于改变已标注文本的放置位置和角度。

执行方式

◆ 下拉菜单:【标注】|【标注编辑】
◆ 命令行: DIMTED(或 DIMTEDIT)
◆ 工具栏:

17. 标注更新

该命令可以使已有的尺寸标注样式与当前尺寸标注样式一致。

执行方式

◆ 下拉菜单:【标注】|【更新】
◆ 命令行: DIMSTYLE
◆ 工具栏:

18. 编辑尺寸标注特性

该命令可以全方位地修改一个尺寸标注，不仅能修改所选尺寸标注的颜色、图层、线型，还可以修改尺寸数字的内容，并能重新编辑尺寸数字、重新选择尺寸标注样式、修改尺寸标注样式内容。

执行方式

◆ 下拉菜单:【修改】|【特性】
◆ 命令行: PROPERTIES(或命令缩写 PROPS)
◆ 工具栏:

4.2.4 公差标注

在 AutoCAD 系统中，尺寸公差标注是由标注样式控制的，而形位公差的标注是通过专门的标注工具实现的。尺寸公差是指允许尺寸的变动范围，形位公差是指零件的实际形状

和位置相对于理想形状和位置存在的一定的误差。

在机械产品设计过程中，合理地确定零件加工精度等级是设计人员的一项重要任务。如何正确地在工程图样中将许可的加工误差通过尺寸公差和形位公差标注表达出来，是一项十分重要的任务。

在工程图中，应当标注出零件某些重要要素的形位公差。AutoCAD 提供了标注形位公差的功能。形位公差标注命令为 TOLERANCE。所标注的形位公差文字的大小由系统变量 DIMTXT 确定。

1. 尺寸公差标注

在机械工程图中，尺寸公差有 3 种不同的标注形式，下面主要介绍尺寸公差的标注形式。

(1) 新建一种带公差的尺寸标注方法。

在【功能区】选项板中选择【注释】选项卡，在【标注】面板中单击右下角的 按钮，打开【标注样式管理器】对话框，选取当前所用的标注样式，再单击【替代】按钮 替代(O)...，系统打开【替代当前样式】对话框，将【公差】选项卡设置为当前，完成如图 4.45 所示的各项参数值的设置。单击【确定】按钮，返回到【标注样式管理器】对话框，单击【置为当前】按钮，并关闭对话框。重新启动线性标注命令，即可完成尺寸 $70^{+0.015}_{-0.005}$ 的标注。重复替代操作，可完成其他尺寸及偏差的标注。

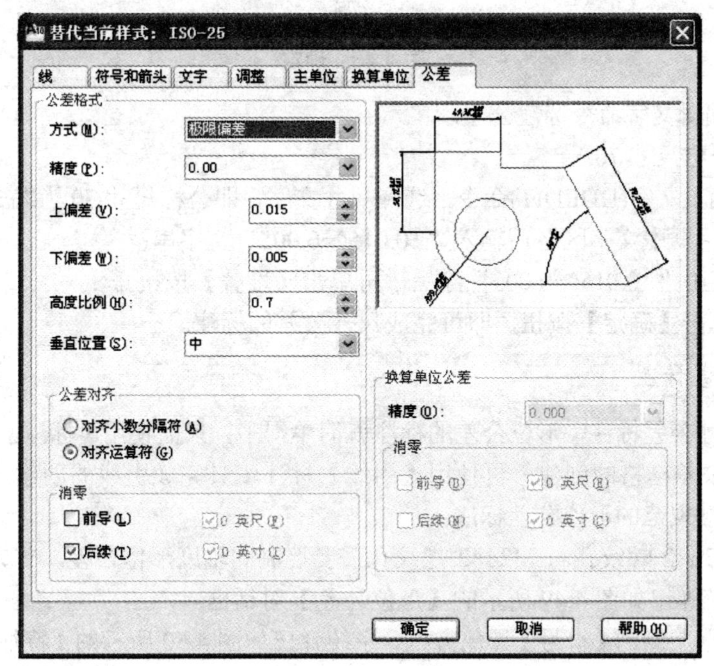

图 4.45 偏差替代标注样式设置

(2) 运用多行文字命令标注公差。

① 标注公称尺寸 70。

② 选择尺寸文字，即公称尺寸 70 为编辑对象，击活编辑标注(DIMEDIT)命令，选择

【新建】命令，打开对话框，在该对话框中文字区之后输入“+0.015^−0.005”文字串，如图4.46所示。

③ 将文字串“+0.015^−0.005”涂黑，再单击【堆叠】按扭 ，如图4.47所示。

④ 最后单击【确定】按扭，即可完成尺寸公差的标注，如图4.48所示。

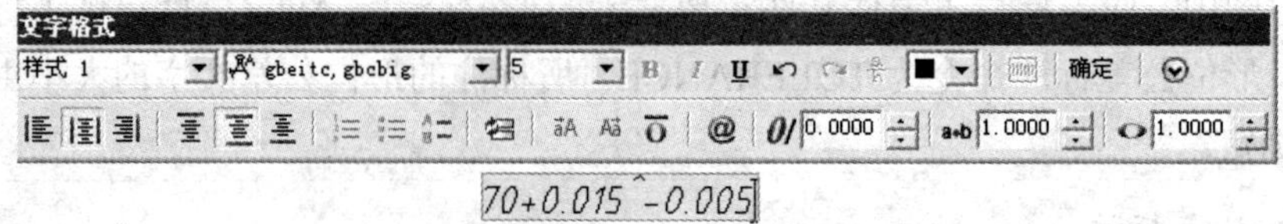

图4.46　输入文字串

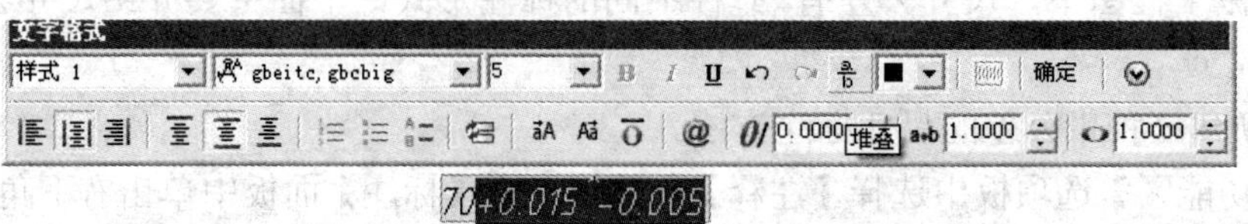

图4.47　选中文字串，选择【堆叠】命令

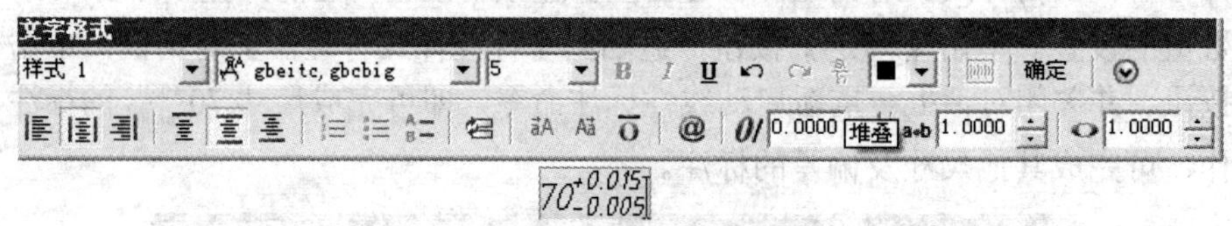

图4.48　确定

(3) 运用编辑文字命令标注公差。

① 标注公称尺寸70。

② 击活编辑文字(DDEDIT)命令，选择尺寸文字，即公称尺寸70为编辑对象，打开对话框，在该对话框中文字区之后输入“+0.015^−0.005”文字串；

③ 将文字串“+0.015^−0.005”涂黑，再单击【堆叠】按扭 ；

④ 最后单击【确定】按扭，即可完成尺寸公差的标注。

2. 形位公差标注

相对于尺寸公差标注，形位公差的标注就简单得多，只需使用【标注】面板中【公差】 命令完成公差框格的创建，再使用【引线】标注工具完成引线的创建，就可以创建一个符合国家标准规范的形位公差标注。

如对于M36×2螺纹孔与M24×2螺纹孔需要控制同轴度形位公差，首先单击【公差】按钮 ，系统弹出如图4.49所示的【形位公差】对话框。

单击对话框左侧的【符号】黑色方框，系统弹出如图4.50所示的【特征符号】对话框。

在【特征符号】对话框中选择同轴度公差符号，并回到【形位公差】对话框，按图4.51所示设定参数，最后单击【确定】按钮，完成形位公差的设置。

再单击【快速引线】按钮，把注释类型设为“无”。移动光标拾取圆柱投影线上的一点，打开“正交”和“对象捕捉”工具，完成引线线段绘制。

另外，单击【形位公差】对话框中【公差1】文本框后面和“基准”后面的黑色方框，

则弹出【附加条件】对话框，如图 4.52 所示，根据需要可选择相应的包容条件。

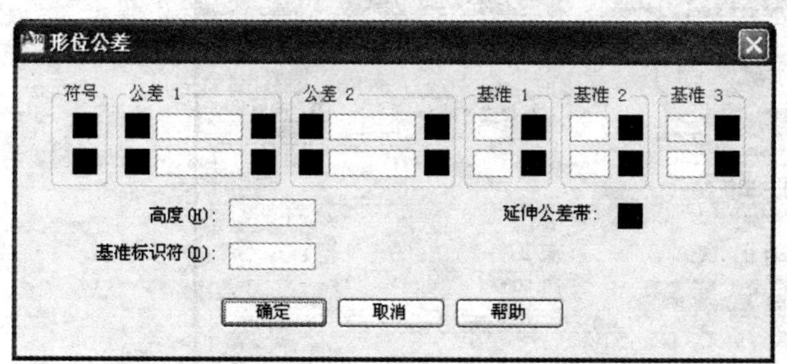

图 4.49 【形位公差】对话框

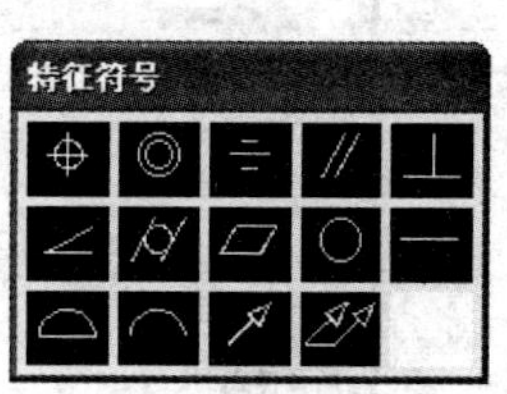

图 4.50 【特征符号】对话框

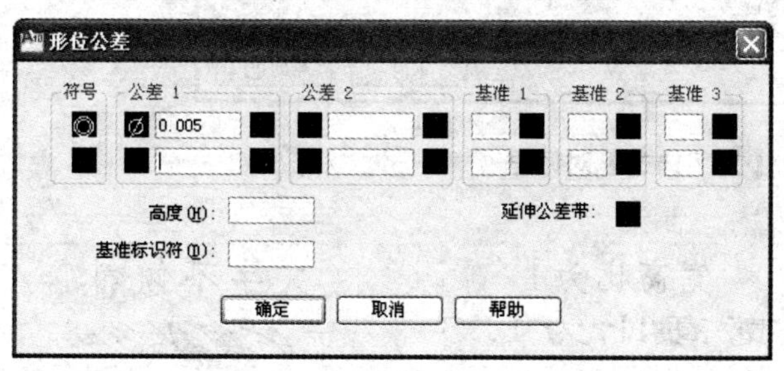

图 4.51　同轴度公差参数设置

图 4.52 【附加符号】对话框

4.3　知 识 链 接

4.3.1　文本标注

文字是零件图中不可缺少的重要组成部分。在标注文本之前，需要根据文字的作用设置不同的样式，以适合不同对象的需要。文字样式包括字体、字高、字宽及其他的显示效果。

1. 设置文字样式

在【功能区】单击【注释】选项卡，然后单击【文字】面板区域右下角的 ↘ 按钮，打开【文字样式】对话框，如图 4.53 所示。利用此对话框可以定义新的文本样式和修改原有的文本样式。其中各选项的含义和功能如下。

(1) 【样式(S)】：用于显示当前已有的文本样式。AutoCAD 提供的默认文字样式为 Standard。它使用基本字体，字体文件为 txt.shx。

(2) 【字体】选项组：用于选择字体类型和字体的样式。

(3) 【效果】选项组：用于确定字体的特征，图 4.54 所示为各种效果的示意图。

(4) 【预览】选项组：文字样式对话框的左下角的文本框用于显示选定字体样式。

(5) 【置为当前】按钮：用于将当前选定的字体样式应用于当前图形中。

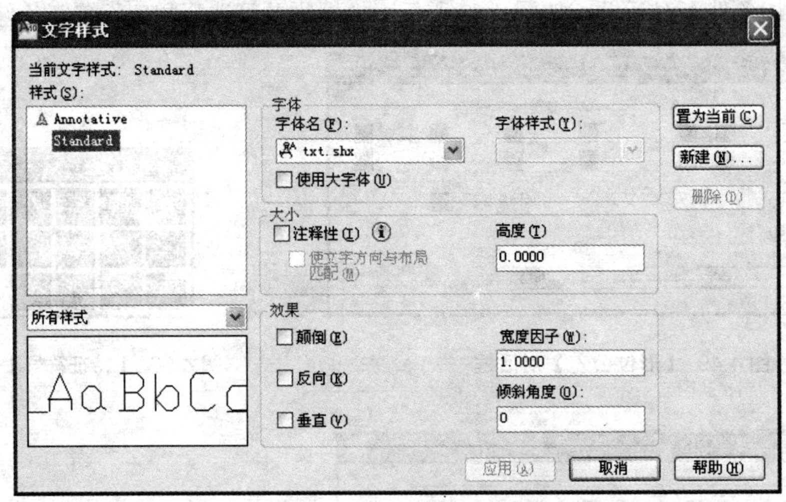

图 4.53 【文字样式】对话框

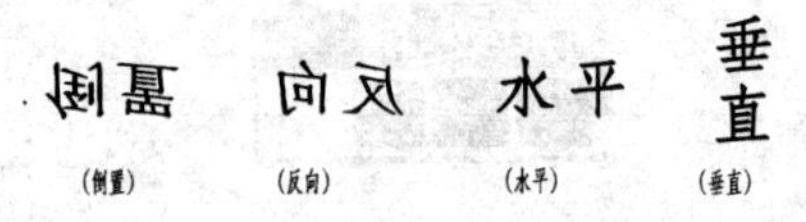

宽高比为1

宽高比为1.5

宽高比为0.5

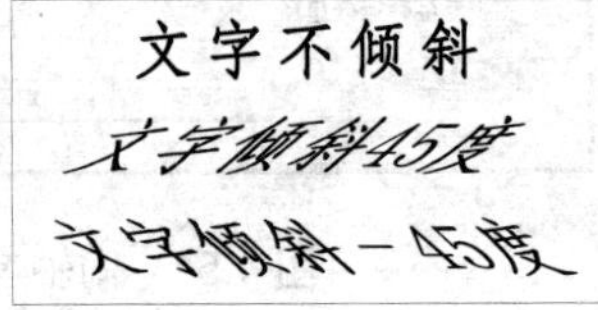

图 4.54 文字效果示意图

(6)【高度】选项：用于确定文字的高度值。

(7)【新建】按钮：用于新建一种文字样式。

单击【新建】按钮，打开【新建文字样式】对话框，在【样式名】中输入新样式名后，单击确定进入【文字样式】对话框，根据需要选择字体类型、效果和高度等选项。最后点击应用按钮完成新文字样式的创建。

特别提示

机械图样中，文字样式设置可参照项目1图1.13选设参数。

2. 输入文本

在AutoCAD 2010中，系统提供了利用单行文字命令和多行文字命令输入文本两种方式。

(1) 单行文本输入。

该命令以单行方式输入文字，输入过程中可以使用 Enter 键换行，也可以在另外的位置单击鼠标左键，以确定一个新的起始位置。无论是换行还是重新确定起始位置，AutoCAD都会将每一行作为一个实体对象来操作。

在【注释】选项卡下的【文字】面板区域单击 多行文字 按钮，在出现的下拉列表中选择 A 单行文字 选项，此时命令行提示“指定文字起点或[对正(J)/样式(s)]”，在绘图区合适的位置单击一点选择起点，然后根据命令行提示输入文字的高度和旋转角度，接着在绘图区域出现闪动光标，输入相关文字即可，单击两次 Enter 键完成单行文字的输入。

用户可以利用【单行文字】命令输入特殊字符，如直径符号“Φ”、角度符号“°”等，这些符号不能直接从键盘上输入。AutoCAD 提供了制图中常用的特殊字符控制码，该控制码由两个百分号(%%)加一个字母构成，常用的控制码如图 4.55 所示。

符号	功能	符号	功能
%%O	加上划线	\u+2248	几乎相等“≈”
%%U	加下划线	\u+2220	角度“∠”
%%D	度符号“°”	\u+2260	不相等“≠”
%%P	正/负符号“±”	\u+2082	下标 2
%%C	直径符号“Φ”	\u+00B2	平方
%%%	百分号“%”	\u+00B3	立方

图 4.55　常用的控制码

(2) 多行文本输入。

该命令以段落的方式输入文字，用于输入内部格式比较复杂的文字组(如含有分式、上下角标、字体形状不同、字体大小不一)。与单行文字命令不同的是，输入的多行文字是一个整体，每一单行不再是一个单独的文字对象，不能单独编辑。

在【注释】选项卡下的【文字】面板区域单击多行文字按钮，在出现的下拉列表中选择A多行文字选项，此时命令提示行显示“指定第一角点:”，在绘图区域指定第一点，然后根据命令行提示指定第二点。AutoCAD 以这两点为对角点形成一个矩形区域，用户可在该区域输入相关文字。

同时在功能区出现文字编辑选项卡，在该选项卡下，用户可对输入文字的文字样式、格式、段落进行修改，也可插入各种常用符号，如图 4.56 所示。

图 4.56　文字编辑器面板

3. 文本编辑

1) 用 ddedit 命令编辑文本

在 AutoCAD 中可以使用 ddeidt 命令对文本内容的进行修改。在命令行输入“ddedit”命令后，根据命令行提示选择相应的文字对象，即可直接对文字进行编辑和修改。

2) 用 properties 命令编辑文本

在命令行输入 properties 命令后，绘图区出现【特性管理器】对话框，如图 4.57 所示，然后选择需要修改的文字对象，随后出现【编辑】对话框，如图 4.58 所示。用户可在该对话框中对文字所在的图层、文字内容、对正方式、文字高度及旋转角度进行修改，修改之后关闭该对话框，按键盘的 Esc 键退出。

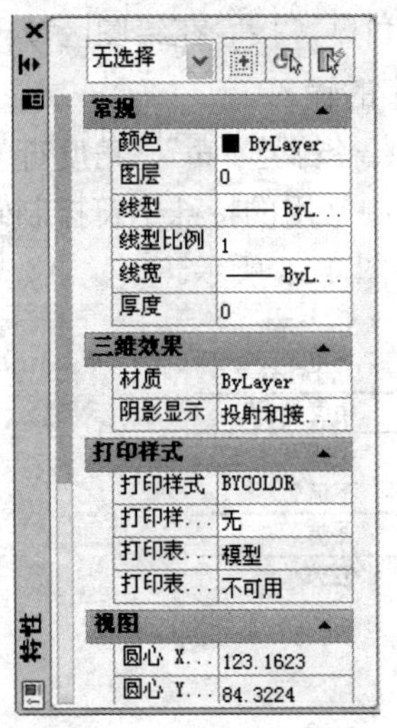

图 4.57 【特性管理器】对话框

多行文字	
图层	0
内容	uugrr一vvgc
样式	样式 1
注释性	否
对正	左上
文字高度	10.1855
旋转	0

图 4.58 【编辑】对话框

4.3.2 块

1. 块的概念及功能

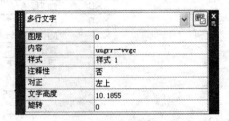

块(Block)是可由用户定义的子图形，它是 AutoCAD 提供给用户的最有用的工具之一。对于在绘图中反复出现的“图形”(它们往往是多个图形对象的组合)，不必再花费重复劳动、一遍又一遍地画，而只需将它们定义成一个块，在需要的位置插入它们。用户还可以给块定义属性，在插入时填写可变信息。块有利于用户建立图形库，便于对子图形的修改和重定义，同时节省存储空间。

块帮助用户在同一图形或其他图形中重复使用对象。块可以是绘制在几个图层上的不同颜色、线型和线宽特性的对象的组合。块是一组对象的集合，形成单个对象(块定义)，也称为块参照。它用一个名字进行标识，可作为整体插入图纸中。

组成块的各个对象可以有自己的图层、线型和颜色，但 AutoCAD 把块当作单一的对象处理，即通过拾取块内的任何一个对象，就可以选中整个块，并对其进行诸如移动(Move)、复制(Copy)、镜像(Mirror)等操作，这些操作与块的内部结构无关。

块具有如下特点。

(1) 提高了绘图速度。将图形创建成块，创建图形库，需要时可以直接用插入块的方法实现绘图，这样可以避免大量重复性工作。

(2) 节省存储空间。如果使用复制命令将一组对象复制 10 次，图形文件的数据库中要保存 10 组同样的数据。如将该组对象定义成块，数据库中只保存一次块的定义数据。插入该块时不再重复保存块的数据，只保存块名和插入参数，因此可以减小文件尺寸。

(3) 便于修改图形。 如果修改了块的定义，用该块复制出的图形都会自动更新。

(4) 加入属性。很多块还要求有文字信息，以进一步解释说明。AutoCAD 允许为块创建这些文字属性，用户可以在插入的块中显示或不显示这些属性，也可以从图中提取这些信息并将它们传送到数据库中。

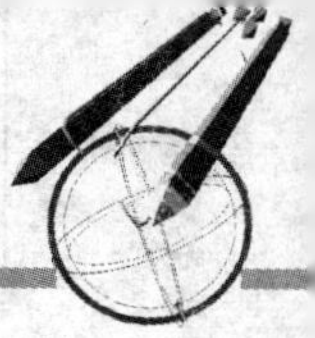

2. 块的创建

AutoCAD 还没有将粗糙度标注作为一个特殊对象进行处理，只能利用块插入来完成粗糙度符号的标注。因此，在绘制机械工程图纸时，必须创建带属性的粗糙度块。

(1) 绘制粗糙度符号。

根据工程制图对粗糙度符号的规定，绘制完成图 4.59 所示的粗糙度符号。

粗糙度代号的尺寸规定如下。

① 当轮廓线线宽选择 0.5mm，字高为 3.5mm 时，粗糙度代号的尺寸选择 $H1=5$，$H2=11$；

② 当轮廓线线宽选择 0.7mm，字高为 5mm 时，粗糙度代号的尺寸选择 $H1=7$，$H2=15$。

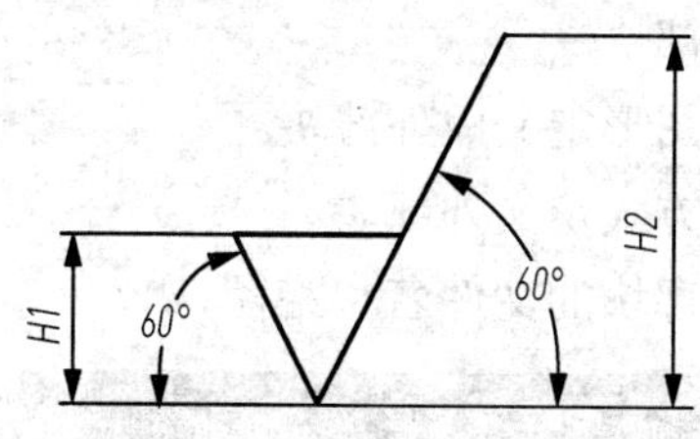

图 4.59 粗糙度符号图形

(2) 创建块。

在【功能区】选择【插入】选项卡，在【块】面板区域中单击按钮，系统弹出【块定义】对话框，如图 4.60 所示，利用此对话框可完成块的定义。该对话框中各部分含义介绍如下。

【名称】栏：用于给创建的新块定义名称。

【基点】选项区域：用于确定块插入时所用的基准点，该点关系到块插入操作的方便性，用户务必仔细考虑。单击【拾取点】按钮，系统关闭对话框，返回到绘图区，拾取粗糙度符号中的三角形顶点，作为插入基准点。

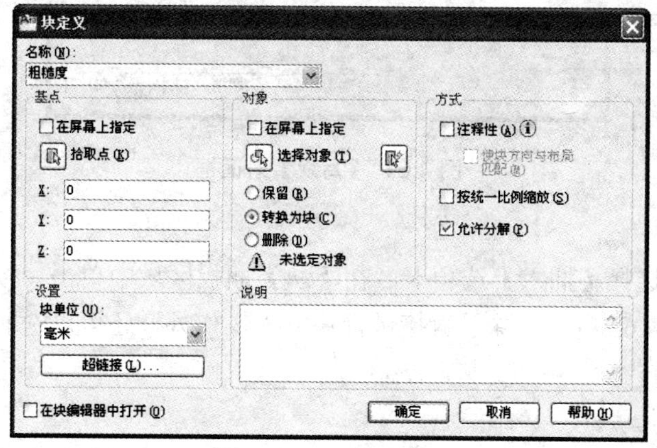

图 4.60 【块定义】对话框

【对象】选项区域：用于选取组成块的几何图形对象，单击【选择对象】按钮，系统关闭对话框返回绘图区，选取组成粗糙度符号图形的三段直线，单击鼠标右键或按 Enter 键，结束对象选择返回对话框，保持默认设置“转换为块”。

单击【确定】按钮，【块定义】对话框关闭，粗糙度块创建成功。

(3) 将块保存为文件。

使用“创建块”命令创建的块只能在当前图形中使用，又称为内部块。而粗糙度是一个常用符号，还需要在其他图形中使用，这种情况则需要使用 wblock 命令，将块保存为.DWG 格式的图形文件，这种块又称为外部块。

wblock 命令是一个特殊命令，下拉菜单和工具条上都没有此项命令，只能从命令行中输入。将输入法切换成英文，在命令行输入 wblock，按 Enter 键后弹出如图 4.61 所示的【写块】对话框。该对话框中各部分的含义介绍如下。

【源】选项区：用于定义块的来源。

【块】：将内部块定义成外部块。

【整个图形】：将当前整个图形定义成外部块。

【对象】：通过选择对象的方式定义外部块。

【目标】：用于设置保存外部块的文件名和路径。

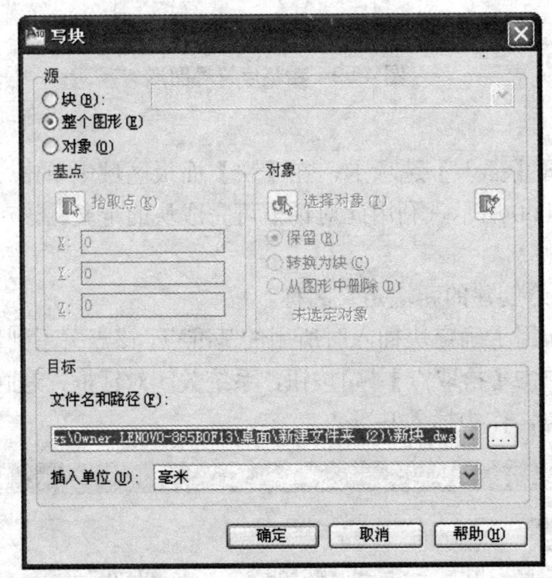

图 4.61 【写块】对话框

(4) 插入块。

在【功能区】选择【插入】选项卡，在【块】面板区域中单击插入按钮，系统弹出【插入】对话框，如图 4.62 所示，除了直接进行块插入操作外，还可以选取提示中的其他选项对块进行缩放和旋转。

(5) 定义块属性。

所谓块属性就是从属于块的文本信息，是块的组成部分。它依赖于块的存在而存在。

完成如图 4.59 所示的粗糙度符号图形后，在【插入】选项卡下的【属性】面板区域中单击按钮，在系统弹出的【属性定义】对话框中完成粗糙度属性定义，如图 4.63 所示。

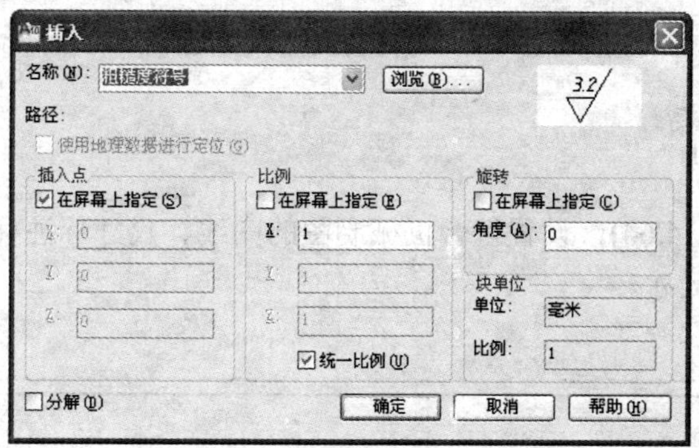

图 4.62 【插入】对话框

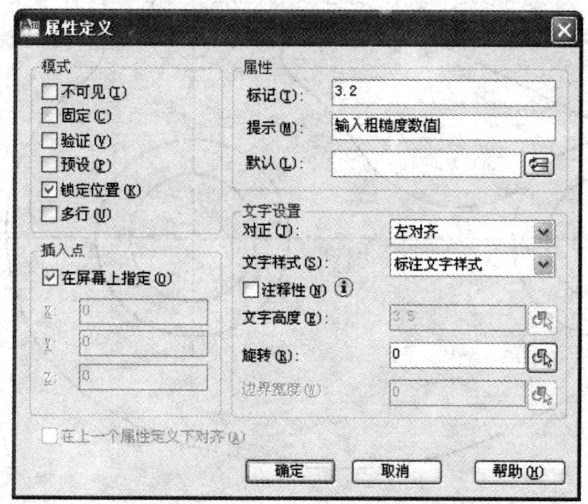

图 4.63 【属性定义】对话框

4.4 拓 展 训 练

4.4.1 拓展训练任务 1

打开图形文件(图 4.64)，设置符合机械制图的图线、尺寸标注样式，分析零件图、标注所需的定形、定位尺寸。

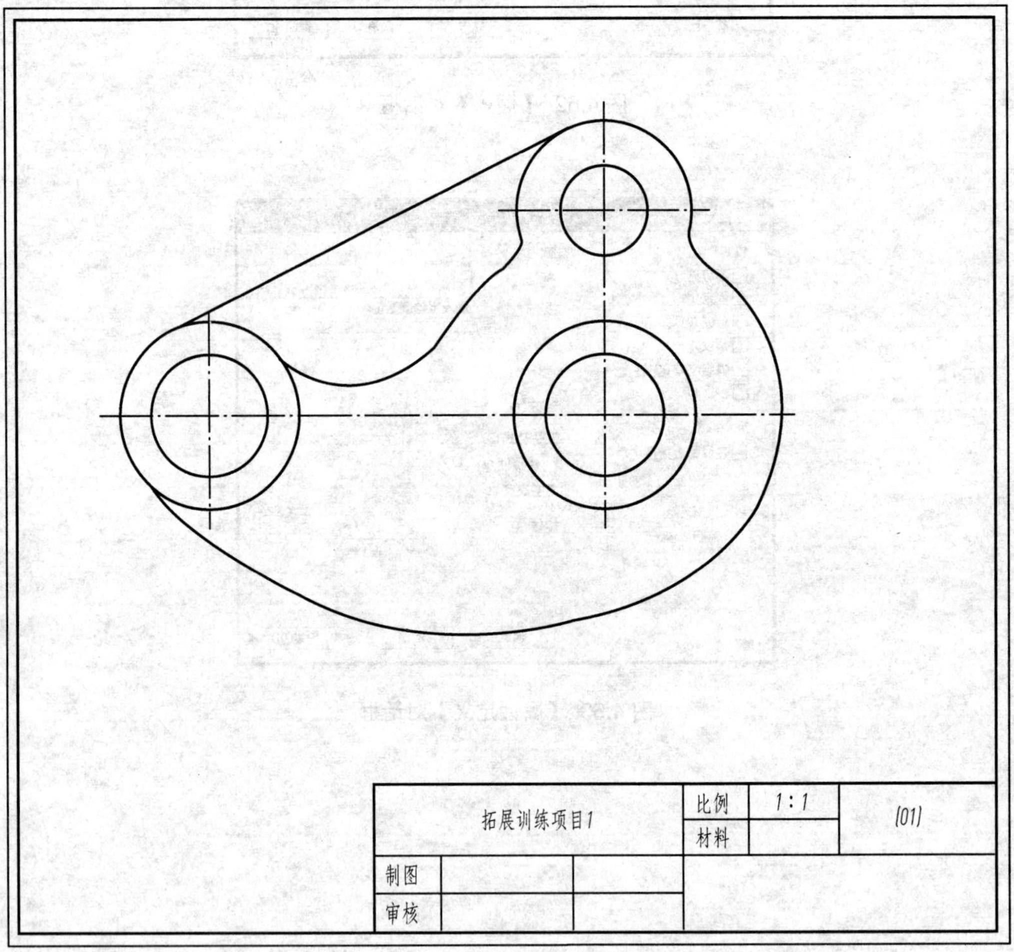

拓展训练项目1			比例	1:1	(01)
			材料		
制图					
审核					

图 4.64 标注尺寸训练项目 1

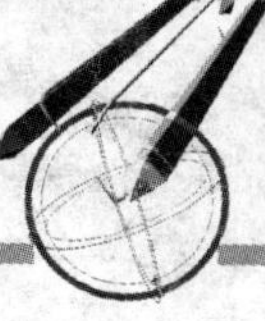

4.4.2　拓展训练任务 2

打开图形文件(图 4.65)，设置符合机械制图规定的图线、尺寸标注式样，分析零件图，标注所需的定形、定位尺寸(绘图比例 1∶1)。

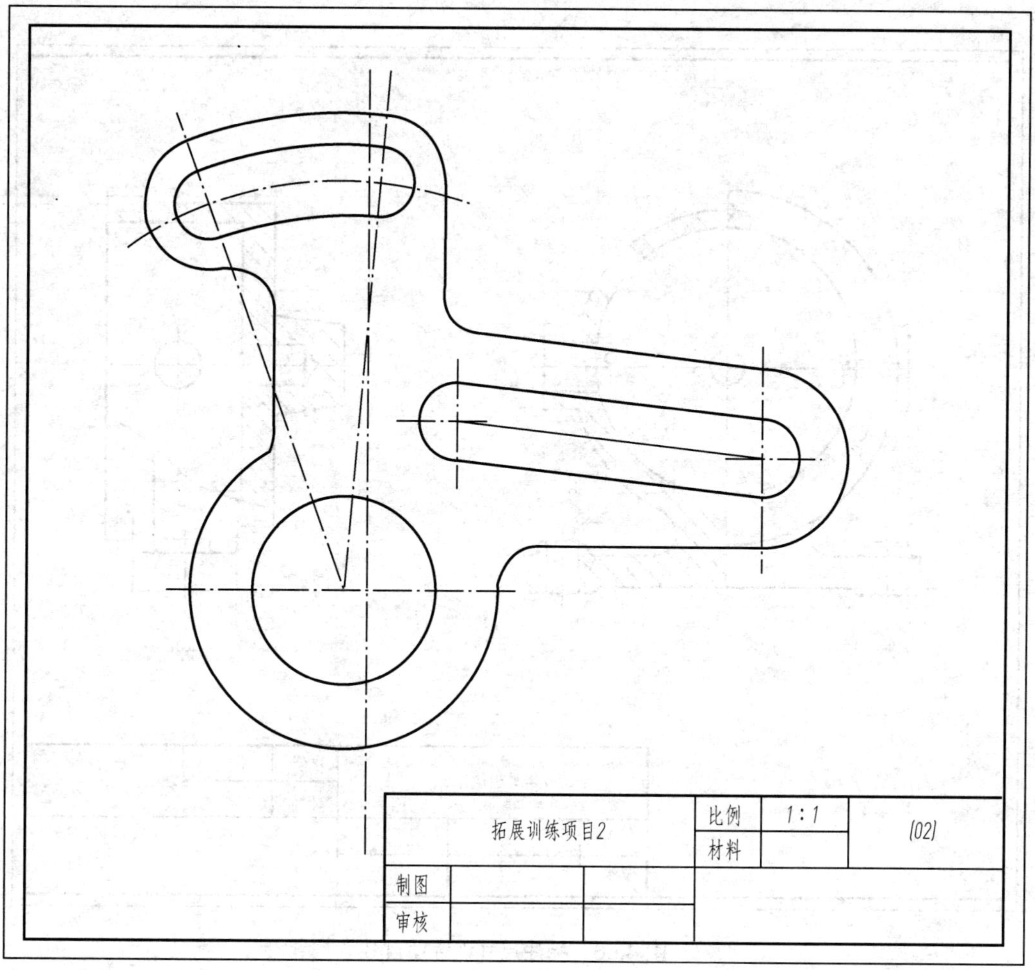

图 4.65　标注尺寸训练项目 2

4.4.3 拓展训练任务3

(1) 打开图形文件(图4.66)，设置符合机械制图规定的图线、尺寸标注样式。

(2) 分析零件图的表达方法，根据表达方法分析零件的结构和形状，标注零件图的定形、定位尺寸及形位公差、表面粗糙度等。

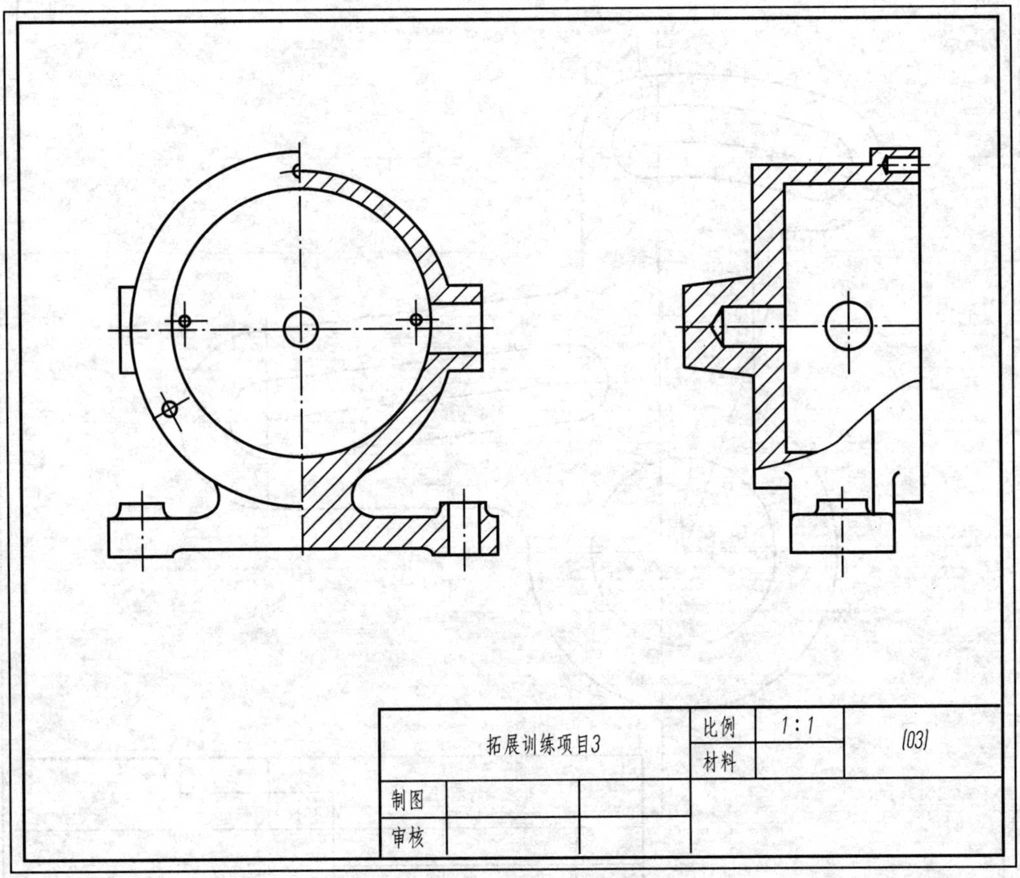

拓展训练项目3		比例	1:1	(03)
		材料		
制图				
审核				

图4.66　标注尺寸训练项目3

4.4.4　拓展训练任务4

(1) 打开图形文件(图4.67，绘图比例1∶1)，设置符合机械制图规定的图线、尺寸标注样式。

(2) 分析零件图的表达方法，根据表达方法分析零件的结构和形状，标注零件图的定形、定位尺寸及形位公差、表面粗糙度等。

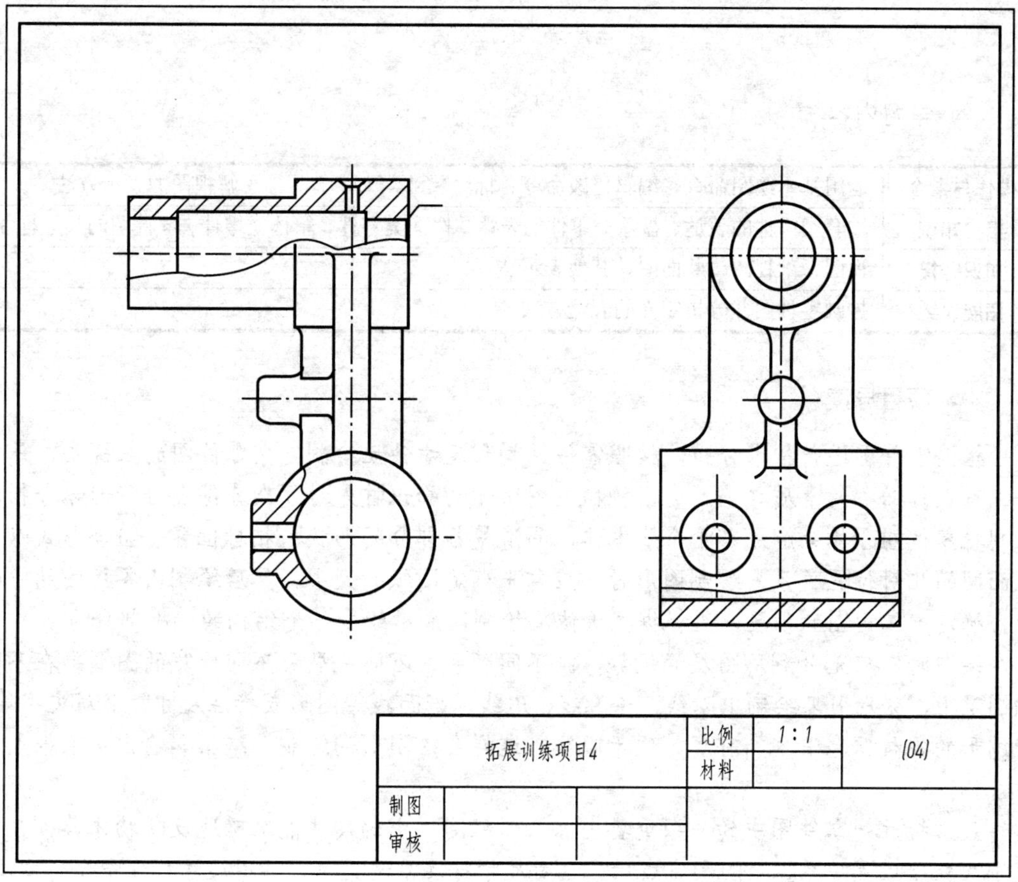

拓展训练项目4		比例	1∶1	(04)
		材料		
制图				
审核				

图4.67　标注尺寸训练项目4

项目5

零件图

学习内容

操作与指令	运用基本绘图命令、编辑修改命令、标注尺寸、文字工具，了解视图的表示方法
相关知识	轴套类零件的表达、盘盖类零件的表达、拨叉类零件、箱体类零件、零件图的尺寸标注
知识链接	视图、剖视图、断面图、其他表示法
拓展训练	抄画零件图并分析零件的表达方法

项目导读

根据零件图进行技术分析，按照零件结构和尺寸独立绘制复杂零件图的三视图，是一个工程人员必备的素质之一。运用机械制图所学的知识首先对复杂零件图进行形体分析，假想把零件组合体分解成若干个基本体，弄清楚各部分的形状、相对位置、组合形式以及表面间的相对位置关系。绘制图形时，应首先确定图纸的大小，然后绘制出各视图的中心线，确定出三视图的位置，再根据主次依次绘制，最后绘制各个结构的细小部分。

绘图时，应充分利用图层的优势，把不同颜色、不同线型和不同线宽的图形画在不同的图层上，分别用来绘制中心线、轮廓线、虚线、剖面线等图形或标注尺寸、书写文字等，使图形的各种信息清晰、有序、便于观察，这样会给图形的绘制、编辑和输出带来很大的方便。

尺寸标注是零件图中的一项重要内容，工程图样中的尺寸能准确地反映物体各部分的大小和相互位置关系。在图形完成后，运用尺寸标注系统变量，利用尺寸标注命令，方便、快捷地标注出零件图样中各尺寸。

最后标注零件各表面的表面粗糙度，书写技术要求、标题栏等内容。

通过本项目的学习，学生要能运用 AutoCAD 软件快捷、准确地绘制出常见典型零件，如常用件、标准件、轴套类零件、盘盖类零件、叉架类零件和箱壳类零件等。

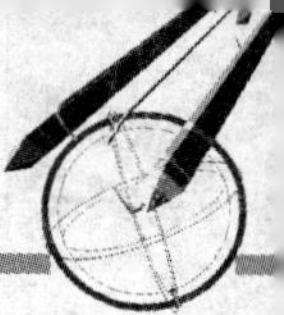

5.1 技能训练任务

5.1.1 技能训练任务1

1. 工作任务

根据图5.1所示的零件图分析零件的表达方案，想象出零件的结构形状，然后利用CAD绘制图形、标注尺寸、填写标题栏和技术要求等。

2. 任务目标

知识目标如下。

(1) 掌握局部剖视图、移出断面图的特点和画法。

(2) 掌握轴类零件结构的表达方式及尺寸标注的方式。

技能目标如下。

(1) 根据轴的零件图，读图分析零件的表达方案，想象出零件的结构和形状。

(2) 利用CAD绘制零件图和标注尺寸、填写标题栏和技术要求等。

(3) 学习该类零件的表达方式和绘图技巧。

3. 任务分析

该任务主要的目的一是学习轴套类零件的表达方式、标注方式和技术要求等，二是掌握利用CAD绘制零件图的技巧和方法。轴类零件图主要由直线段和圆弧组成，主要使用直线和圆弧等绘图命令及相关编辑命令。

4. 操作指引

(1) 绘制A4图框，做好设置图层、尺寸标注样式、文字样式等前提准备工作。

(2) 根据图纸的大小和零件的结构和尺寸绘制中心线，确定零件的摆放位置，并画出轴的大致轮廓，如图5.2所示。

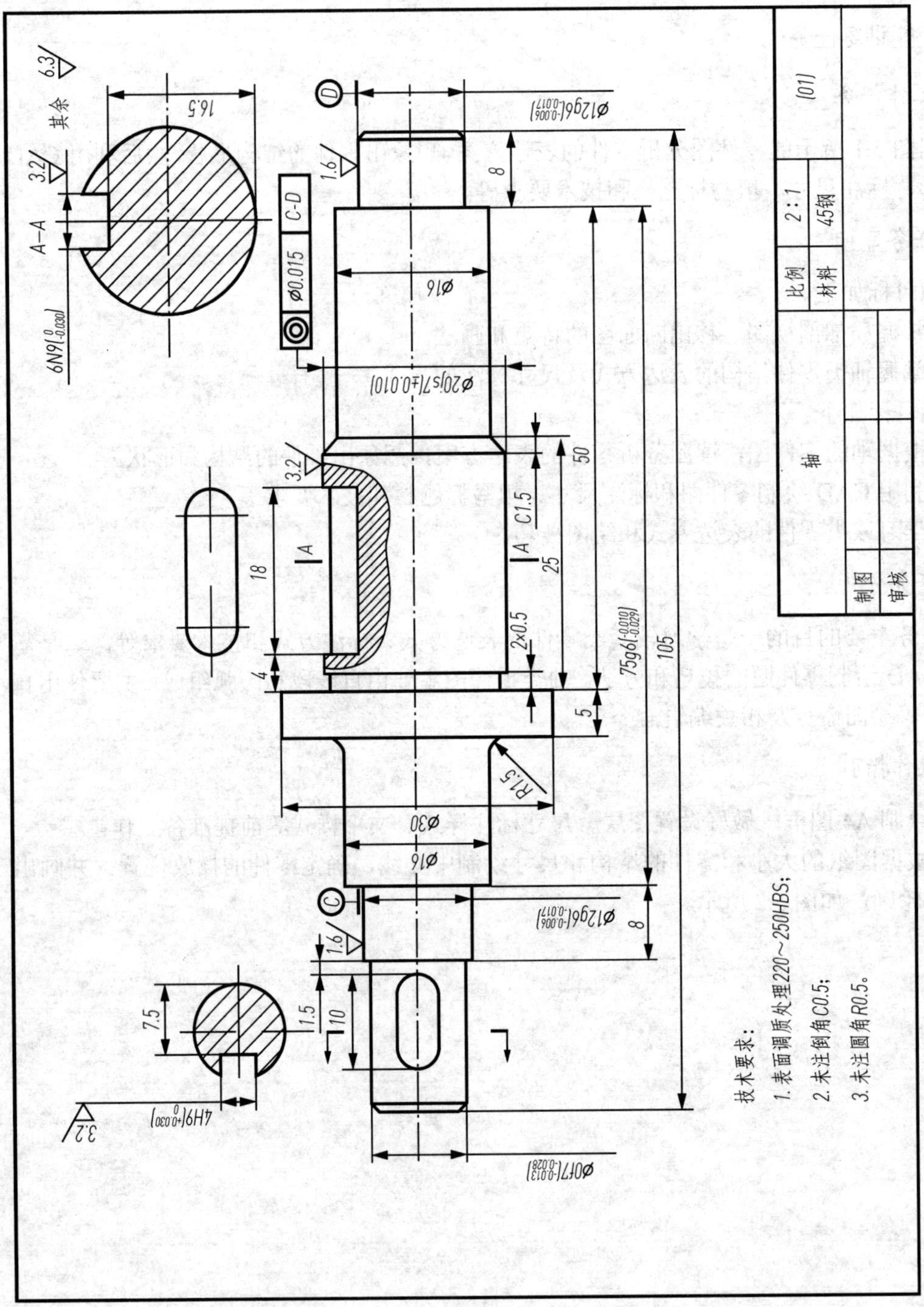

A—A

6N9($^{0}_{-0.030}$)

3.2

其余 6.3

16.5

4H9($^{+0.030}_{0}$)

7.5

1.5

10

1.6

C

D

4

18

3.2

A

Ø0.015 C-D

Ø16

Ø30

R1.5

2×0.5

C1.5

25

50

5

8

Ø20js7(±0.010)

Ø17($^{-0.013}_{-0.028}$)

Ø12g6($^{-0.006}_{-0.017}$)

75g6($^{-0.010}_{-0.029}$)

105

技术要求：

1. 表面调质处理220～250HBS；

2. 未注倒角C0.5；

3. 未注圆角R0.5。

轴		比例	2∶1	(01)
		材料	45钢	
制图				
审核				

图 5.1　轴零件图

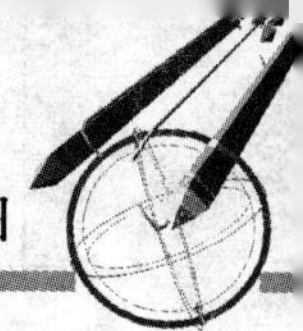

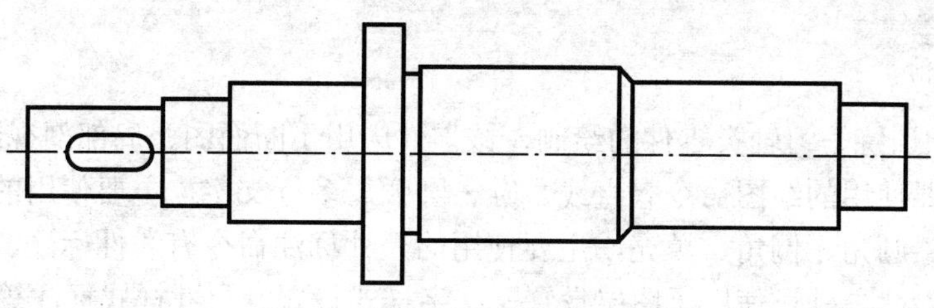

图 5.2 轴的大致轮廓

(3) 画两个键槽的移出断面图、局部剖视图及倒角、倒圆等细节，如图 5.3 所示。

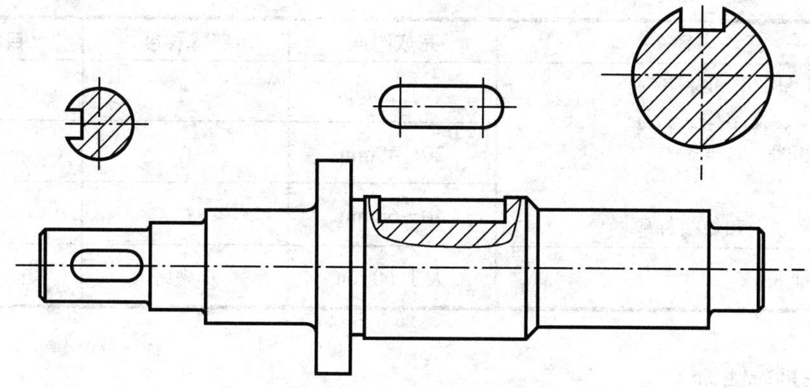

图 5.3 添加断面图、局部剖视图

(4) 标注尺寸、形位公差，创建块用于标注表面粗糙度、基准符号等，如图 5.4 所示。

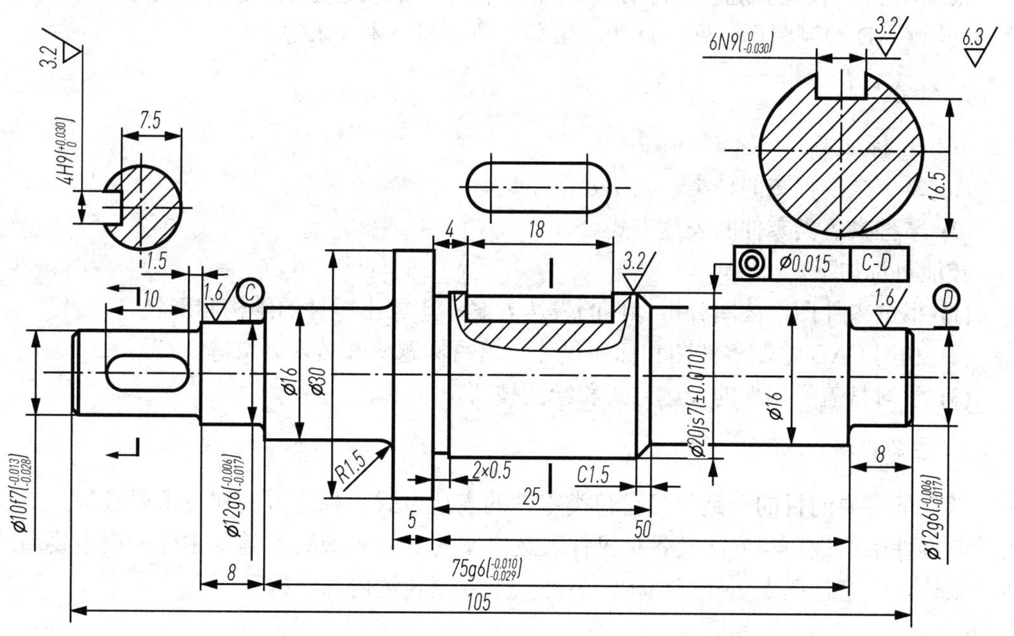

图 5.4 标注尺寸、添加形位公差及表面粗糙度

(5) 添加文本信息、技术要求，填写标题栏，完成后效果如图 5.1 所示。

5. 训练评估

(1) 通过此训练学习轴类零件的绘制，该零件应用了断面图、局部剖视图等剖视画法。绘制图形中主要使用的绘图命令有直线、圆、圆弧、多行文字，主要使用的绘图编辑命令有修剪、偏移、圆角、倒角、填充，主要使用的尺寸标注命令有线性标注、公差标注、粗糙度标注等。除此之外还使用了图层设置、文字样式设置、尺寸样式标注等命令。

(2) 训练评估参考按表 5-1 所示进行考核。

表 5-1 训练评估表

工作内容	完成时间	熟练程度	自我评价
(1) 创建 A4 图纸框和标题栏 (2) 设置图层、文字样式、标注样式 (3) 绘制零件图 (4) 标注尺寸 (5) 添加技术要求和填写标题栏	小于 20min	A	
	20～40min	B	
	40～60min	C	
不能完成以上操作	大于 60min	不熟练	

5.1.2 技能训练任务 2

1. 工作任务

根据图 5.5 所示的端盖零件图，读图并分析零件的表达方法，想象出零件的结构形状，然后利用 CAD 绘制图形、标注尺寸、填写标题栏和技术要求等。

2. 任务目标

知识目标如下。

(1) 掌握全剖视图的种类、画法及应用场合。

(2) 掌握盘盖类零件的表达方式。

技能目标如下。

(1) 根据零件图，读图分析零件的表达方案，想象出零件的结构和形状。

(2) 利用 CAD 绘制零件图和标注尺寸、填写标题栏和技术要求等。

(3) 学习盘盖类零件的表达方式和绘图技巧。

3. 任务分析

该任务主要的目的一是学习盘盖类零件的表达方式、标注方式和技术要求等，二是学习绘制零件图的技巧和方法及各种机件表达方案的 CAD 画法。盘盖类零件一般主要用两个视图表达，一个视图表达外形结构，另外一个视图表达内部结构。

4. 操作指引

(1) 调用 A3 图框，做好设置图层、尺寸标注样式、文字样式等前提准备工作。

(2) 根据图纸的大小和零件的结构和尺寸绘制中心线，确定零件的摆放位置，并画出端盖零件的大致轮廓，如图 5.6 所示。

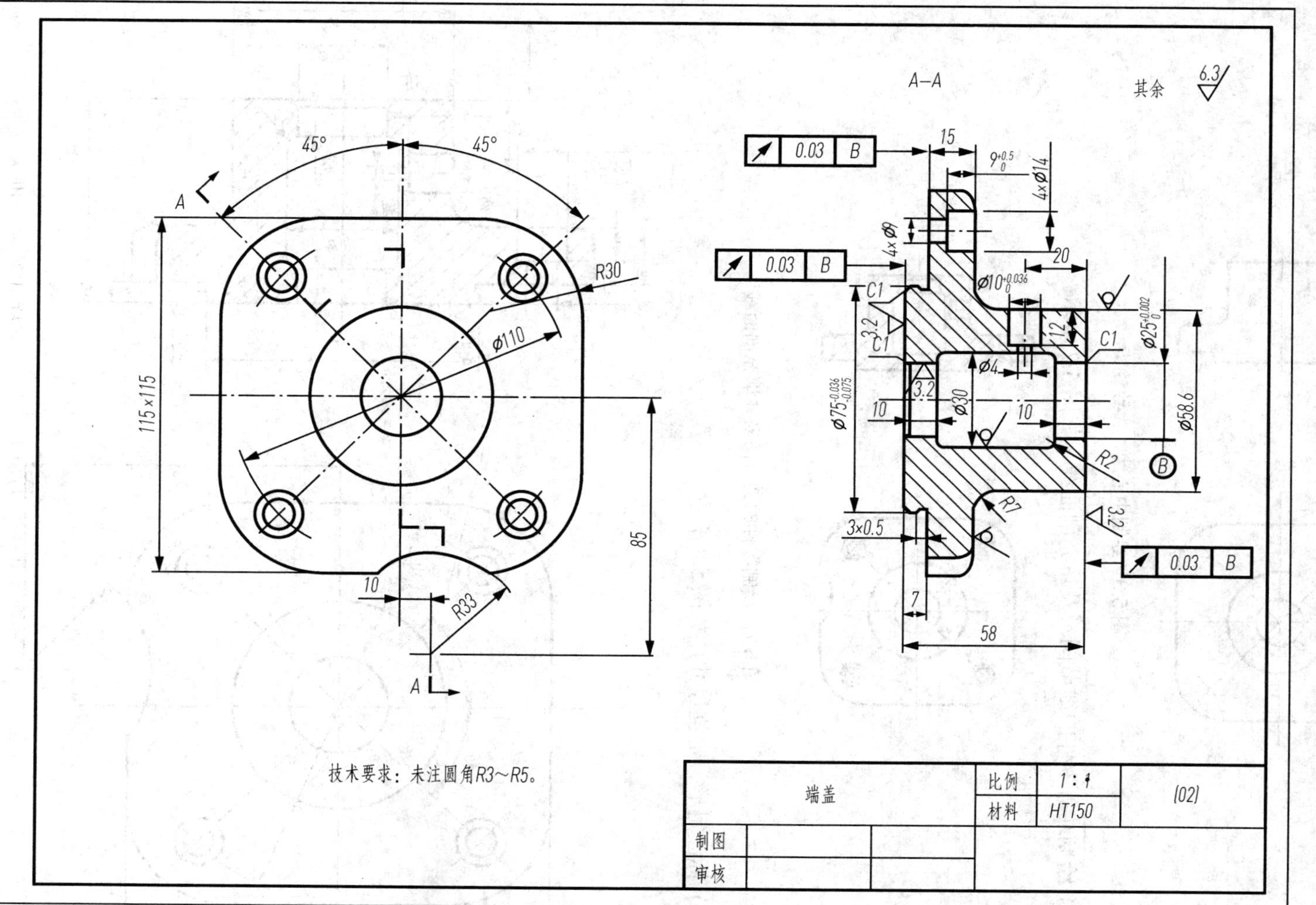
A—A
其余
6.3
45°
45°
A
A
R30
φ110
115×115
85
10
R33
15
9+0.5 0
4×φ14
4×φ9
20
φ10+0.036 0
12
C1
C1
C1
3.2
3.2
3.2
φ4
φ25+0.002 0
φ30
10
10
φ75-0.036 -0.075
φ58.6
R2
R7
B
3×0.5
7
58
0.03 B
0.03 B
0.03 B
技术要求：未注圆角R3~R5。
端盖
比例 1:1
材料 HT150
(02)
制图
审核

图 5.5 端盖零件图

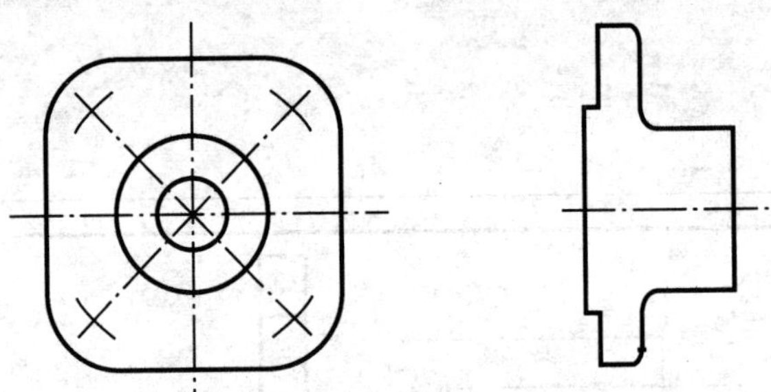

图 5.6　绘制中心线、大致轮廓

(3) 绘制端盖零件的细节图形及填充剖面线，如图 5.7 所示。

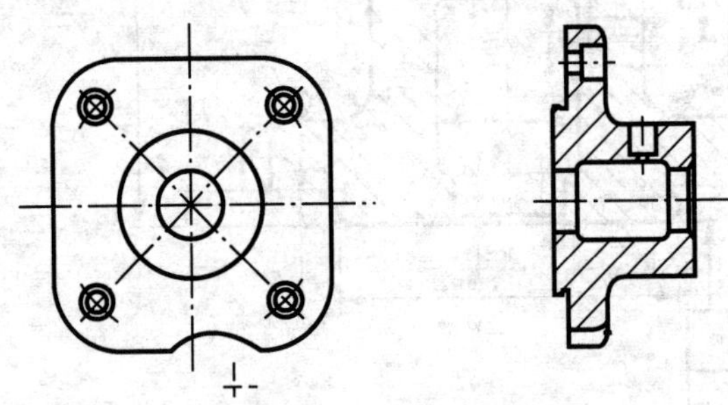

图 5.7　绘制零件的细节图形并填充剖面线

(4) 标注定形、定位尺寸，如图 5.8 所示。

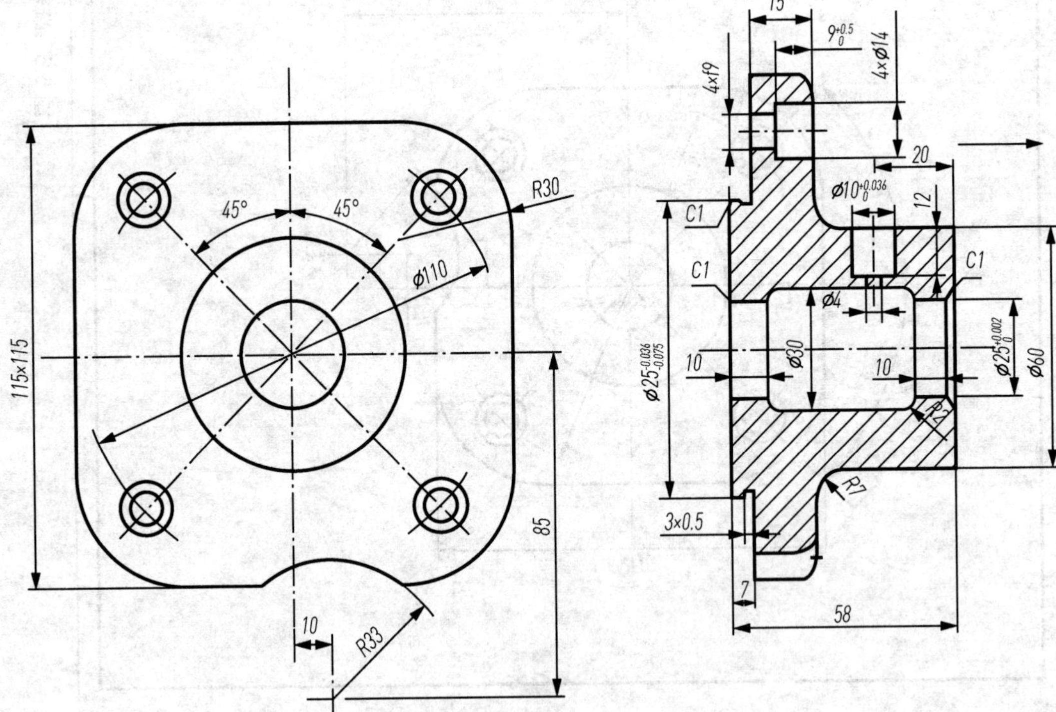

图 5.8　标注定形、定位尺寸

(5) 标注形位公差、设置块并标注表面粗糙度符号，填写技术要求及标题栏，完成后效果如图 5.5 所示。

5. 训练评估

(1) 通过此训练学习盘盖零件的绘制，该图形主要应用了旋转剖视图画法。绘制图形中主要使用的绘图命令有直线、圆、圆弧、多行文字，主要使用的绘图编辑命令有修剪、偏移、圆角、倒角、填充、打断，主要使用的尺寸标注命令有线性标注、形位公差标注、粗糙度标注、直径标注等。

(2) 训练评估参考按表 5-2 所示进行考核。

表 5-2　训练评估表

工作内容	完成时间	熟练程度	自我评价
(1) 创建 A4 图纸框和标题栏 (2) 设置图层、文字样式、标注样式 (3) 绘制零件图 (4) 标注尺寸 (5) 添加技术要求和填写标题栏	小于 20min	A	
	20～40min	B	
	40～60min	C	
不能完成以上操作	大于 60min	不熟练	

5.1.3　技能训练任务 3

1. 工作任务

根据图 5.9 所示的拨叉零件图，读图并分析零件的表达方法，想象出零件的结构形状，然后利用 CAD 绘制图形、标注尺寸、填写标题栏和技术要求等。

2. 任务目标

知识目标如下。

(1) 掌握剖视图、局部视图的表达方法和画法。

(2) 掌握叉架类零件的表达方法和画法。

技能目标如下。

(1) 根据零件图，读图分析零件的表达方案，想象出零件的结构和形状。

(2) 利用 CAD 绘制零件图和标注尺寸、填写标题栏和技术要求等。

(3) 学习叉架类零件的表达方式和绘图技巧。

3. 任务分析

该任务主要的目的一是学习叉架类零件的表达方式、标注方式和技术要求等，二是学习绘制零件图的技巧和方法及各种机件表达方案的 CAD 画法。

4. 操作指引

(1) 调用 A3 图框，做好设置图层、尺寸标注样式、文字样式等前提准备工作。

(2) 根据图纸的大小和零件的结构和尺寸绘制中心线，确定零件的摆放位置，并画出拨叉零件的大致轮廓，如图 5.10 所示。

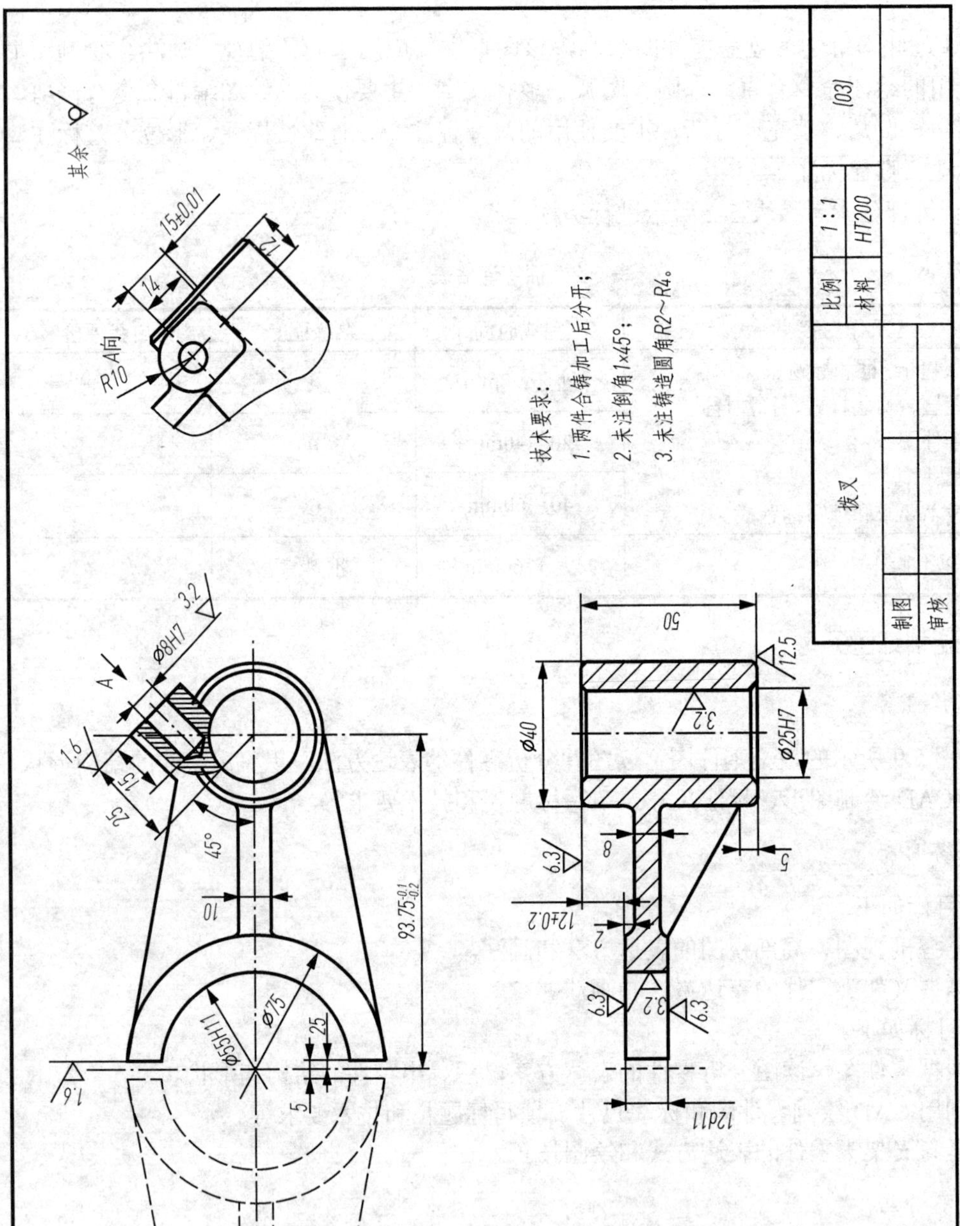

其余

技术要求：

1. 两件合铸加工后分开；
2. 未注倒角1×45°；
3. 未注铸造圆角R2～R4。

拨叉		比例	1∶1	(03)
		材料	HT200	
制图				
审核				

图 5.9　拨叉零件图

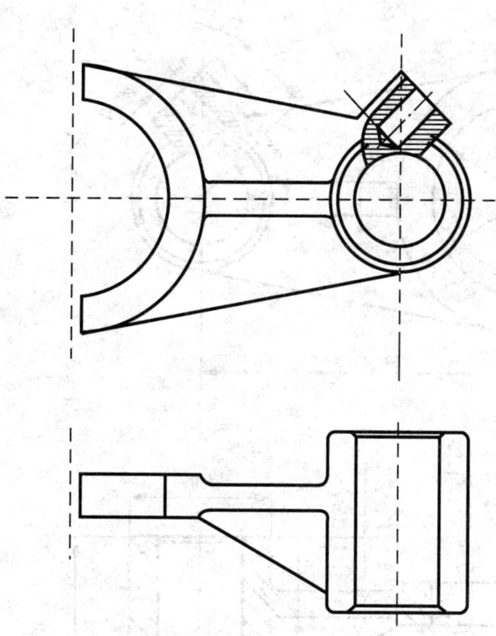

图 5.10 绘制中心线及零件大概轮廓

(3) 绘制零件图的其余视图轮廓及细节图形，如图 5.11 所示。

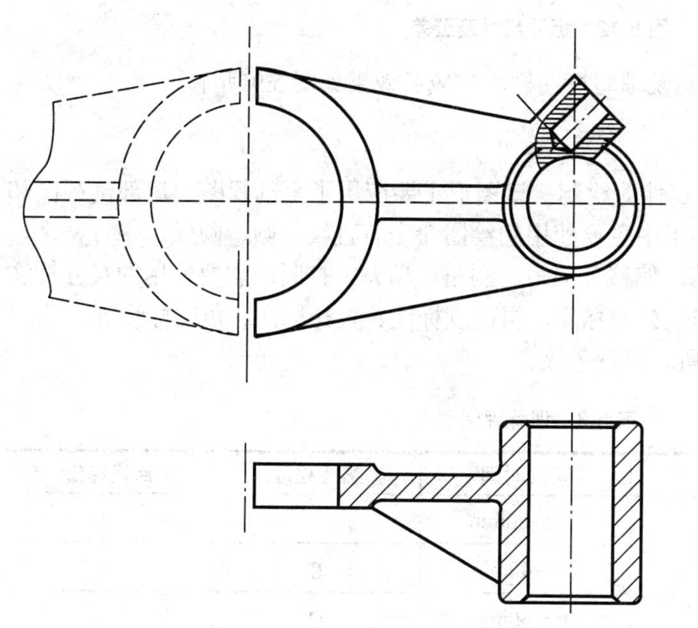

图 5.11 绘制其余视图轮廓及细节图形

(4) 标注零件的尺寸及公差，如图 5.12 所示。

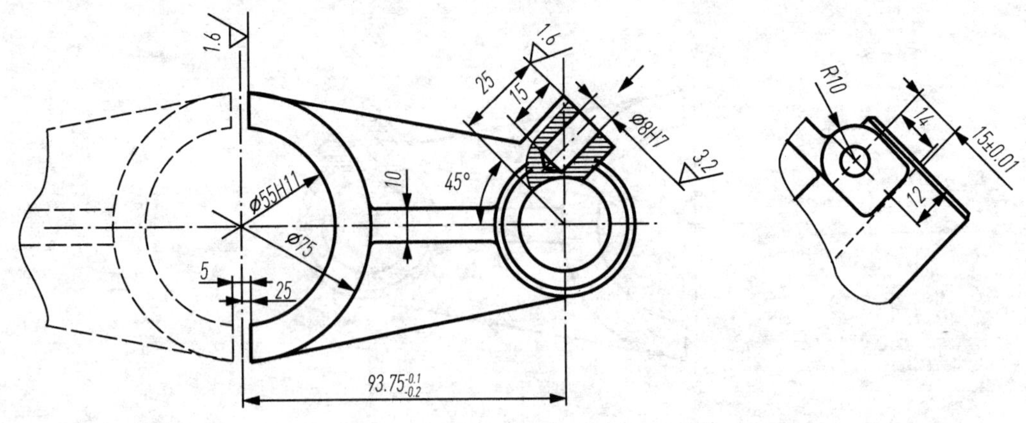

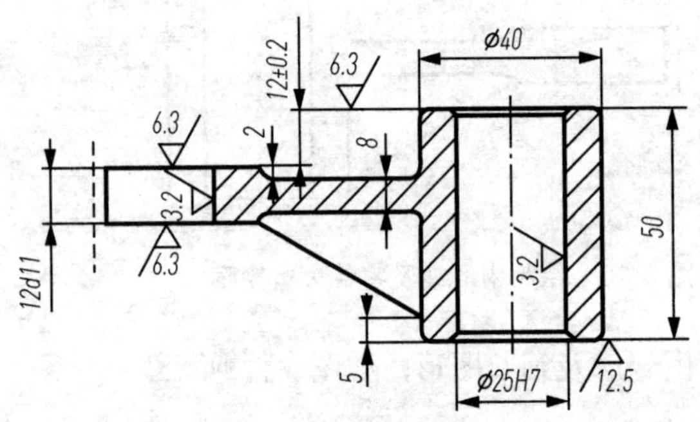

图 5.12 标注尺寸及公差

(5) 添加技术要求等文字信息及填写标题栏，完成后效果如图 5.9 所示。

5. 训练评估

(1) 通过此训练学习叉架类零件的绘制，该图形主要应用了全剖视图、局部剖视图和局部向视图等视图画法。绘制图形中主要使用的绘图命令有直线、圆、圆弧、多行文字，主要使用的绘图编辑命令有修剪、偏移、圆角、倒角、填充、打断，主要使用的尺寸标注命令有线性标注、对齐标注、形位公差标注、粗糙度标注、直径标注、角度标注等。

(2) 训练评估参考按表 5-3 所示进行考核。

表 5-3 训练评估表

工作内容	完成时间	熟练程度	自我评价
(1) 调用 A3 模板文件 (2) 绘制零件图 (3) 标注尺寸 (4) 添加技术要求和填写标题栏	小于 20min	A	
	20～40min	B	
	40～60min	C	
不能完成以上操作	大于 60min	不熟练	

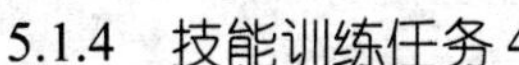

5.1.4 技能训练任务 4

1. 工作任务

根据图 5.13 所示的泵体零件图，读图并分析零件的表达方法，想象出零件的结构形状，然后利用 CAD 绘制图形、标注尺寸、填写标题栏和技术要求等。

2. 任务目标

知识目标如下。

(1) 掌握局部剖视图、向视图等的表达方法和画法。

(2) 掌握箱体类零件的表达方式。

技能目标如下。

(1) 根据零件图，读图分析零件的表达方案，想象出零件的结构和形状。

(2) 利用 CAD 绘制零件图和标注尺寸、填写标题栏和技术要求等。

(3) 学习箱体类零件的表达方式和绘图技巧。

3. 任务分析

该任务主要的目的一是学习箱体类零件的表达方式、标注方式和技术要求等，二是学习绘制该类零件图的技巧和方法及各种机件表达方案的 CAD 画法。

4. 操作指引

(1) 调用 A3 图框，改画成 A2 图框，做好设置图层、尺寸标注样式、文字样式等前提准备工作。

(2) 根据图纸的大小和零件的结构和尺寸绘制中心线，确定零件的摆放位置，并画出拨叉零件的大致轮廓，如图 5.14 所示。

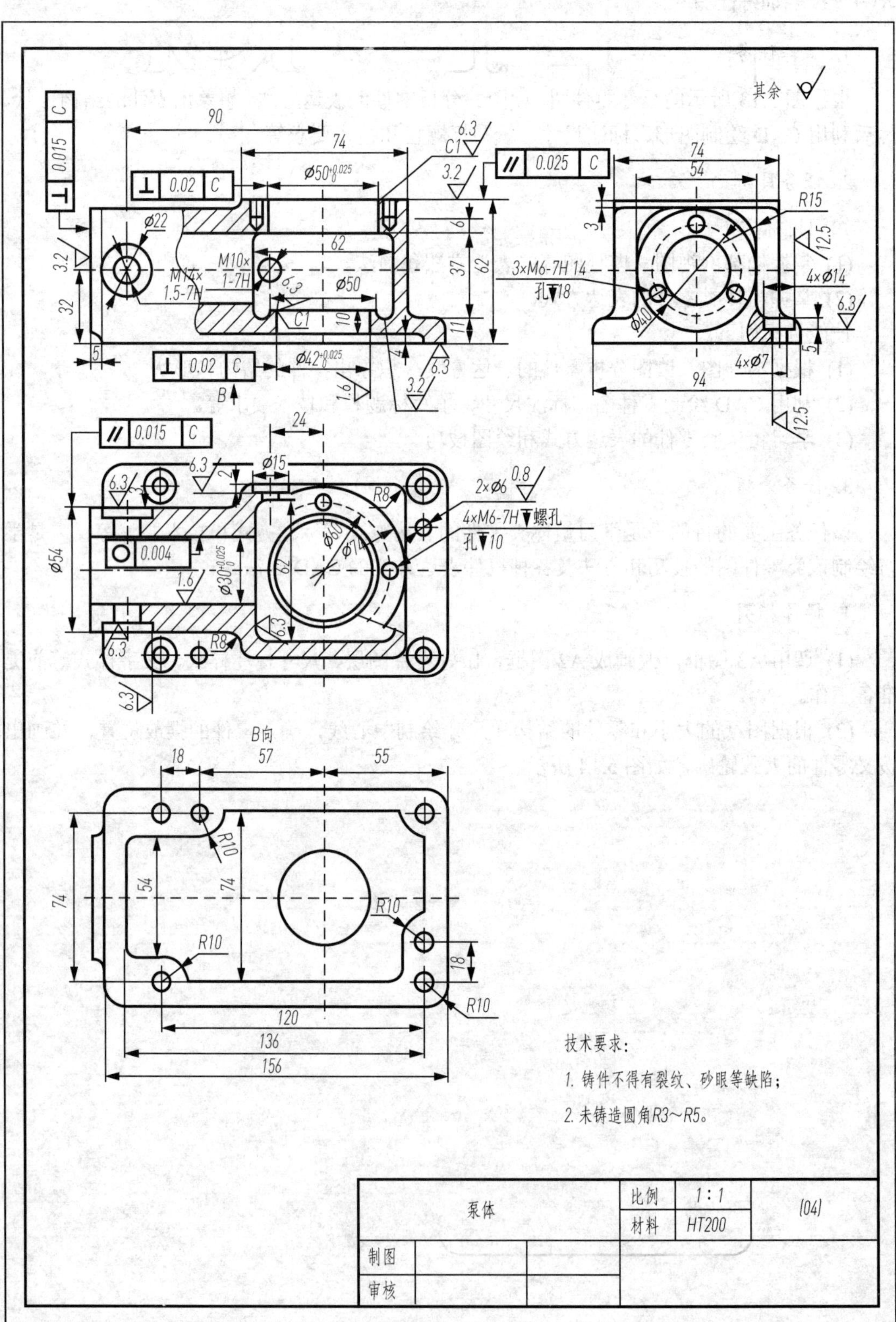
其余
B向
技术要求:
1. 铸件不得有裂纹、砂眼等缺陷;
2. 未铸造圆角R3～R5。
泵体
比例 1∶1
材料 HT200
(04)
制图
审核

图 5.13 泵体零件图

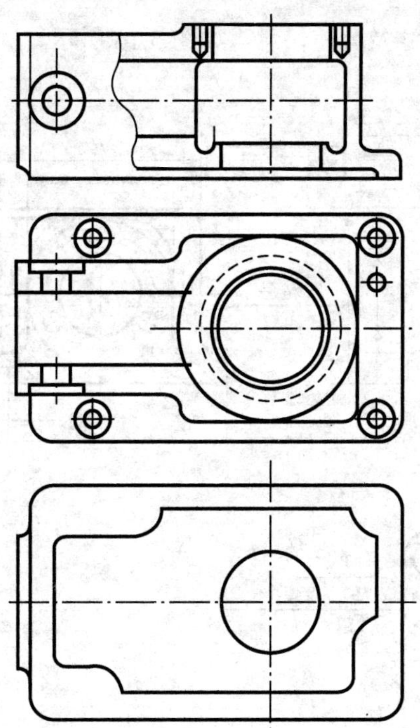

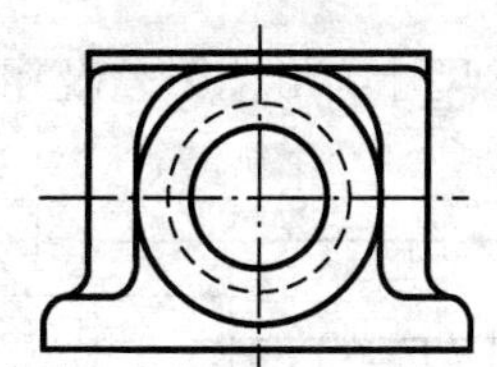

图 5.14　绘制中心及大致轮廓

(3) 绘制零件图的细节部分，完善图形的表达方案，如图 5.15 所示。

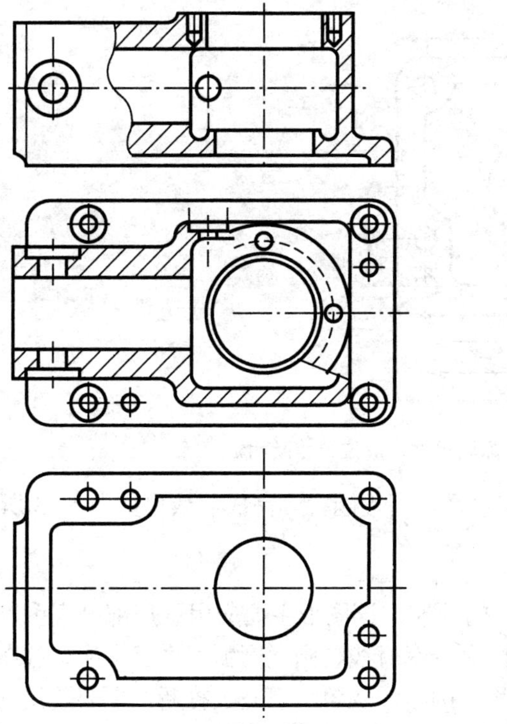

图 5.15　绘制细节图形

(4) 标注尺寸、形位公差及粗糙度等尺寸及公差信息，如图 5.16 所示。

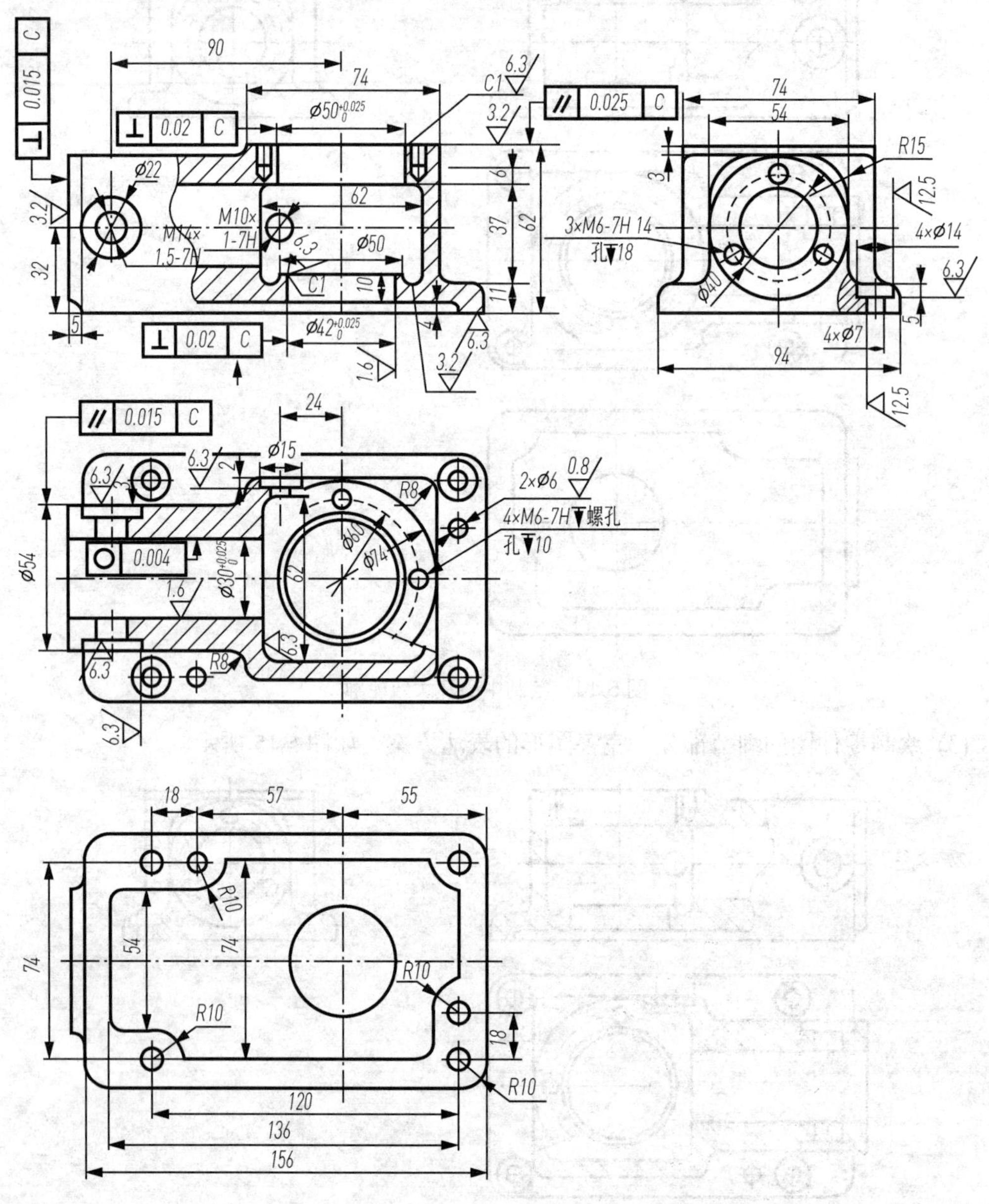

图 5.16 标注尺寸、形位公差及粗糙度等

(5) 添加技术要求、相关文字信息及填写标题栏，完成后效果如图 5.13 所示。

5. 训练评估

(1) 通过此训练学习箱体类零件的绘制，该图形主要应用了局部剖视图、向视图等视图画法。绘制图形中主要使用的绘图命令有直线、圆、圆弧、多行文字、样条曲线等，主要使用的绘图编辑命令有修剪、偏移、圆角、倒角、填充、打断，主要使用的尺寸标注命令有线性标注、基线标注、连续标注、形位公差标注、粗糙度标注、直径标注、半径标注等。

(2) 训练评估参考按表 5-4 所示进行考核。

表 5-4　训练评估表

工作内容	完成时间	熟练程度	自我评价
(1) 调用 A3 模板文件并改画 A2 图框 (2) 绘制零件图 (3) 标注尺寸 (4) 添加技术要求和填写标题栏	小于 30min	A	
	30～60min	B	
	60～90min	C	
不能完成以上操作	大于 90min	不熟练	

5.2　相关知识

零件图是表达零件结构形状、尺寸和技术要求的图样，是设计部门提交给生产部门的重要技术文件，是制造和检验零件的依据。

零件图是生产中指导制造和检验该零件的主要图样，它不仅仅是把零件的内、外结构形状和大小表达清楚，还需要对零件的材料、加工、检验、测量提出必要的技术要求。零件图必须包含制造和检验零件的全部技术资料。因此，一张完整的零件图一般应包括以下几项内容。

(1) 一组图形。用于正确、完整、清晰和简便地表达出零件内外形状，其中包括机件的各种表达方法，如视图、剖视图、断面图、局部放大图和简化画法等。

(2) 完整的尺寸。零件图中应正确、完整、清晰、合理地注出制造零件所需的全部尺寸。

(3) 技术要求。零件图中必须用规定的代号、数字、字母和文字注解说明制造和检验零件时在技术指标上应达到的要求，如表面粗糙度，尺寸公差，形位公差，材料和热处理，检验方法以及其他特殊要求等。技术要求的文字一般注写在标题栏上方图纸空白处。

(4) 标题栏。标题栏应配置在图框的右下角。它一般由更改区、签字区、其他区、名称以及代号区组成。填写的内容主要有零件的名称、材料、数量、比例、图样代号以及设计、审核、批准者的姓名、日期等。

虽然零件的形状、用途多种多样，加工方法各不相同，但零件也有许多共同之处。根据零件在结构形状、表达方法上的某些共同特点，常将其分为四类：轴套类零件、轮盘类零件、叉架类零件和箱体类零件。

5.2.1　轴套类零件的表达

(1) 结构分析。轴套类零件的基本形状是同轴回转体。在轴上通常有键槽、销孔、螺纹退刀槽、倒圆等结构。此类零件主要是在车床或磨床上加工。图 5.17 所示的齿轮轴即属于轴套类零件。

(2) 主视图选择。这类零件的主视图按其加工位置选择，一般按水平位置放置。这样既可把各段形体的相对位置表示清楚，同时又能反映出轴上轴肩、退刀槽等结构。

(3) 其他视图的选择。轴套类零件主要结构形状是回转体，一般只画一个主视图。确

定了主视图后，由于轴上的各段形体的直径尺寸在其数字前加注符号“Φ”表示，因此不必画出其左(或右)视图。对于零件上的键槽、孔等结构，一般可采用局部视图、局部剖视图、移出断面和局部放大图等形式表达。

如图 5.17 所示齿轮轴，主视图沿轴的中心线水平放置，表达轴的主体结构，轴上键槽利用移出断面图表达，轴上齿轮部分利用局部剖视图表达。再配合尺寸就可把齿轮轴的形状结构和大小完全表达清楚。技术要求进一步对材料的要求和轴的质量要求补充说明。

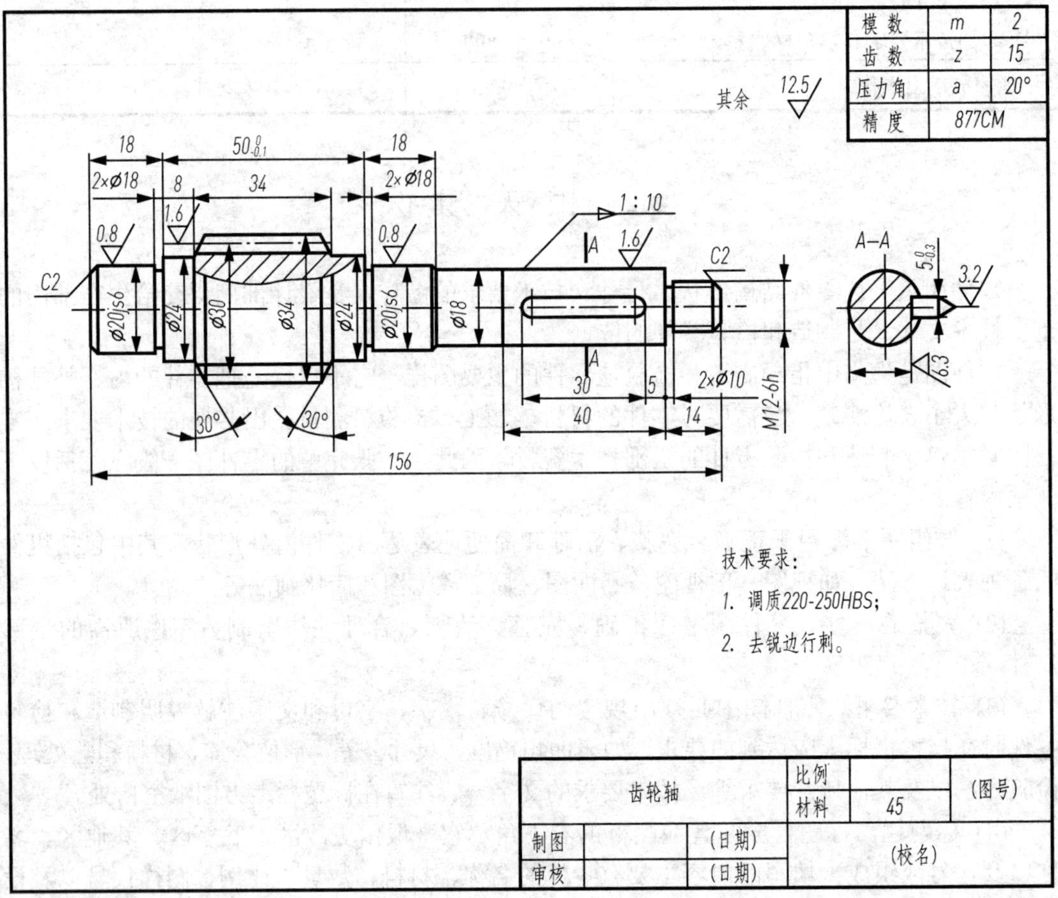

模数	m	2
齿数	z	15
压力角	a	20°
精度	877CM	

其余 12.5

技术要求：

1. 调质220-250HBS;
2. 去锐边行刺。

齿轮轴			比例		(图号)
			材料	45	
制图		(日期)	(校名)		
审核		(日期)			

图 5.17　齿轮轴

5.2.2　盘盖类零件的表达

(1) 结构分析。盘盖类零件包括端盖、阀盖、齿轮等，这类零件的基本形体一般为回转体或其他几何形状的扁平的盘状体，通常还带有各种形状的凸缘、均布的圆孔和肋等局部结构。盘盖类零件的作用主要是轴向定位、防尘和密封等，图 5.18 所示的齿轮属于盘盖类零件的一类，主要的作用是传递动力和运动，以及改变转动方向。

(2) 主视图选择。盘盖类零件的毛坯有铸件或锻件，机械加工以车削为主，主视图一般按加工位置水平放置，但有些较复杂的盘盖因加工工序较多，主视图也可按工作位置画出。为了表达零件内部结构，主视图常取全剖视。

(3) 其他视图的选择。盘盖类零件一般需要两个以上基本视图表达，除主视图外，为了表示零件上均布的孔、槽、肋、轮辐等结构，还需选用一个端面视图(左视图或右视图)，以表达凸缘或均布的通孔位置和形状。此外，为了表达细小结构，有时还常采用局部放大图。

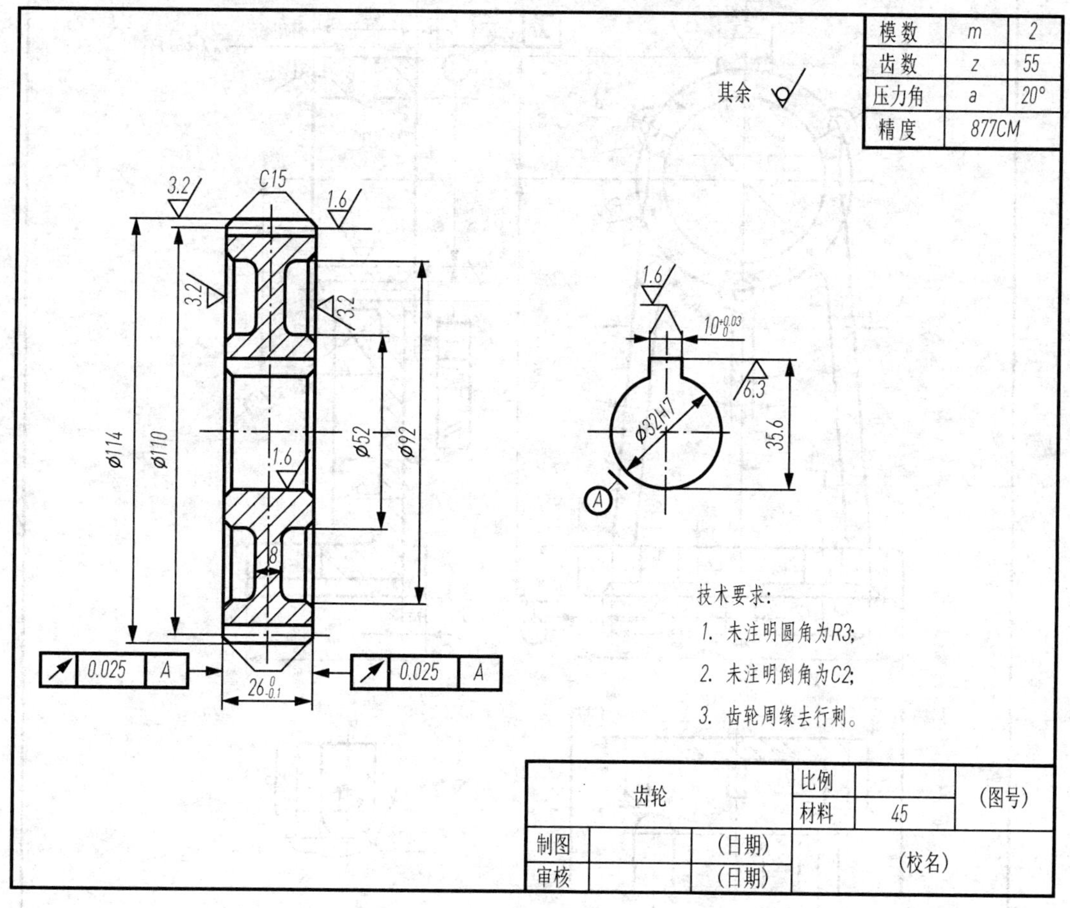

图 5.18 齿轮零件图

5.2.3 叉架类零件的表达

(1) 结构分析。叉架类零件一般有拨叉、连杆、支座等。此类零件常用倾斜或弯曲的结构联接零件的工作部分与安装部分。叉架类零件多为铸件或锻件，因而具有铸造圆角、凸台、凹坑等常见结构，图 5.19 所示支架座属于叉架类零件。

(2) 主视图选择。叉架类零件结构形状比较复杂，加工位置多变，有的零件工作位置也不固定，所以这类零件的主视图一般按工作位置原则和形状特征原则确定，例如图 5.19 所示的支架零件图。

(3) 其他视图的选择。对其他视图的选择，常常需要两个或两个以上的基本视图，并且还要用适当的局部视图、断面图等表达方法来表达零件的局部结构。图 5.19 所示支架零件图主视图表达零件的主要外形结构，左视图采用全剖视图表达支承、连接部分的相互位置关系和支承孔、螺孔结构，俯视图采用 *D*–*D* 剖视图表达肋板的断面形状和底板形状，*C* 向局部视图表达表达顶部凸台形状，移出断面图表示肋板结构和厚度。

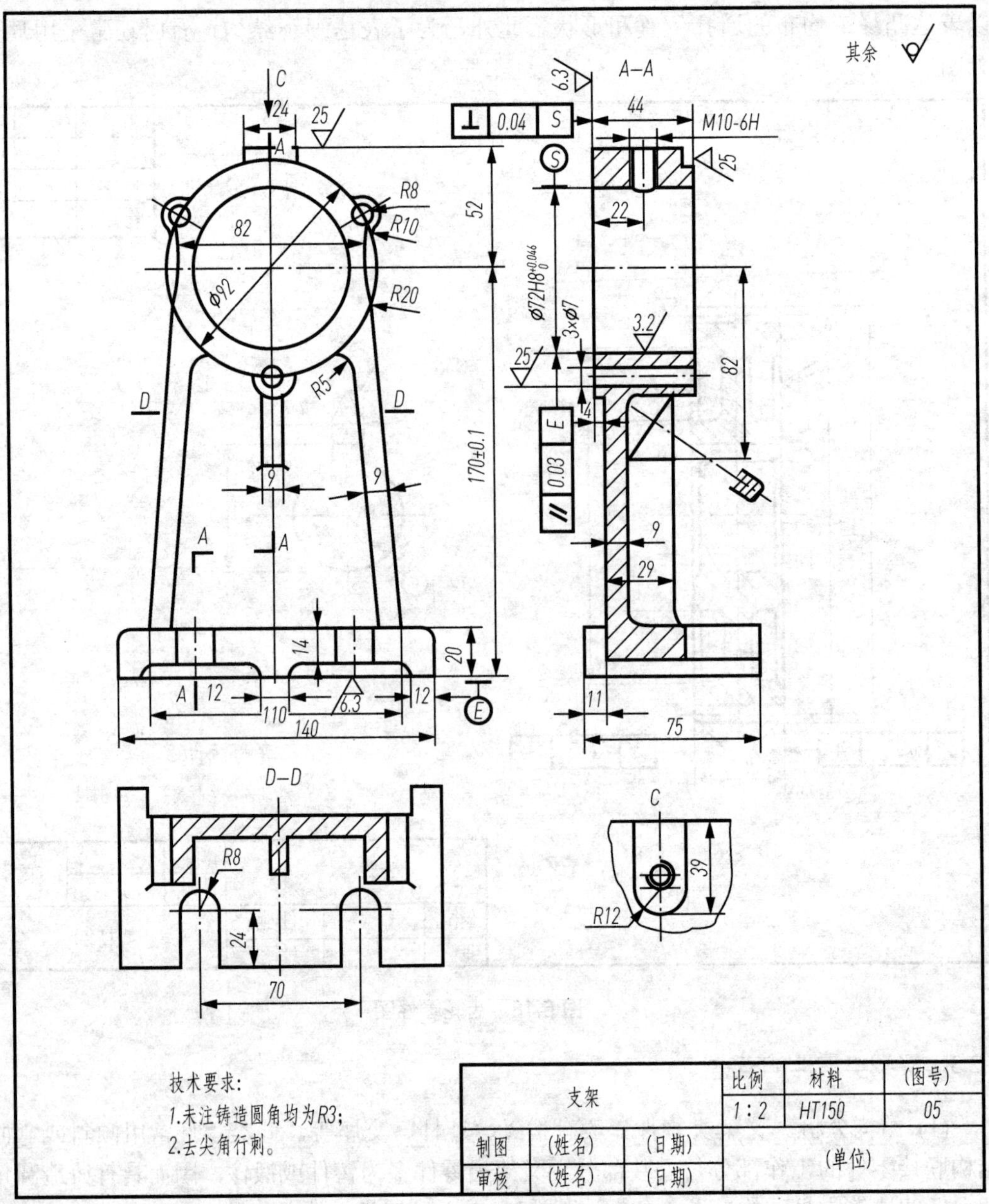

其余

技术要求：

1.未注铸造圆角均为R3；

2.去尖角行刺。

支架		比例	材料	(图号)
		1：2	HT150	05
制图	(姓名)	(日期)	(单位)	
审核	(姓名)	(日期)		

图 5.19 支架零件图

5.2.4 箱体类零件的表达

(1) 结构分析。箱体类零件主要有阀体、泵体、减速器箱体等零件，其作用是支持或包容其他零件，如图 5.20 所示。这类零件有复杂的内腔和外形结构，并带有轴承孔、凸台、肋板，此外还有安装孔、螺孔等结构。

(2) 主视图选择。由于箱体类零件加工工序较多，加工位置多变，所以在选择主视图时，主要根据工作位置原则和形状特征原则来考虑，并采用剖视或者局部剖视，以重点反映其内部结构，如图 5.20 中的主视图所示。

(3) 其他视图的选择。为了表达箱体类零件的内外结构，一般要用 3 个或 3 个以上的基本视图，并根据结构特点在基本视图上取剖视，还可采用局部视图、斜视图及规定画法等表达外形。在图 5.20 中，由于结构复杂，主视图采用了大范围的局部剖视来表达主体外形及销孔、螺栓连接孔、螺塞孔、底板安装孔和油标测量孔结构等，左视图选用 *A*-*A* 剖视表达内腔的结构形状，俯视图表达零件基本外形，其他视图、放大图等表达局部细节结构。

5.2.5 零件图的尺寸标注

零件图中的尺寸是零件加工、检验的依据，不仅要标注得正确、完整、清晰，而且必须标注得合理。为了合理地标注尺寸，必须对零件进行结构分析、形体分析和工艺分析，根据分析先确定尺寸基准，然后选择合理的标注形式，结合零件的具体情况标注尺寸。

零件的结构形状主要是根据它在部件或机器中的作用决定的，但是制造工艺对零件的结构也有某些要求。

本节将重点介绍标注尺寸的合理性问题和常见工艺结构的基本知识和表示方法。

1. 正确选择尺寸基准

零件图尺寸标注既要保证设计要求又要满足工艺要求，首先应当正确选择尺寸基准。所谓尺寸基准，就是指零件装配到机器上或在加工测量时，用以确定其位置的一些面、线或点。它可以是零件上对称平面、安装底平面、端面、零件的结合面、主要孔和轴的轴线等。

(1) 选择尺寸基准的目的。一是为了确定零件在机器中的位置或零件上几何元素的位置，以符合设计要求；二是为了在制造零件时，确定测量尺寸的起点位置，便于加工和测量，以符合工艺要求。

(2) 尺寸基准的分类。根据基准作用不同，一般将基准分为设计基准和工艺基准两类。

① 设计基准。根据零件结构特点和设计要求而选定的基准称为设计基准。零件有长、宽、高 3 个方向，每个方向都要有一个设计基准，该基准又称为主要基准。如图 5.21(a)所示，*B* 为高度方向设计基准，*C* 为长度方向设计基准，*D* 为宽度方向设计基准，*E* 为高度方向辅助基准。

对于轴套类和轮盘类零件，实际设计中经常采用的是轴向基准和径向基准，而不用长、宽、高基准，如图 5.21(b)所示。

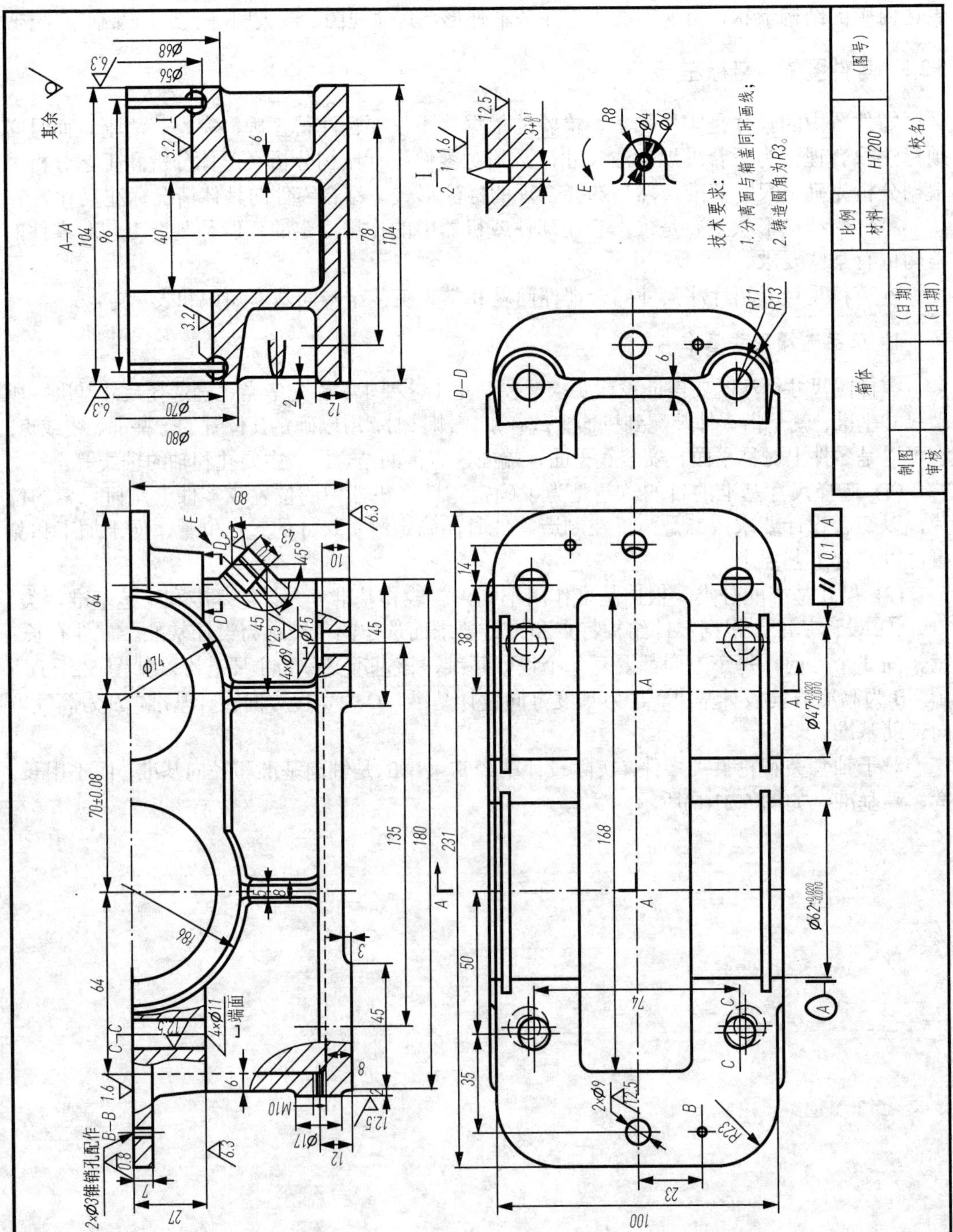

技术要求：
1. 分离面与箱盖同时画线；
2. 铸造圆角为R3。

箱体		比例		(图号)
		材料	HT200	
制图	(日期)			(校名)
审核	(日期)			

图 5.20 箱体零件图

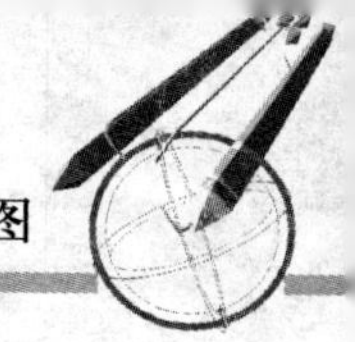

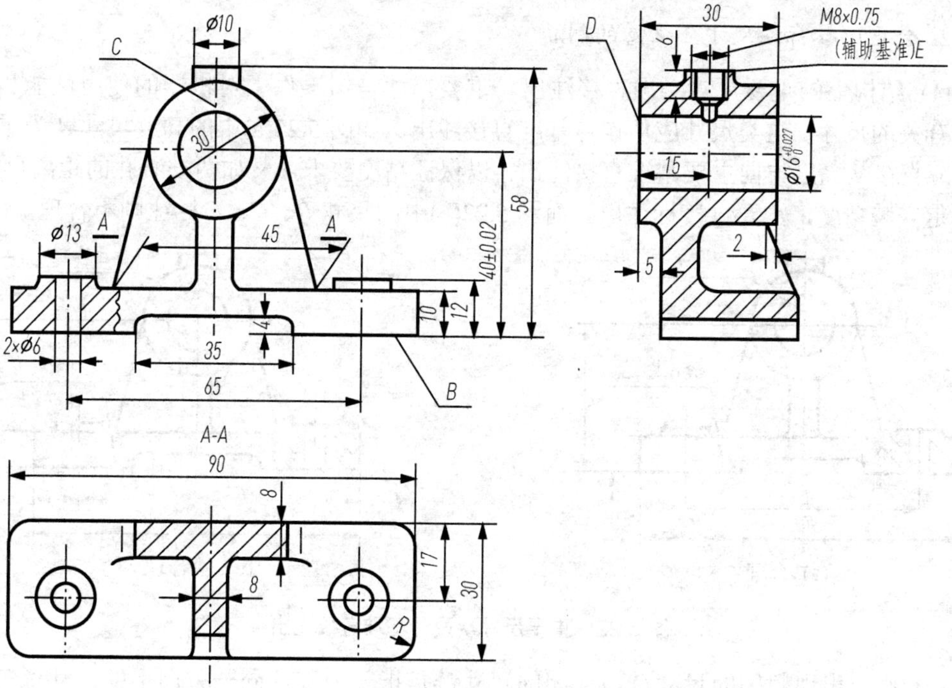

(a) 支架类零件

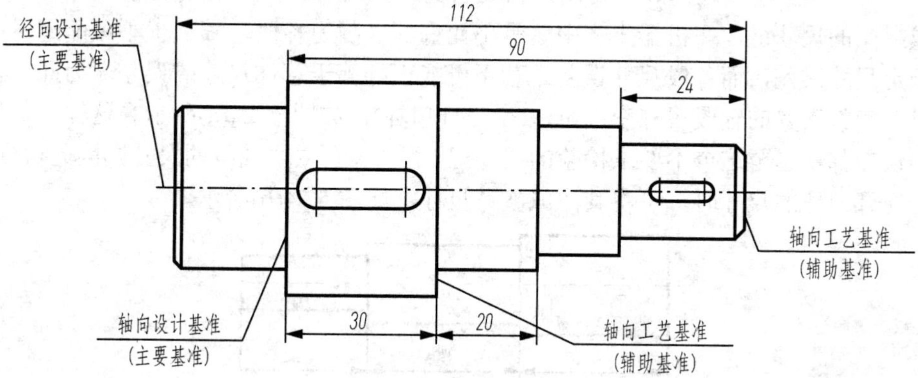

(b) 轴类零件

图 5.21 零件的尺寸基准

② 工艺基准。在加工时，确定零件装夹位置和刀具位置的一些基准以及检测时所使用的基准称为工艺基准。工艺基准有时可能与设计基准重合，该基准不与设计基准重合时又称为辅助基准。零件同一方向有多个尺寸基准时，主要基准只有一个，其余均为辅助基准，辅助基准必有一个尺寸与主要基准相联系，该尺寸称为联系尺寸，如图 5.21(a)中的尺寸 58，图 5.21(b)中的尺寸 30、90。

(3) 选择基准的原则。选择基准相应尽可能使设计基准与工艺基准一致，以减少两个基准不重合而引起的尺寸误差。当设计基准与工艺基准不一致时，应以保证设计要求为主，将重要尺寸从设计基准注出，次要基准从工艺基准注出，以便加工和测量。

2. 合理选择标注尺寸应注意的问题

(1) 结构上的重要尺寸必须直接注出。重要尺寸是指零件上对机器的使用性能和装配质量有关的尺寸，这类尺寸应从设计基准直接注出。如图 5.22(a)中的高度尺寸 *A* 为重要尺寸，应直接从高度方向主要基准直接注出，以保证精度要求，又如两安装孔的距离尺寸 *L*，它决定安装精度，需要直接标注出。而图 5.22(b)中的尺寸 *B*、*C*、*E* 标注则不合理。

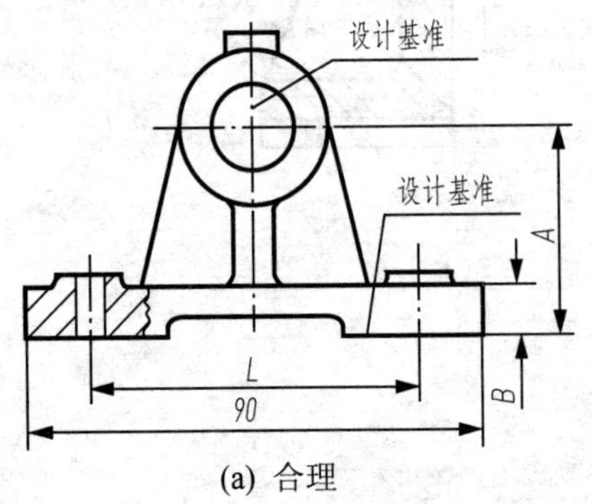

(a) 合理

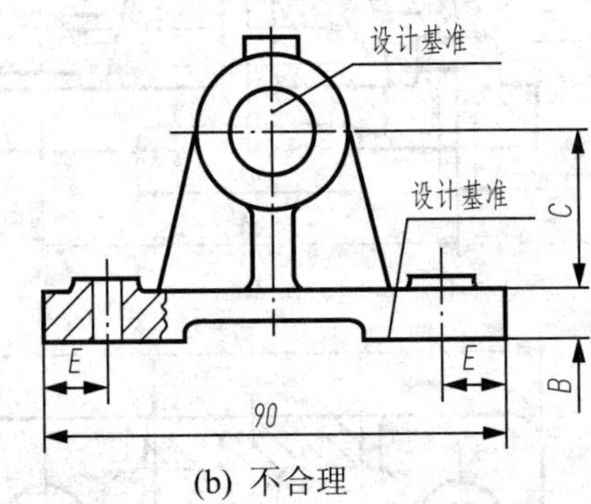

(b) 不合理

图 5.22 重要尺寸从设计基准直接注出

(2) 避免出现封闭的尺寸链。封闭的尺寸链是指一个零件同一方向上的尺寸像车链一样，一环扣一环首尾相连，成为封闭形状的情况。如图 5.23 所示，各分段尺寸与总体尺寸间形成封闭的尺寸链，在机器生产中这是不允许的，因为各段尺寸加工不可能绝对准确，总有一定尺寸误差，而各段尺寸误差之和不可能正好等于总体尺寸的误差。为此，在标注尺寸时，应将次要的轴段尺寸空出不注(称为开口环)，如图 5.24(a)所示。这样，其他各段加工的误差都积累至这个不要求检验的尺寸上，而全长及主要轴段的尺寸则因此得到保证。如需标注开口环的尺寸时，可将其注成参考尺寸，如图 5.24(b)所示。

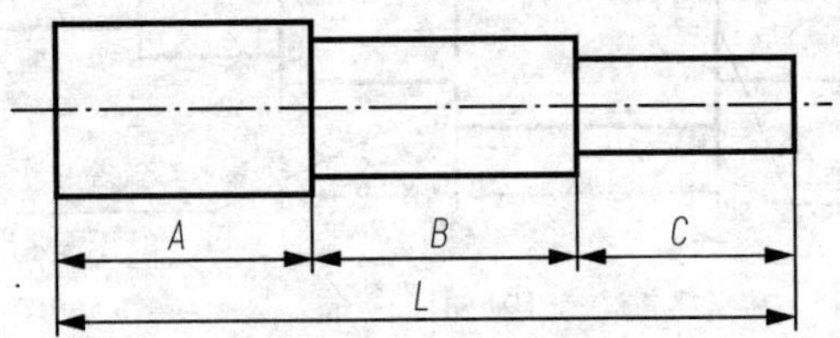

图 5.23 封闭的尺寸链

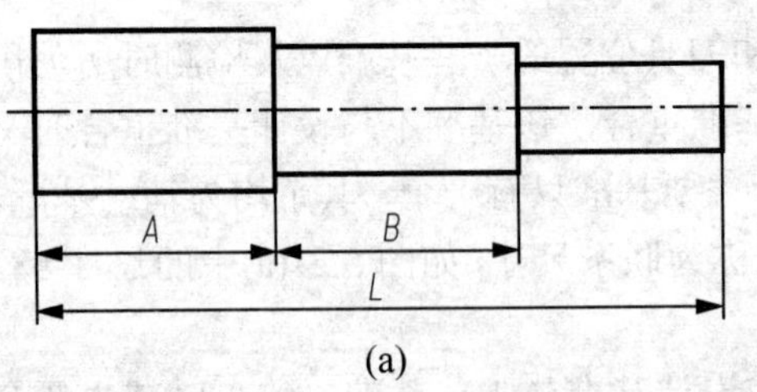

(a)

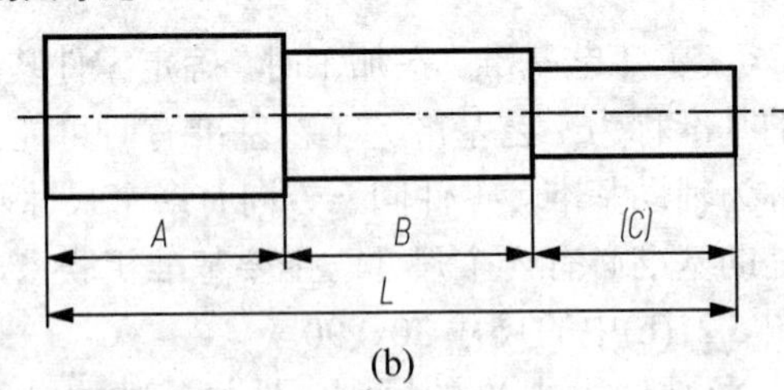

(b)

图 5.24 开口环尺寸链

(3) 考虑零件加工、测量和制造的要求。

① 考虑加工看图方便。不同加工方法所用尺寸应分开标注，便于看图加工，如图 5.25 所示，是把车削与铣削所需要的尺寸分开标注。

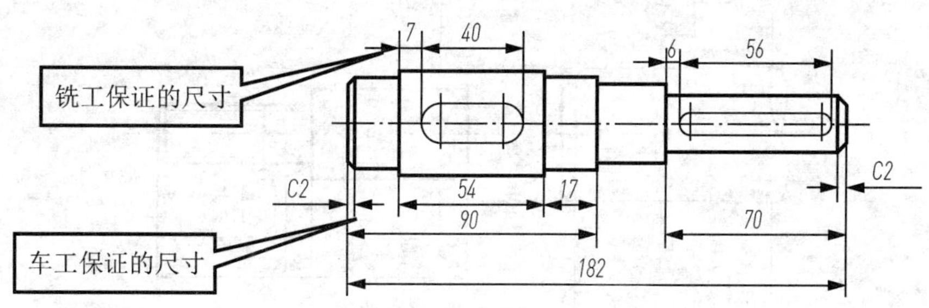

图 5.25 按加工方法标注尺寸

② 考虑测量方便。尺寸标注有多种方案，但要注意所注尺寸是否便于测量，如图 5.26 所示结构，两种不同标注方案中，不便于测量的标注方案是不合理的。

③ 按加工顺序标注尺寸。在满足零件设计要求的前提下，尽量按加工顺序标注尺寸，便于工人看图加工，如图 5.27 所示。

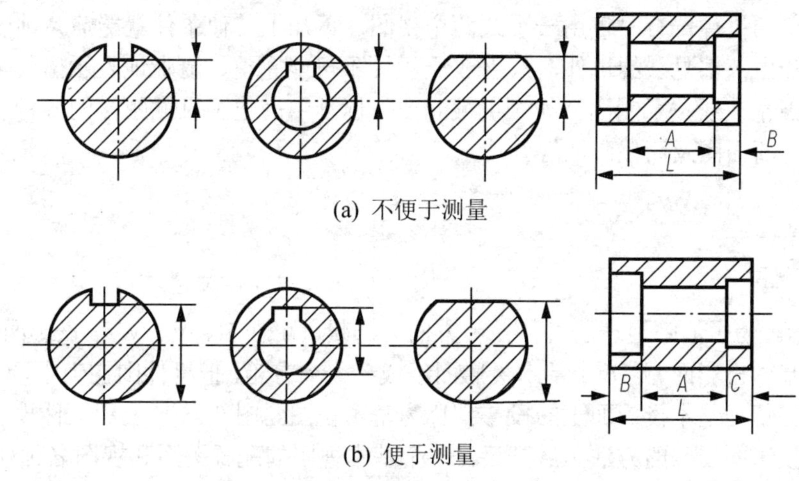

(a) 不便于测量

(b) 便于测量

图 5.26 两种标注方案

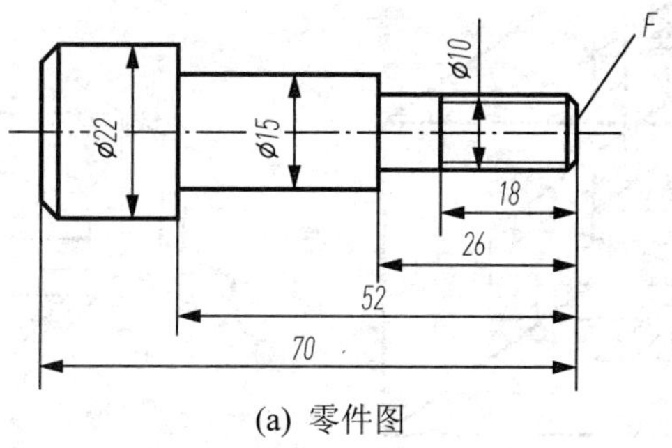

(a) 零件图

图 5.27 按加工顺序标注尺寸

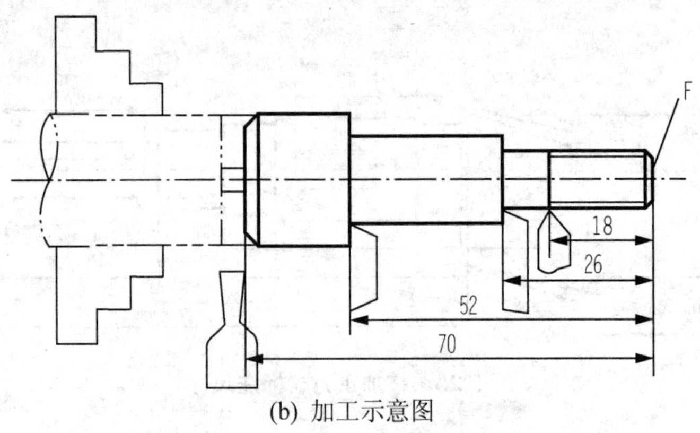

(b) 加工示意图

图 5.27 按加工顺序标注尺寸(续)

5.3 知 识 链 接

对于简单的机件，有时仅用一个或两个视图，再加上其他条件就能清楚地表达出来。但对于外形和内部都复杂的机件，只用 3 个视图不可能完整、清晰地表示出其空间结构形状。为此，国家在《技术制图》与《机械制图》标准中规定了机械图样的各种表示法即视图、剖视图、断面图及简化画法等。

5.3.1 视图

1. 基本视图

(1) 概念。为了清晰地表达机件 6 个方向的形状，可在 H、V、W 三投影面的基础上，再增加 3 个基本投影面。这 6 个基本投影面组成了一个方箱，把机件围在当中，如图 5.28(a)所示。机件在每个基本投影面上的投影都称为基本视图。图 5.28(b)表示机件投影到 6 个投影面上后，投影面展开的方法。展开后，6 个基本视图的配置关系和视图名称如图 5.28(c)所示。按图 5.28(c)所示位置在一张图纸内的基本视图一律不注视图名称。

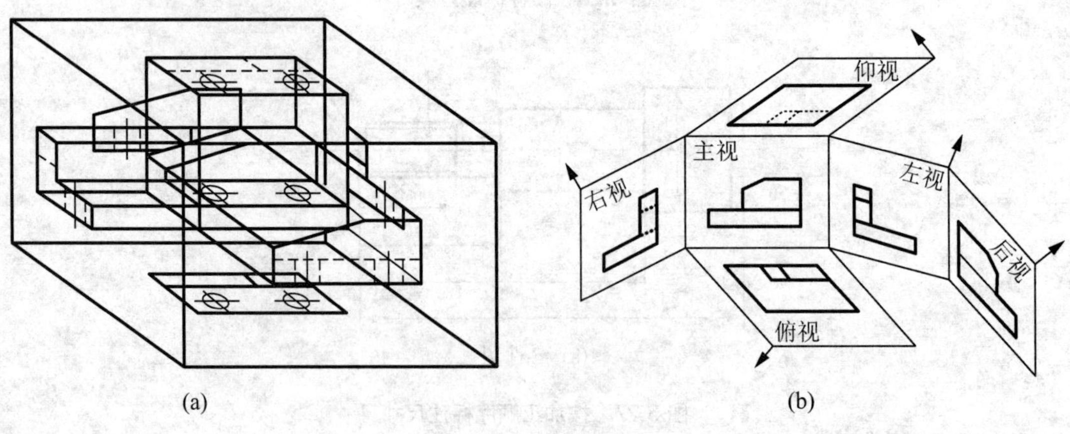

(a) (b)

图 5.28 6 个基本视图

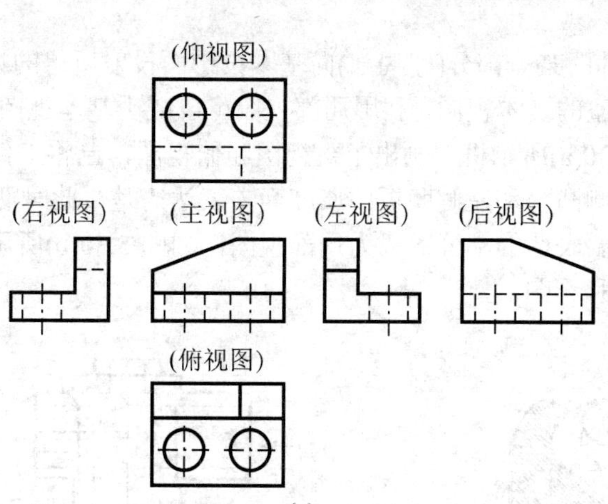

图 5.28　6 个基本视图(续)

(2) 投影规律。

6 个基本视图之间仍然保持着与三视图相同的投影规律，即：

主、俯、仰、后：长对正；

主、左、右、后：高平齐；

俯、左、仰、右：宽相等。

此外，除后视图以外，各视图的里边(靠近主视图的一边)均表示机件的后面，各视图的外边(远离主视图的一边)均表示机件的前面，即“里后外前”。

虽然机件可以用 6 个基本视图来表示，但实际上画哪几个视图，要看具体情况而定。

2. 向视图

有时为了便于合理地布置基本视图，可以采用向视图。

向视图是可自由配置的视图，它的标注方法为：在向视图的上方注写“×”(×为大写的英文字母，如“A”、“B”、“C”等)，并在相应视图的附近用箭头指明投影方向，并注写相同的字母，如图 5.29 所示。

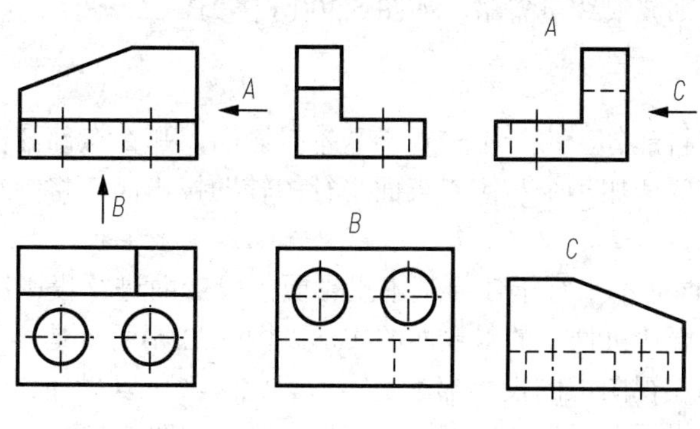

图 5.29　向视图

3. 局部视图

当采用一定数量的基本视图后，机件上仍有部分结构形状尚未表达清楚，而又没有必要再画出完整的其他的基本视图时，可采用局部视图来表达。

(1) 概念。将机件的某一部分(即局部)向基本投影面投射所得的视图称为局部视图。

局部视图是不完整的基本视图，利用局部视图可以减少基本视图的数量，使表达简洁，重点突出。例如图 5.30(a)所示机件画出了主视图和俯视图，已将工件基本部分的形状表达清楚，只有左、右两侧凸台和左侧肋板的厚度尚未表达清楚，此时便可像图中的 *A* 向和 *B* 向那样，只画出所需要表达的部分而成为局部视图，如图 5.30(b)所示。这样重点突出、简单明了，有利于画图和看图。

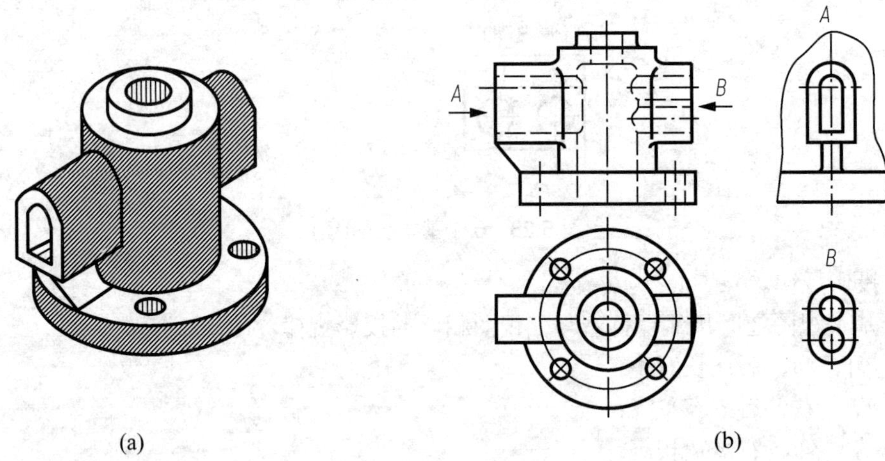

(a) (b)

图 5.30 局部视图

(2) 画局部视图时应注意的事项。

① 在相应的视图上用带字母的箭头指明所表示的投影部位和投影方向，并在局部视图上方用相同的字母标明“×”。

② 局部视图最好画在有关视图的附近，并直接保持投影联系。也可以画在图纸内的其他地方，如图 5.30(b)中右下角画出的“B”。当表示投影方向的箭头标在不同的视图上时，同一部位的局部视图的图形方向可能不同。

③ 局部视图的范围用波浪线表示，如图 5.30(b)中“A”。所表示的图形结构完整、且外轮廓线又封闭时，则波浪线可省略，如图 5.30(b)中“B”。

4. 斜视图

对于机件上的倾斜部分，由于不平行于基本投影面，那么该部分在基本投影面的投影不反映实形。这时需要增加一个与倾斜表面平行的辅助投影面，将倾斜部分向辅助投影面投射。

(1) 概念。将机件向不平行于任何基本投影面的投影面进行投影所得到的视图称为斜视图。斜视图适合于表达机件上的斜表面的实形。图 5.31(a)所示是一个弯板形机件，它的倾斜部分在俯视图和左视图上的投影都不是实形。此时就可以另外加一个平行于该倾斜部分的投影面，在该投影面上画出倾斜部分的实形投影，如图 5.31 中的“A”向所示。

(2) 标注方式。斜视图的标注方法与局部视图相似，并且应尽可能配置在与基本视图直接保持投影联系的位置，也可以平移到图纸内的适当地方。为了画图方便，也可以将它旋转，但必须在斜视图上方注明旋转标记，如图 5.31 所示。

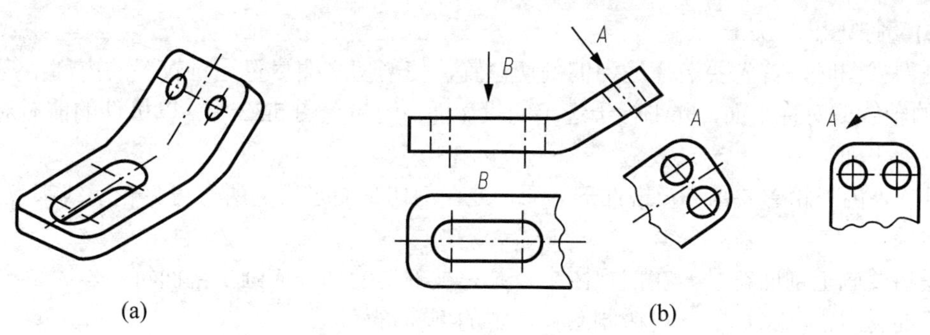

(a) (b)

图 5.31 斜视图表达方法

(3) 注意事项。画斜视图时增设的投影面只垂直于一个基本投影面，因此，机件上原来平行于基本投影面的一些结构在斜视图中最好以波浪线为界而省略不画，以避免出现失真的投影。在基本视图中也要注意处理好这类问题，如图 5.31 中不用俯视图而用“A”向视图，即是一例。

5.3.2 剖视图

在用视图表达机件时，其内部结构都用虚线来表示，如果机件内部结构形状复杂，视图中就会出现许多虚线，这样会影响图面清晰，不便于看图和标注尺寸。为了减少视图中的虚线，使图面清晰，可以采用剖视的方法来表达机件的内部结构和形状。

1. 剖视图的基本概念

(1) 剖视图的形成。假想用剖切面剖开机件，将处在观察者和剖切面之间的部分移去，而将其余部分全部向投影面投影所得的图形称剖视图，并在剖面区域内画上剖面符号。

例如图 5.32(a)所示的机件，在主视图中，用虚线表达其内部结构不够清晰。按照图 5.32(b)所示的方法，假想沿机件前后对称平面把它剖开，拿走剖切平面前面的部分后，将后面部分再向正投影面投影，这样就得到了一个剖视的主视图。图 5.32(c)表示机件剖视图的画法。

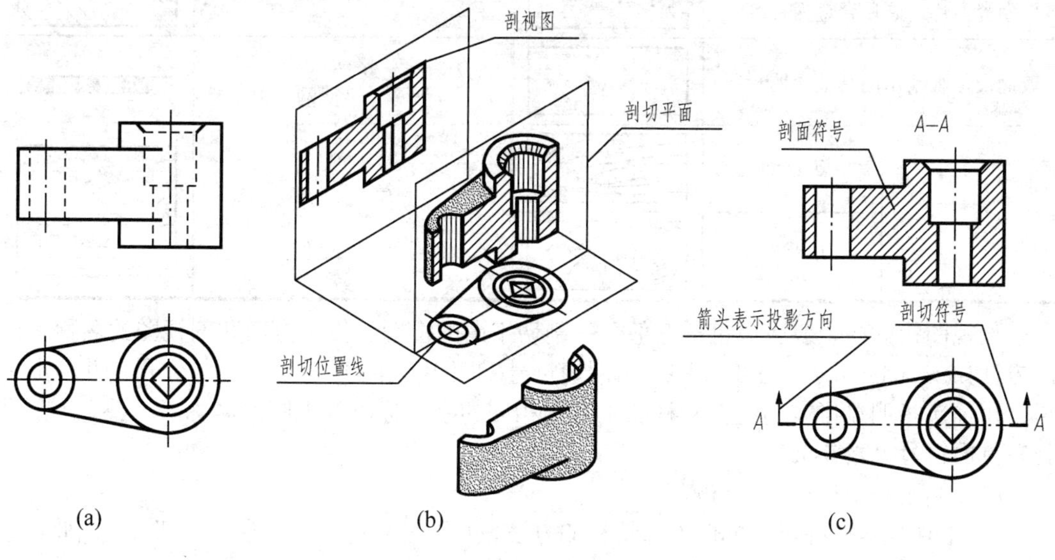

(a) (b) (c)

图 5.32 剖视图的形成

(2) 剖视图的画法。

画剖视图时，首先要选择适当的剖切位置，使剖切平面尽量通过较多的内部结构(孔、槽等)的轴线或对称平面，并平行于选定的投影面。例如在图 5.32 中，以机件的前后对称平面为剖切平面。

其次，内外轮廓要画齐。机件剖开后，处在剖切平面之后的所有可见轮廓线都应画齐，不得遗漏。

最后要画上剖面符号。在剖视图中，凡是被剖切的部分应画上剖面符号。表 5-5 列出了常见的材料由国家标准《机械制图》规定的剖面符号。

金属材料的剖面符号应画成与水平方向成 45°的互相平行、间隔均匀的细实线。同一机件各个视图的剖面符号应相同。但是当图形的主要轮廓线与水平方向成 45°或接近 45°时，该图剖面线应画成与水平方向成 30°或 60°角，其倾斜方向仍应与其他视图的剖面线一致。

(3) 剖视图的标注。

表 5-5　常用材料剖面符号

材　料		剖面符号	材　料	剖面符号
金属材料 (已有规定剖面符号者除外)			胶合板 (不分层数)	
线圈绕组元件			基础周围的混土	
转子、电枢、变压器和电抗器等的迭钢片			混凝土	
非金属材料 (已有规定剖面符号者除外)			钢筋混凝土	
型砂、填砂、粉末冶金、砂轮、陶瓷刀片、硬质合金刀片等			砖	
玻璃及供观察用的其他透明材料			格网 (筛网、过滤网等)	
木材	纵剖面		液体	
	横剖面			

剖视图的标注一般应该包括三部分：剖切平面的位置、投影方向和剖视图的名称。标注方法如图 5.33 所示，在剖视图中用剖切符号(即粗短线)标明剖切平面的位置，并写上字母；用箭头指明投影方向；在剖视图上方用相同的字母标出剖视图的名称“×-×”。常见材料剖面符号见表 5-5。

(4) 画剖视图应注意的问题。

① 剖视只是一种表达机件内部结构的方法，并不是真正剖开和拿走一部分。因此，除剖视图以外，其他视图要按原来形状画出。

② 剖视图中一般不画虚线，但如果画少量虚线可以减少视图数量，而又不影响剖视图的清晰，也可以画出这种虚线。

③ 机件剖开后，凡是看得见的轮廓线都应画出，不能遗漏。要仔细分析剖切平面后面的结构形状，分析有关视图的投影特点，以免画错。图 5.33 所示是剖面形状相同，但剖切平面后面的结构不同的 3 块底板的剖视图的例子，要注意区别它们不同之点在什么地方。

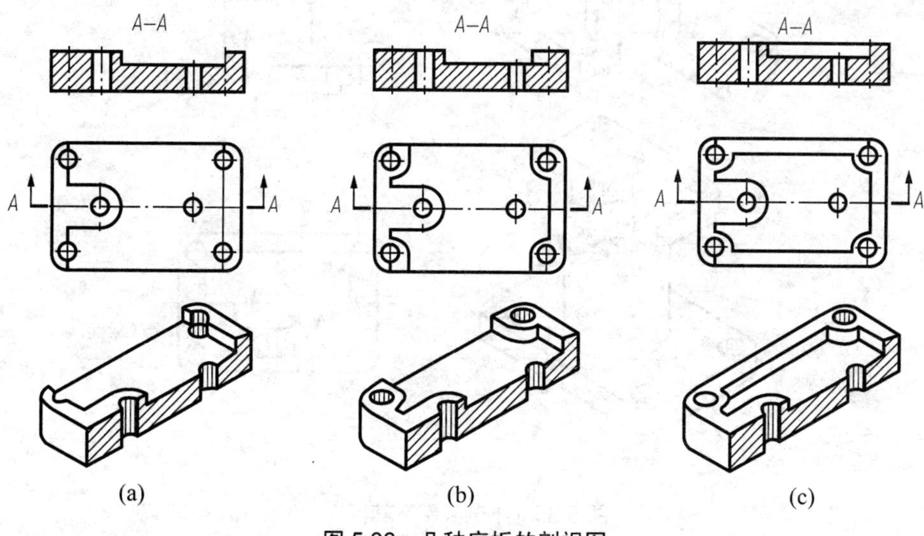

图 5.33　几种底板的剖视图

2. 剖视图的种类

(1) 全剖视图。

用剖切平面(一个或几个)完全地剖开机件所得的剖视图称为全剖视图。全剖视图适用于机件外形比较简单，而内部结构比较复杂，图形又不对称的情况。

如果单一剖切平面通过机件的对称平面或基本对称平面，且剖视图按投影关系配置，中间又没有其他图形隔开，可省略标注，如图 5.34 所示。

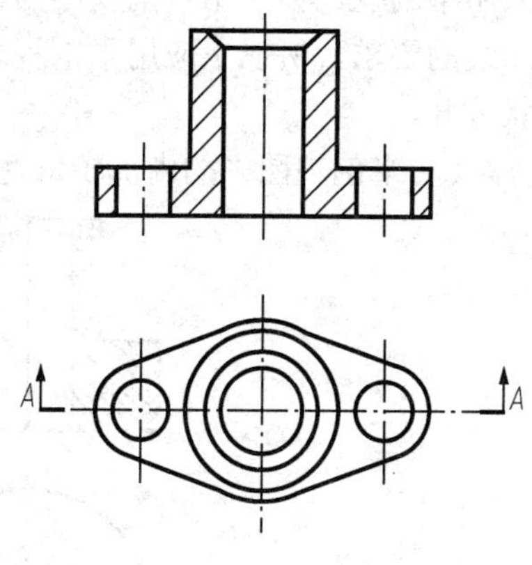

图 5.34　全剖视图

(2) 半剖视图。

当机件具有对称平面时，以对称中心线为界，一半画剖视图，另一半画视图合并组成的图形称为半剖视图。

半剖视图既充分地表达了机件的内部结构，又保留了机件的外部形状，因此它具有内外兼顾的特点。半剖视图适宜于表达对称的或基本对称的机件。

半剖视图的标注方法与全剖视图相同。例如图 5.35(a)所示的机件为左右对称，图 5.35(b)中主视图所采用的剖切平面通过机件的前后对称平面，所以不需要标注；而俯视图所采用的剖切平面并非通过机件的对称平面，所以必须标出剖切位置和名称，但箭头可以省略。

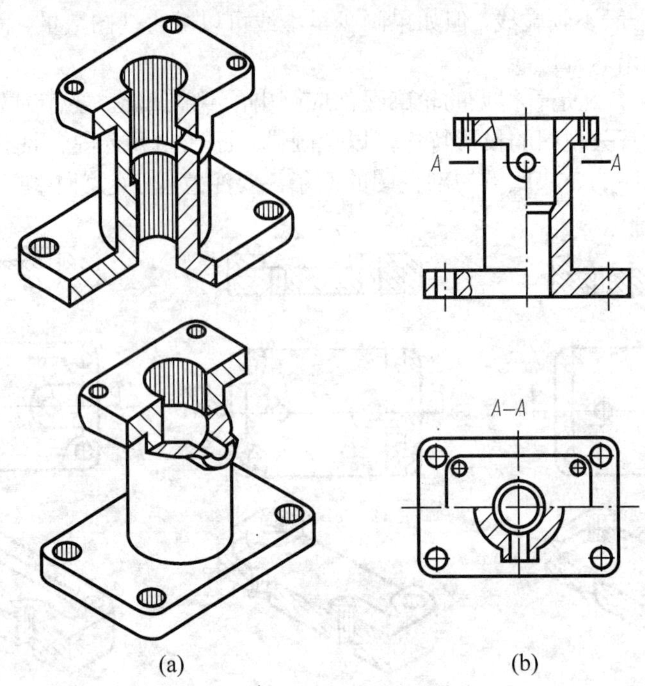

图 5.35　半剖视图及其标注

画半剖视图时应注意以下几点。

① 具有对称平面的机件，在垂直于对称平面的投影面上，才宜采用半剖视。当机件的形状接近于对称，而不对称部分已另有视图表达时，也可以采用半剖视。

② 半个剖视和半个视图必须以细点画线为界。如果作为分界线的细点画线刚好和轮廓线重合，则应避免使用。例如图 5.36 所示的主视图，尽管图的内外形状都对称，似乎可以采用半剖视，但采用半剖视图后，其分界线恰好和内轮廓线相重合，不满足分界线是细点画线的要求，所以不应用半剖视表达，而宜采取局部剖视表达，并且用波浪线将内、外形状分开。

③ 半剖视图中的内部轮廓在半个视图中不必再用虚线表示。

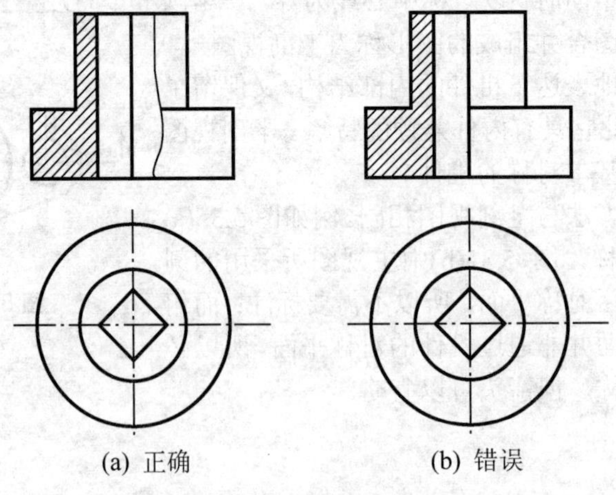

图 5.36　对称机件的局部剖视

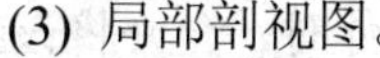

(3) 局部剖视图。

将机件局部剖开后进行投影得到的剖视图称为局部剖视图。局部剖视图也是在同一视图上同时表达内外形状的方法，并且用波浪线作为剖视图与视图的界线。图 5.37 的主视图和左视图均采用了局部剖视图。

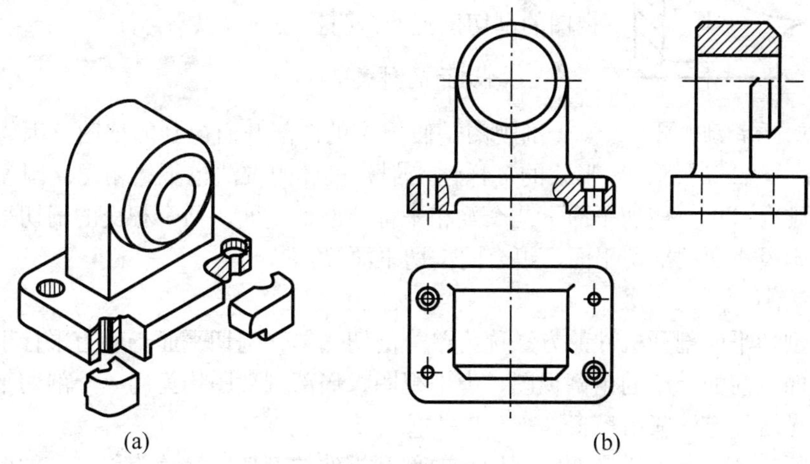

图 5.37 局部剖视图

从上例可知，局部剖视是一种比较灵活的表达方法，剖切范围根据实际需要决定。但使用时要考虑到看图方便，剖切不要过于零碎。它常用于下列两种情况。

① 机件只有局部内形要表达，而又不必或不宜采用全剖视图时。

② 不对称机件需要同时表达其内、外形状时，宜采用局部剖视图。

表示视图与剖视范围的波浪线可看作机件断裂痕迹的投影，波浪线的画法应注意以下几点。

① 波浪线不能超出图形轮廓线，如图 5.38(a)所示。

② 波浪线不能穿孔而过，如遇到孔、槽等结构时，波浪线必须断开，如图 5.38(a)所示。

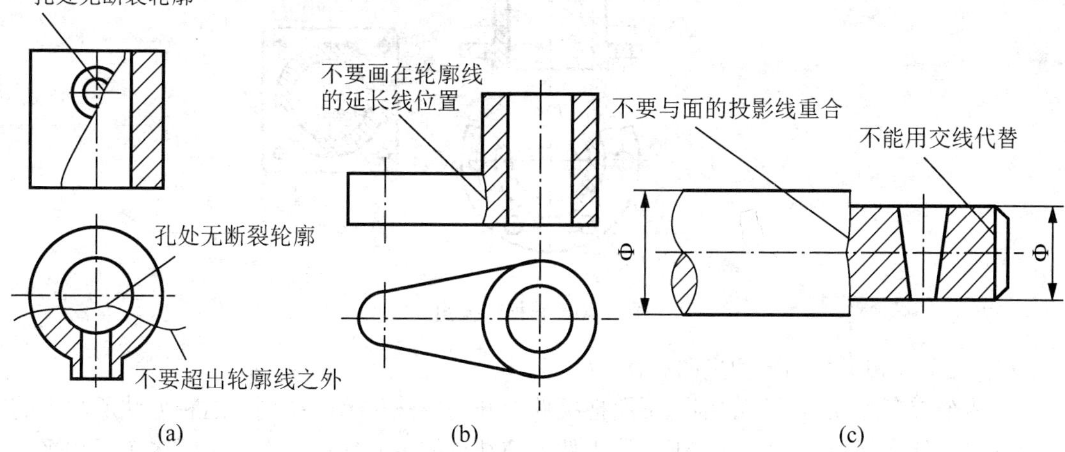

图 5.38 局部剖视图的波浪线的画法

③ 波浪线不能与图形中任何图线重合，也不能用其他线代替或画在其他线的延长线上，如图 5.38(b)、(c)所示。

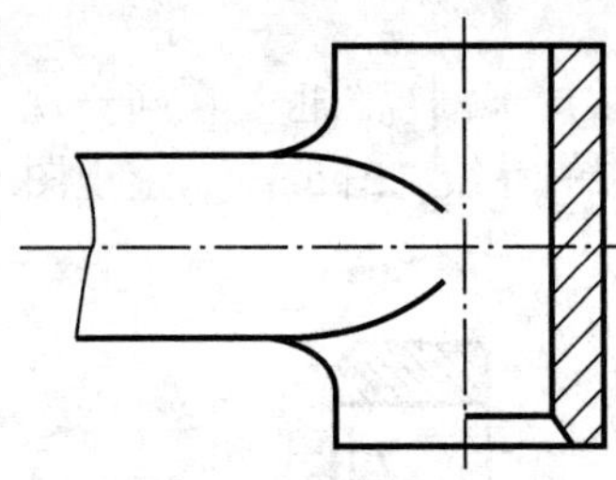

图 5.39　拉杆局部剖视图

④ 当被剖切部位的局部结构为回转体时，允许将该结构的中心线作为局部剖视图与视图的分界线。例如图 5.39 所示的拉杆的局部剖视图。

局部剖视图的标注方法和全剖视图相同。但如果局部剖视图的剖切位置非常明显，则可以不标注。

3. 剖切面的种类

剖视图是假想将机件剖开而得到的视图，因为机件内部形状的多样性，剖开机件的方法也不尽相同。国家标准《机械制图》规定有：单一剖切平面、几个互相平行的剖切平面、两个相交的剖切平面、不平行于任何基本投影面的剖切平面、组合的剖切平面等。

(1) 单一剖切平面。

用一个剖切平面剖开机件的方法称为单一剖切。单一剖切平面一般为平行于基本投影面的剖切平面。前面介绍的全剖视图、半剖视图、局部剖视图均为用单一剖切平面剖切而得到的，可见这种方法应用最多。

用不平行于任何基本投影面的剖切平面剖开机件的剖切方法称为斜剖，如图 5.40*A*-*A* 所示。斜剖视图一般应画在箭头所指的方向，并保持投影关系，在不致引起误解时，允许将倾斜图形旋转，但应在图形上方加注旋转符号。这种斜剖也属于单一剖切平面的一种。

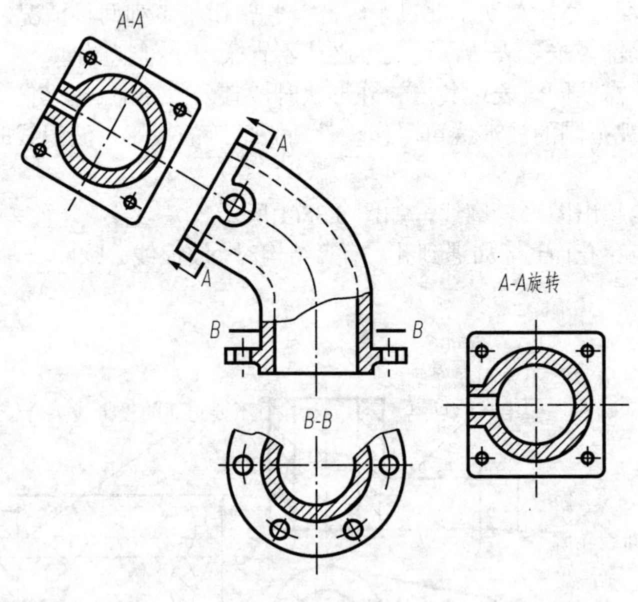

图 5.40　斜视剖视图

(2) 几个互相平行的剖切平面。

用两个或多个互相平行的剖切平面把机件剖开的方法称为阶梯剖，这种方法所画出的剖视图称为阶梯剖视图。它适宜于表达机件内部结构的中心线排列在两个或多个互相平行的平面内的情况。

如图 5.41 所示机件，内部结构(小孔和沉孔)的中心位于两个平行的平面内，不能用单一剖切平面剖开，而是采用 3 个互相平行的剖切平面将其剖开，主视图即为采用阶梯剖方法得到的全剖视图，如图 5.41 所示。

画阶梯剖视时，应注意下列几点。

① 为了表达孔、槽等内部结构的实形，几个剖切平面应同时平行于同一个基本投影面。

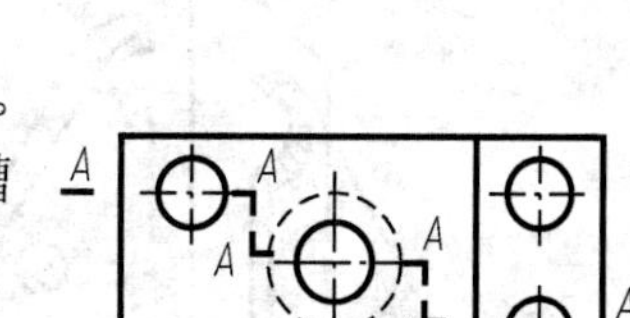

图 5.41　阶梯剖视图

② 两个剖切平面的转折处不能划分界线，如图 5.42(a)所示。同时，要选择一个恰当的位置，使之在剖视图上不致出现孔、槽等结构的不完整投影。

③ 剖切符号不得与图形中的任何轮廓线重合，如图 5.42(b)所示。

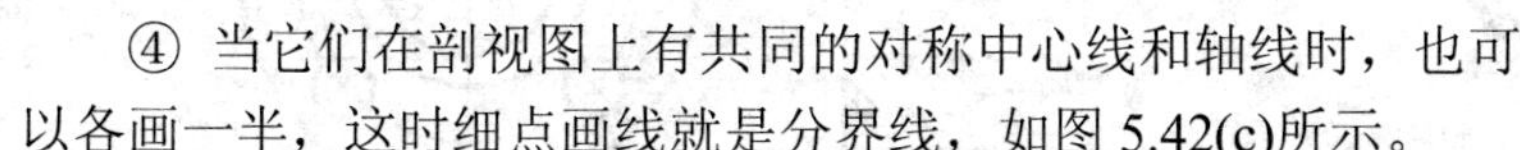

④ 当它们在剖视图上有共同的对称中心线和轴线时，也可以各画一半，这时细点画线就是分界线，如图 5.42(c)所示。

⑤ 阶梯剖视必须标注，标注方法如图 5.42(a)所示。在剖切平面迹线的起始、转折和终止的地方，用剖切符号(即粗短线)表示它的位置，并写上相同的字母；在剖切符号两端用箭头表示投影方向(如果剖视图按投影关系配置，中间又无其他图形隔开，可省略箭头)；在剖视图上方用相同的字母标出名称“×-×”。

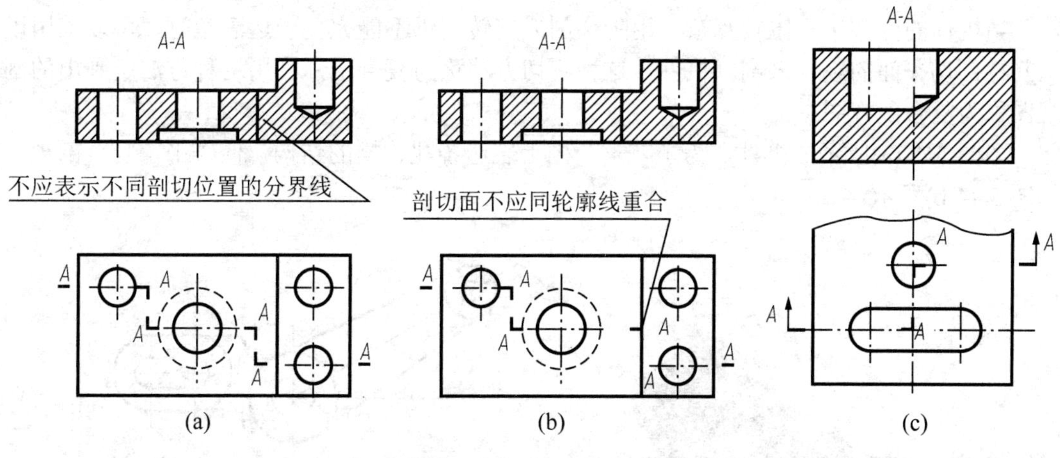

图 5.42　阶梯剖视图示例

(3) 两个相交的剖切平面。

用两个相交的剖切平面(交线垂直于某一基本投影面)剖开机件的方法称为旋转剖，用这种剖切方法所画出的剖视图称为旋转剖视图。采用这种方法画剖视图时，先假想按剖切位置剖开机件，然后将被剖切平面剖开的倾斜部分结构及其有关部分，绕回转中心(旋转轴)旋转到与选定的基本投影面平行后再投影。

如图 5.43 所示的法兰盘，它中间的大圆孔和均匀分布在四周的小圆孔都需要剖开表示，如果用相交于法兰盘轴线的侧平面和正垂面去剖切，并将位于正垂面上的剖切面绕轴线旋转到和侧面平行的位置，这样画出的剖视图就是旋转剖视图。可见，旋转剖适用于有回转轴线的机件，而轴线恰好是两剖切平面的交线。并且两剖切平面一个为投影面平行面，一个为投影面垂直面，图 5.43(b)所示是法兰盘旋转剖视图。

画旋转剖视图时应注意以下两点。

① 倾斜的平面必须旋转到与选定的基本投影面平行，以使投影能够表达实形。但剖切

平面后面的结构，一般应按原来的位置画出它的投影。

② 旋转剖视图必须标注，标注方法与阶梯剖视相同，如图 5.43(b)所示。

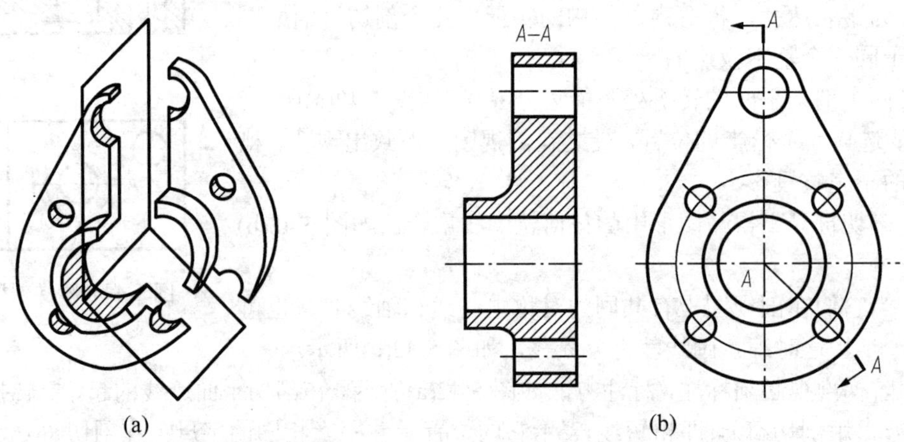

图 5.43　法兰盘的旋转剖视图

(4) 组合的剖切平面。

当机件的内部结构比较复杂，用阶梯剖或旋转剖仍不能完全表达清楚时，可以采用以上几种剖切平面的组合来剖开机件，这种剖切方法称为复合剖，利用这种方法所画出的剖视图称为复合剖视图。

如图 5.44(a)所示的机件，为了在一个图上表达各孔、槽的结构，便采用了复合剖视，如图 5.44(b)所示。

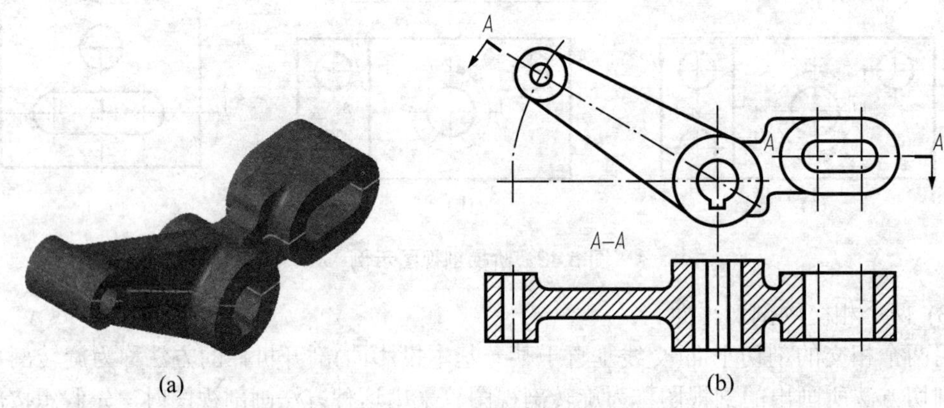

图 5.44　机件的复合剖视图

5.3.3　断面图

1. 断面图的基本概念

假想用剖切平面将机件在某处切断，只画出切断面形状的投影并画上规定的剖面符号的图形称为断面图，如图 5.45 所示。

2. 断面图的分类

断面图分为移出断面图和重合断面图两种。

(1) 移出断面图。

移出断面图画在视图之外，规定轮廓线用粗实线绘制。图5.46所示的断面即为移出断面。

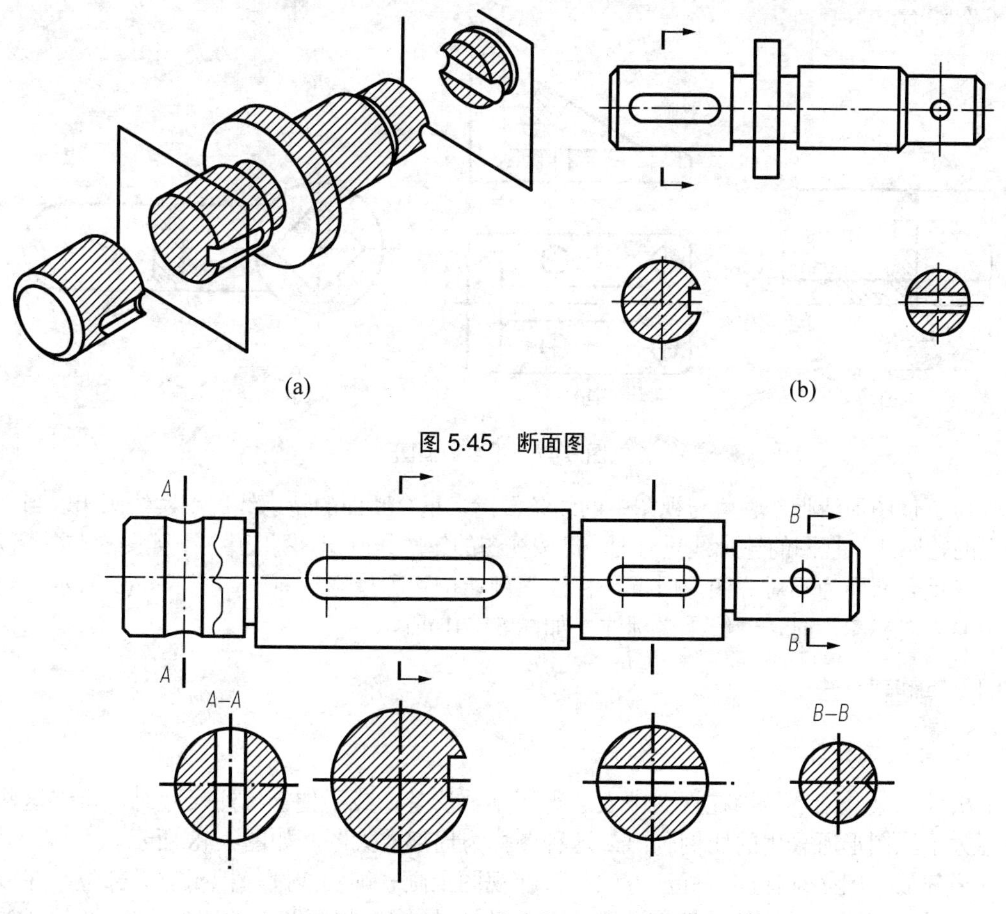

图5.45 断面图

图5.46 移出断面图

画法要点如下。

① 移出断面的轮廓线用粗实线画出，断面上画出剖面符号。移出断面应尽量配置在剖切平面的延长线上，必要时也可以画在图纸的适当位置。

② 当剖切平面通过由回转面形成的圆孔、圆锥坑等结构的轴线时，这些结构应按剖视画出，如图5.46所示。

③ 当剖切平面通过非回转面会导致出现完全分离的断面时，这样的结构也应按剖视画出，如图5.46所示。

标注时需要注意的事项如下。

① 当移出断面不画在剖切位置的延长线上时，如果该移出断面为不对称图形，必须标注剖切符号与带字母的箭头，以表示剖切位置与投影方向，并在断面图上方标出相应的名称“×-×”；如果该移出断面为对称图形，因为投影方向不影响断面形状，所以可以省略箭头。

② 当移出断面画在剖切位置的延长线上时，如果该移出断面为对称图形，只需用细点划线标明剖切位置，可以不标注剖切符号、箭头和字母；如果该移出断面为不对称图形，则必须标注剖切位置和箭头，但可以省略字母。

(2) 重合断面图。

断面图配置在剖切平面迹线处，并与原视图重合称重合断面图。图 5.47 所示的断面即为重合断面。

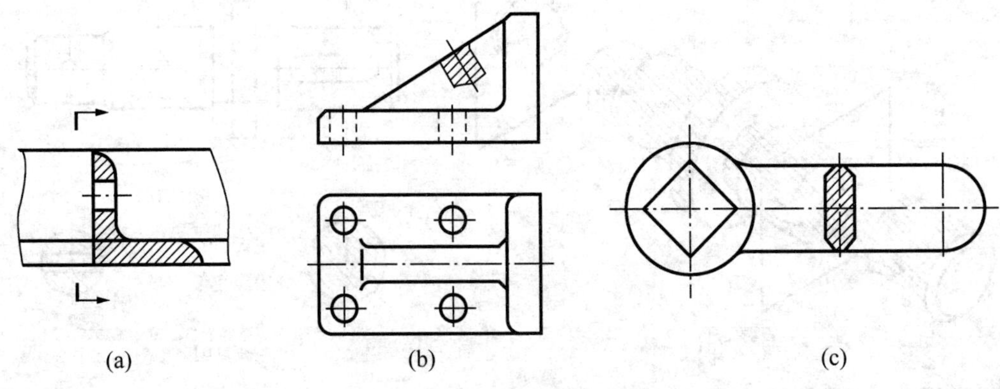

图 5.47　重合断面图

为了使图形清晰，避免与视图中的线条混淆，重合断面的轮廓线用细实线画出。当重合断面的轮廓线与视图的轮廓线重合时，仍按视图的轮廓线画出，不应中断，如图 5.47(a)所示。

当重合断面为不对称图形时，需标注其剖切位置和投影方向，如图 5.47(a)所示；当重合断面为对称图形时，一般不必标注，如图 5.47(b)所示。

5.3.4　其他表示法

1. 局部放大图

机件上某些细小结构在视图中表达得还不够清楚，或不便于标注尺寸时，可将这些部分用大于原图形所采用的比例画出，这种图称为局部放大图，如图 5.48 所示。

局部放大图必须标注，标注方法是：在视图上画一细实线圆，标明放大部位，在放大图的上方注明所用的比例，即图形大小与实物大小之比(与原图上的比例无关)，如果放大图不止一个，还要用罗马数字编号以示区别。

局部放大图可画成视图、剖视图、断面图，它与被放大部位的表达方法无关。局部放大图应尽量配置在被放大部位的附近。

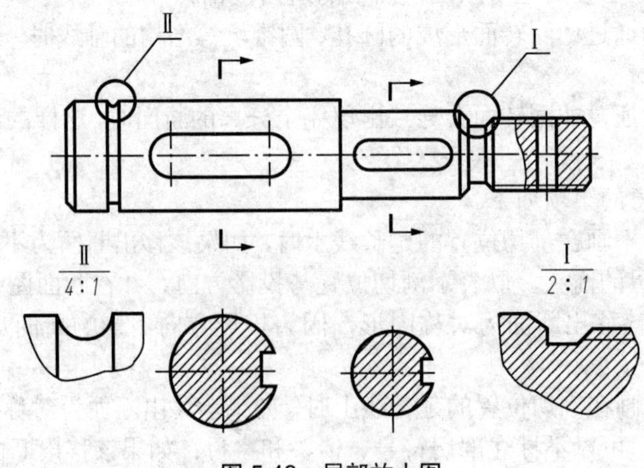

图 5.48　局部放大图

2. 有关肋板、轮辐等结构剖切规定画法

(1) 机件上的肋板、轮辐及薄壁等结构，如纵向剖切都不要画剖面符号，而且用粗实线将它们与其相邻结构分开，如果横向剖切，仍应画出剖面符号，如图 5.49 所示。

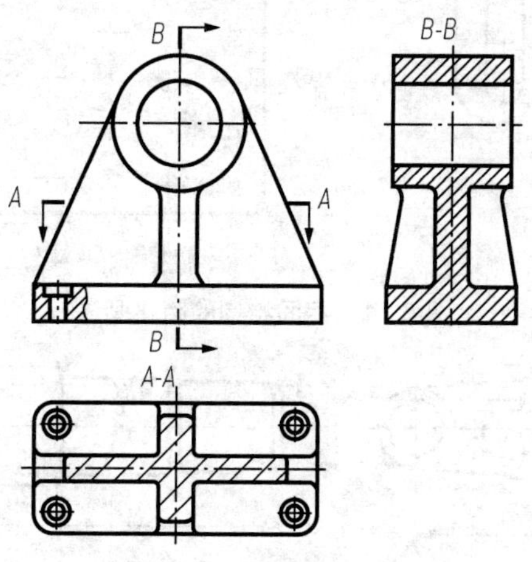

图 5.49　肋板的剖视画法

(2) 回转体上均匀分布的肋板、轮辐、孔等结构不处于剖切平面上时，可将这些结构假想旋转到剖切平面上画出，如图 5.50 所示。

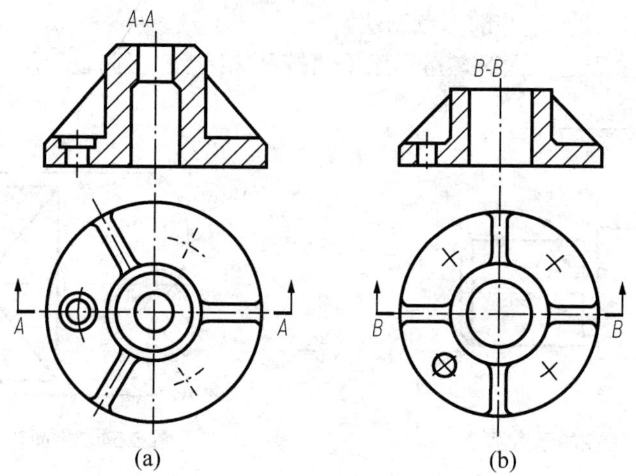

图 5.50　均匀分布的肋板、孔的剖切画法

3. 简化画法

(1) 相同结构的简化画法。

当机件上具有若干相同结构(齿、槽、孔等)，并按一定规律分布时，只需画出几个完整结构，其余用细实线相连或标明中心位置，并注明总数，如图 5.51 所示。

(2) 较长机件的折断画法。

较长的机件(轴、杆、型材等)沿长度方向的形状一致或按一定规律变化时，可断开缩短绘制，但必须按原来实长标注尺寸，如图 5.52 所示。

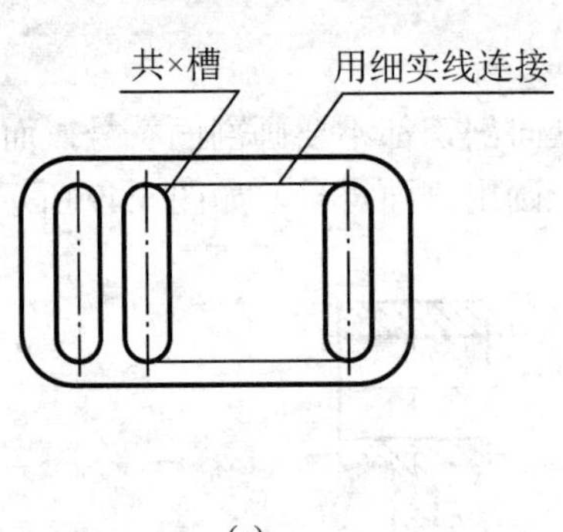

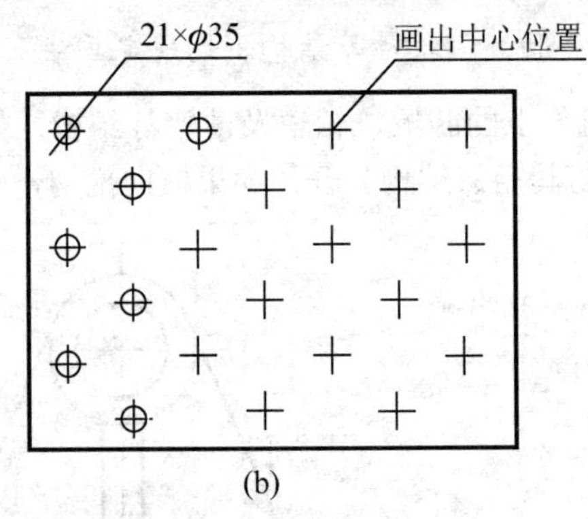

图 5.51　相同结构的简化画法

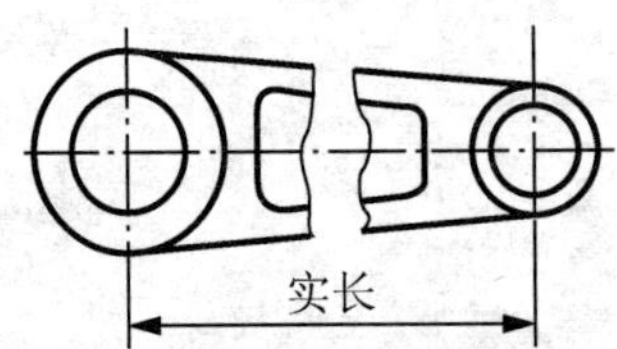

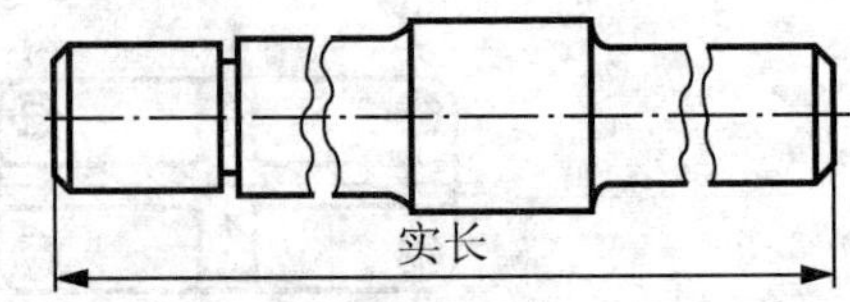

图 5.52　较长机件的折断画法

(3) 某些结构的示意画法。

网状物、编织物或机件上的滚花部分可在轮廓线附近用细实线示意画出，并标明其具体要求。图 5.53 所示即为滚花的示意画法。

当图形不能充分表达平面时，可以用平面符号(相交细实线)表示，如图 5.54 所示。

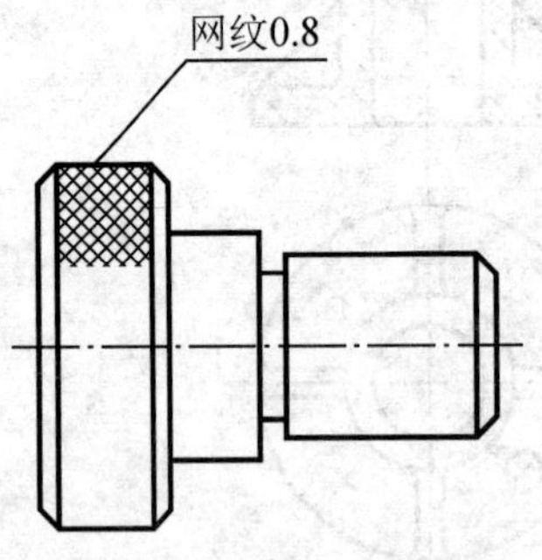

图 5.53　滚花的示意画法

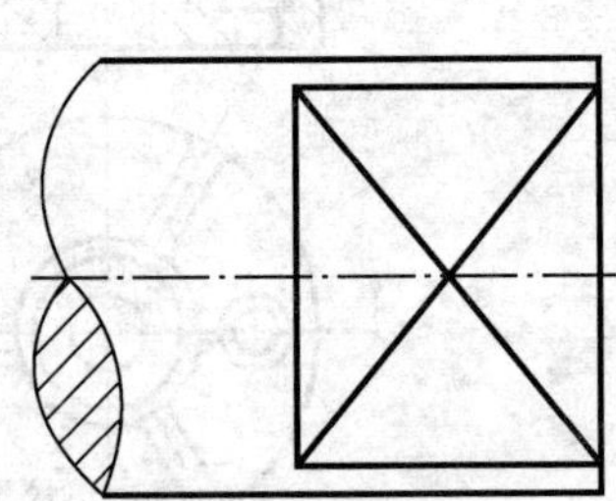

图 5.54　平面符号表示法

(4) 对称机件的简化画法。

在不致引起误解时，对于对称机件的视图可以只画一半或四分之一，并在对称中心线的两端画出两条与其垂直的平行细实线，如图 5.55 所示。

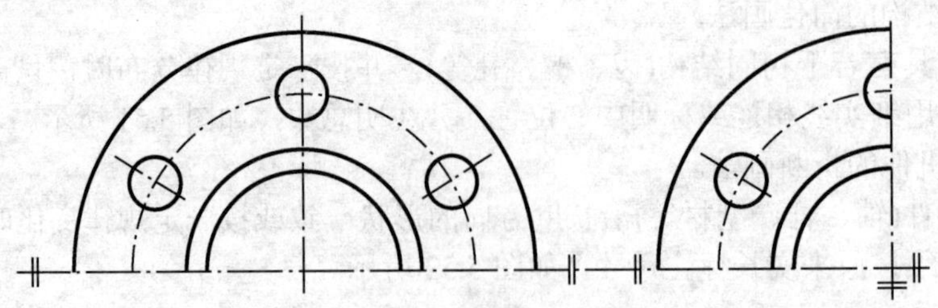

图 5.55　对称机件的简化画法

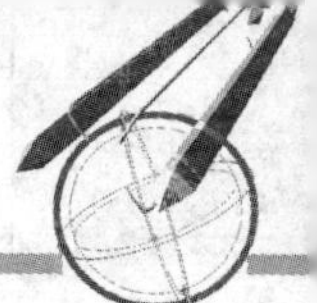

5.4 拓 展 训 练

5.4.1 拓展训练任务1

根据图5.56～图5.63所示零件三视图，分析零件的表达方法，根据表达方法分析得出零件的结构形状，想象出零件的空间三维实体结构。利用AutoCAD 2010软件，设置图层、尺寸标注样式及文字样式，利用CAD绘图工具分别抄画图5.56～图5.63所示零件的三视图，并标注尺寸。

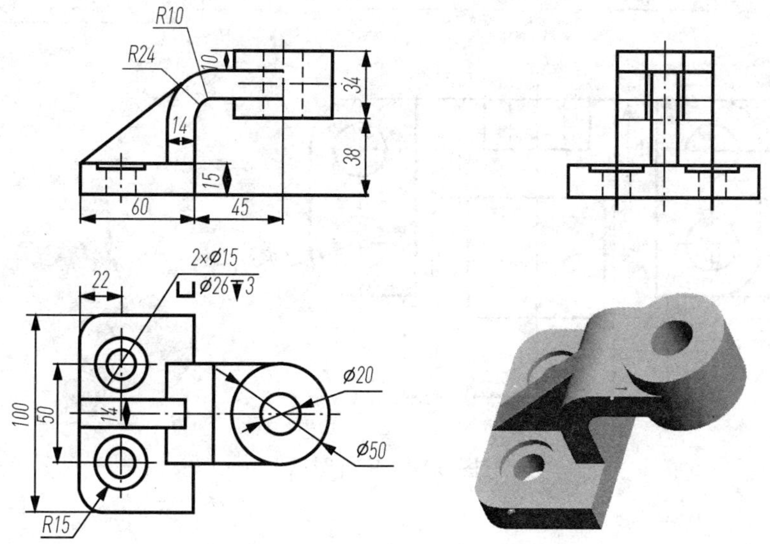

图5.56 零件图一

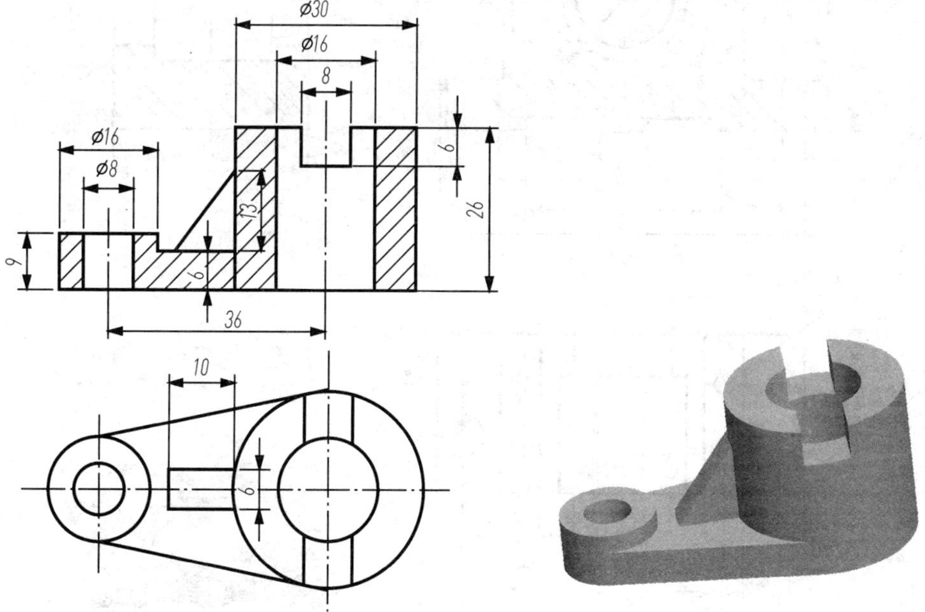

图5.57 零件图二

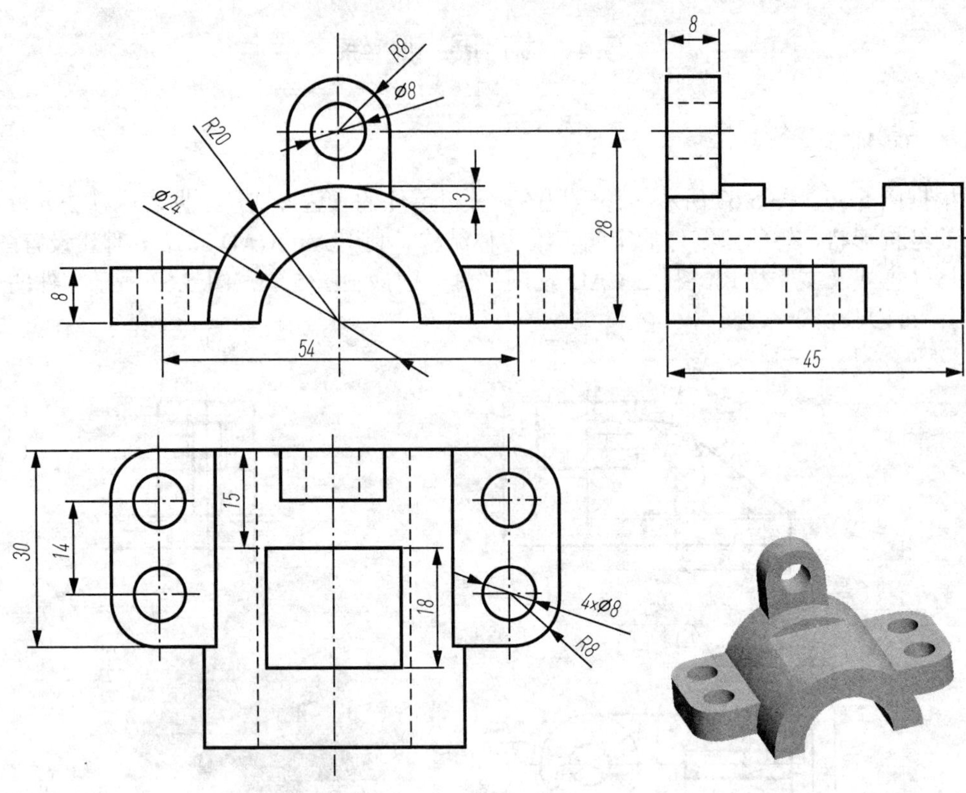

图 5.58　零件图三

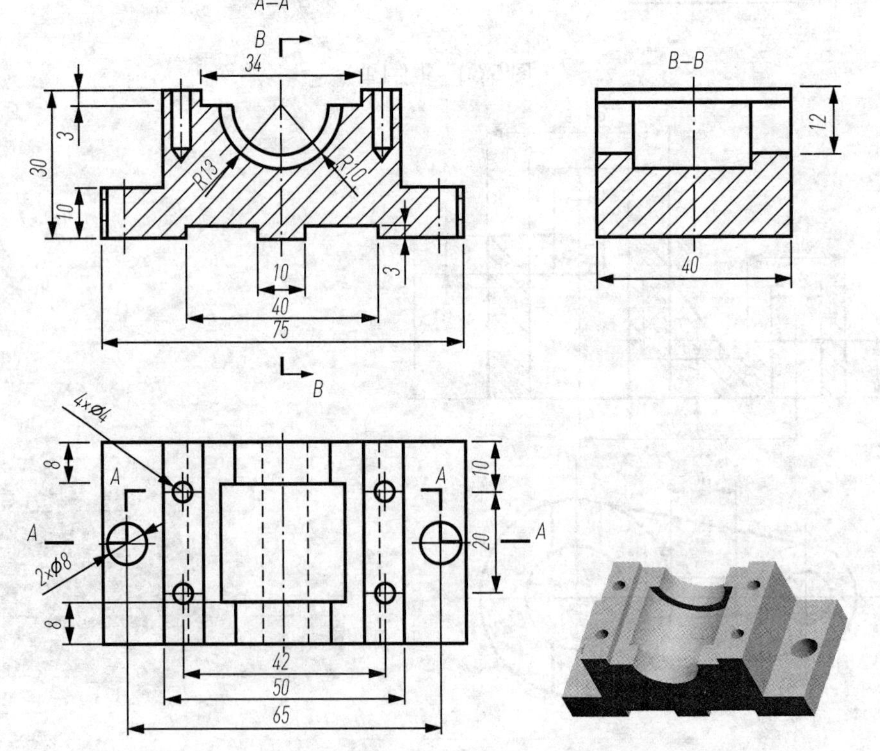

图 5.59　零件图四

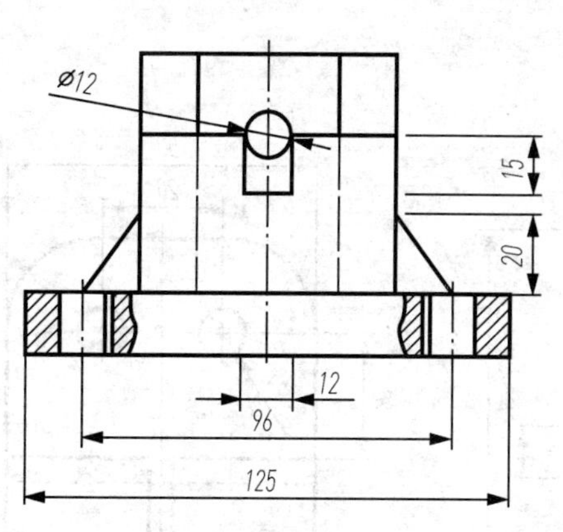

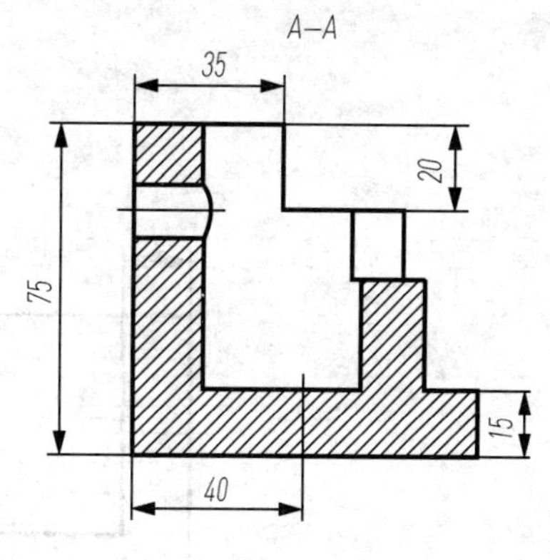

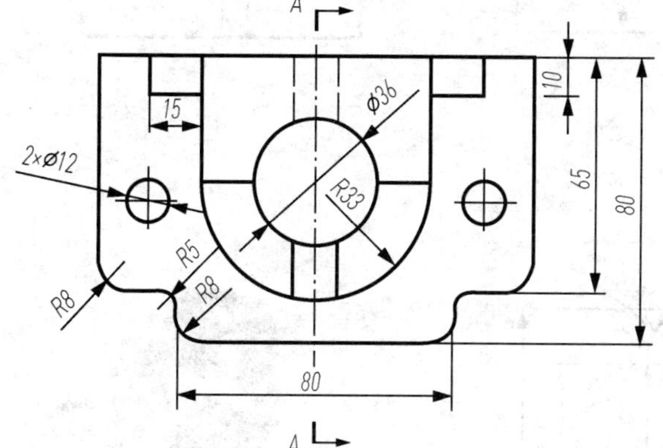

图 5.60　零件图五

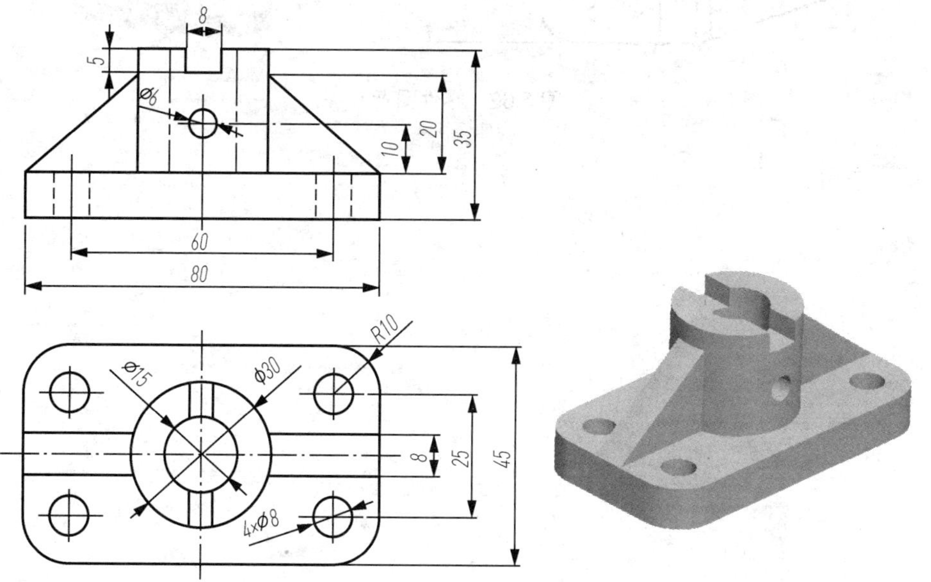

图 5.61　零件图六

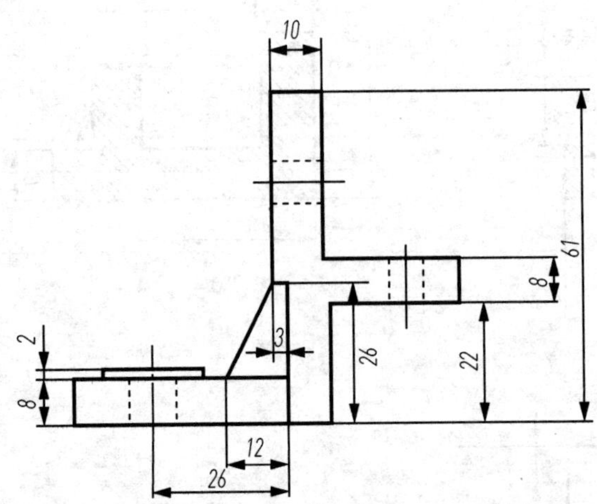
10
61
8
2
8
3
26
22
12
26

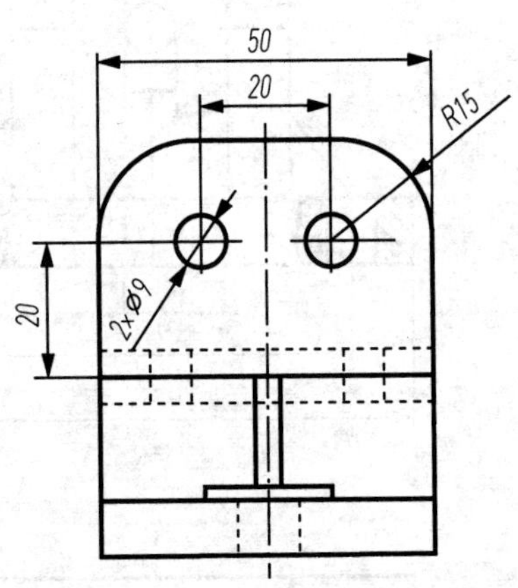
50
20
R15
20
2×Ø9

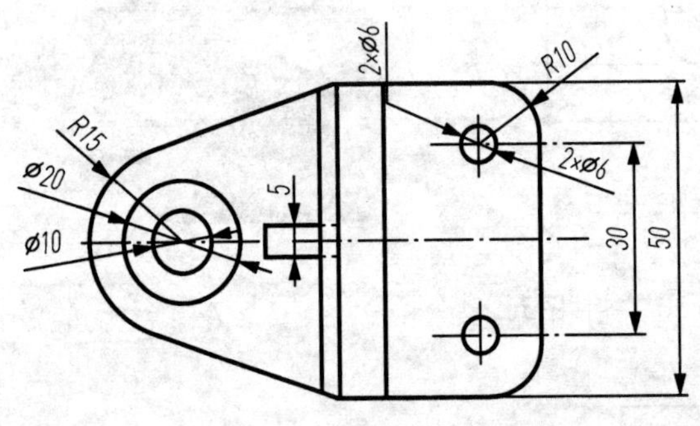
2×Ø6
R10
R15
Ø20
Ø10
5
2×Ø6
30
50

图 5.62　零件图七

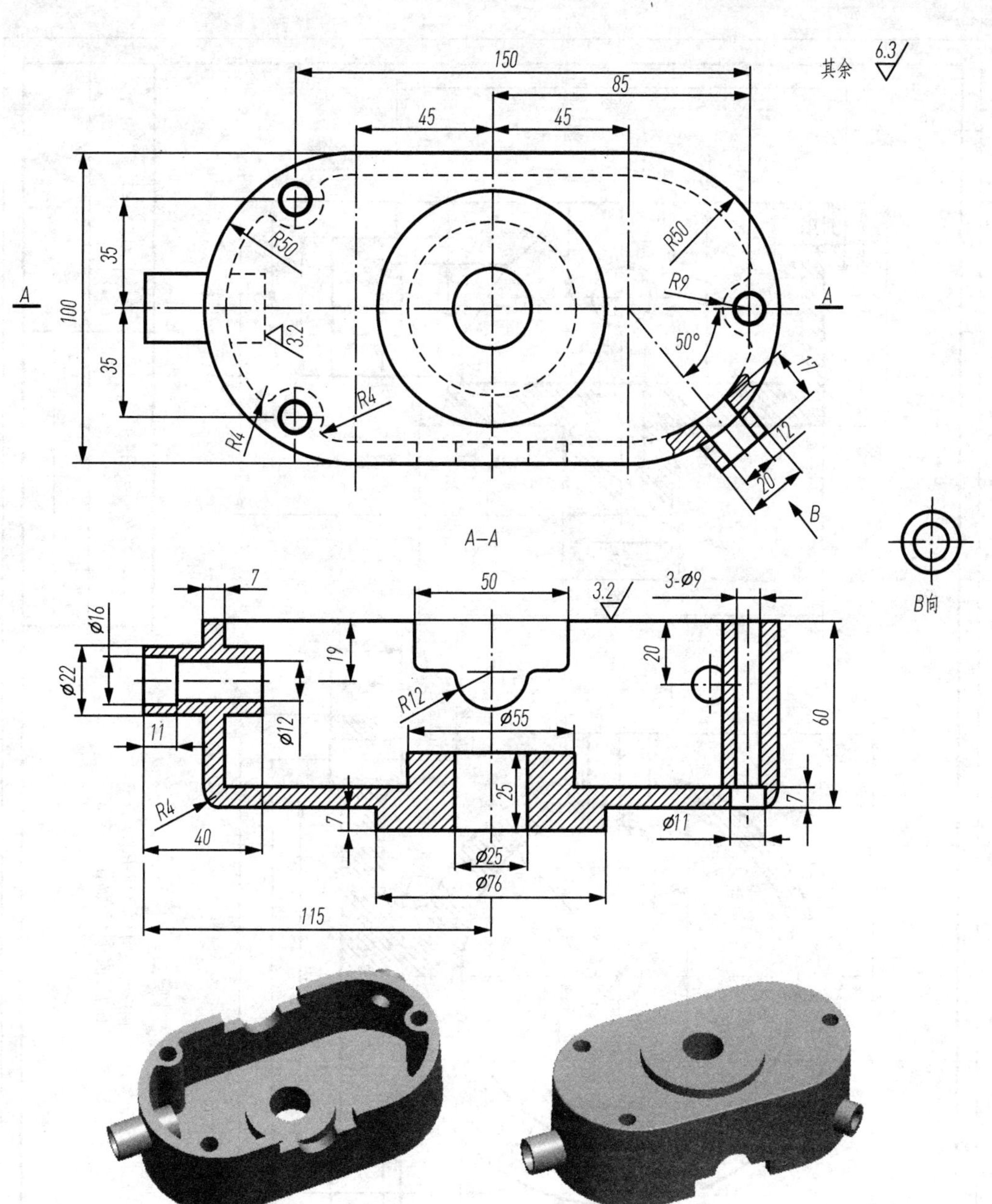

图 5.63 零件图八

5.4.2 拓展训练任务 2

根据下面图 5.64～图 5.85 所示 11 个零件图，分析各零件三视图的表达方法，根据表达方式分析得出零件的结构形状，想象出零件的空间三维实体结构。利用 AutoCAD 2012 软件，设置图层、尺寸标注样式及文字样式，并绘制 A3 图框和标题栏。利用 CAD 绘图工具抄画如图 5.64～图 5.85 所示的零件图形，并标注尺寸及形位公差等。把表面粗糙度代号定义成带有属性的图形块，用块的插入方法标注表面粗糙度代号，填写标题栏和技术要求等。

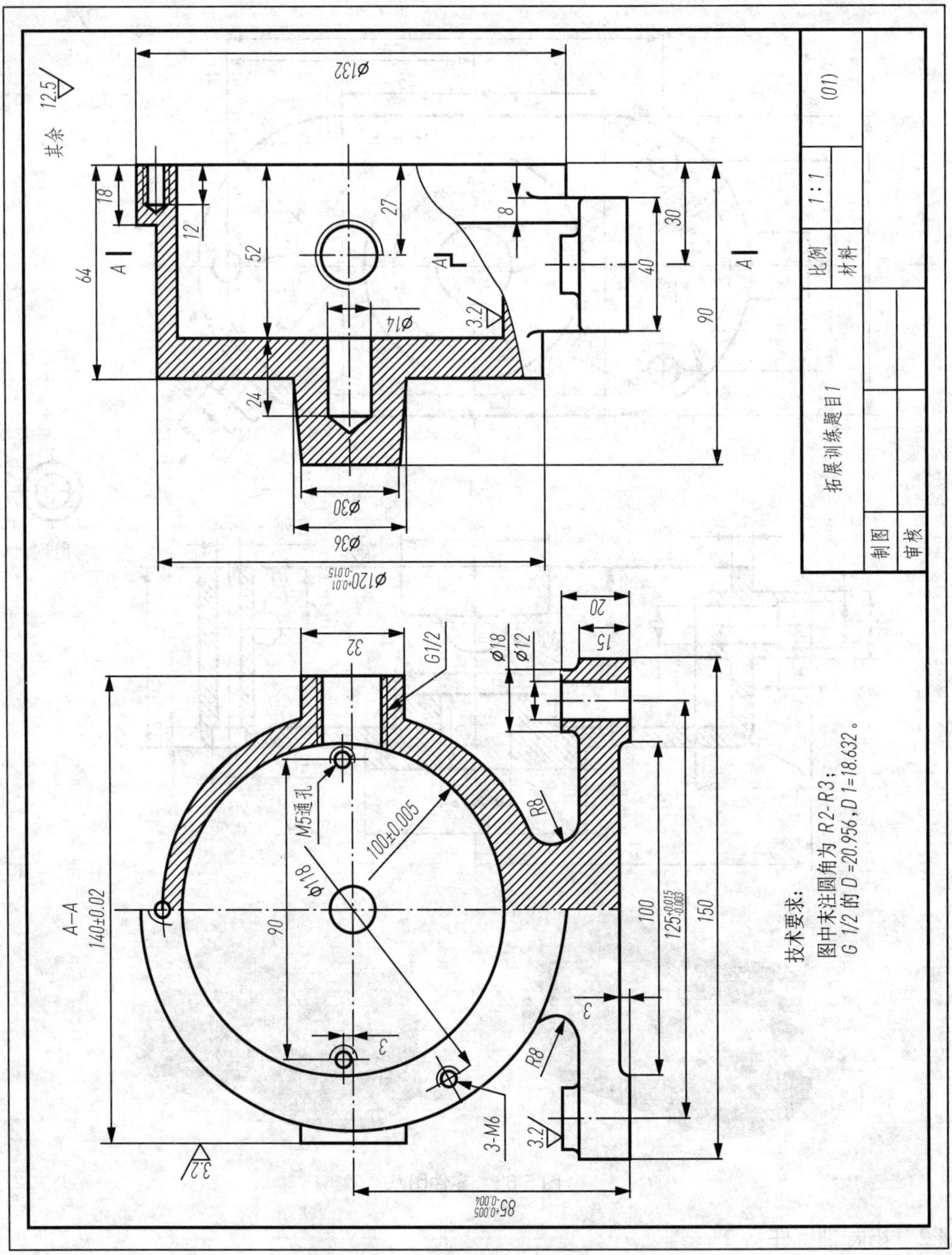

图 5.64　零件图训练图形一

图 5.65　零件图训练图形一的立体效果图

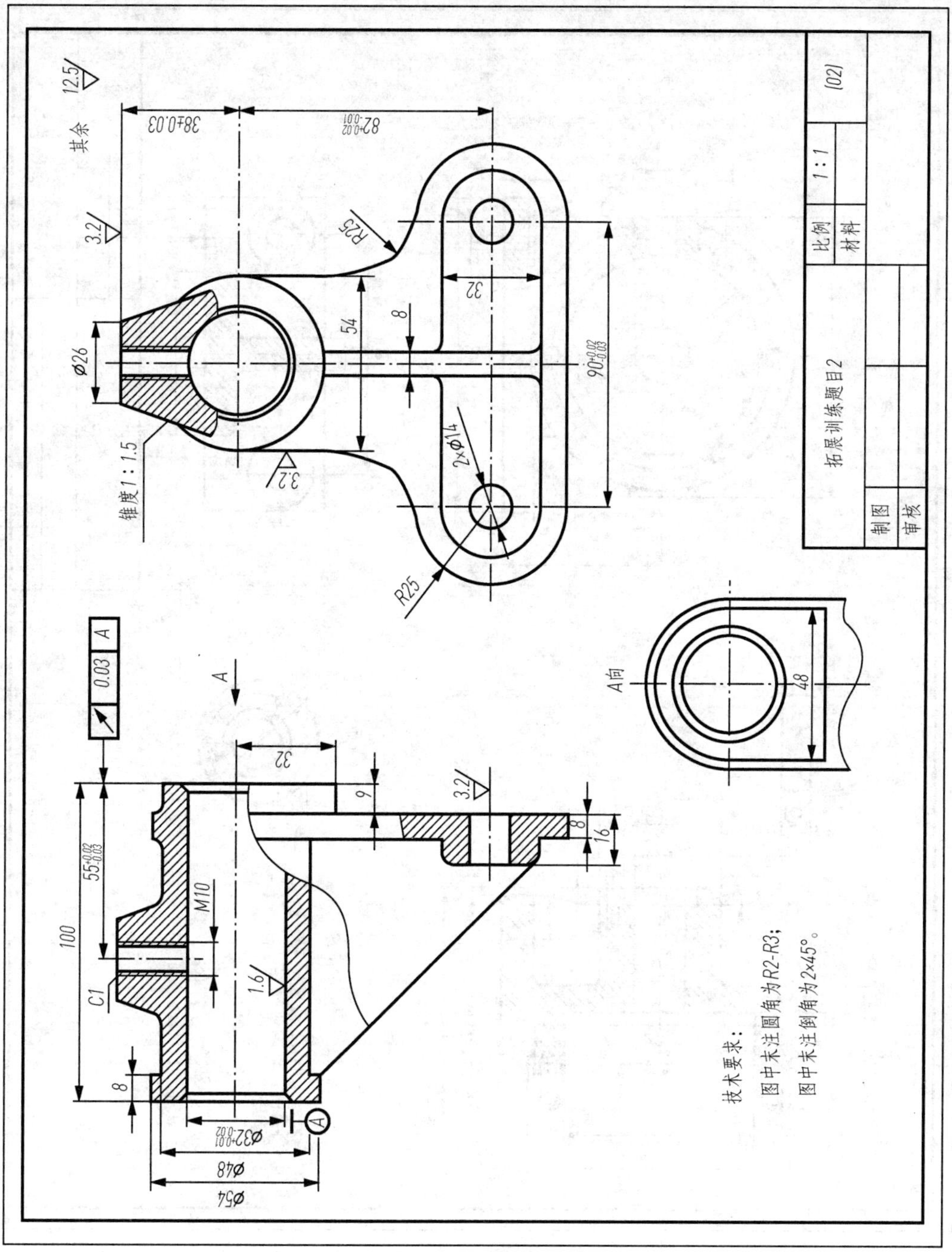

拓展训练题目2	比例	1:1	(02)
	材料		
制图			
审核			

技术要求：

图中未注圆角为R2-R3；

图中未注倒角为2×45°。

图 5.66 零件图训练图形二

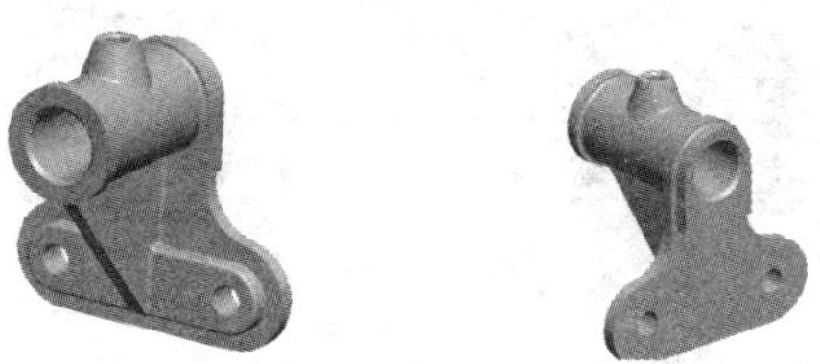

图 5.67 零件图训练图形二的立体效果图

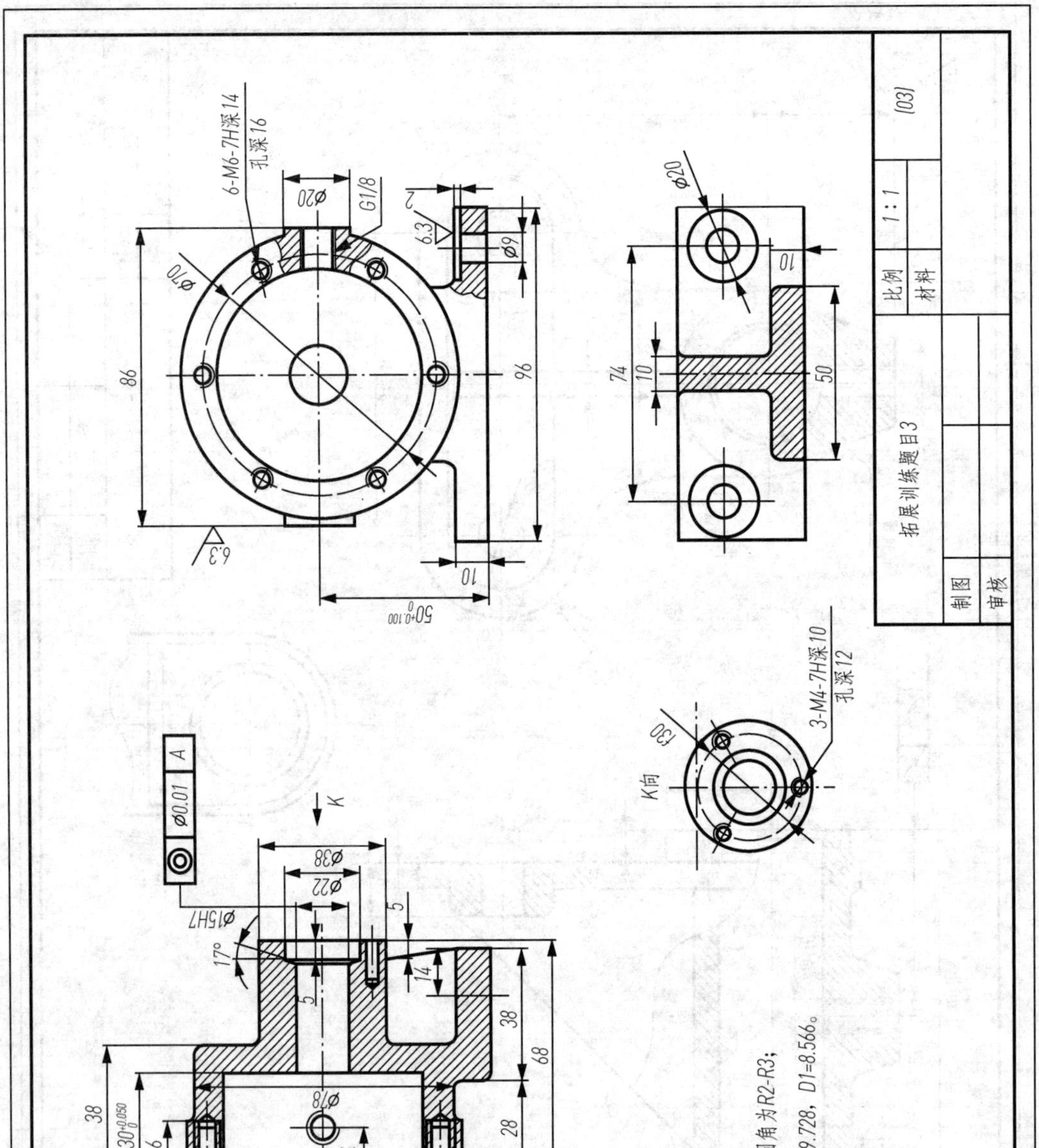

技术要求：

1.图中未注圆角为R2-R3；

2. G1/8的D=9.728，D1=8.566。

拓展训练题目3	比例	1:1	(03)
	材料		
制图			
审核			

图 5.68　零件图训练图形三

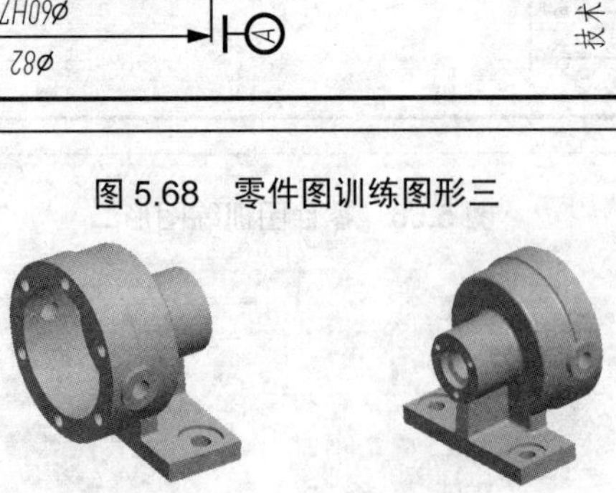

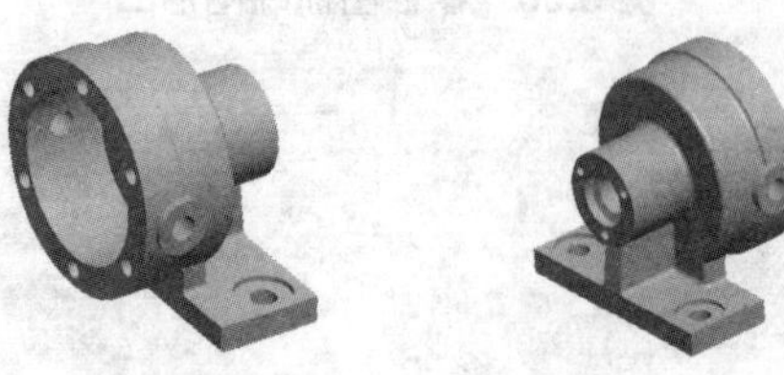

图 5.69　零件图训练图形三的立体效果图

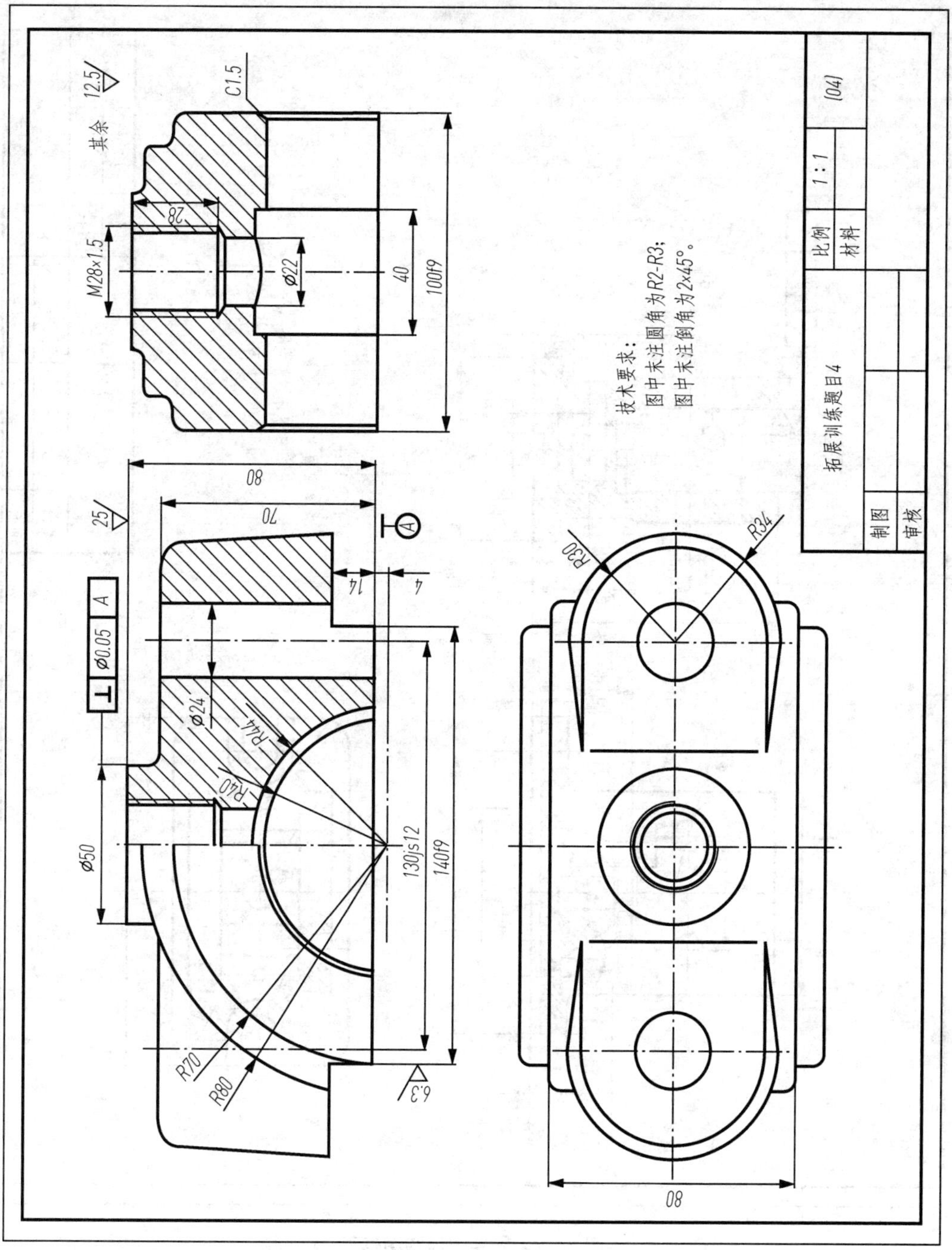

技术要求：
图中未注圆角为R2-R3；
图中未注倒角为2×45°。

拓展训练题目4	比例	1:1	(04)
	材料		
制图			
审核			

图 5.70　零件图训练图形四

图 5.71　零件图训练图形四的立体效果图

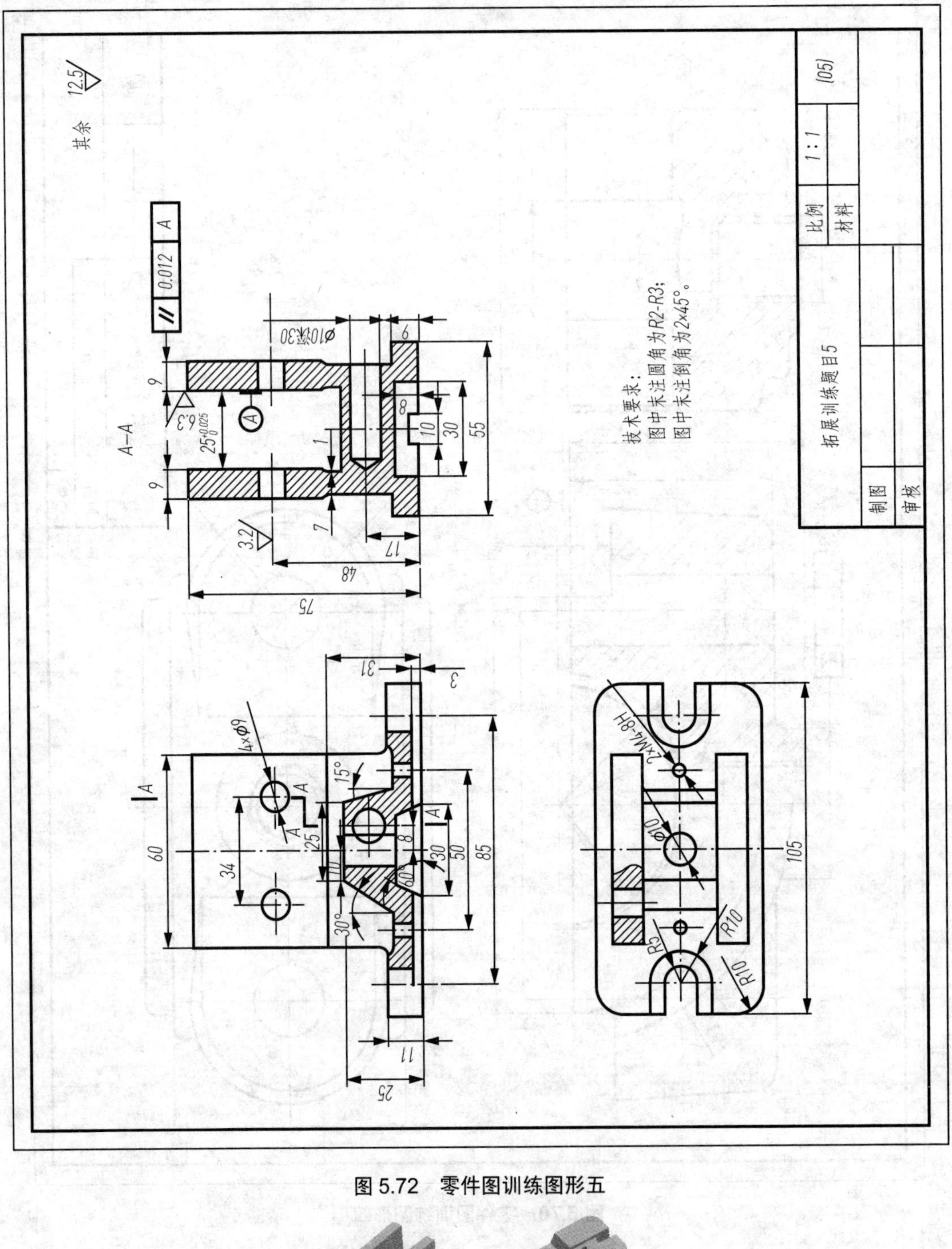

技术要求：
图中未注圆角为R2-R3；
图中未注倒角为2×45°。

拓展训练题目5	比例	1∶1	(05)
	材料		
制图			
审核			

图 5.72　零件图训练图形五

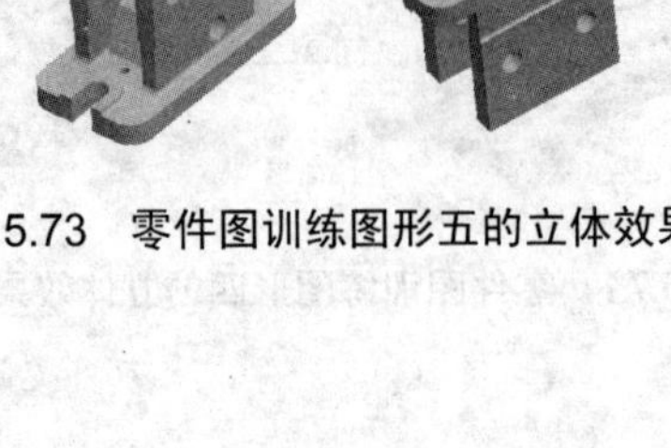

图 5.73　零件图训练图形五的立体效果图

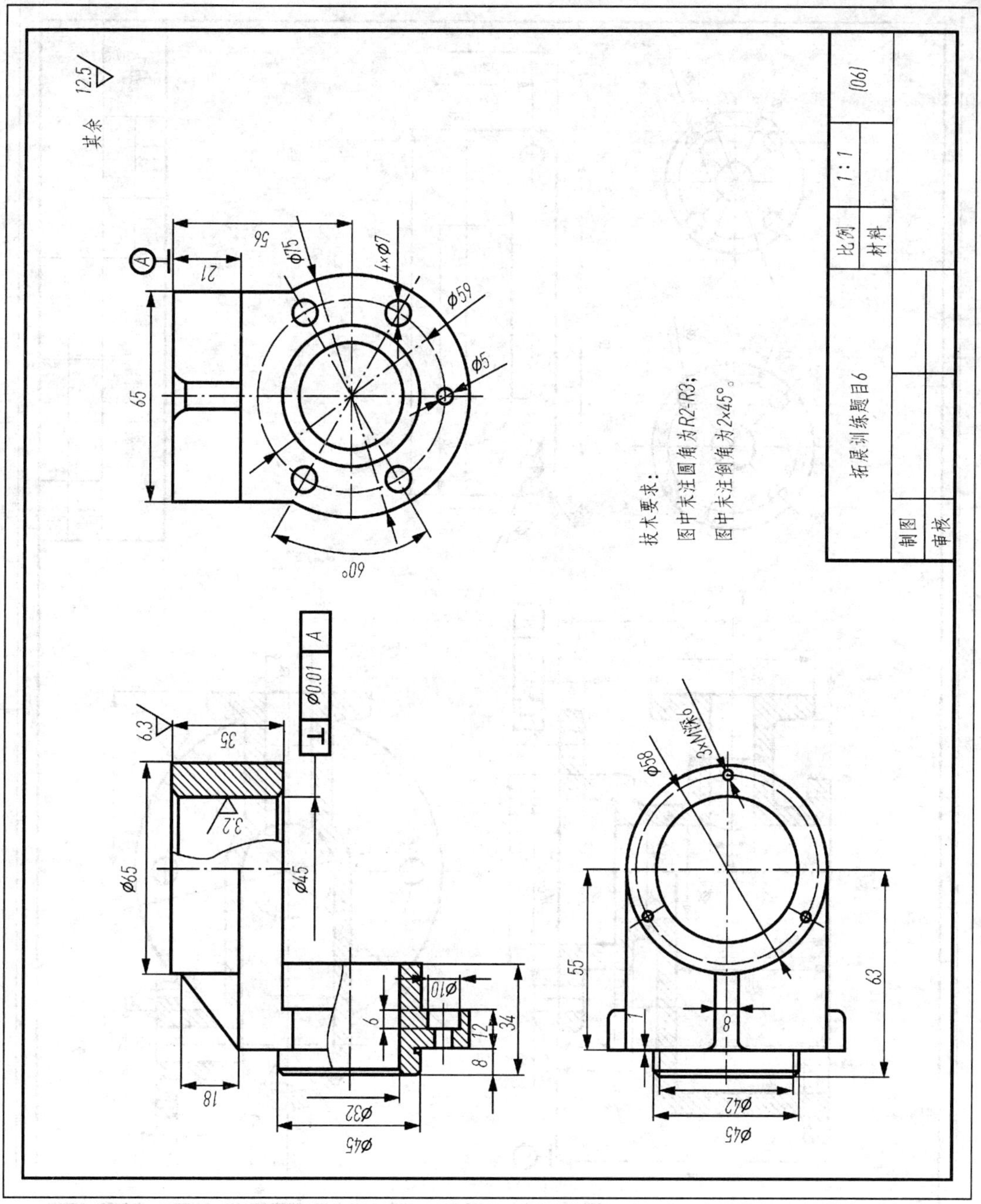

技术要求：

图中未注圆角为R2~R3；

图中未注倒角为2×45°。

拓展训练题目6	比例	1:1	(06)
	材料		
制图			
审核			

图 5.74　零件图训练图形六

图 5.75　零件图训练图形六的立体效果图

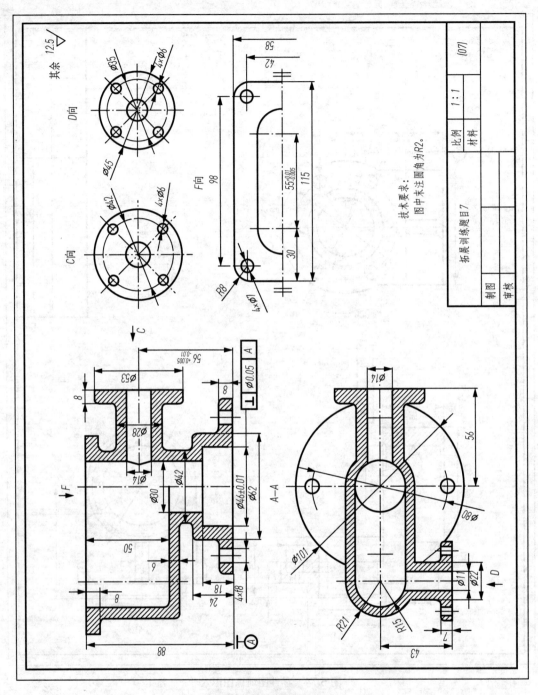

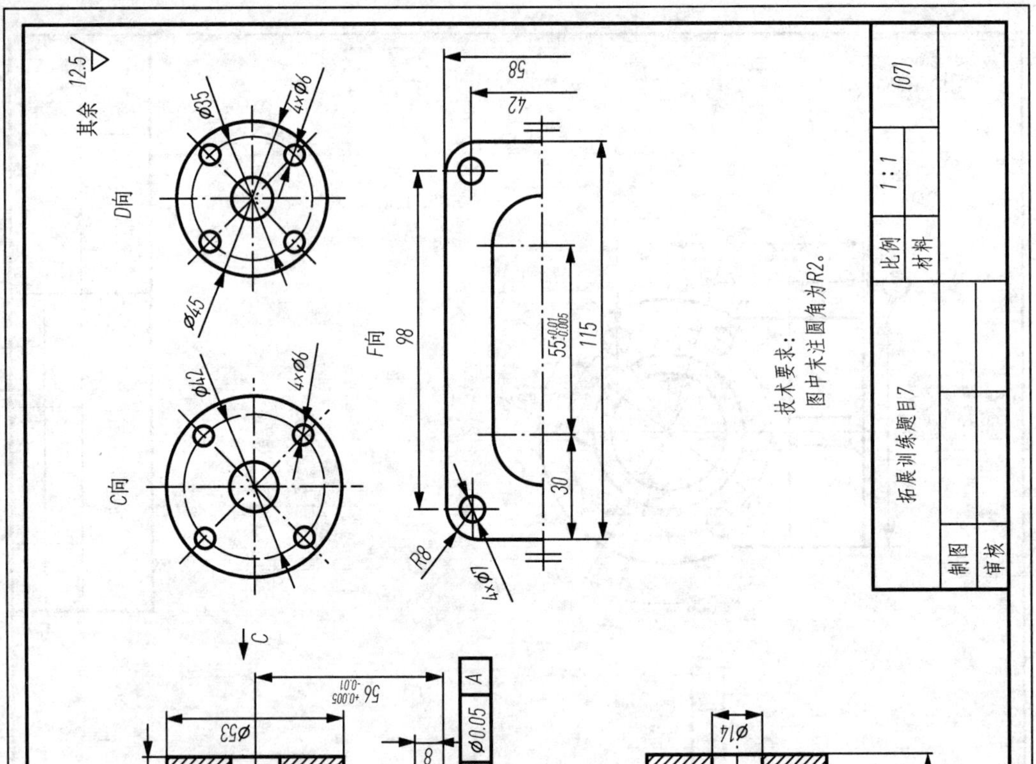

图 5.76 零件图训练图形七

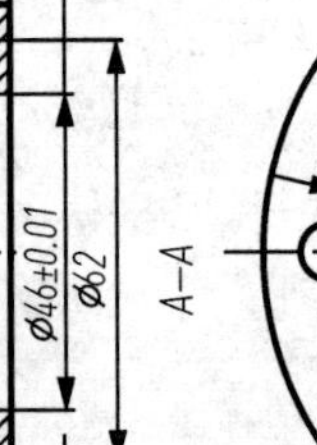

图 5.77 零件图训练图形七的立体效果图

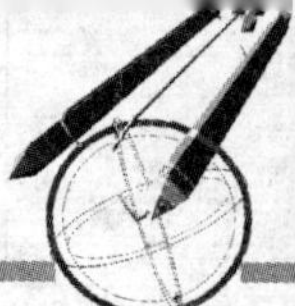

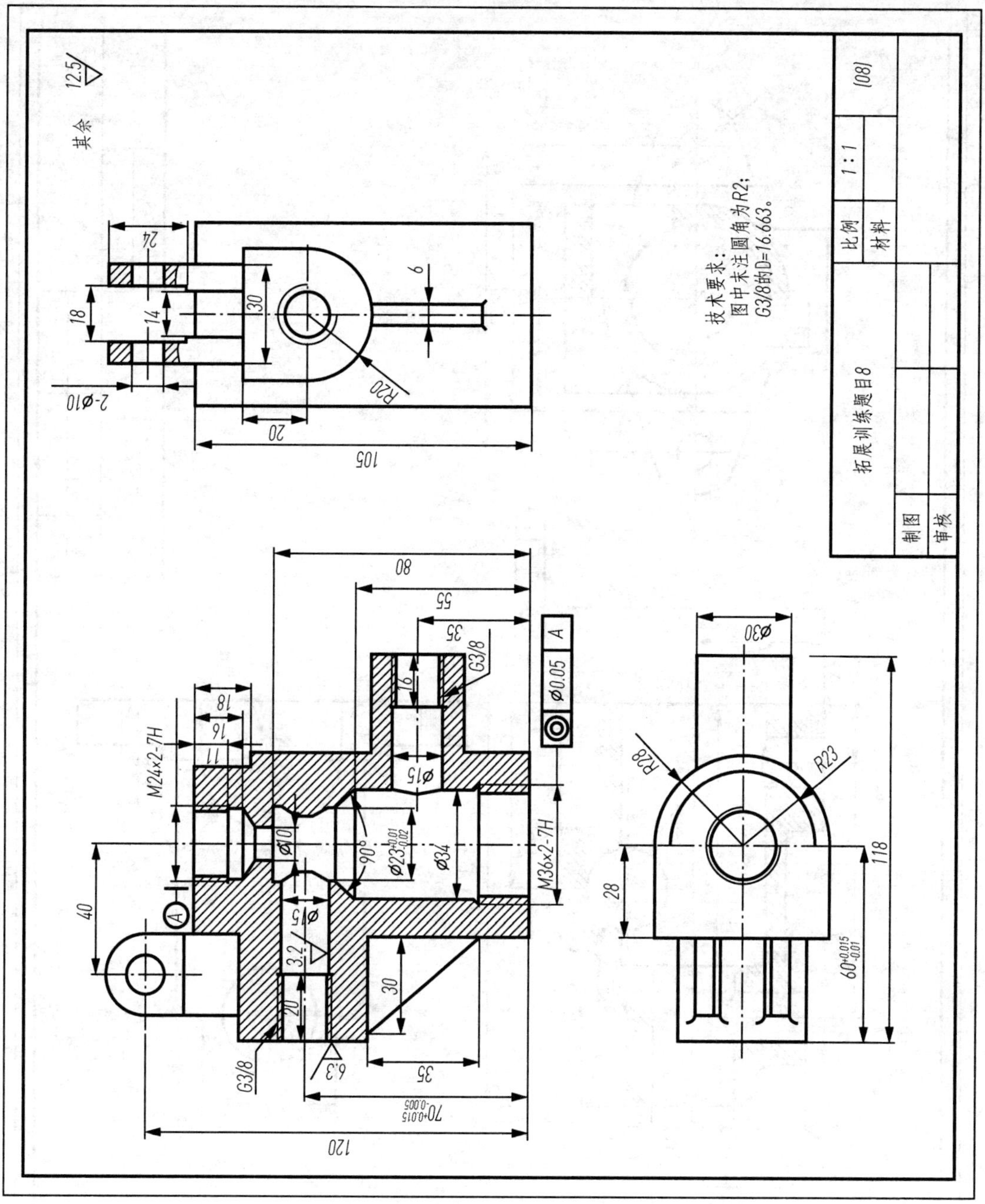

其余 12.5

技术要求：
图中未注圆角为R2；
G3/8的D=16.663。

拓展训练题目8	比例	1:1	(08)
	材料		
制图			
审核			

图 5.78　零件图训练图形八

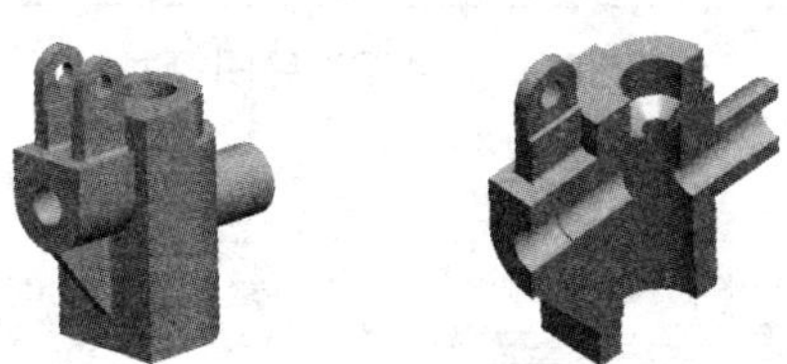

图 5.79　零件图训练图形八的立体效果图

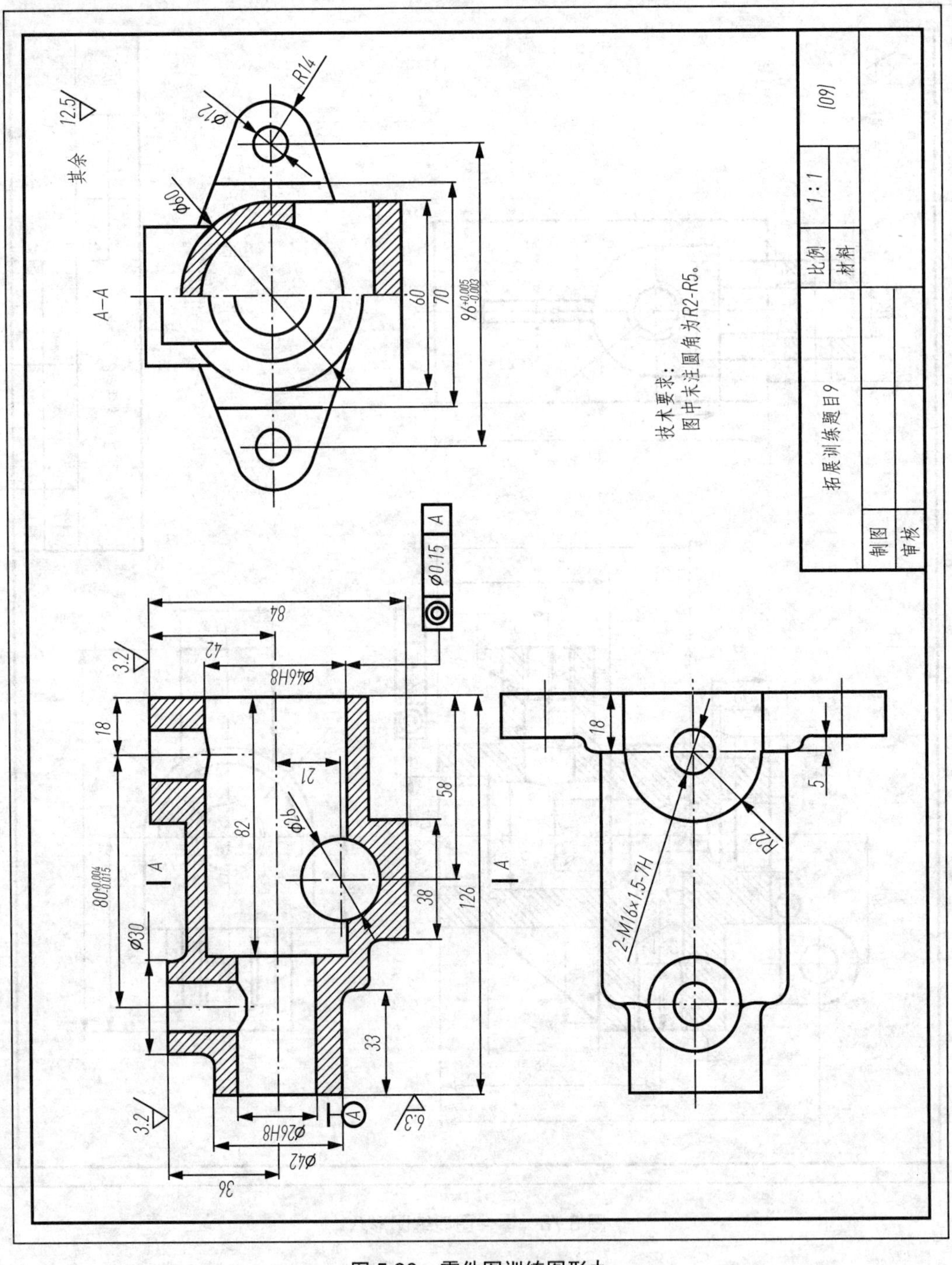

A—A

其余 12.5

技术要求：
图中未注圆角为R2-R5。

拓展训练题目9	比例	1:1	(09)
	材料		
制图			
审核			

图 5.80　零件图训练图形九

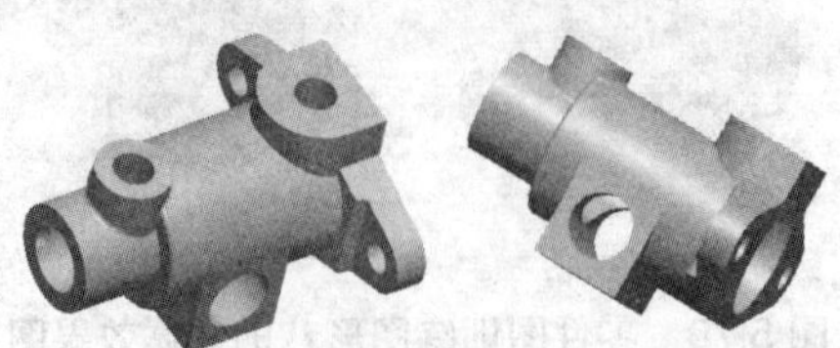

图 5.81　零件图训练图形九的立体效果图

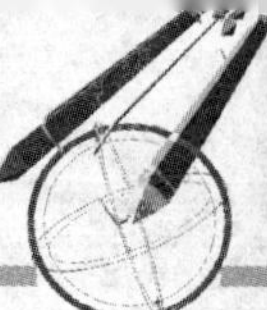

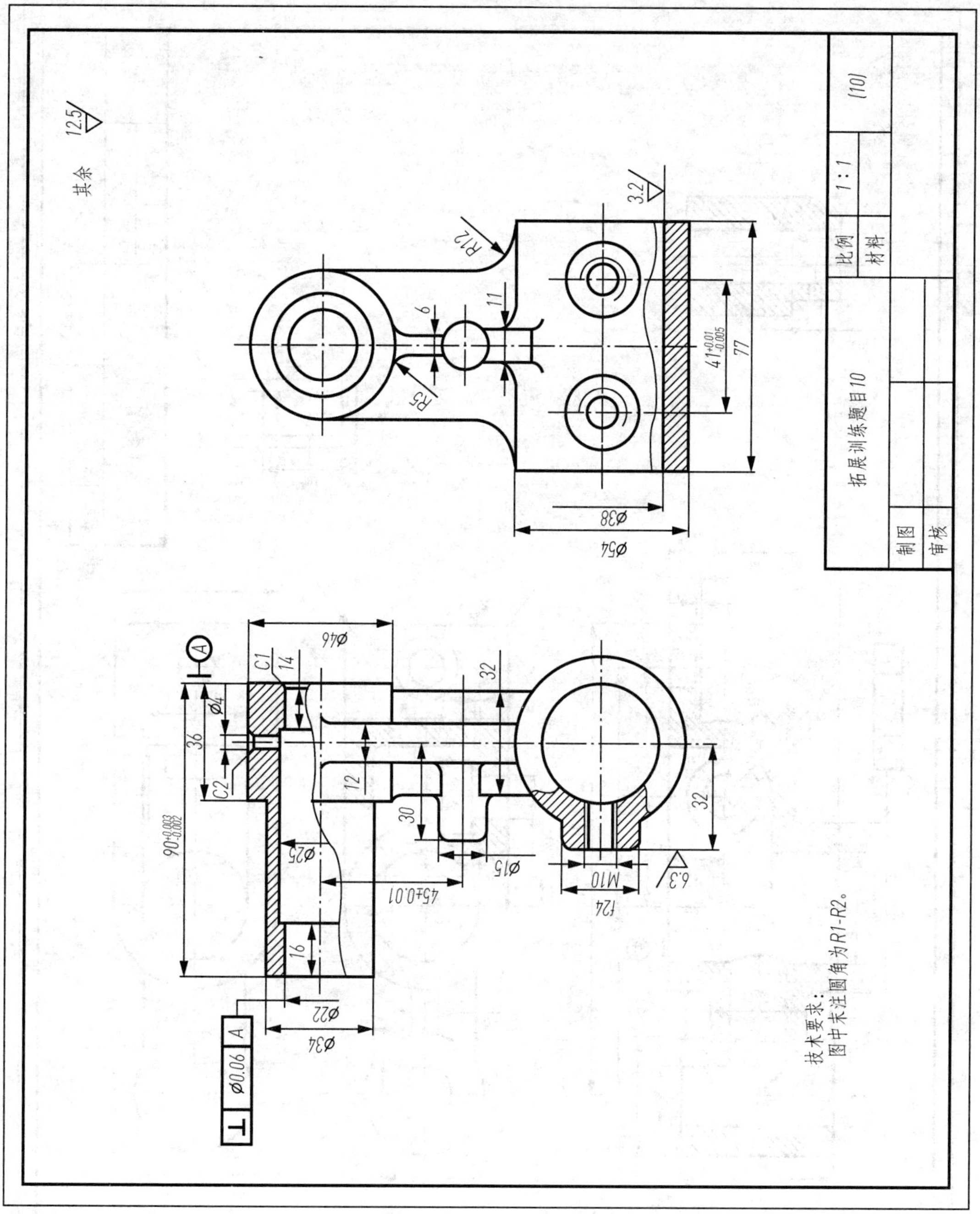

其余 12.5

拓展训练题目10	比例	1:1	(10)
	材料		
制图			
审核			

技术要求：
图中未注圆角为R1-R2。

图 5.82　零件图训练图形十

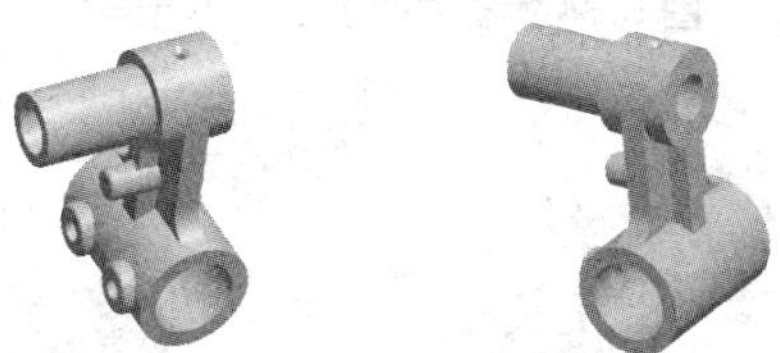

图 5.83　零件图训练图形十的立体效果图

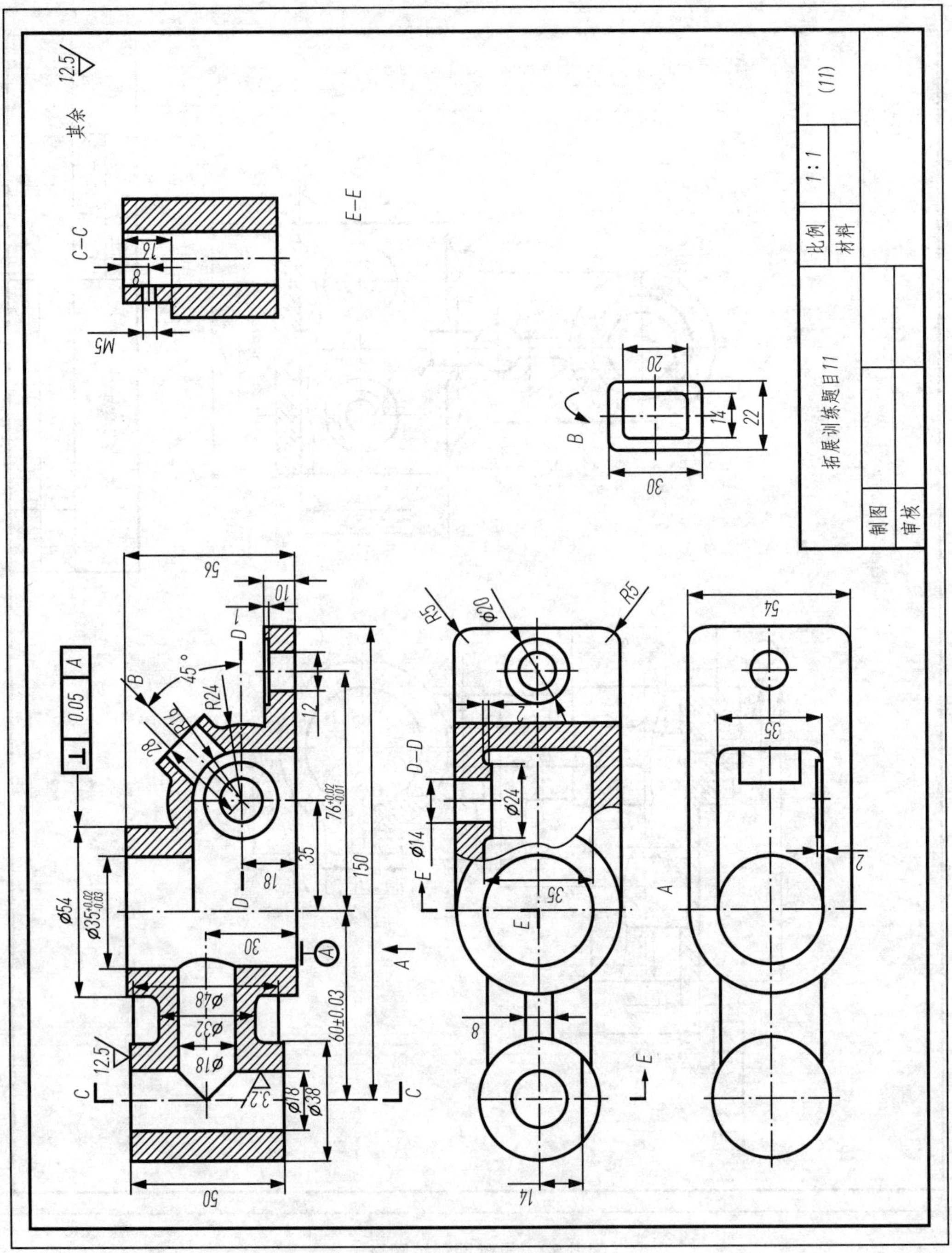

拓展训练题目11

比例 1:1 (11)

材料

制图

审核

图 5.84　零件图训练图形十一

图 5.85　零件图训练图形十一的立体效果图

项目 6

装配图与零件图

学习内容

操作与指令	(1) 确定装配图视图表达方案；运用 AutoCAD 设计中心调用零件图形；运用 AutoCAD 绘图、编辑指令进行零件装配，绘制装配图并进行图线修正；完成装配图的尺寸与技术要求等标注；完成零部件序号编号，填写标题栏、明细表等，检查并完成装配图 (2) 识读装配图，弄清工作原理与装配关系；确定拆画的零件的表达方案，运用 CAD 绘图指令、编辑指令绘制零件图；标注零件图的全部尺寸、技术要求，检查完成零件图
相关知识	AutoCAD 由零件图拼画装配图的常用方法；AutoCAD 由装配图拆画零件图的一般步骤
知识链接	AutoCAD 设计中心
拓展训练	(1) 装配图拆画零件图 (2) 零件图拼画装配图

项目导读

本项目以计算机辅助设计高级绘图员应具备的绘制产品的二维工程图的职业技能为目标，通过“由零件图拼画装配图”、“由装配图拆画零件图”的技能任务训练，提高学生的读图及绘制装配图的职业技能。通过完成任务的训练，进一步把握《机械制图》国家标准、《技术制图与机械制图》国家标准、机械工程 CAD 制图规则，并能熟练地结合计算机绘图去具体执行国家标准，能独立、熟练地完成一般的零件图、装配图的识读与绘图。

6.1 技能训练任务

“零件图拼画成装配图”及“由装配图拆画零件图”是机械设计过程中的一个重要环节。本项目通过“零件图拼画成装配图”及“由装配图拆画零件图”工作任务，训练读者综合运用 AutoCAD 绘图、编辑、设置和图层控制等相关命令与绘图技巧，进行识读与绘制零件图、装配图综合训练，掌握拼画装配图及由装配图拆画出零件图的技能。

6.1.1 技能训练任务 1

根据下面给出的微型千斤顶零件资料拼画装配图。

1. 工作任务

要求如下。

(1) 表达清楚装配体的装配关系。

(2) 表达出零件的主要形状。

(3) 作合适的剖视。

(4) 标注装配图的有关尺寸。

(5) 设置 A3 图幅，装配图按 1∶1 比例装配后放置其中，填写标题栏、明细表等内容。

完成后以文件名“A601.dwg”保存在指定的工作盘。

相关资料如下。

① 微型千斤顶工作原理。

微型千斤顶是利用螺旋运动来顶举重物的一种起重工具，工作行程 h=35mm，常用于机械维修工作中。工作时，先拧松导向螺钉 4，再转动调整螺母 3，通过螺纹配合使螺杆 2 作上、下移动，由螺杆 2 顶部在行程内顶升重物，再拧紧导向螺钉 4 加以固定。

② 标题栏和明细表采用图 6.1 格式(参照项目 1，不标注尺寸)。

<table>
<tr><td>12</td><td>58</td><td>12</td><td>22</td><td>36</td></tr>
<tr><td>4</td><td>螺钉</td><td>1</td><td>35</td><td></td></tr>
<tr><td>3</td><td>调节螺母</td><td>1</td><td>45</td><td></td></tr>
<tr><td>2</td><td>螺杆</td><td>1</td><td>45</td><td></td></tr>
<tr><td>1</td><td>底座</td><td>1</td><td>HT250</td><td></td></tr>
<tr><td>序号</td><td>零件名称</td><td>数量</td><td>材料</td><td>备注</td></tr>
</table>

(行高 8)

<table>
<tr><td colspan="3" rowspan="2">(图名)</td><td>比例</td><td></td><td rowspan="2">(图名)</td></tr>
<tr><td>材料</td><td></td></tr>
<tr><td>制图</td><td>(姓名)</td><td>(日期)</td><td colspan="3" rowspan="2">(单位名称)</td></tr>
<tr><td>审核</td><td>(姓名)</td><td>(日期)</td></tr>
</table>

图 6.1 标题栏和明细表格式

2. 任务目标

知识目标如下。

(1) 掌握机械制图相关知识：装配图的内容、装配图的表达方法与规定画法，标准件和常用件(螺纹、齿轮、键、轴承等)及其联接的画法，装配图的尺寸标注与技术要求、零件表面粗糙度和技术要求等内容。

(2) 绘图软件的相关知识：AutoCAD 设计中心、图块、绘图、编辑、设置和图层控制等各种功能。

技能目标如下。

(1) 读懂零件图，根据装配图的工作原理及各零件之间的装配关系，能正确地选取装配图的表达方案；

(2) 能综合运用 AutoCAD 软件的各种功能拼画出装配图，标注装配图尺寸、技术要求，编写序号、明细栏等内容。

3. 任务分析

绘制装配图时，首先弄清楚各零件的装配关系；其次选取装配图的表达方案，选用几个视图表达出零件的装配关系及主要零件的主要形状；零件图逐个添加，保证零件的正确定位装配；最后检查装配图并进行装配图的尺寸标注，零件序号标注、填写明细栏等。

4. 操作指引

下面以工作任务 6.1.1 “根据给出的微型千斤顶零件资料拼画装配图”为例说明 AutoCAD 绘画装配图的一般步骤。

(1) 确定视图表达方案。

微型千斤顶工作原理：工作时，先拧松螺钉 4，再转动调节螺母 3 通过螺纹配合使螺杆 2 作上、下移动，由螺杆 2 顶部在行程内顶升重物，再拧紧导向螺钉 4 加以固定。工作行程 h=35mm。

装配图视图表达方案不是唯一的，应以简单、清晰表达为原则。本项目微型千斤顶零件数较少，结构简单，结合零件图分析，装配图中的主视图按工作位置放置，以座底零件图基本视图(图 6.2)为基础设计表达方案。由于底座零件ϕ35 外圆柱表面上有凸台(尺寸：R10，20，40，21)，为清楚表达出底座上凸台与螺钉 4、调节螺母 3 的装配关系，主视图在原零件图的基础上将零件沿逆时针方向转过 90° 布图，主视图采用全剖方式结构简单，配以局部剖视的左视图及 A-A 断面图进行表达。

微型千斤顶装配图表达方案：主视图采用全剖视图清楚表达出底座 1、螺杆 2、调节螺母 3 之间的相对位置、装配关系、连接方式以及零件的结构形状。

左视图采用局部剖视图，表达螺钉 4 与螺杆 2、底座 1 的相对位置、连接方式以及零件的结构形状，同时通过螺钉 4 轴线剖切(A-A 剖视图)表达出螺钉 4 与螺杆 2 的装配要求。

(2) 运用 AutoCAD 设计中心调用各零件图形、图块。

调用已设置好的 A3 图幅图形文件(参照项目 1)，以文件名“A601.dwg”另保存在指定的工作盘。

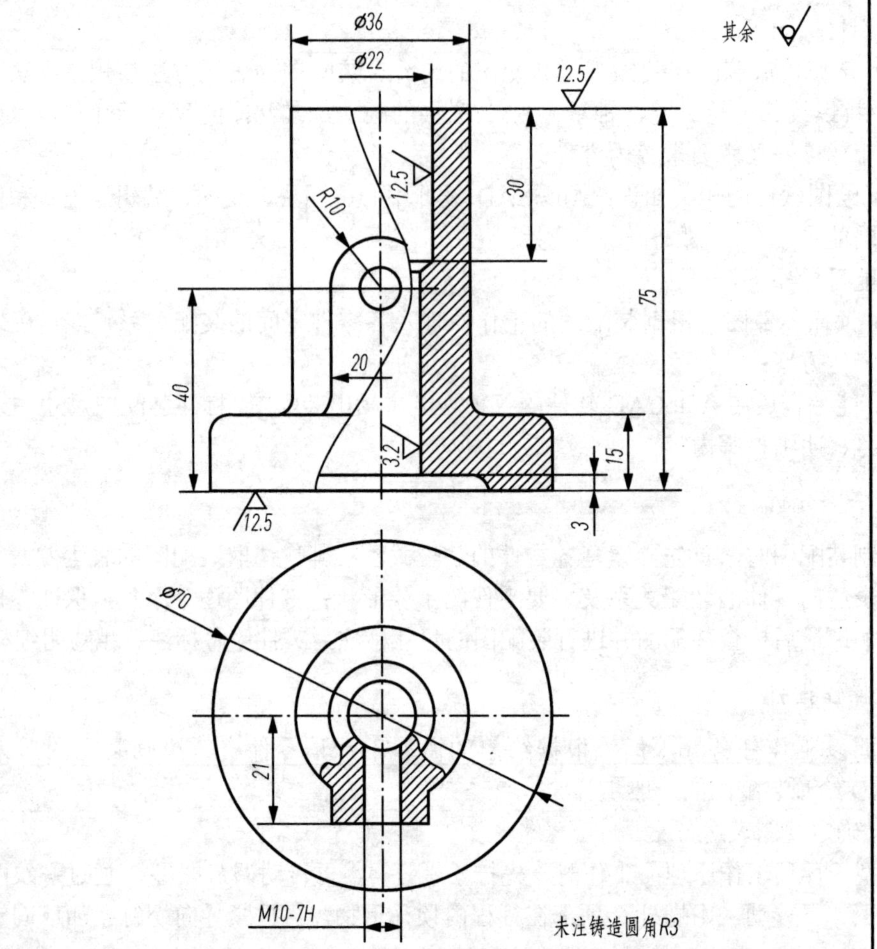

其余

Ø36

Ø22

12.5

12.5

30

75

R10

20

40

3.2

15

12.5

3

Ø70

21

M10-7H

未注铸造圆角R3

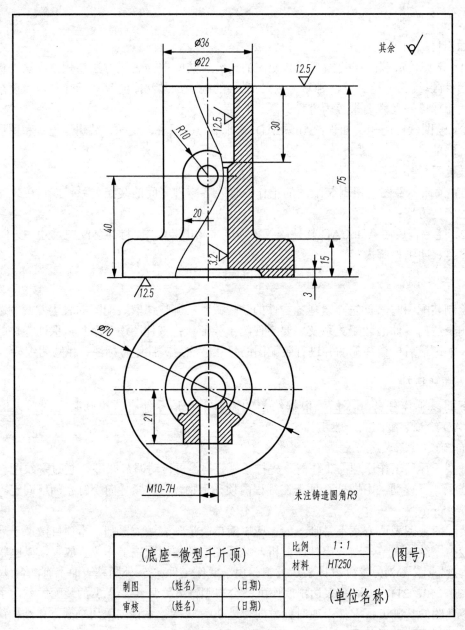

(底座-微型千斤顶)		比例	1:1	(图号)
		材料	HT250	
制图	(姓名)	(日期)	(单位名称)	
审核	(姓名)	(日期)		

图 6.2　底座零件图

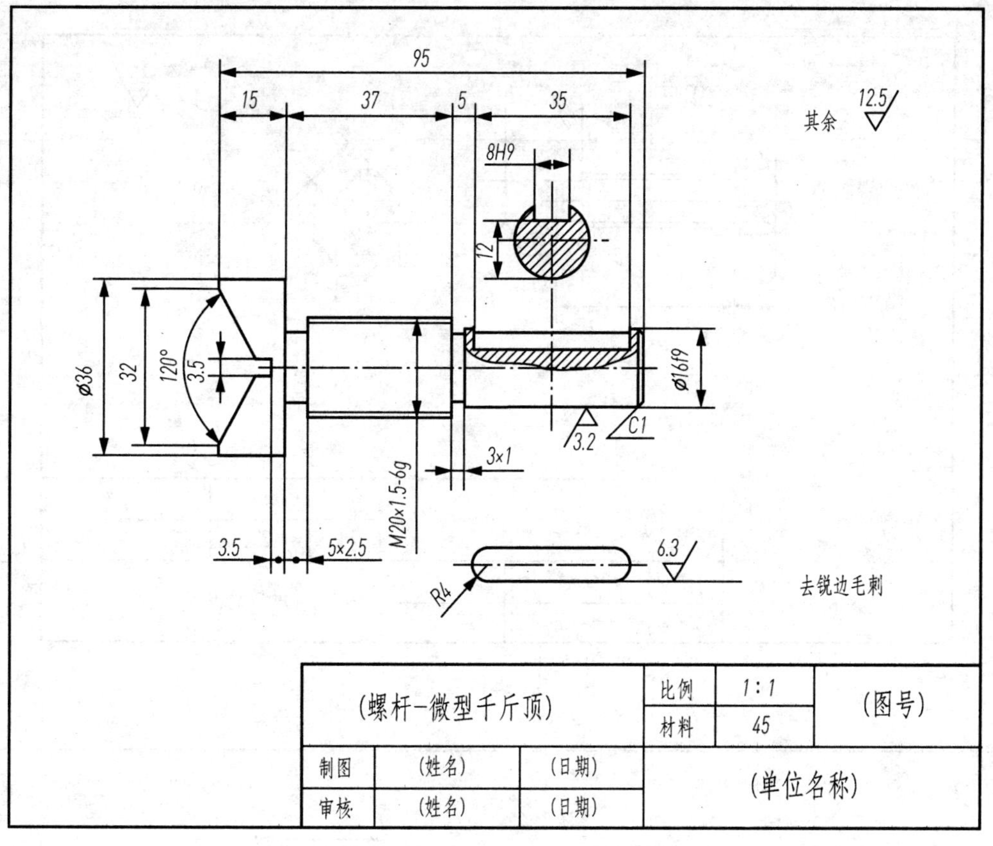

图 6.3　螺杆零件图

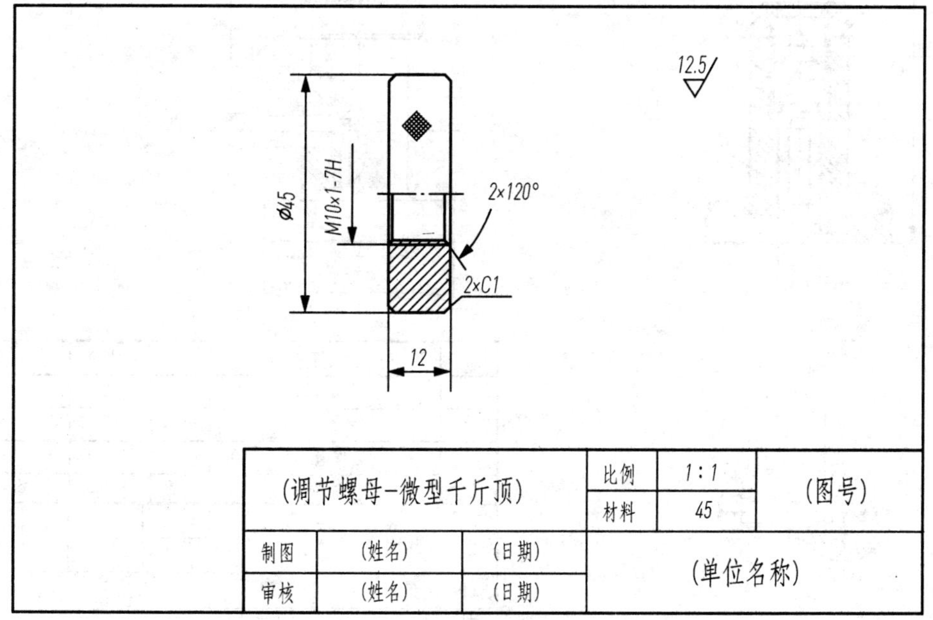

图 6.4　调节螺母零件图

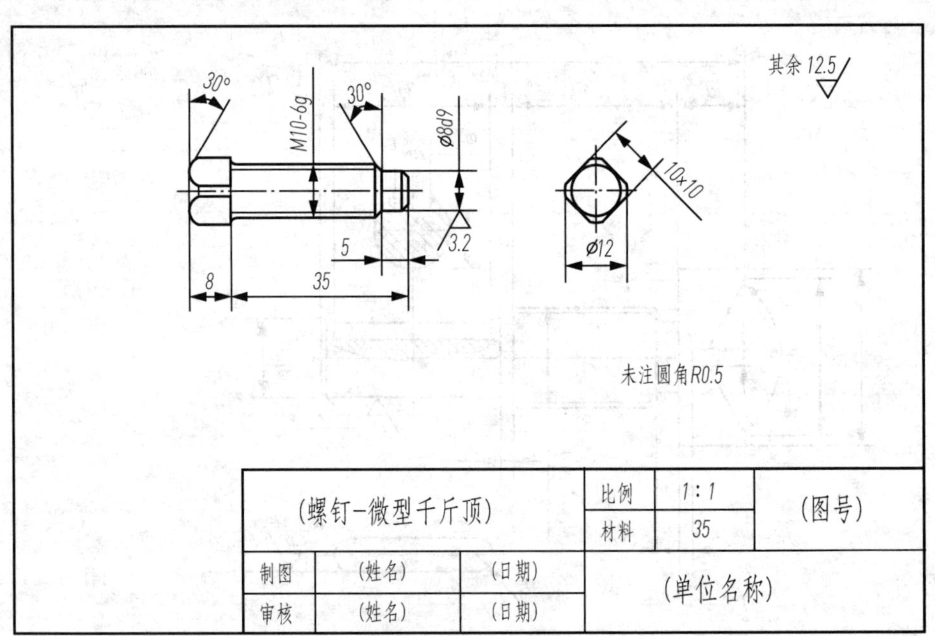

图 6.5　螺钉零件图

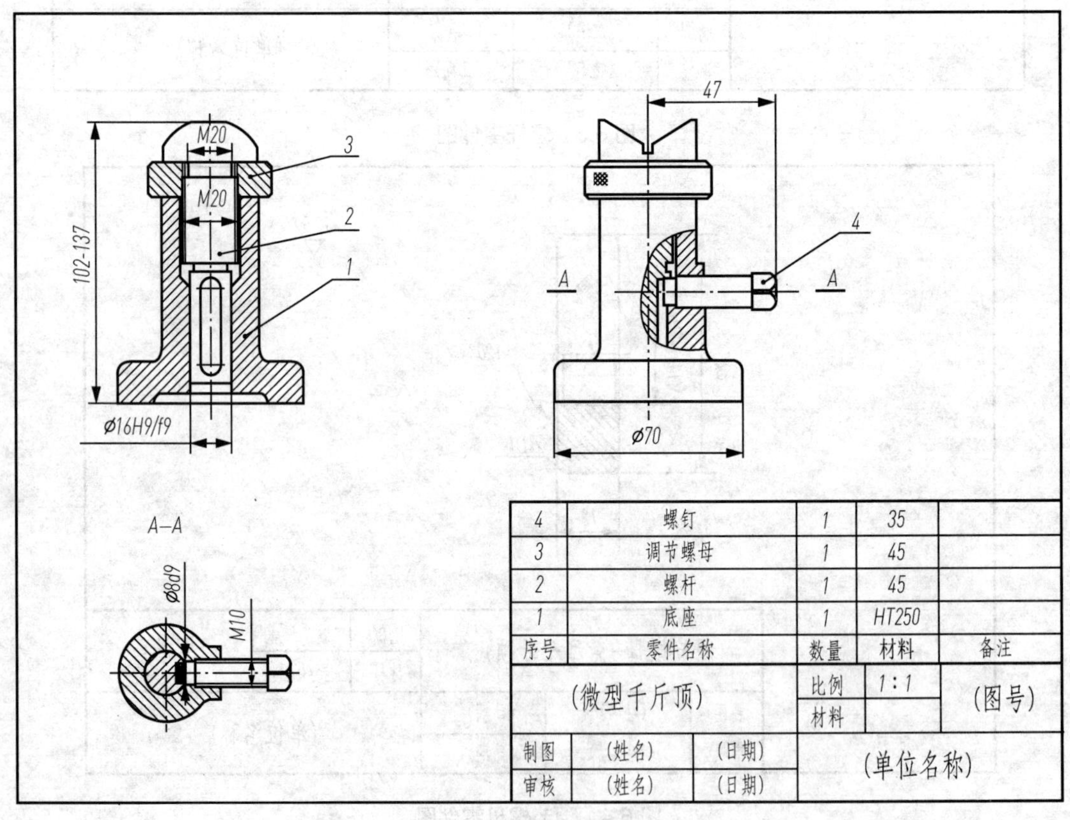

图 6.6　参考装配图

执行方式

- 下拉菜单：【工具】|【选项板】|【设计中心】
- 命令行： Adcenter/Adc
- 工具栏：
- 快捷键：Ctrl+2

打开设计中心，弹出图 6.7 所示的【设计中心】对话框。

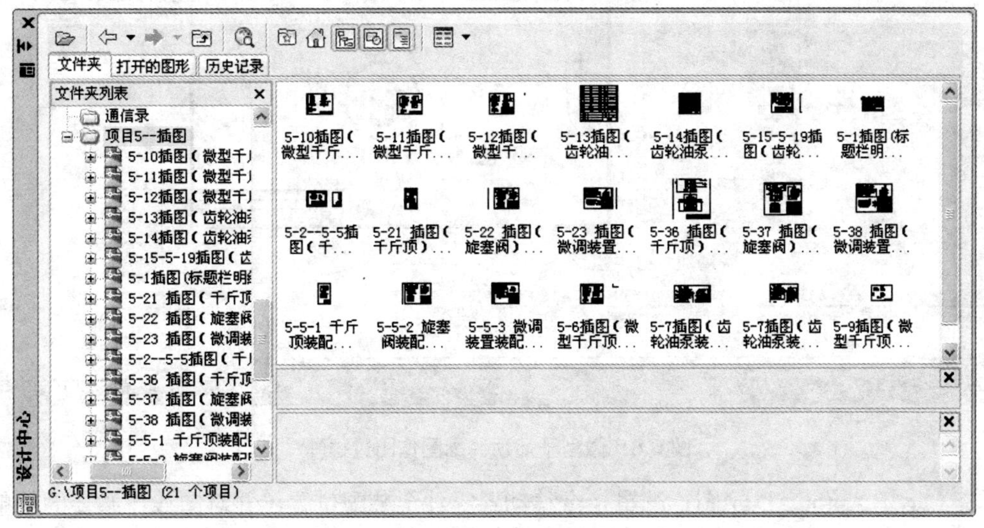

图 6.7　【设计中心】对话框

从设计中心找出微型千斤顶各零件图：底座(1).dwg、螺杆(2).dwg、调节螺母(3).dwg、螺钉(4).dwg，把各零件图分别拖动到 AutoCAD 的工作界面。

点选要插入的图形图标，按住鼠标左键拖到 AutoCAD 绘图区域中。

指定插入点或[基点(B)/比例(S)/X/Y/Z/旋转(R)/预览比例(PS)/PX/PY/PZ/预览旋转(PR)]：单点(点选插入图形的任意位置)。

输入 X 比例因子，指定对角点，或[角点(C)/XYZ]<1>：

输入 Y 比例因子或<使用 X 比例因子>：

指定旋转角度<0>：

删除零件图的图框、标题栏及部分尺寸线等，结果如图 6.8 所示。

作装配图时应注意装配图的图幅与比例选择。在 AutoCAD 上绘制装配图时，为保证各图形、图块的大小一致，插入图形图块的比例要一致，推荐比例取 1∶1，完成各视图的图形后，再根据装配体的大小和复杂程度选定全图的比例，设定图幅。

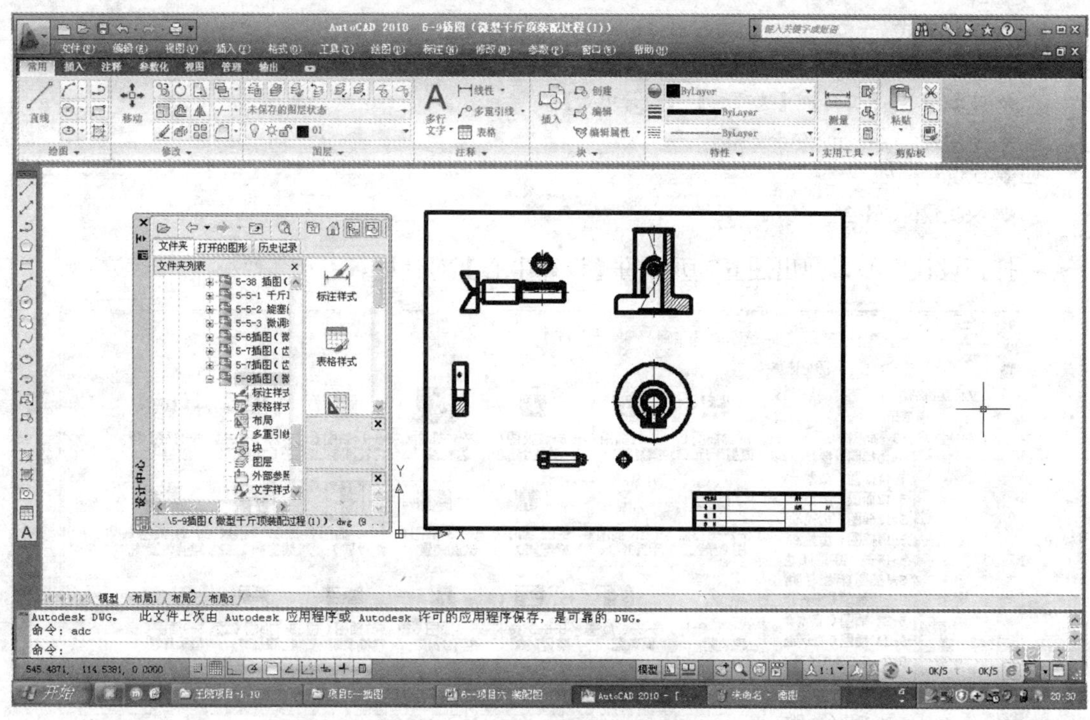

图 6.8 微型千斤顶装配图作图过程(1)

(3) 运用 AutoCAD 绘图、编辑指令移动各零件至装配位置，并对图线作必要的修整、删除及位置调整，结果如图 6.9 所示。

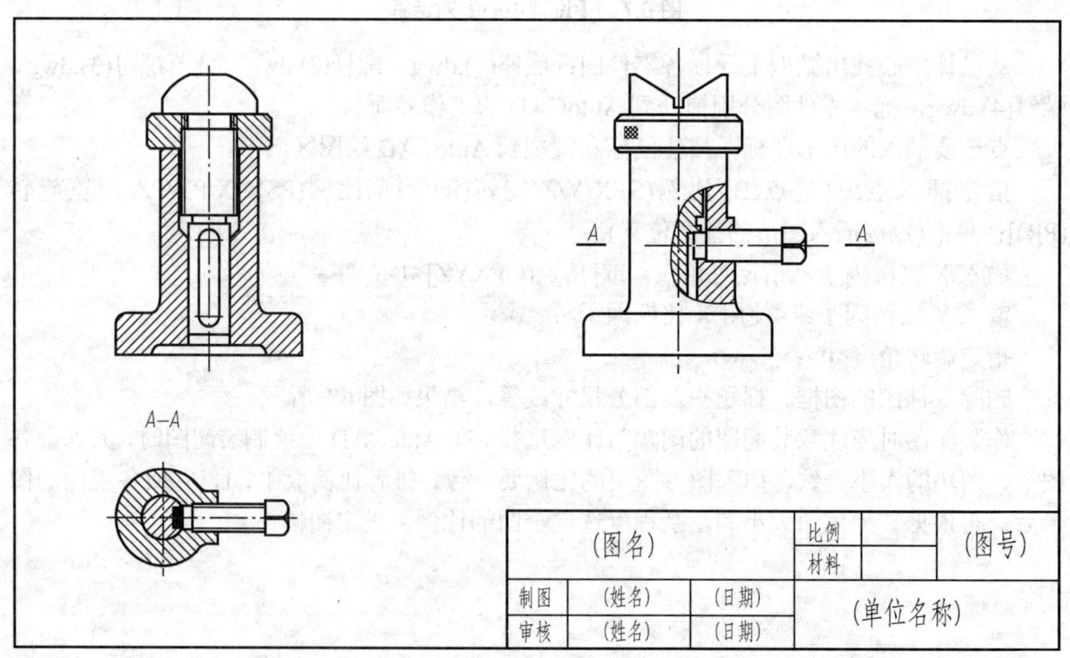

图 6.9 微型千斤顶装配图作图过程(2)

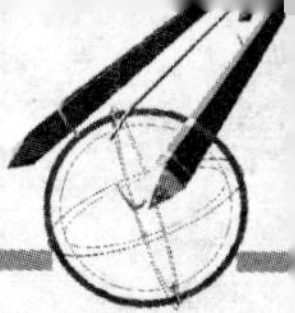

绘图时应注意以下几点。

① 装配图中的各类图线(粗实线、细实线、虚线、点画线、双点画线等)应绘制或调整到相应的图层上，不要混淆不同的图层和线型。

② 零件装配定位：找出零件连接的接触位置(点、线、面)，以此作为移动零件图的基点，准确移动零件图保证零件正确定位装配。

③ 为方便零件装配，零件图要逐个加入，以块方式插入到已打开的图形文件中，装配时将零件图以块的方式移动，待零件装配定位准确后再“分解”零件图块按装配图的要求进行编辑与修改操作。

(4) 标注装配图的有关尺寸、必要的公差配合。

装配图的尺寸标注类型：规格尺寸、装配尺寸、安装尺寸、外形尺寸及其他重要尺寸。

标注微型千斤顶装配图尺寸，具体值如下。

规格性能尺寸：102-137　(工作行程 h=35mm)。

配合尺寸：ϕ16H9/f9、ϕ8d9。

连接尺寸：M20、M10。

相对位置尺寸：47。

安装尺寸：ϕ70。

外形尺寸：ϕ70、102-137。

结果如图 6.10 所示。

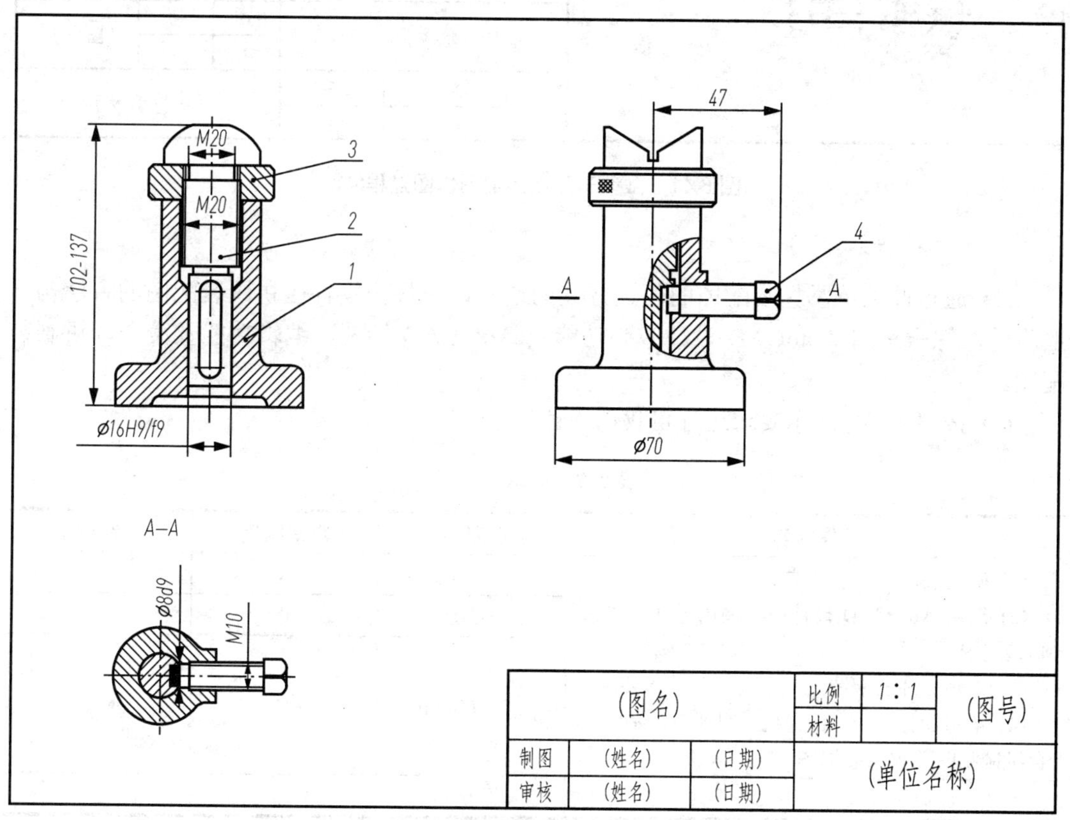

图 6.10　微型千斤顶装配图作图过程(3)

(5) 填写零部件序号、标题栏和明细表，注写技术要求

结果如图 6.11 所示。

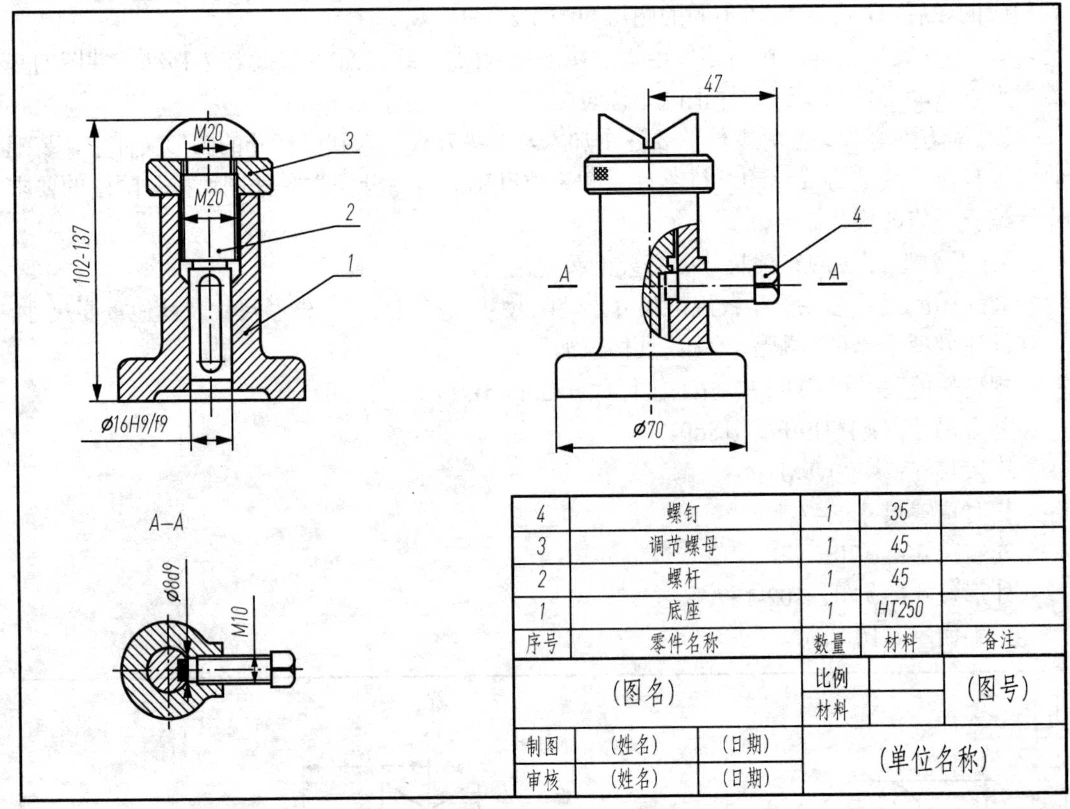

图 6.11　微型千斤顶装配图作图过程(4)

5. 训练评估

(1) 通过此训练掌握装配图的表达方案的选取，掌握由零件图拼画装配图的方法与一般步骤，综合运用 AutoCAD 设计中心功能及 AutoCAD 绘图、编辑功能及命令，拼画装配图。

(2) 按照表 6-1 所示要求进行自我训练评估。

表 6-1　训练评估表

工作内容	完成时间	熟练程度	自我评价
(1) 确定装配图的表达方案	小于 20min	A	
(2) 运用 AutoCAD 设计中心调用零件图块拼画装配图	20～30min	B	
(3) 正确标注装配图尺寸、公差与技术要求 (4) 填写零件序号、标题栏、明细表，完成符合机械制图要求的装配图	30～60min	C	
不能完成以上操作	大于 60min	不熟练	

6.1.2　技能训练任务 2

由装配图拆画零件图。

1. 工作任务

阅读图 6.12 齿轮泵装配图，由齿轮油泵装配图拆画出泵体 1、从动齿轮 4、从动轴 5、主动齿轮 6、泵座 9 的零件图。

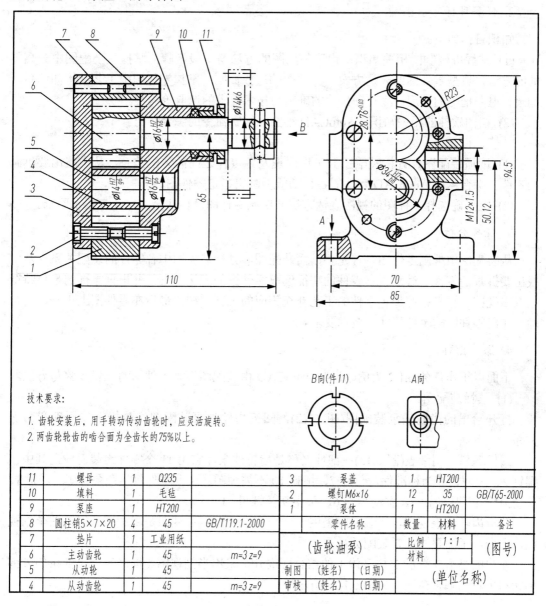

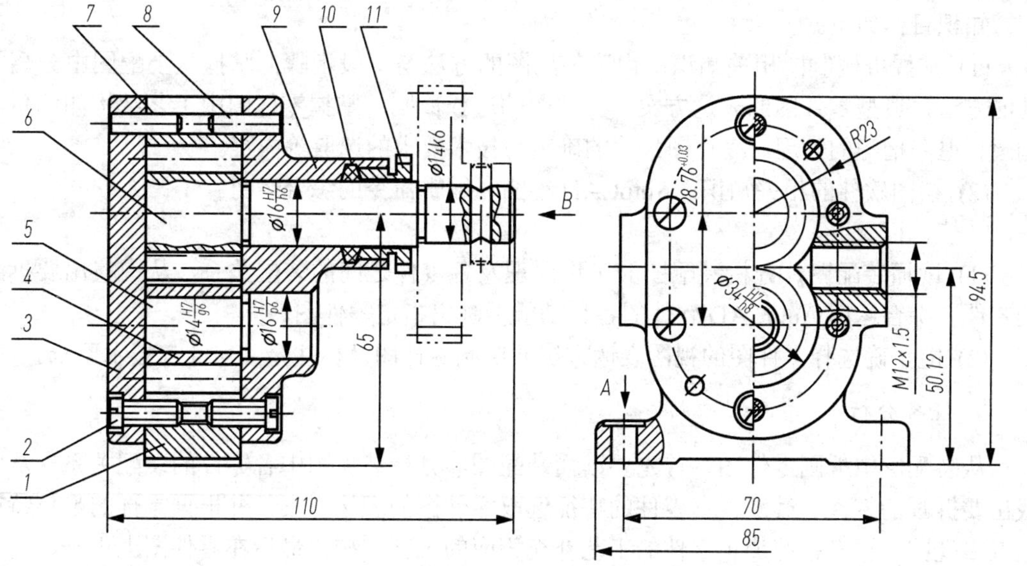

技术要求：

1. 齿轮安装后，用手转动传动齿轮时，应灵活旋转。
2. 两齿轮轮齿的啮合面为全齿长的75%以上。

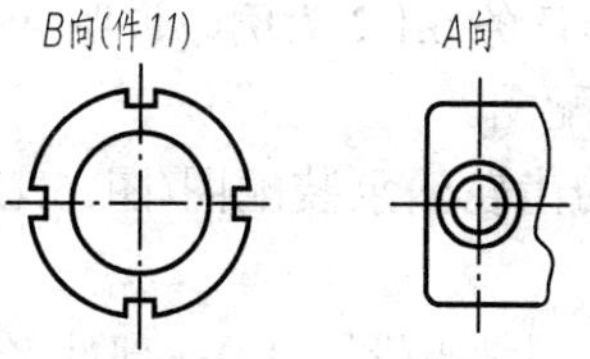

序号	零件名称	数量	材料	备注
11	螺母	1	Q235	
10	填料	1	毛毡	
9	泵座	1	HT200	
8	圆柱销5×7×20	4	45	GB/T119.1-2000
7	垫片	1	工业用纸	
6	主动齿轮	1	45	m=3 z=9
5	从动轮	1	45	
4	从动齿轮	1	45	m=3 z=9
3	泵盖	1	HT200	
2	螺钉M6×16	12	35	GB/T65-2000
1	泵体	1	HT200	

(齿轮油泵)			比例	1:1	(图号)
			材料		
制图	(姓名)	(日期)	(单位名称)		
审核	(姓名)	(日期)			

图 6.12　齿轮油泵装配图

要求如下。

(1) 绘制 A4 图幅，将完成的零件图分别放置其中，并填写标题栏。

(2) 零件图按 1∶1 比例作图，除装配图上给出的尺寸外，拆画零件的其余尺寸可按比例 1∶1 从图中量取，取整数。

(3) 对于装配图上没有表达清楚的零件的某一局部的形状，用户应自行设定。

(4) 零件图根据表达的需要可作合适的剖视图、断面图。

(5) 标注各零件尺寸、公差代号、表面粗糙度代号，数值自定。

完成后以文件名“A602.dwg”保存在指定的工作盘。

2. 任务目标

知识目标如下。

(1) 掌握机械制图相关知识：识读装配图的方法与一般步骤；掌握从装配图中分离零件的方法，典型零件图的表达方案与主视图的选择原则。掌握零件图中工艺结构如倒角、倒圆、退刀槽等的处理。零件图尺寸的确定与技术要求的选取等内容。

(2) 绘图软件的相关知识：AutoCAD 绘图、编辑命令的综合运用。

技能目标如下。

(1) 读懂装配图，分析装配图的工作原理及各零件之间的装配关系，从中找出要拆画的零件，综合运用 AutoCAD 软件的各种功能拆画出指定零件图。

(2) 能正确选择零件图的视图表达方法并绘制零件图及标注全部尺寸与技术要求。

3. 任务分析

从装配图中拆画零件图，首先要读懂装配图，分析装配图中各零件的装配关系，从中找出要拆画的零件。其次根据零件的特征选取零件图的表达方案，并根据零件的形体特征选取主视图；再者按照加工零件的工艺补充相应的工艺结构；最后在零件图上正确、完全地标注出零件图的全部尺寸、技术要求。

4. 操作指引

下面以工作任务 6.1.2 为例，说明 AutoCAD 由装配图拆画零件图的一般步骤与方法。

(1) 读懂装配图。

打开给出的齿轮油泵装配图(图 6.12)，阅读齿轮油泵装配图，分析工作原理和装配关系。

阅标题栏、明细表(图 6.13)：部件名称是齿轮油泵，它由 11 个零件组装而成，其中，螺钉 2、圆柱销 8 为标准件，垫片 7、填料 10 不需画图，主要零件包括：泵体 1、泵盖 3、从动齿轮 4、从动轴 5、主动齿轮 6、泵座 9 及螺母 11。

分析齿轮油泵视图，该装配图采用了两个基本视图，主视图是用旋转剖得到的全剖视图，它表达了油泵的主要装配关系。

左视图是沿左端盖 3 与泵体 1 的结合面剖开，采用半剖视图，同时表达了油泵的外部形状和齿轮的啮合情况，如图 6.14 所示。

11	螺母	1	Q235	
10	填料	1	毛毡	
9	泵座	1	HT200	
8	圆柱销5×7×20	4	45	GB/T119.1-2000
7	垫片	1	工业用纸	
6	主动齿轮	1	45	m=3 z=9
5	从动轴	1	45	
4	从动齿轮	1	45	m=3 z=9
3	泵盖	1	HT200	
2	螺钉M6×16	12	35	GB/T65-2000
1	泵体	1	HT200	
序号	零件名称	数量	材料	备注
(齿轮油泵)		比例	1∶1	(图号)
		材料		
制图	(姓名)	(日期)	(单位名称)	
审核	(姓名)	(日期)		

图 6.13　齿轮油泵装配图之明细表

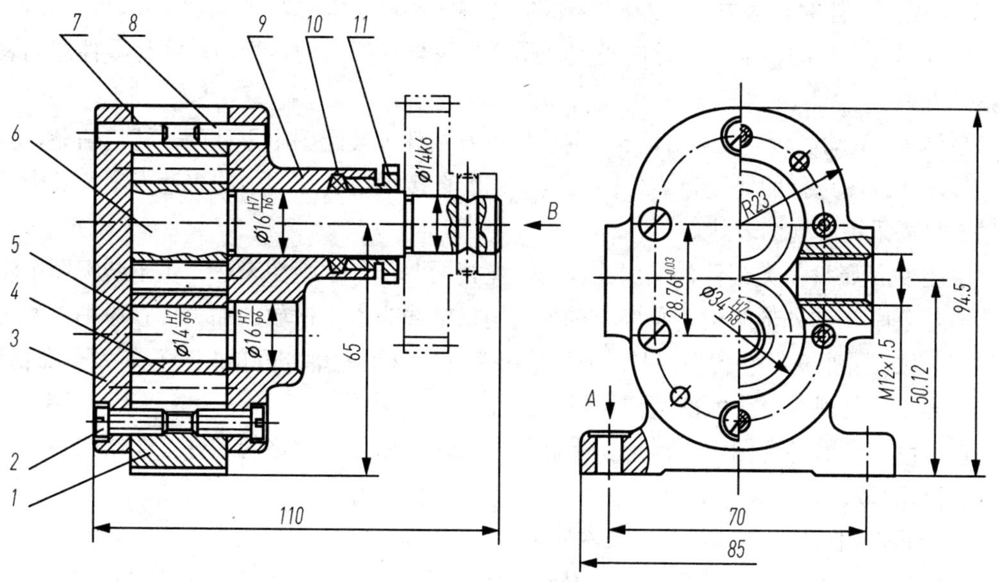

图 6.14　齿轮油泵装配图(主视图、左视图)

齿轮油泵工作原理：工作时，相互啮合的主动齿轮 6、从动齿轮 4 在泵体内转动，轮齿在进油口处逐渐分离，由齿间所形成的吸油腔密封容积逐渐增大，出现了部分真空，在大气压力作用下，油通过进油管路被吸入吸油腔。随着齿轮旋转，在出油口处形成压油腔，

轮齿逐渐啮合压油腔密封容积逐渐减小，油通过出油口被挤出输送到压力管路中。

齿轮泵装配关系如下。

主动齿轮轴装配结构：主动齿轮 6 是采用齿轮轴整体结构，装在泵体 1 和泵座 9 的轴孔内，在泵座 9 轴孔中，主动齿轮 6 的外伸轴上装有填料 10 和压紧螺母 11。

从动齿轮轴装配结构：从动齿轮 4 装在从动轴 5 上，从动轴 5 直接与泵座 9 的轴孔配合联接并支撑从动齿轮与主动齿轮啮合。

(2) 完整分离零件。

① 找出要拆离的零件：泵体 1、从动齿轮 4、从动轴 5、主动齿轮 6、泵座 9，对照主视图、左视图，确定各零件的结构形状。

泵体 1、泵座 9 的结构形状及主要尺寸由左视图、主视图确定，由于材料采用 HT250 铸铁件，非接触面(铸造后去毛刺飞边)不需要进行表面加工处理。

从动齿轮 4、主动齿轮 6：根据齿轮结构的对称性及主视图、左视图中齿轮啮合联接特点确定从动齿轮结构，主动齿轮与轴采用一体化结构。齿轮主要参数与几何尺寸通过明细栏中的模数、齿数(m=3，z=9)计算而得。齿轮材料均为 45 钢，非接触零件的表面也需进行表面处理。

根据轴系结构轴类零件在剖视图中按不剖处理，直接从主视图提取从动轴 5 结构与尺寸。

② 用 AutoCAD 复制、移动、删除等编辑功能将需拆画的零件：泵体 1、从动齿轮 4、从动轴 5、主动齿轮 6、泵座 9，分别从装配图中分离出来，复制到零件图样板文件中。

(3) 确定零件的表达方案，绘制零件图。

根据拆画零件的特征、零件的类型，结合齿轮泵装配图的各视图，选择零件图的表达方案。

泵体 1、从动齿轮 4、从动轴 5、主动齿轮 6 零件，装配图中零件的表达已清楚，并符合零件图主视图选择的原则，零件图的基本视图直接采用装配图中的表达方案。其中，从动轴 5 只需采用主视图表达。

泵座 9 是属盘盖类零件，采用主视图、左视图两个基本视图表达。由于装配图中没有表达清楚泵座 9 的外形结构，泵座主视图采用以轴线为水平横放的加工位置原则，并与工作位置一致。泵座 9 零件图中，主视图表达出零件的外形轮廓和孔的相对位置及分布情况，左视图采用全剖视图表达内部结构和相对位置。

在拆画零件的各视图中，需根据零件的功用将装配图中省略的零件工艺结构补齐，如圆角、倒角、退刀槽等。

(4) 标注零件图的全部尺寸、技术要求。

分别标注泵体(1)、从动齿轮(4)、从动轴(5)、主动齿轮(6)、泵座(9) 零件图尺寸。

① 抄注：装配图中已标注出的有关零件尺寸，应直接抄注在相关零件图上，不得随意更改。

如泵体 1 零件图中主视图尺寸：65；左视图尺寸：50.12、ϕ34.5H8(由装配图中配合尺寸ϕ34.5H8/f7 得到)，85、70 等尺寸均直接由装配图抄注。

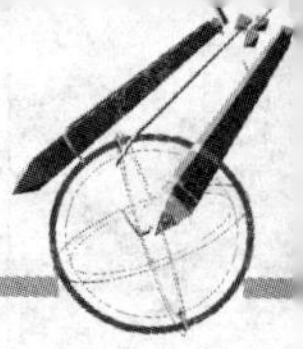

② 查表：对于标准结构尺寸，如沉孔、键槽、倒角、退刀槽等应从相关标准手册中查出尺寸数值进行标注。

③ 计算：零件的某些尺寸可根据装配图中给出的尺寸参数计算出有关尺寸数值。

从动齿轮 4、主动齿轮 6 的齿顶圆、分度圆直径，根据装配图中齿轮主要参数(m=3，z=9)计算而得。

分度圆直径：$d=mz=3\times9=27$；

齿顶圆直径：$d_a=mz+2h_am=3\times9+2\times1\times3=33$。

④ 量取：零件图的其他尺寸直接从装配图中量取，量取的尺寸在标注时应注意圆整和比例协调转换。

标注装配图中各零件部位的配合要求，标注技术要求。

标注零件图中的尺寸公差。

从动轴 5、主动齿轮 6、泵座 9 在装配图中均有公差配合要求(ϕ14H7/g6，ϕ16H7/h6，ϕ16H7/p6)，其零件图的尺寸公差应根据配合要求直接从装配图中抄注尺寸公差。

例如，从动齿轮 4 尺寸公差：ϕ14H7；

从动轴 5 尺寸公差：ϕ14g6、ϕ16p6；

主动齿轮 6 尺寸公差：ϕ16h6、ϕ14k6；

泵座 9 尺寸公差：ϕ16H7(2 处)。

零件各表面的粗糙度应根据该表面的作用和要求来确定。接触面与有配合要求的表面的表面粗糙度数值应较小，自由表面的粗糙度数值应较大。

常用公差等级与表面粗糙度 R_a 值见表 6-2。

表 6-2　常用公差等级与表面粗糙度

公差等级	IT6	IT7	IT8	IT9	IT10	≥IT11
R_a 值	>0.8～1.6	>1.6	>0.8～1.6	>1.6～3.2	>6.3～12.5	>12.5～25

一般情况下，轴表面粗糙度应比孔表面粗糙度 R_a 值小一级。孔、轴的相邻端面的表面粗糙度应比孔、轴表面粗糙度 R_a 值大一级。

根据零件的功能，还可加注其他必要的技术要求与说明。

完成后的泵体 1、从动齿轮 4、从动轴 5、主动齿轮 6、泵座 9 零件图如图 6.15～图 6.19 所示。

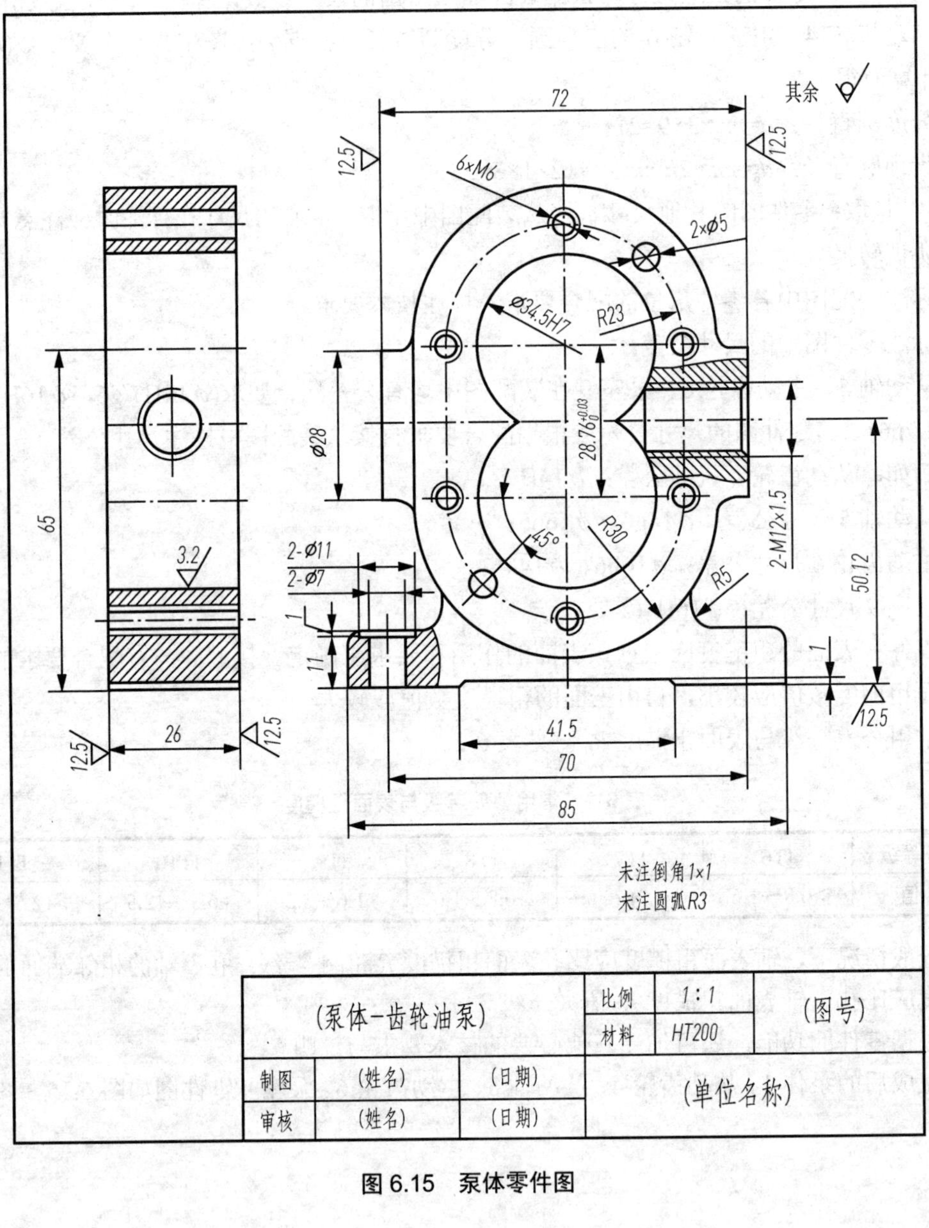

其余

未注倒角1×1
未注圆弧R3

(泵体–齿轮油泵)			比例	1:1	(图号)
			材料	HT200	
制图	(姓名)	(日期)	(单位名称)		
审核	(姓名)	(日期)			

图 6.15 泵体零件图

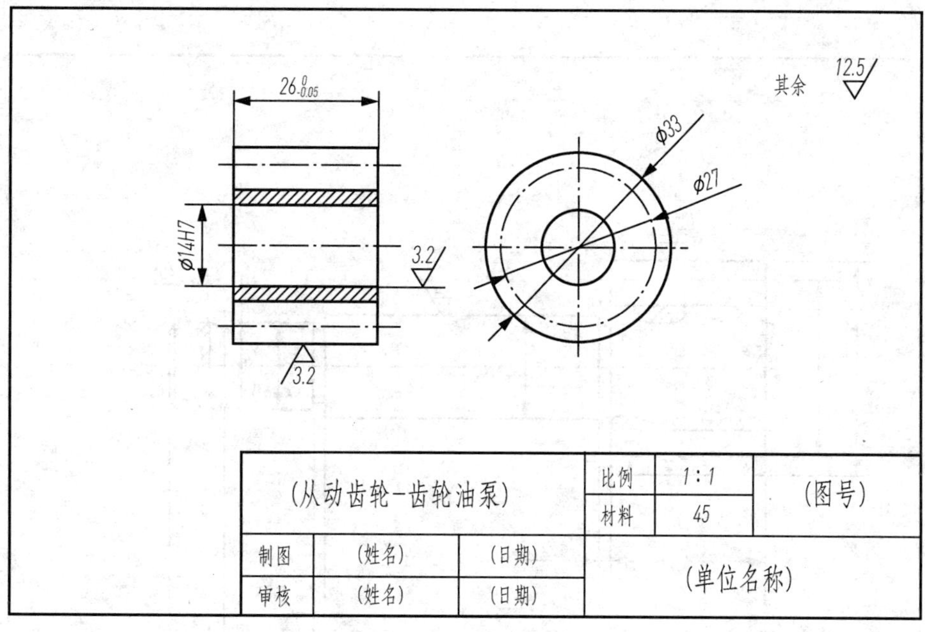

图 6.16 从动齿轮零件图

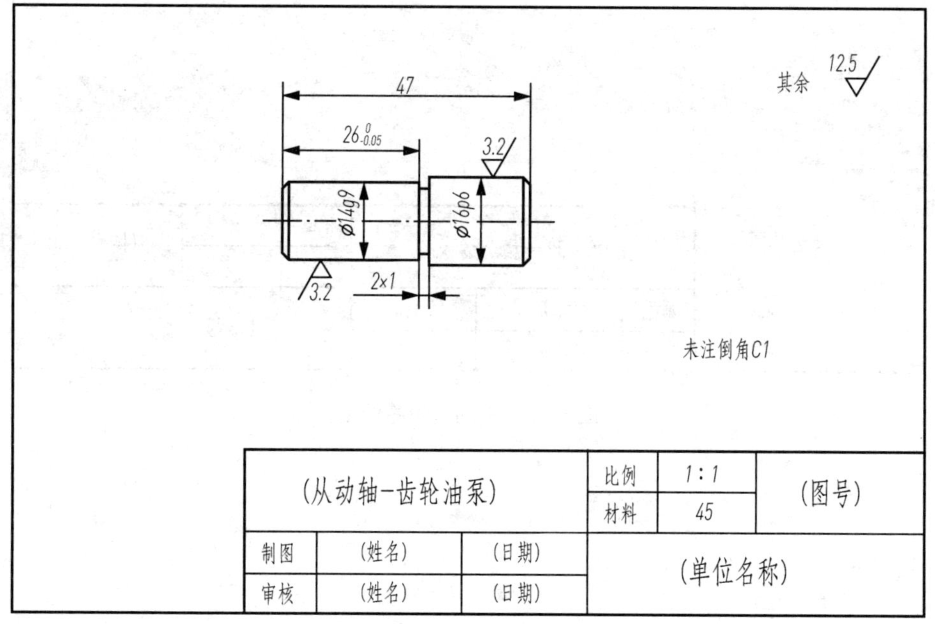

图 6.17 从动轴零件图

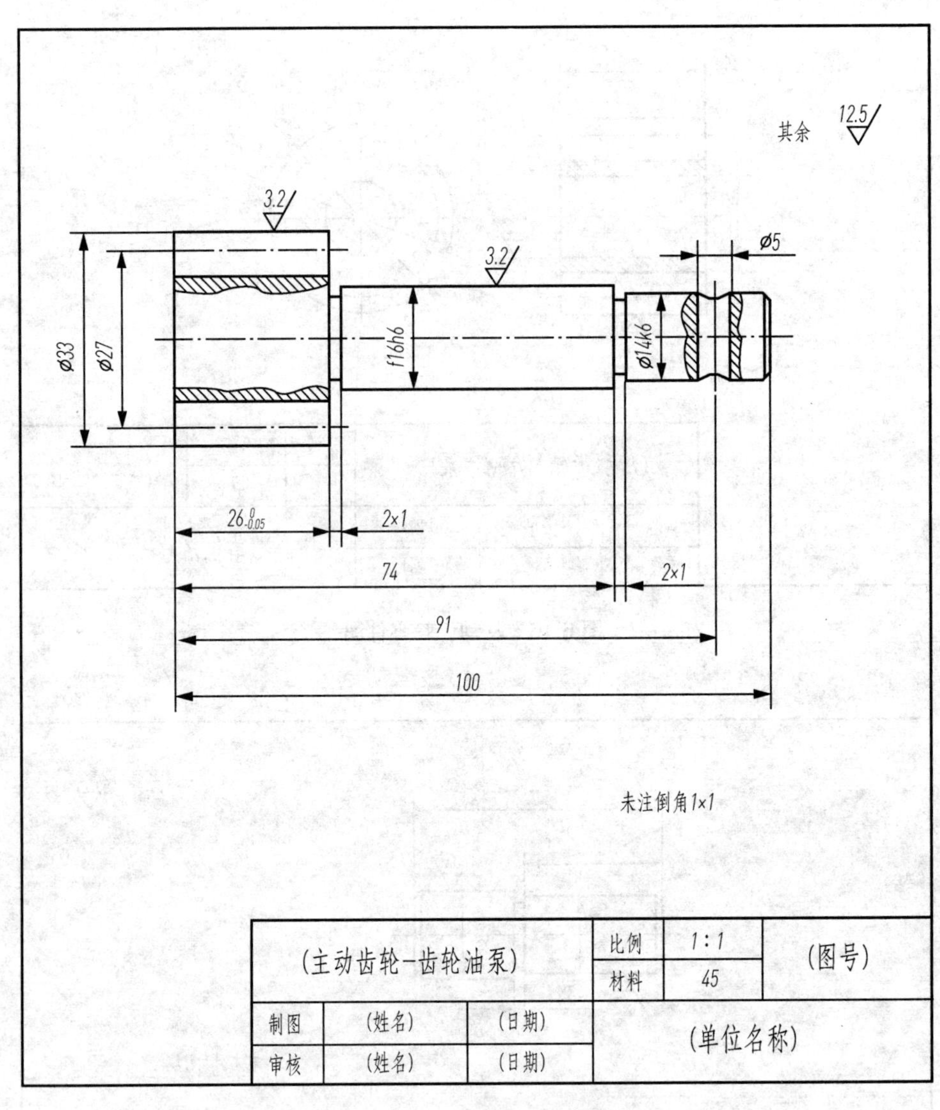

图 6.18 主动齿轮零件图

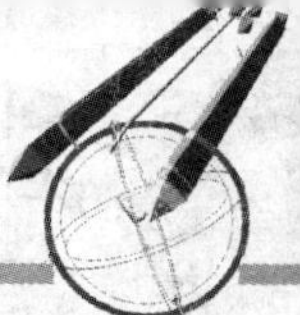

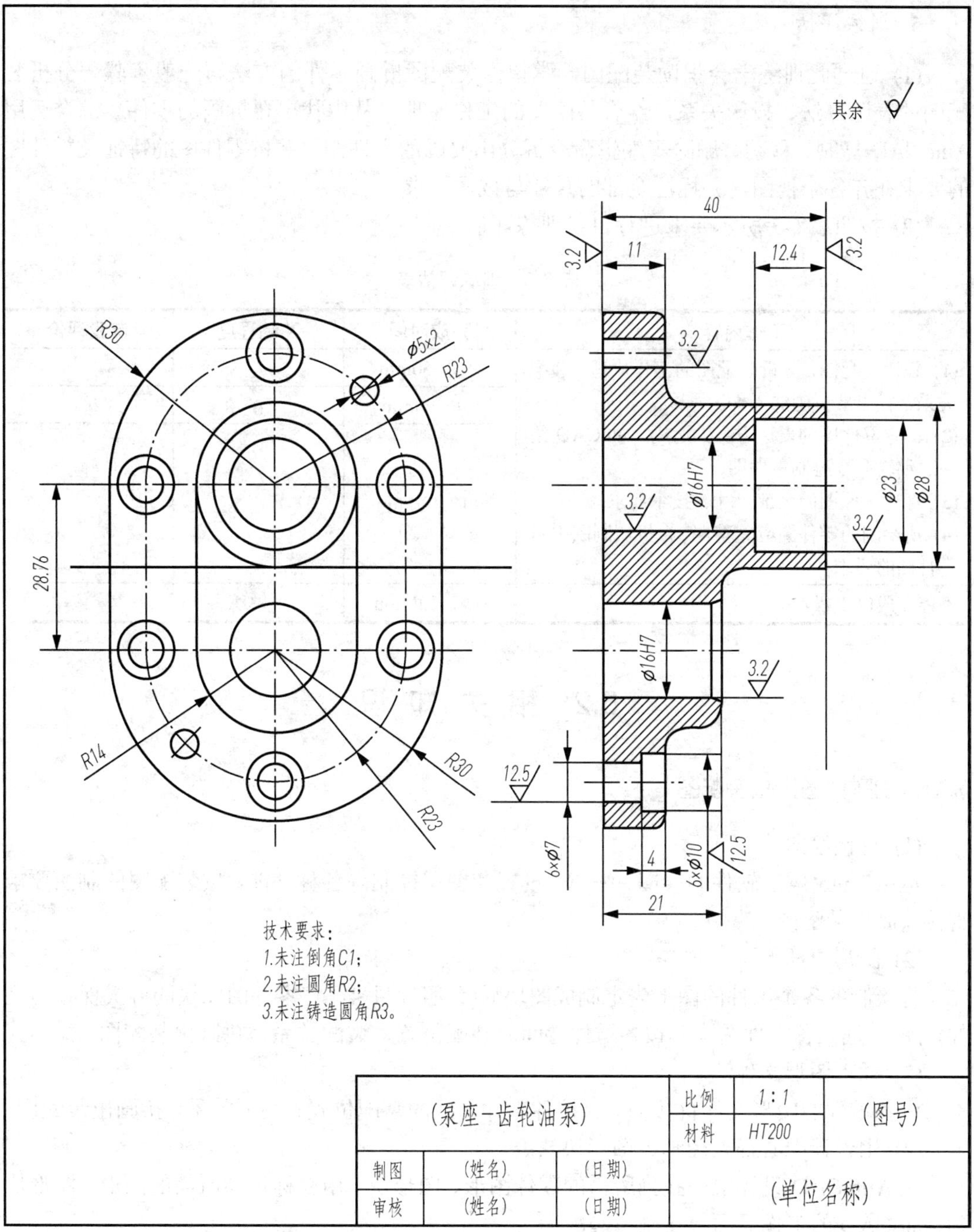

其余
40
11
12.4
3.2
R30
⌀5×2
R23
28.76
⌀16H7
⌀23
⌀28
R14
R30
R23
12.5
6×⌀7
4
6×⌀10
21
技术要求：
1.未注倒角C1；
2.未注圆角R2；
3.未注铸造圆角R3。
(泵座-齿轮油泵)
比例
1∶1
材料
HT200
(图号)
制图
(姓名)
(日期)
审核
(姓名)
(日期)
(单位名称)

图 6.19　泵座零件图

拆画零件图时应注意以下两点。

(1) 在装配体中有配合和装配关系的相关零件之间，尺寸标注时不能出现矛盾。零件各部分的尺寸公差应根据装配图尺寸配合要求来确定。

(2) 拆画零件完成后，应校核零件图，包括：各种尺寸和各项技术要求是否完整、合理；与装配图中相关的尺寸、技术要求是否一致；零件图的名称、材料、图号等是否与装配图中明细栏的内容相符。

5. 训练评估

(1) 通过此训练学会识读装配图，掌握由装配图拆画零件的方法与一般步骤。分析装配图的表达方法、投影关系，结合装配图的工作原理，从中找出要拆画的零件。综合运用 AutoCAD 复制、移动、删除等编辑命令拆分出要画的零件图，并按零件图的特征及零件图的要求补齐各个视图，并标注全部的尺寸与技术要求。

(2) 按照表 6-3 所示要求进行自我训练评估。

表 6-3　训练评估表

<table>
<tr><th>工作内容</th><th>完成时间</th><th>熟练程度</th><th>自我评价</th></tr>
<tr><td rowspan="3">(1) 识读装配图，分析装配图的工作原理、装配关系，找出要拆画的零件
(2) 确定零件图的表达方案，运用 AutoCAD 绘图、编辑命令绘制零件图
(3) 标注零件图的全部尺寸、技术要求
(4) 所绘制的零件图应完整，符合机械制图中对零件图的要求</td><td>小于 60min</td><td>A</td><td></td></tr>
<tr><td>60～90min</td><td>B</td><td></td></tr>
<tr><td>90～120min</td><td>C</td><td></td></tr>
<tr><td>不能完成以上操作</td><td>大于 120min</td><td>不熟练</td><td></td></tr>
</table>

6.2　相 关 知 识

6.2.1　由零件图拼画装配图

(1) 直接绘图法。

运用 AutoCAD 软件的绘图、编辑、设置和图层控制等各种功能，按装配图的制图要求直接绘制出装配图。

(2) 图形块插入法。

将绘制的各个零件的图形先定制成图块后(参照项目 4，将零件图以块的方式保存为文件)再逐一插入各零件图块，按各零件之间的装配位置、装配关系，拼画出装配图。

(3) 插入图形文件法。

将各零件的图形文件直接插入，按各零件之间的装配位置、装配关系，拼画出装配图。

(4) 用设计中心插入图形、图形块法。

在 AutoCAD 设计中心找到所需的零件图形、图形块，用鼠标拖动所需的图形、图形块到 AutoCAD 的工作界面，拼画出装配图。

6.2.2　由装配图拆画零件图

“由装配图拆画零件图”是机械设计过程中的一个重要环节。拆画零件图时，首先要在读懂装配图基础上分离所需拆画的零件，补齐被遮挡的图线，确定在装配图上未表示清楚的结构，并根据装配图所提供的零件结构形式和主要尺寸画出零件图，标注尺寸和技术要求等。

AutoCAD 由装配图拆画零件图的一般步骤如下。

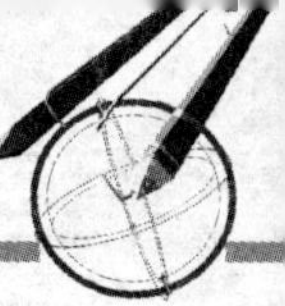

(1) 识读装配图，了解装配图部件的名称，功用，组装的零件名称、数量、材料及标准等。分析装配图的表达方法、投影关系，分析部件的工作原理和装配关系，从中找出要拆画的零件。

(2) 运用 AutoCAD 的复制、移动、删除等编辑功能将需拆画的零件从装配图中分离出来。

分离零件图的方法如下。

① 阅读明细表，从中找出要拆离的零件的序号和名称，再阅读装配图各视图，根据零件序号沿其指引线找出该零件在装配图的位置。

② 对照阅读装配图的各视图，根据机械制图国家标准规范中对剖面线的要求：同一零件的剖面线在各个视图上的方向和间隔应一致，将要分离的零件从有关视图中区别开来。

③ 根据视图的投影关系及常见结构的规定画法识别各零件。实心轴零件在装配图中规定沿轴线剖开，不画剖面线，快速地将轴、齿轮、螺钉、键等常用零件区分出来。

利用常用件(如齿轮)结构的对称性、齿轮啮合联接特点与结构特征将零件其从装配图中分离出来。

④ 从零件的明细表中找到零件的材料，根据材料的加工性质提出零件表面处理初步方案。

(3) 确定零件的表达方案，绘制零件图。

装配图的视图表达方案着重表达的是零件间的装配关系、工作原理及主要零件的主体形状。

确定零件的表达方案时，首先考虑由装配图直接分离得来的一组视图是否合适用于该零件的表达方案，若分离出来的一组视图对于表达该零件合适并表达清楚，则可直接采用。

若装配图分离得来的一组视图不能清楚表达出零件的结构，则需对表达方案进行调整和补充，甚至重新确定表达方案。

零件图的主视图选择应符合显示形体特征的原则、零件合理位置的原则(加工位置原则、工作位置原则及自然安放位置原则)。在各视图中，将装配图中省略的零件工艺结构如倒角、倒圆、退刀槽、越程槽等补齐。

(4) 标注零件图的全部尺寸、技术要求。

在零件图上正确地标注尺寸是拆画零件图的一项重要内容。零件图尺寸数值可以通过以下几方面获取。

① 抄注：装配图中已标注出的有关零件尺寸应直接抄注在相关零件图上，不得随意更改。

② 查表：对于标准结构尺寸，如沉孔、键槽、倒角、退刀槽等应从相关标准手册中查出尺寸数值进行标注。

③ 计算：零件的某些尺寸可根据装配图中给出的尺寸参数，计算出有关尺寸数值。例如：主动、从动齿轮分度圆直径($d=mz=3\times9=27$)、齿顶圆直径($d_a=mz+2h_am=3\times9+2\times1\times3=33$)。

④ 量取：零件图的其他尺寸可以直接从装配图中量取，量取的尺寸在标注时应注意圆整和比例协调转换。

6.3 知 识 链 接

6.3.1 设计中心

利用 AutoCAD 设计中心，用户可以很方便地重复使用和共享图形，以便实现对图形进行有效的管理、调用。

设计中心主要包括以下功能。

(1) 利用设计中心打开图形和查找内容：例如浏览本地及网络中的图形文件，查看图形文件中的对象(如图块外部参照、图像、图层、文字样式和线型等)。用户可以按照特定图层名称或上次保存图形的日期进行搜索，在本地或网络驱动器上查找图形。

(2) 将图形文件中的对象通过插入、附着、复制和粘贴到当前图形中。例如将控制板或查找对话框中的图形对象以块方式，或以附着或覆盖外部参照方式插入到当前的图形文件中。

执行方式

- ◆ 下拉菜单:【工具】|【选项板】|【设计中心】
- ◆ 命令行: Adcenter/Adc
- ◆ 工具栏:
- ◆ 快捷键: Ctrl+2

执行上述操作后，出现图 6.20 所示的【设计中心】对话框。

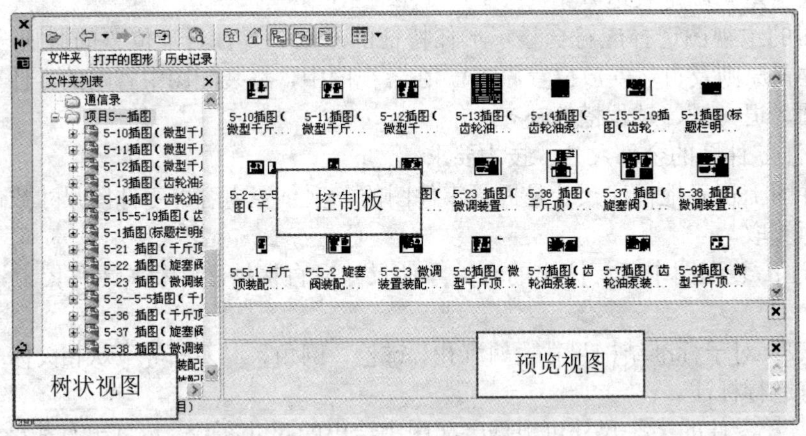

图 6.20 【设计中心】对话框

AutoCAD【设计中心】对话框包括树状视图、控制板和预览视图 3 部分。

树状视图用于显示计算机或网络驱动器中文件与文件夹的层次结构，打开的图形列表、自定义内容以及查看最近访问过的位置及历史记录。树状图中选定的内容将显示在控制板中。单击项目前面的加号+或减号-，或双击项目，都可显示或隐藏其下一层次的内容。

控制板用于显示树状视图中当前选定内容源的内容。内容源通常称为“容器”，容器可

以是含有 AutoCAD 设计中心能够访问信息的任何单元，例如磁盘、文件夹、文件或网址(URL)。使用窗口顶部的工具栏按钮，可以访问控制板选项。

在控制板中，通过拖动、双击或单击鼠标右键并选择【插入为块】、【附着为外部参照】或【复制】命令，可以在当前图形中插入块、填充图案或附着外部参照。用户可以通过拖动或单击鼠标右键向图形中添加其他内容(例如图层、标注样式和布局)，可以从设计中心将块和填充图案拖动到工具选项板中。

单击边框、控制板和树状视图中间的分隔栏或右下角的尺寸夹点，可通过拖动调整设计中心窗口的大小。

以块的方式插入图形操作一步骤如下。

(1) 在控制板或【搜索】对话框中选择想要插入的块(图形文件)，按鼠标右键从弹出的快捷菜单中选取【插入为块】，打开【插入】对话框，如图 6.21 所示。

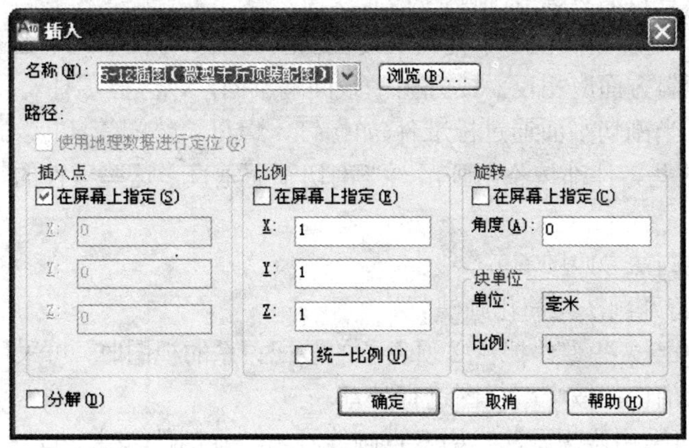

图 6.21　【插入】对话框

(2) 在【插入】对话框中可以选择在对话框设置插入点、缩放比例、旋转角度，或选择由屏幕在插入时指定，单击【确定】按钮。

(3) 单击鼠标左键在屏幕上指定插入点，并根据系统提示录入参数(缩放比例、旋转角度)，完成图形的插入操作。

(4) 如需将块分解为组织对象，需选中“分解”复选框。

以块的方式形式插入图形操作二步骤如下。

在控制板或【搜索】对话框中选择想要插入的块(图形文件)，按住鼠标左键拖动图标到屏幕窗口中，松开鼠标左键；单击鼠标左键在屏幕上指定插入点，并根据系统提示录入参数(X、Y 缩放比例、旋转角度)，完成图形的插入操作。

6.3.2　画装配图的相关知识

1. 装配图的内容

装配图是表达机器或部件各组成部分的相对位置、联接及装配关系的图样，是用于进行生产准备，制定装配工艺流程、进行装配、检验、安装与维修的技术依据。装配图表达要完整，装配图应包括以下内容。

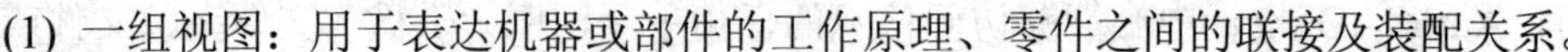

(1) 一组视图：用于表达机器或部件的工作原理、零件之间的联接及装配关系。

(2) 必要的尺寸：标注与机器或部件的性能、规格、装配和安装有关的尺寸。

(3) 技术要求：说明机器或部件在装配、安装和检验等方面应达到的技术指标。

(4) 标题栏、零件序号及明细栏：注明机器或部件的名称及装配图中全部零件的序号、名称、材料、数量、标准及必要的签署等内容。

2. 装配图的表达方法

装配图的表达方法除采用视图、剖视图、断面图等零件图的表达方法外，还需要灵活运用装配图的规定画法、特殊画法与简化画法。

(1) 装配图的规定画法。

① 相邻两零件的两面接触面和配合面只画一条共有的轮廓线；相邻两零件不接触面和非配合面分别画出各自的轮廓线(画两条线)。

② 装配图中，同一零件在各个视图上的剖面线的倾斜方面和间隔必须一致；两个相邻零件的剖面线的倾斜方面应相反，或方向一致间隔不同，以区分零件。

③装配图中，当剖切平面通过标准件(如螺钉、螺母、垫圈等)和实心件(如轴、手柄、销等)的轴线时，这些零件都按不剖画出。当剖切平面垂直于这些零件的轴线时，则应画出剖面线。

装配图的规定画法参照图 6.9。

(2) 装配图的特殊画法与简化画法。

① 装配图中，当某些零件挡住必须表示的装配关系的视图时，可采用假想的剖切面沿零件的结合面进行剖切，按半剖视图进行处理。

② 装配图中可采用假想画法。用双点画线画出与本部件(安装和联系)相关的其他零件或用双点画线表示运动零件的极限位置。

③ 装配图中，为了清楚表达装配关系，可采用夸大画法，允许将薄的垫片或较小的间隙夸大画出。

④ 装配图中，对若干相同的零件组可采用简化画法。如螺栓联接等，可详细地画出一处或几处，其余的则以点画线表示其中心位置。装配图中零件的工艺结构，如倒角、圆角、退刀槽等可不画出。

装配图的特殊画法、简化画法参照图 6.12。

3. 装配图的尺寸标注

装配图的尺寸标注与零件图尺寸标注不同，装配图不需要注出各零件的全部尺寸，只需注出与部件的性能、装配、安装、运输等有关的几类尺寸。装配图的尺寸包括以下 5 种。

(1) 性能(规格)尺寸：表示部件的性能和规格的尺寸。它是设计和选择部件的主要依据。

(2) 装配尺寸：表示零件之间装配关系的尺寸，如配合尺寸和重要的相对位置尺寸。

(3) 安装尺寸：将部件安装到机座上所需要的尺寸(对外关系尺寸)。

(4) 外形尺寸：指部件在长、宽、高 3 个方向上的最大尺寸。它为包装、运输、安装所需要的空间大小提供依据。

(5) 其他重要尺寸：除上述尺寸外，有时还要注出其他重要尺寸。如运动零件的极限位置尺寸、主要零件的重要结构尺寸等。

以上尺寸在装配图中均应标注出来，参照图6.10。

4. 装配图的零件序号标注与明细栏

为便于生产和管理，装配图中需对每种零件进行编号，并在标题栏上方画出明细栏，填写零件的详细目录。包括：零件的序号，名称，数量，材料、附注和标准。

(1) 相同的零件只对其中一个编号，其数量填写在明细栏内。

(2) 零件序号应按顺时针或逆时针方向顺序编号，按水平或垂直方向整齐排列在一条线上。

(3) 零件编号的指引线不能相交，指引线通过剖切面时不能与剖面线平行。

装配图的零件序号标注与明细栏参照图6.11、图6.12。

6.4 拓展训练

6.4.1 拓展训练任务1

1. 根据千斤顶装配图拆画零件图

打开给出的千斤顶装配图文件，根据图6.22所示的千斤顶装配图，拆画出顶垫1、螺旋杆3、螺套6、底座7的零件图。要求如下。

(1) 绘制A4图幅，将完成的零件图分别放置其中，并填写标题栏。

(2) 零件图按1∶1比例作图，除装配图上给出的尺寸外，拆画零件的其余尺寸可按比例1∶1从图中量取，取整数。

(3) 对于装配图上没有表达清楚的零件的某一局部的形状，应自行设定。

(4) 零件图根据表达的需要可作合适的剖视图、断面图。

(5) 标注各零件尺寸、公差代号、表面粗糙度代号，数值自定。

完成后以“零件名称.dwg”保存。

2. 根据旋塞阀装配图拆画零件图

打开给出的旋塞阀装配图文件，根据图6.23所示的旋塞阀装配图，拆画出旋塞阀壳1、旋塞盖2、填料压盖3、旋塞6的零件图。要求如下。

(1) 绘制A4图幅，将完成的零件图分别放置其中，并填写标题栏。

(2) 零件图按1∶1比例作图，除装配图上给出的尺寸外，拆画零件的其余尺寸可按比例1∶1从图中量取，取整数。

(3) 对于装配图上没有表达清楚的零件的某一局部的形状，应自行设定。

(4) 零件图根据表达的需要可作合适的剖视图、断面图。

(5) 标注各零件尺寸、公差代号、表面粗糙度代号，数值自定。

完成后以“零件名称.dwg”保存。

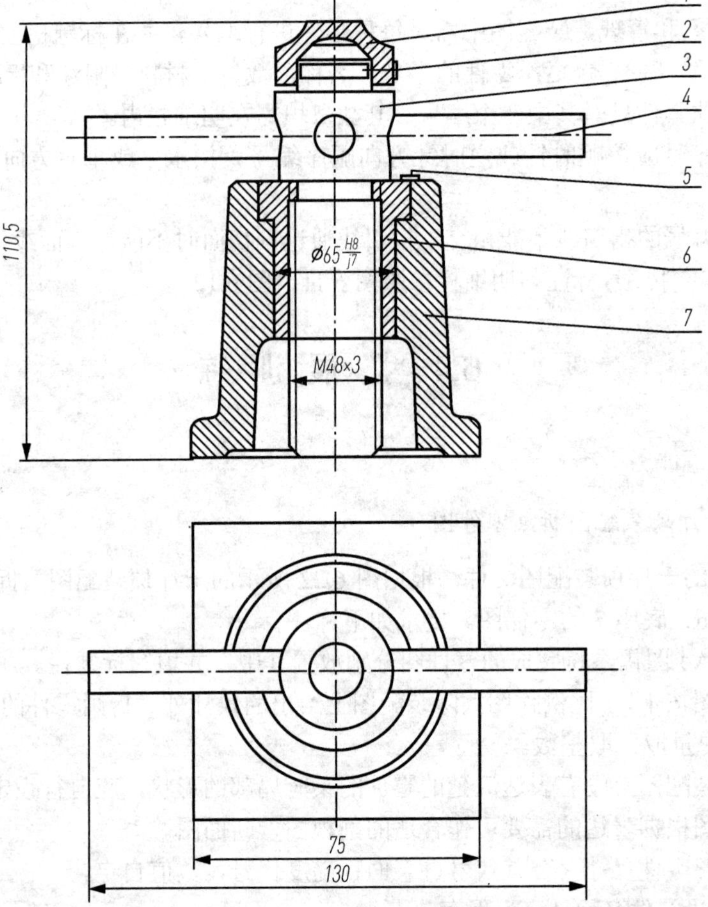

1
2
3
4
5
6
7
110.5
$\phi 65\frac{H8}{j7}$
M48×3
75
130

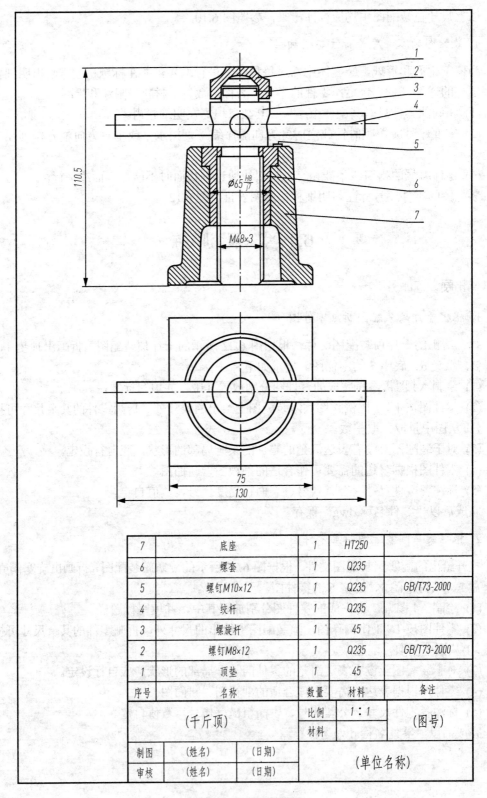

序号	名称	数量	材料	备注
7	底座	1	HT250	
6	螺套	1	Q235	
5	螺钉M10×12	1	Q235	GB/T73-2000
4	绞杆	1	Q235	
3	螺旋杆	1	45	
2	螺钉M8×12	1	Q235	GB/T73-2000
1	顶垫	1	45	

(千斤顶)		比例	1∶1	(图号)
		材料		
制图	(姓名)	(日期)	(单位名称)	
审核	(姓名)	(日期)		

图 6.22　千斤顶装配图

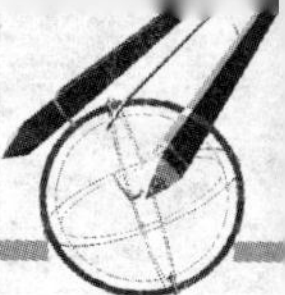

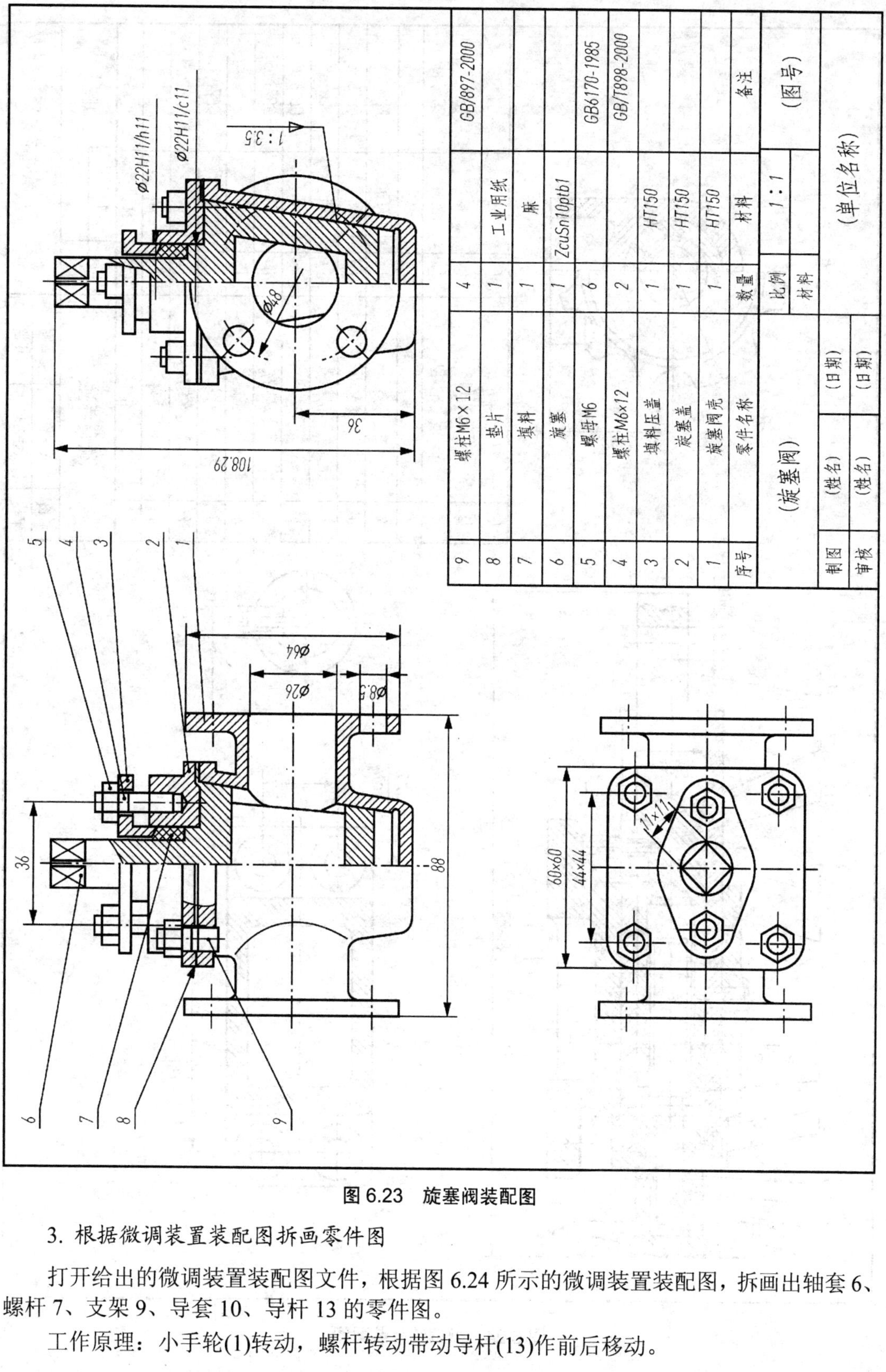

序号	零件名称	数量	材料	备注
9	螺柱M6×12	4		GB/897-2000
8	垫片	1	工业用纸	
7	填料	1	麻	
6	旋塞	1	ZcuSn10ptb1	
5	螺母M6	6		GB6170-1985
4	螺柱M6x12	2		GB/T898-2000
3	填料压盖	1	HT150	
2	旋塞盖	1	HT150	
1	旋塞阀壳	1	HT150	

(旋塞阀)		比例	1:1	(图号)
		材料		
制图	(姓名)	(日期)	(单位名称)	
审核	(姓名)	(日期)		

图 6.23　旋塞阀装配图

3. 根据微调装置装配图拆画零件图

打开给出的微调装置装配图文件，根据图 6.24 所示的微调装置装配图，拆画出轴套 6、螺杆 7、支架 9、导套 10、导杆 13 的零件图。

工作原理：小手轮(1)转动，螺杆转动带动导杆(13)作前后移动。

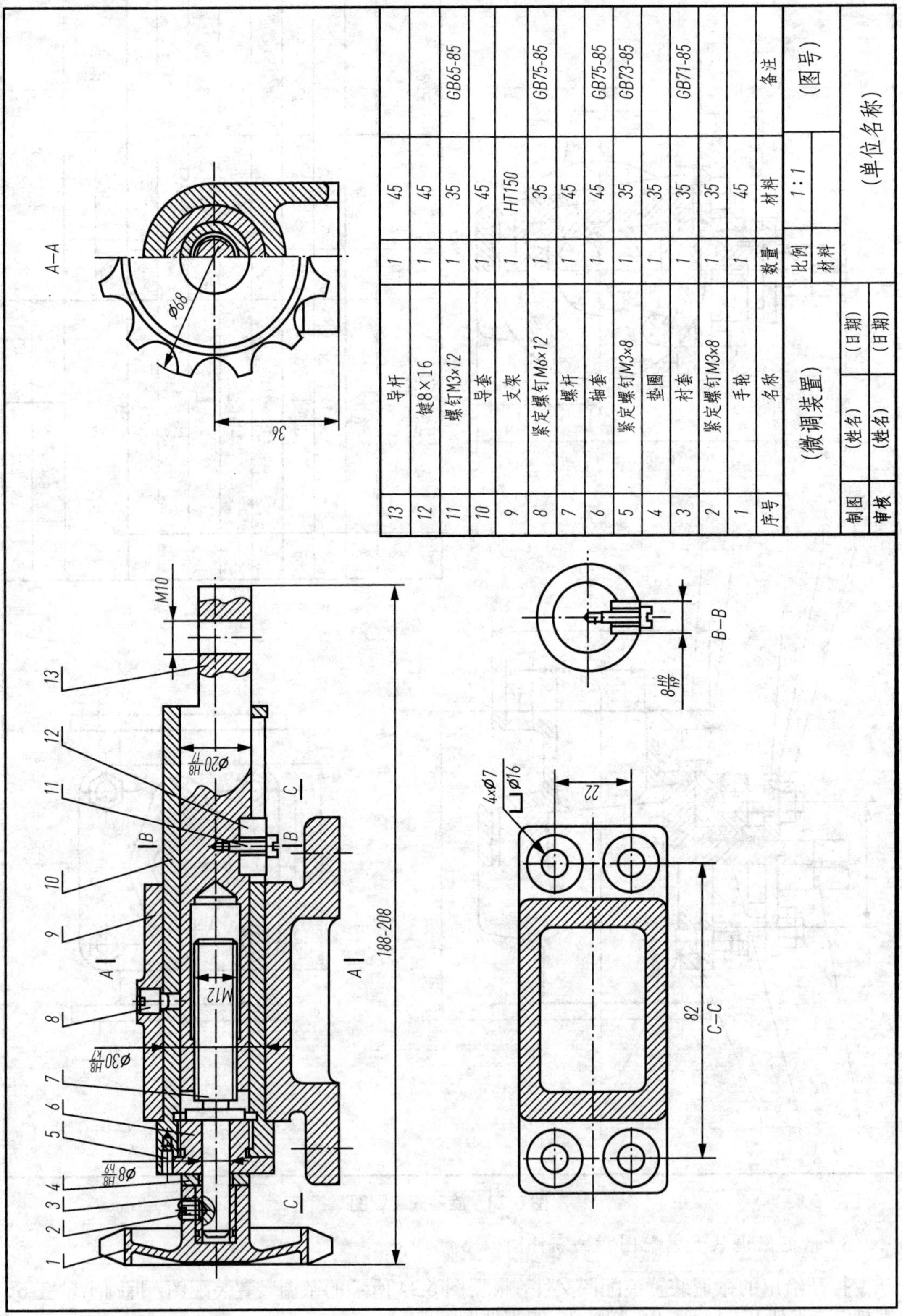

序号	名称	数量	材料	备注
13	导杆	1	45	
12	键8×16	1	45	
11	螺钉M3×12	1	35	GB65-85
10	导套	1	45	
9	支架	1	HT150	
8	紧定螺钉M6×12	1	35	GB75-85
7	螺杆	1	45	
6	轴套	1	45	GB75-85
5	紧定螺钉M3×8	1	35	GB73-85
4	垫圈	1	35	
3	衬套	1	35	GB71-85
2	紧定螺钉M3×8	1	35	
1	手轮	1	45	

(微调装置)		比例	1:1	(图号)
		材料		
制图	(姓名)	(日期)	(单位名称)	
审核	(姓名)	(日期)		

图 6.24 微调装置装配图

要求如下。

(1) 绘制 A4 图幅，将完成的零件图分别放置其中，并填写标题栏。

(2) 零件图按 1∶1 比例作图，除装配图上给出的尺寸外，拆画零件的其余尺寸可按比例 1∶1 从图中量取，取整数。

(3) 对于装配图上没有表达清楚的零件的某一局部的形状，应自行设定。

(4) 零件图根据表达的需要可作合适的剖视图、断面图。

(5) 标注各零件尺寸、公差代号、表面粗糙度代号，数值自定。

完成后以“零件名称.dwg”保存。

6.4.2　拓展训练任务 2

根据图 6.26～图 6.30 所示的千斤顶的零件图拼画装配图

要求如下。

(1) 使用 A2 图幅，装配图比例：1∶1。

(2) 恰当地确定部件的表达表达方案，清晰地表达部件的工作原理、装配关系及零件的主要结构形状。

(3) 标注装配图的尺寸和技术要求。

(4) 填写标题栏、明细表等内容，完成装配图后以文件名“千斤顶.dwg”保存在指定的工作盘。

相关资料介绍如下。

① 千斤顶工作原理。千斤顶是利用螺旋运动来顶举重物的一种起重工具，工作行程 h=35 mm，常用于机械维修工作中。工作时，先拧松导向螺钉 4，再转动调整螺母 3，通过螺纹配合使螺杆 2 作上、下移动，由螺杆 2 顶部在行程内顶升重物，再拧紧导向螺钉 4 加以固定。

标题栏和明细表采用图 6.25 所示格式(参照项目 1，不标注尺寸)。

12	58	12	22	36
5	顶垫	1	45	
4	螺钉	1	45	GB/T70-2000
3	绞杆	1	Q235	
2	螺旋杆	1	45	
1	底座	1	HT250	
序号	零件名称	数量	材料	备注

<table>
<tr><td colspan="3" rowspan="2">(图名)</td><td>比例</td><td></td><td rowspan="2">(图号)</td></tr>
<tr><td>材料</td><td></td></tr>
<tr><td>制图</td><td>(姓名)</td><td>(日期)</td><td colspan="3" rowspan="2">(单位名称)</td></tr>
<tr><td>审核</td><td>(姓名)</td><td>(日期)</td></tr>
</table>

图 6.25　标题栏和明细表格式

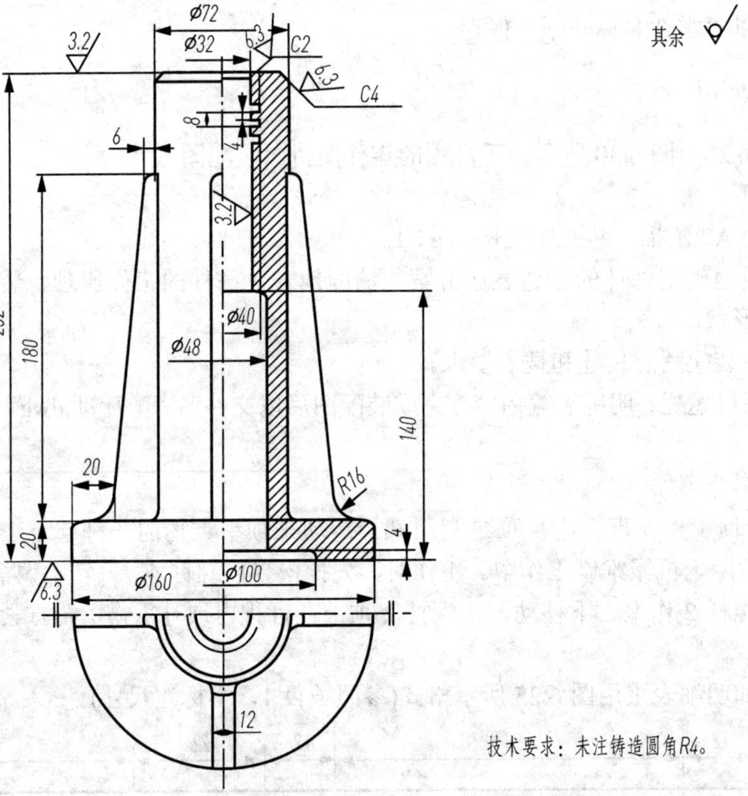

其余

技术要求：未注铸造圆角R4。

(底座)			比例	1∶1	(B6-1)
			材料	HT250	
制图	(姓名)	(日期)	(单位名称)		
审核	(姓名)	(日期)			

图 6.26　底座零件图

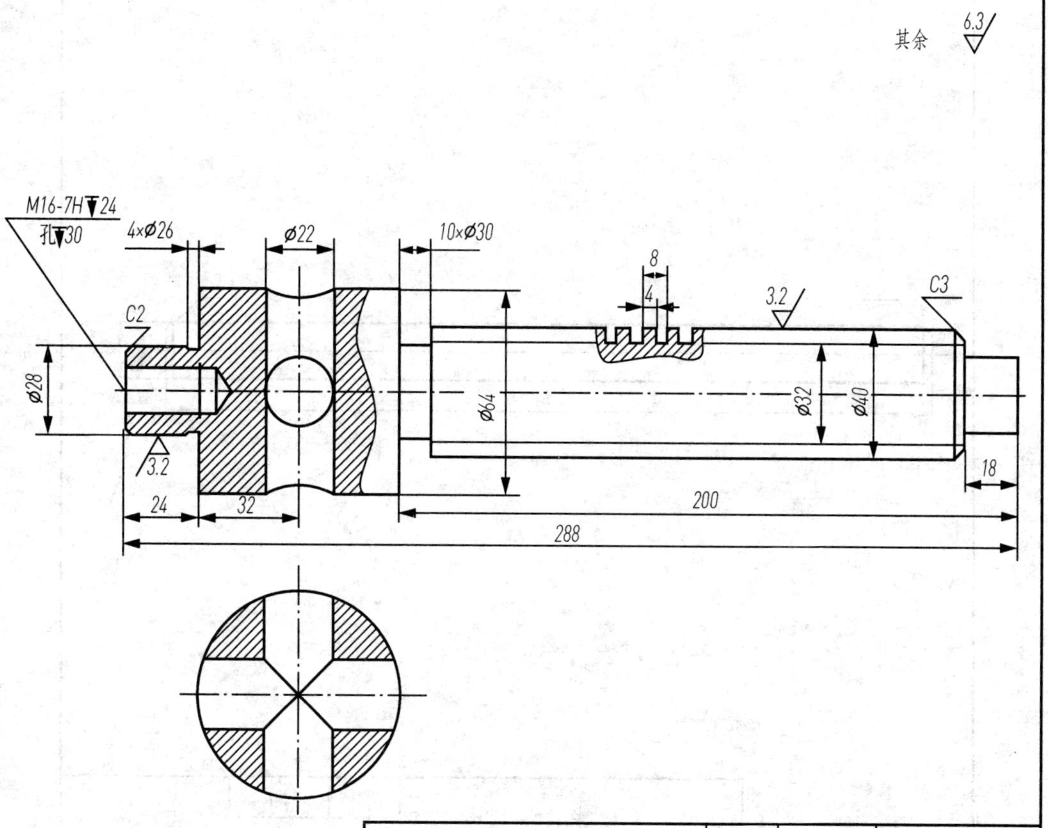

其余 6.3

M16-7H▼24 孔▼30　4×Ø26　Ø22　10×Ø30　8　4　3.2　C3　C2　Ø28　Ø64　Ø32　Ø40　3.2　18　24　32　200　288

(螺旋杆)			比例	1∶1	(B6−2)
			材料	45	
制图	(姓名)	(日期)	(单位名称)		
审核	(姓名)	(日期)			

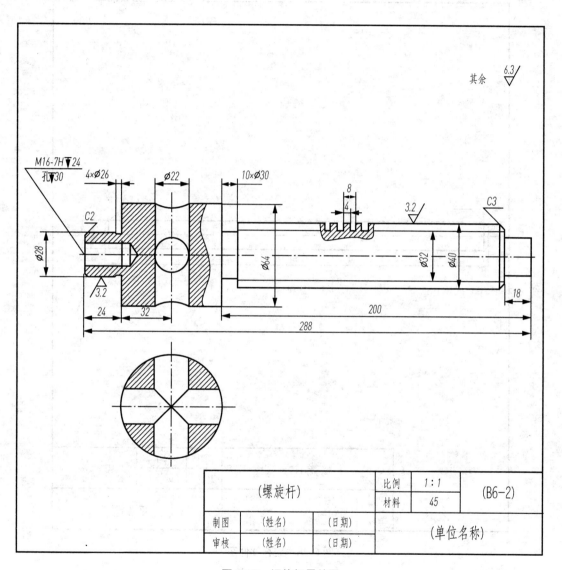

图 6.27　螺旋杆零件图

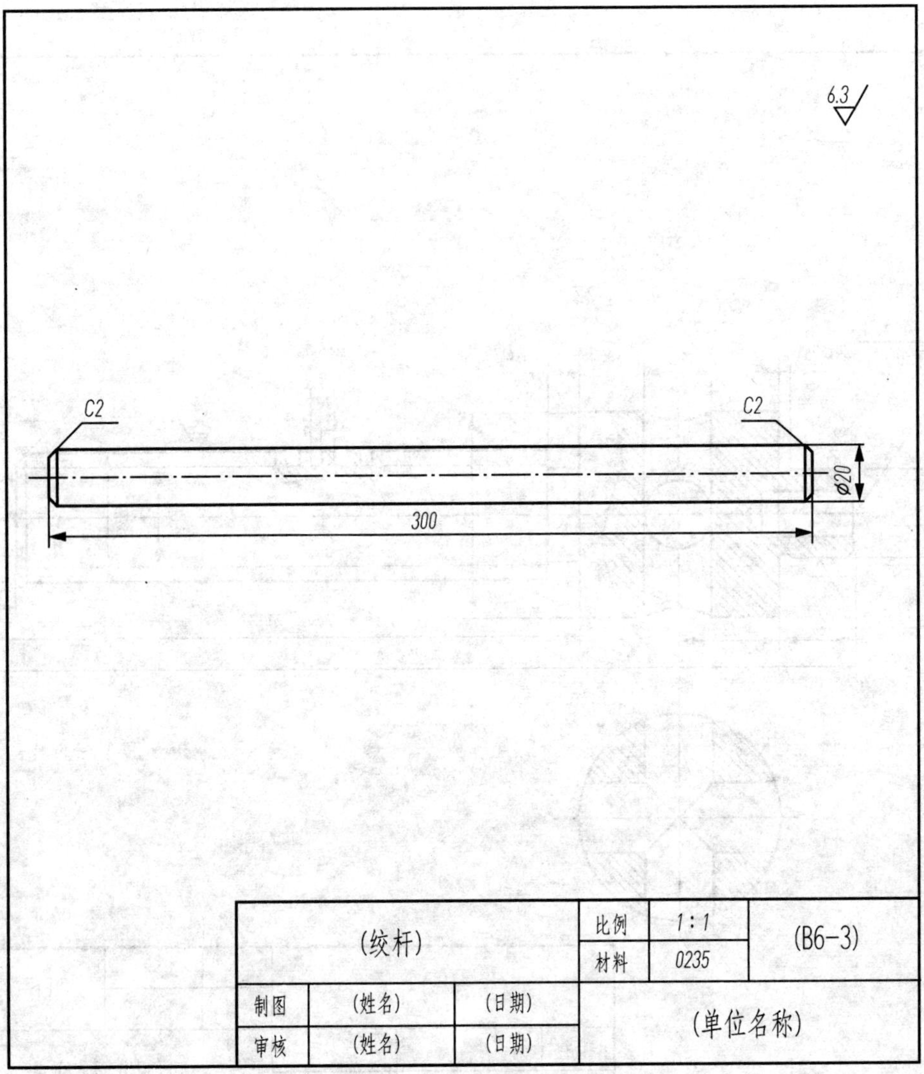

<table>
<tr><td colspan="3" rowspan="2">(绞杆)</td><td>比例</td><td>1∶1</td><td rowspan="2">(B6-3)</td></tr>
<tr><td>材料</td><td>Q235</td></tr>
<tr><td>制图</td><td>(姓名)</td><td>(日期)</td><td colspan="3" rowspan="2">(单位名称)</td></tr>
<tr><td>审核</td><td>(姓名)</td><td>(日期)</td></tr>
</table>

图 6.28　绞杆零件图

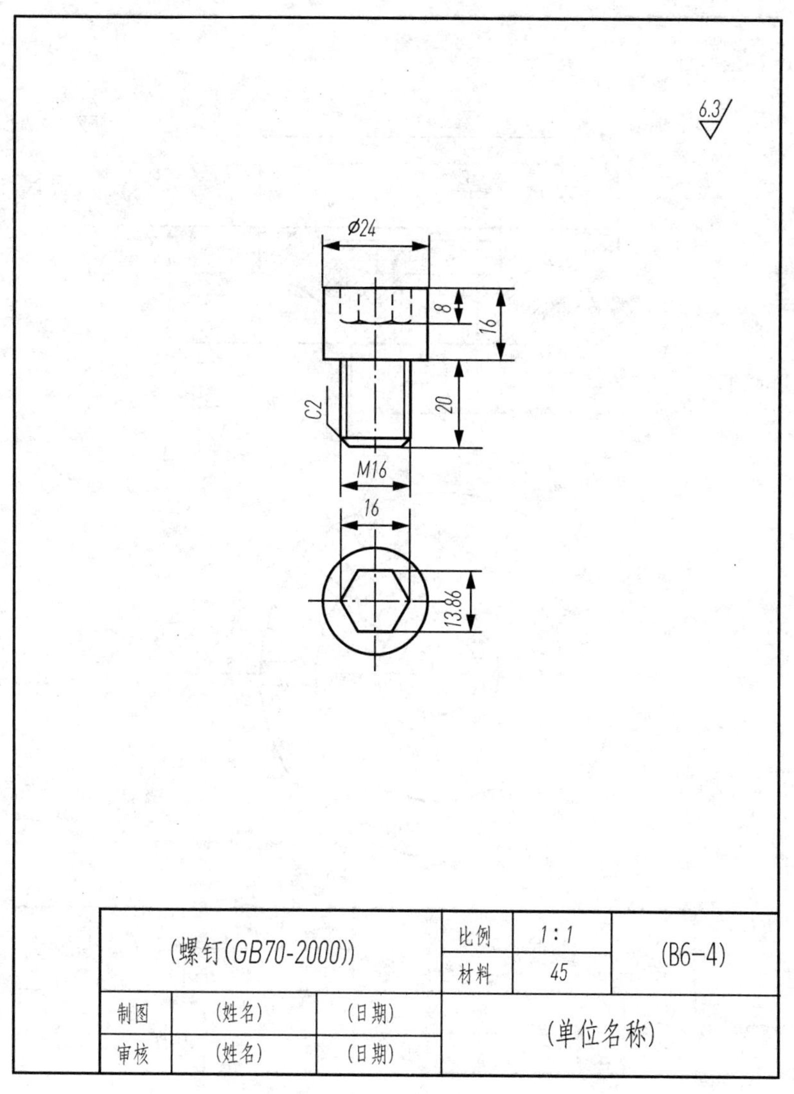
6.3
Ø24
8
16
20
C2
M16
16
13.86
(螺钉(GB70-2000))
比例
1:1
材料
45
(B6-4)
制图
(姓名)
(日期)
审核
(姓名)
(日期)
(单位名称)

图 6.29　螺钉零件图

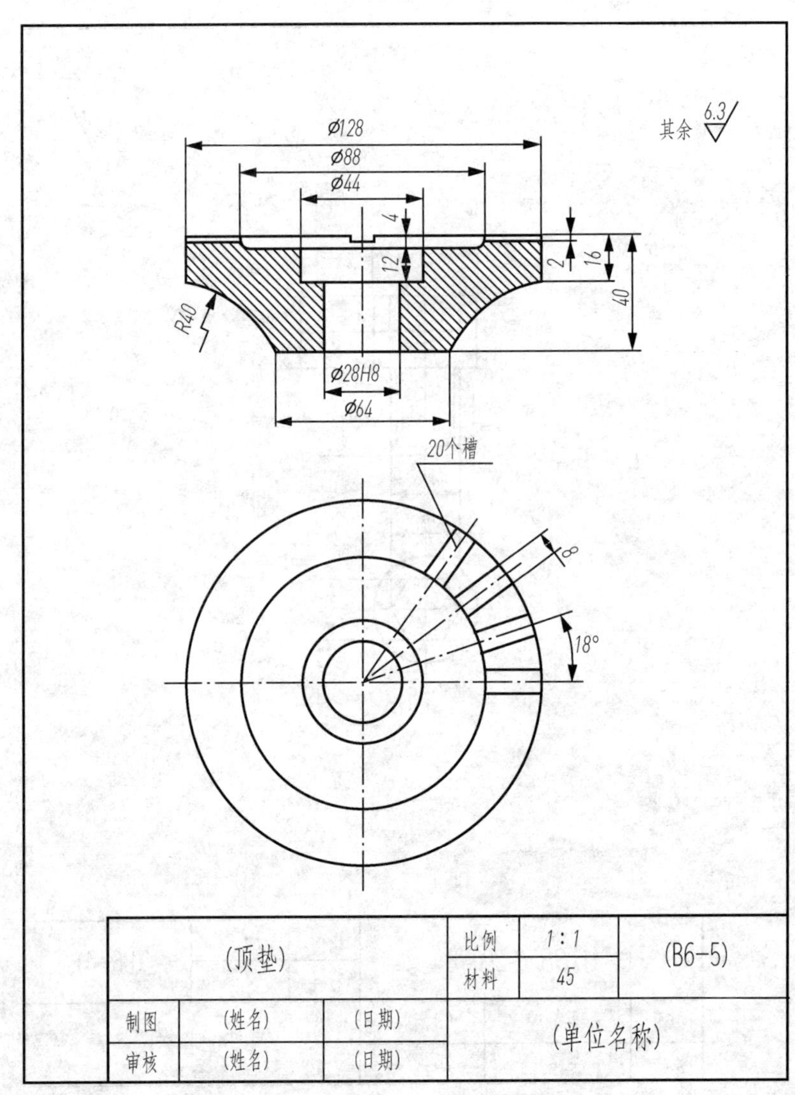

(顶垫)		比例	1:1	(B6-5)
		材料	45	
制图	(姓名)	(日期)	(单位名称)	
审核	(姓名)	(日期)		

图 6.30 顶垫零件图

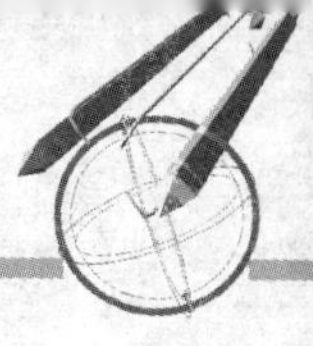

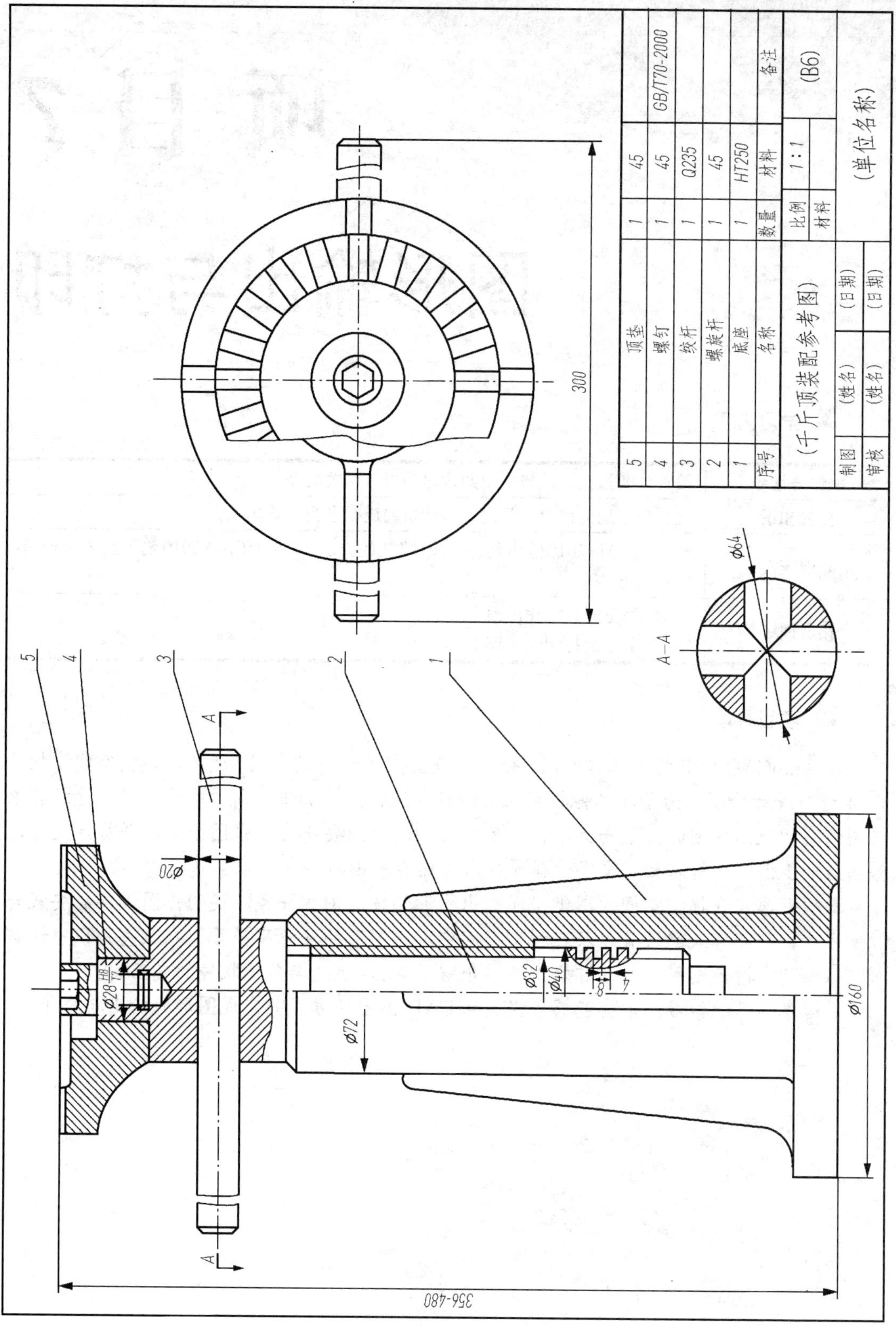

5
4
3
2
1
A
A
A—A
Ø64
300
Ø20
Ø28 H8/f7
Ø32
Ø40
8
4
Ø72
Ø160
356-480
5 顶垫 1 45
4 螺钉 1 45 GB/T70-2000
3 绞杆 1 Q235
2 螺旋杆 1 45
1 底座 1 HT250
序号 名称 数量 材料 备注
(千斤顶装配参考图)
比例 1:1
材料
(B6)
制图 (姓名) (日期)
审核 (姓名) (日期)
(单位名称)

图 6.31　千斤顶装配图

项目7

图形输出与打印

学习内容

操作与指令	设置打印样式、从模型空间输出图形等相关命令
相关知识	模型与布局的概念，学习如何从布局进行多视口输出
知识链接	从AutoCAD 2010输出到3ds max格式的方法、从AutoCAD 2010输出到Photoshop格式的方法
拓展训练	(1) 模型空间打印输出模型 (2) 图纸空间打印输出模型

项目导读

在AutoCAD中有两个工作空间，分别是模型空间和图纸空间。通常在模型空间中按照1∶1进行设计绘图。为了与其他技术人员进行交流、生产加工，需要输出图纸，这就要求在图纸空间规划视图的位置与大小，将不同比例的视图安排在一张图纸上，并标注尺寸，给图纸加上图框、标题栏、文字注释等内容，然后输出打印。

本项目通过在模型空间、图纸空间输出图形的技能训练任务，说明出图设备的安装与配置方法，打印样式的设置以及在模型空间中输出图形的注意事项等。在相关知识中讲解如何从布局中输出图形，并通过知识链接介绍了AutoCAD与其他软件的交互。

通过本项目的学习，学生能够掌握AutoCAD出图的方式并完成图形的输出与打印。

7.1　技能训练任务

7.1.1　技能训练任务 1

1. 工作任务

打开项目二的平面文件“A203.dwg”，如图 7.1 所示。设置打印参数，按 A4 图幅，比例 1∶1 完成零件图的打印，要求使用模型空间输出图纸。

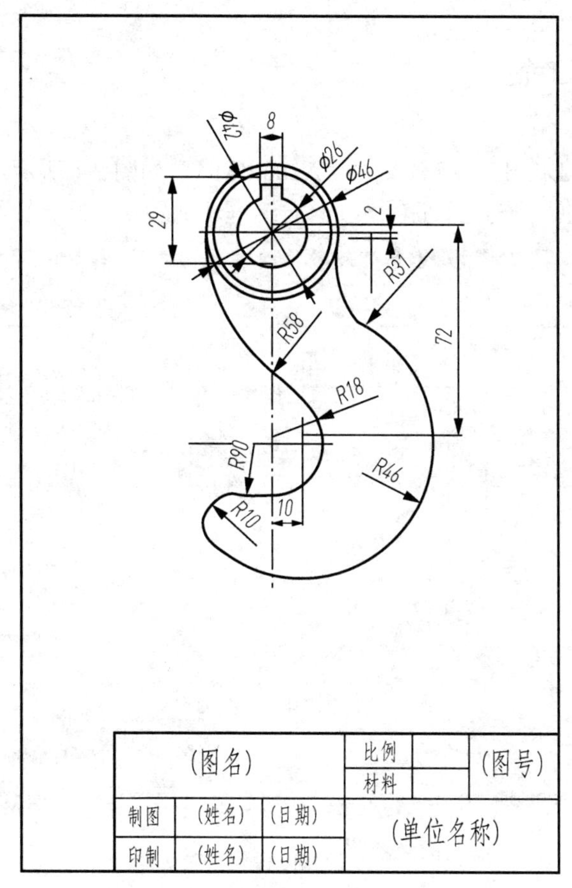

图 7.1　吊钩平面图

2. 任务目标

本图只有一个二维视图，可以在模型空间中完整创建图形，并且直接在模型空间中进行打印。

在模型空间输出打印图形时，掌握打印样式的设置，打印参数的设置，能够完成从模型空间输出图形。

3. 任务分析

AutoCAD 绘图一般是按 1∶1 比例绘制，运用打印机或绘图仪打印图纸时，首先应选择打印图纸的图幅，根据打印图纸的图幅确定打印比例。本项目中，打印图幅与绘图的图幅一致，图样是按 1∶1 比例绘制的，绘图中已经定义了图幅并绘制出图幅框线、标题栏等，打印时直接采用 1∶1 比例打印。

4. 操作指引

执行方式

- 菜单栏：【文件】|【打印】
- 功能区：【输出】|单击
- 工具栏：
- 命令行：PLOT 或 PRINT

主要步骤：

(1) 启动 AutoCAD 2012，打开文件“A203.dwg”，如图 7.1 所示。

(2) 单击 按钮，弹出【打印-模型】对话框，如图 7.2 所示。

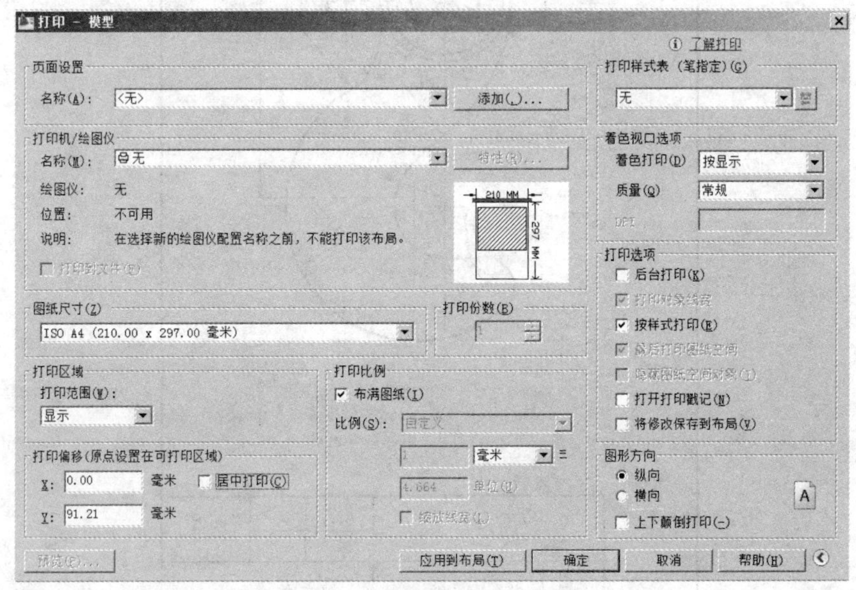

图 7.2 【打印-模型】对话框

(3) 在【打印机/绘图仪】选项区的【名称】下拉列表框中选择需要的打印机，如果计算机上已安装了打印机，则可以直接选择此打印机打印图纸。如果计算机还没有安装打印机，则选择 AutoCAD 提供的一个虚拟的电子打印机“DWF6 ePlot.pc3”。本项目以虚拟打印机为例说明打印相关参数的设置。

(4) 在【图纸尺寸】下拉列表中选择所需“ISO A4(210.00×297.00mm)”的图纸。

(5) 在【打印区域】选项【打印范围】下拉列表中，选择“窗口”方式，如图 7.3 所示。系统返回到绘图界面，选择要打印的窗口范围，然后再返回到【打印-模型】对话框。

选中【打印偏移】选项区的“居中打印”复选框，如图 7.4 所示。

(6) 在【打印比例】选项区，取消选中“布满图纸”复选框，在【比例】下拉菜单中选择打印比例为 1∶1，如图 7.5 所示。

图 7.3　打印范围的选择

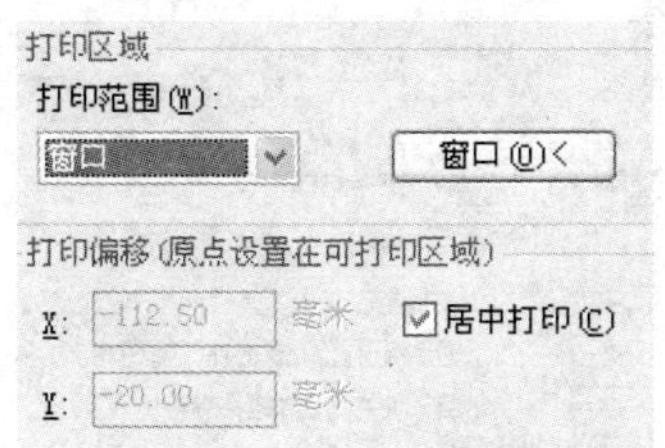

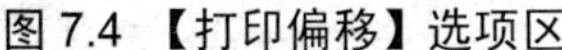

图 7.4 【打印偏移】选项区

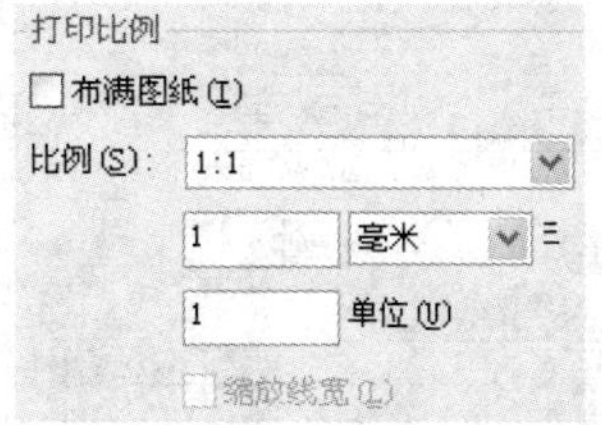

图 7.5 【打印比例】选项区

“布满图纸”复选框是由计算机根据所选的图幅自动调整图纸的打印比例，使得图形布满图纸，一般用于检查或查看图形。

(7) 在【打印样式表】选项区域的下拉列表中选择“monochrome.ctb”，如图 7.6 所示，此打印样式表是将所有图线的颜色设置为黑色，直接打印出的黑白工程图样。

若要进一步对打印样式及特性(线型、线宽、颜色等)进行修改，则需单击图 7.6 中打印样式表右边的编辑按钮，系统弹出图 7.7 所示的【打印样式表编辑器】对话框，通过调整【表视图】、【表格视图】各相关参数，进行颜色、线型、线宽等详细的设置，可以很方便地打印彩色或黑白的图纸及工程图样。

模型空间的打印设置如图 7.8 所示。

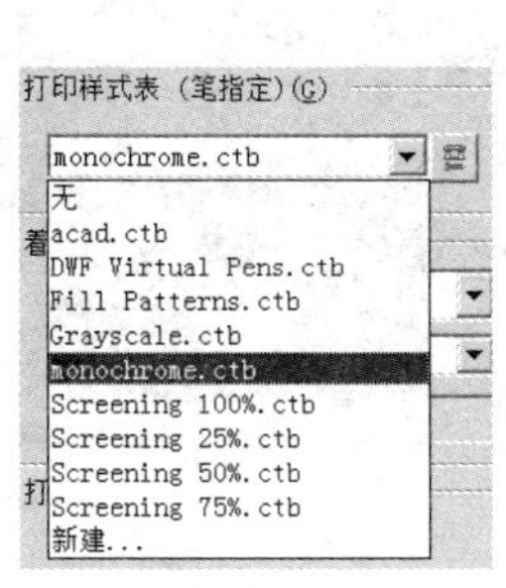

图 7.6 【打印样式表】选项区

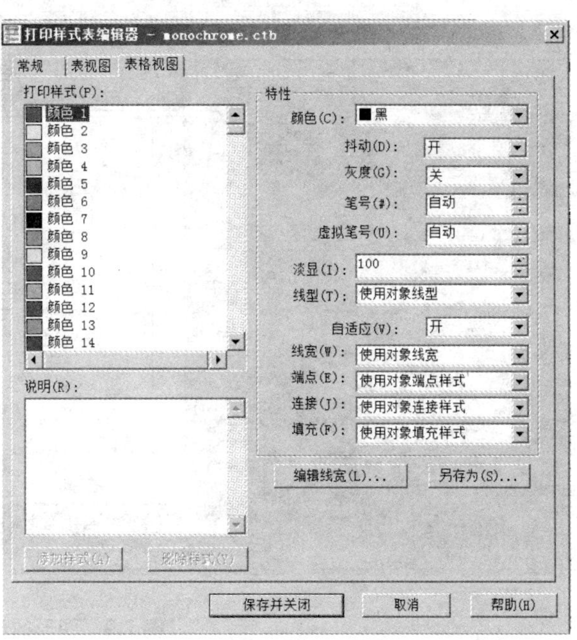

图 7.7 【打印样式表管理器】对话框

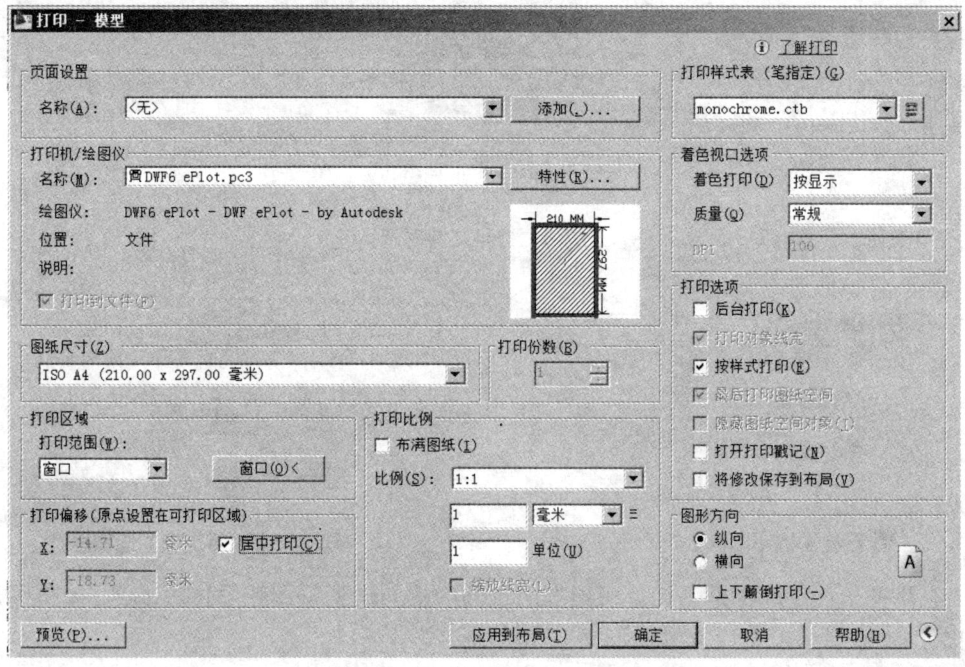

图 7.8　模型空间打印设置

(8) 单击【预览】按钮，观察图形的打印效果，如图 7.9 所示。如果不合适可重新调整，按 Esc 键或单击左上角的 ⊗ 按钮，关闭预览窗口并返回页面设置对话框进行设置操作。

(9) 单击【确定】按钮开始打印。由于选择了虚拟的电子打印机，此时，系统会弹出【浏览打印文件】对话框，提示保存电子打印文件，选择目录后单击【保存】按钮，开始打印。打印完成后右下角状态栏会出现【完成打印和作业发布】气泡通知，如图 7.10 所示。

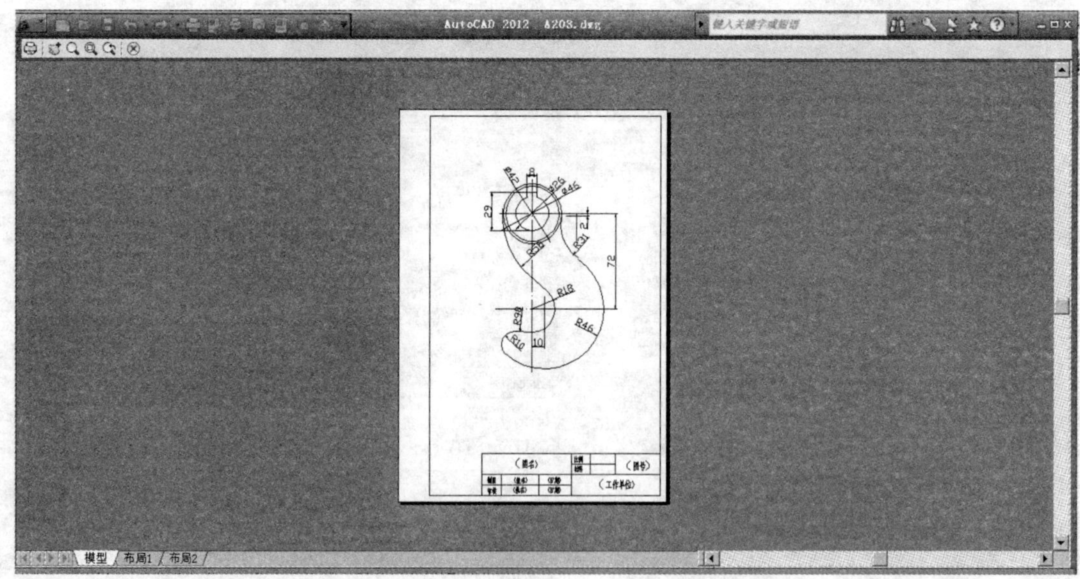

图 7.9　图形的预览效果

图 7.10 【完成打印和作业发布】气泡通知

(10) 保存打印设置。

用户选择打印设备并设置打印参数后(图纸幅面、比例和方向等)，可以将所有这些保存在页面设置中，方便以后使用。

比如保存图 7.8 所示模型空间打印设置：单击图 7.8 所示【页面设置】分组框中【名称】右边的【添加】按钮，打开【添加页面设置】对话框，如图 7.11 所示。在该对话框【新页面设置名】文本框中输入页面名称，然后单击【确定】按钮，保存当前的页面设置。

已保存的页面设置在图 7.2【打印-模型】对话框中的页面设置分组框【名称】栏下拉列表中显示，可以直接选用。

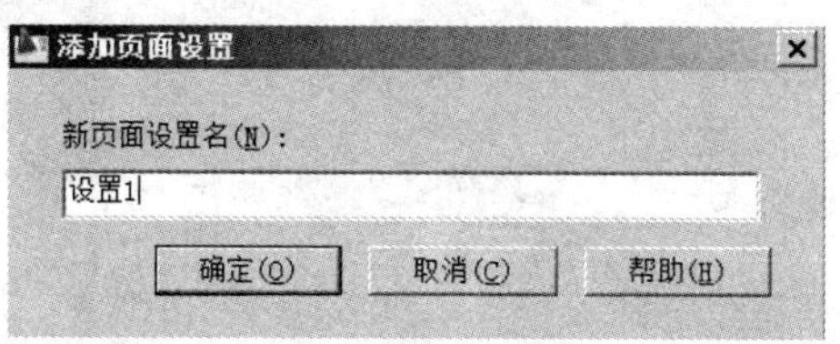

图 7.11 【添加页面设置】对话框

5. 训练评估

(1) 通过此训练，掌握 AutoCAD 软件图形输出的方法，能正确进行打印参数的设置，并从模型空间输出图形。

(2) 按照表 7-1 所示要求进行自我训练评估。

表 7-1　训练评估表

工作内容	完成时间	熟练程度	自我评价
(1) 正确地设置及选取打印参数 (2) 模型空间输出图形，预览图形输出的结果	小于 10min	A	
	10～15min	B	
	15～20min	C	
不能完成以上操作	大于 20min	不熟练	

7.1.2　技能训练任务 2

1. 工作任务

打开项目二的平面文件“A203.dwg”，建立 A4 图幅的打印布局，布局重命名为“平面图 A203”，按 1∶1 的比例打印平面图(预览打印效果)。

2. 任务目标

掌握创建标准图幅的打印布局及从布局空间输出图形的技能。

3. 任务分析

在 AutoCAD 中，一个图形文件可以创建多个布局(即图纸空间)，每个布局代表一张单独打印输出的图纸，一个布局可以打印多个视口。不同比例的视图，布局显示的图形与实际打印的图形的效果完全一样。在绘图区域底部选择【布局】选项卡，就能查看相应的布局，如图 7.12 所示。

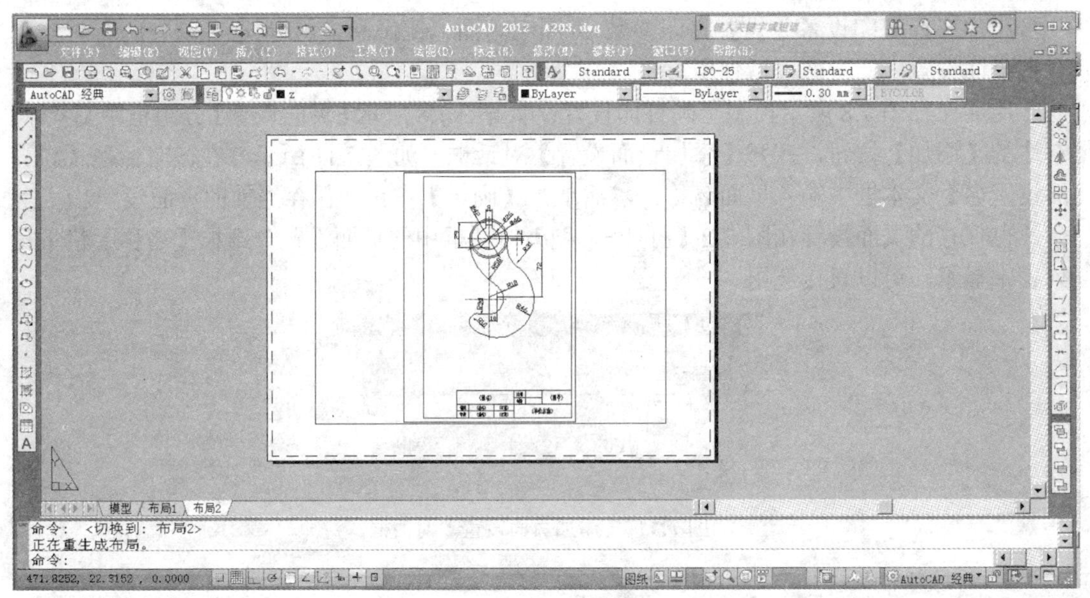

图 7.12　在布局中显示的图形

4. 操作指引

1) 创建布局

在 AutoCAD 中，新建一个图形文件时，系统会自动建立一个【模型】选项卡和两个【布局】选项卡。其中，【模型】选项卡不能删除也不能重命名，而【布局】选项卡的个数没有限制，既可以新建多个【布局】选项卡，也可以将【布局】选项卡进行重命名。

创建布局的方法有以下几种。

(1) 通过右键快捷菜单创建布局。

鼠标指在【模型】或【布局】选项卡上，单击鼠标右键，在弹出的快捷菜单中选择【新建布局】命令，系统会自动添加名为“布局 3”的布局，如图 7.13 所示。

(2)【菜单栏】|【插入】|【布局】|【新建布局】。

命令栏：输入新布局名<布局 3>， 。

(3) 通过布局向导创建布局。

2) 重命名布局

在【布局 3】选项卡上单击鼠标右键，弹出快捷菜单，如图 7.13 所示，选择【重命名】命令，将布局 3 重命名为“平面图 A203”，如图 7.14 所示。

特别提示

在【布局】选项卡上单击鼠标右键选择【删除】命令，可删除该布局。

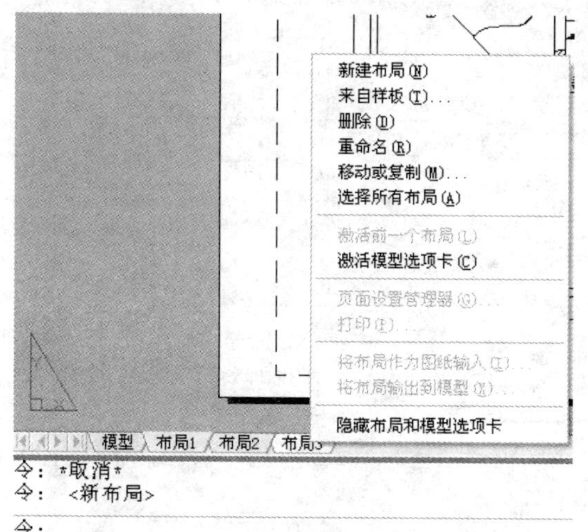

图 7.13　【布局 3】选项卡右键快捷菜单

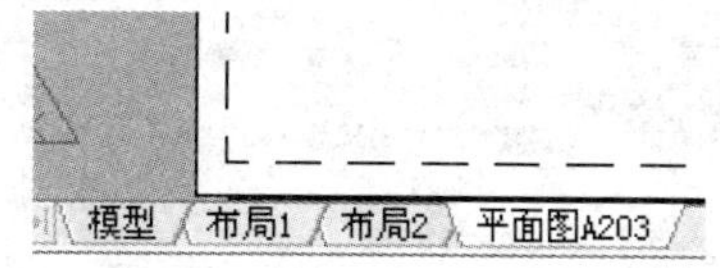

图 7.14　重命名“布局 3”

3) 从布局输出图形

图 7.12 所示的图纸空间，其中最外侧的矩形轮廓表示当前的图纸尺寸(系统默认的图幅尺寸 297mm×210mm)，虚线表示可打印的范围，靠近虚线的第一个矩形实线框为视口，用于显示要输出的图形，视口里边的两个实线框是绘图时设置的绘图框。

(1) 激活【平面图 A203】布局。

(2) 建立 A4 打印布局。

鼠标右键单击【平面图 A203】布局，从打开的快捷菜单中，选择【页面设置管理器】命令，系统弹出【页面设置管理器】对话框，选择【平面图 A203】，单击【修改】按钮，弹出【页面设置-平面图 A203】对话框。

根据“平面图 A203”图幅的要求，按图 7.15 所示进行设置。

① 选择打印机/绘图仪：DWF6 eplot.pc3。

② 图纸尺寸选择：ISO A4(210.00mm×297.00mm)。

③ 比例：1∶1。

④ 图纸方向：纵向。

单击【打印机/绘图仪】旁的【特性】按钮，系统弹出如图 7.16 所示的【绘图仪配置编辑器】对话框。

在【绘图仪配置编辑器】对话框中，单击【修改标准图纸尺寸(可打印区域)】选项，在修改图纸尺寸中选取“ISO A4(210.00 毫米×297.00 毫米)”，单击【修改】按钮，系统弹出【自定义图纸-可打印区域】对话框，如图 7.17 所示，调整上、下、左、右边界，将所有值全部置“0”。单击【下一步】按钮，按步骤完成设置，返回【绘图仪配置编辑器】对话框。单击【确定】按钮，返回【修改打印机配置文件】对话框，单击【确定】按钮，返回【页面设置-布局】对话框，单击【确定】按钮，出现图 7.18 所示的界面。

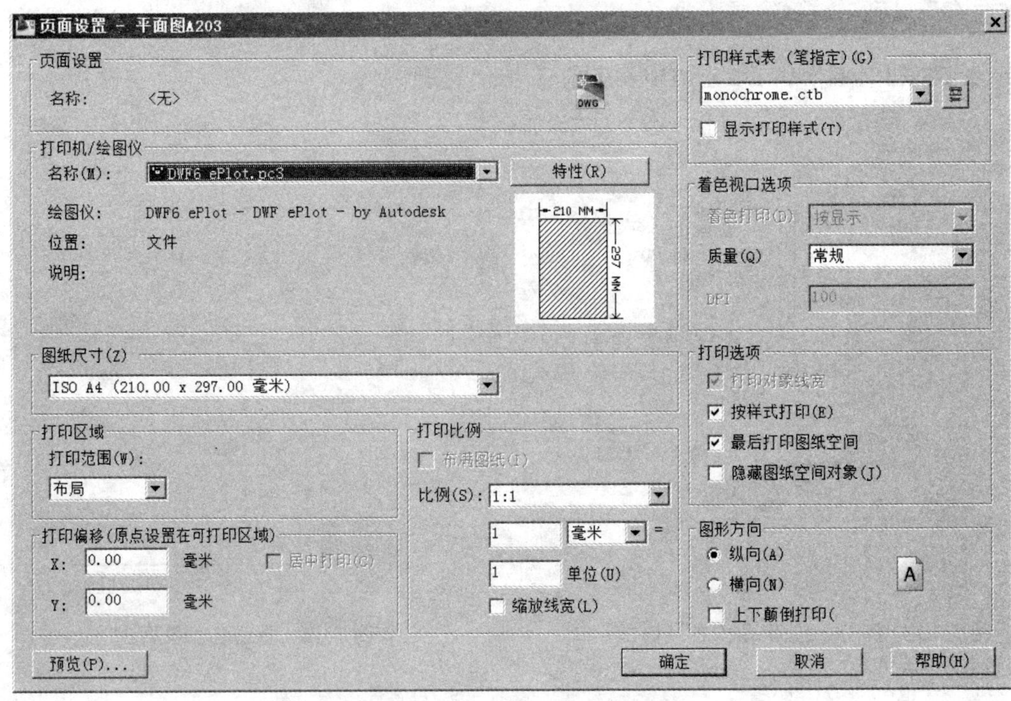

图 7.15　平面图 A203 页面设置

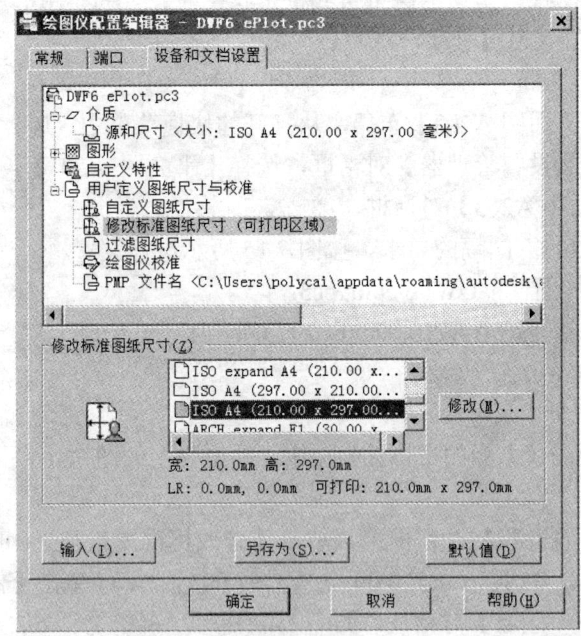

图 7.16　【绘图仪配置编辑器】对话框

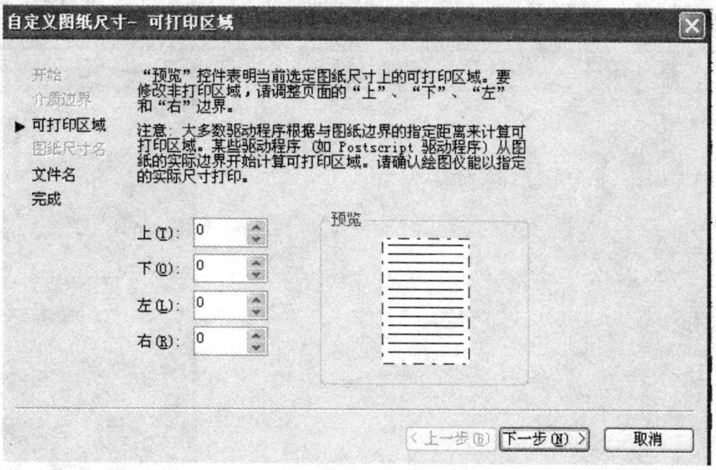

图 7.17 【自定义图纸尺寸-可打印区域】对话框

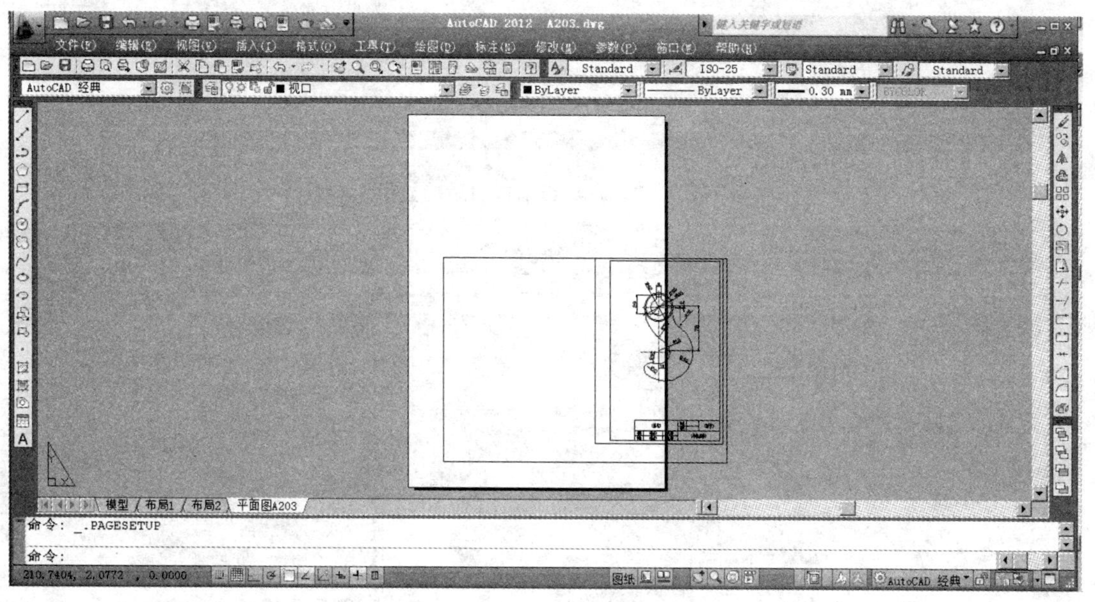

图 7.18　A4 打印布局设置

(3) 调整视口。

在【平面图 A203】布局中，单击当前视口，按 DEL 键删除当前视口，结果如图 7.19 所示。

(4) 新建一名称为“z”的图层，并置为当前图层，在【视图】下拉菜单中选择【视口】菜单下的【一个视口】选项，建立一个布满图纸的新视口。

命令行提示：指定视口的角点或 [开(ON)/关(OFF)/布满(F)/着色打印(S)/锁定(L)/对象(O)/多边形(P)/恢复(R)/图层(LA)/2/3/4] <布满>: ↵

结果如图 7.20 所示。

图 7.19　删除当前视口后的显示

图 7.20　新建视口中图形的显示

(5) 关闭视口所在的图层 z。

(6) 单击【打印】按钮，弹出【打印-平面图 A203】对话框，如图 7.21 所示。单击【预

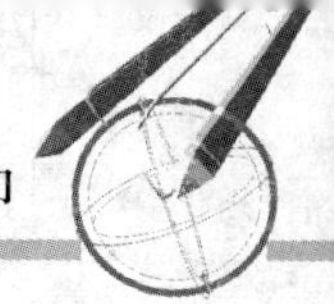

览】按钮，预览打印效果，如图 7.22 所示。退出打印预览，单击【确定】按钮，进行图纸输出。

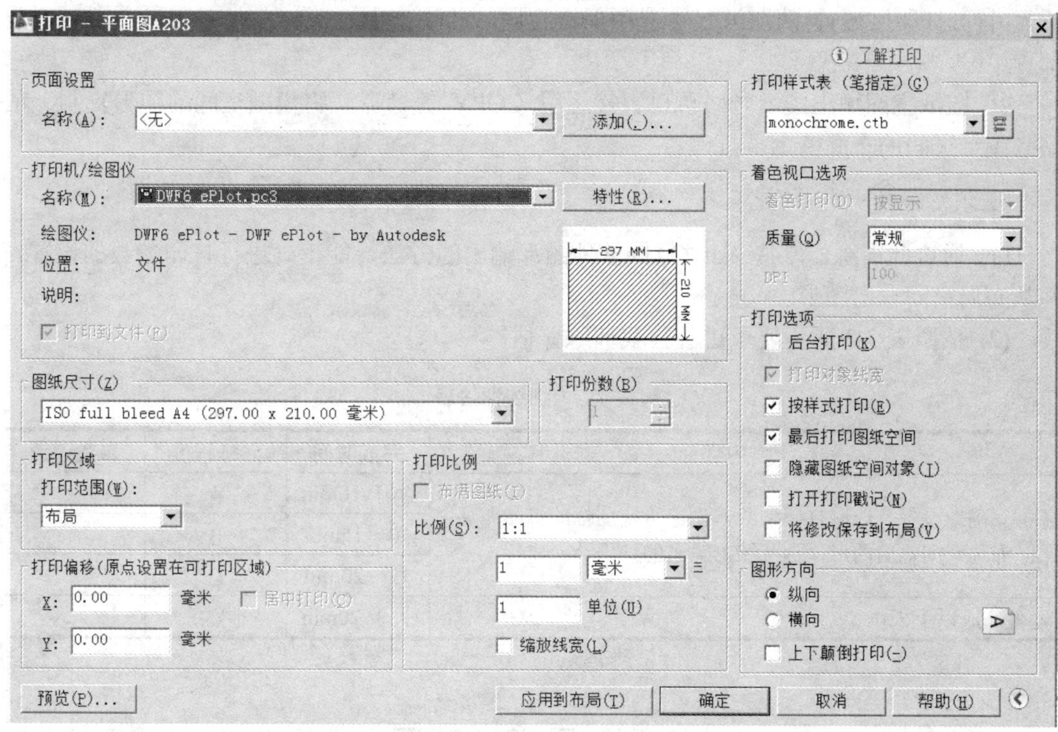

图 7.21 【打印-平面图 A203】对话框

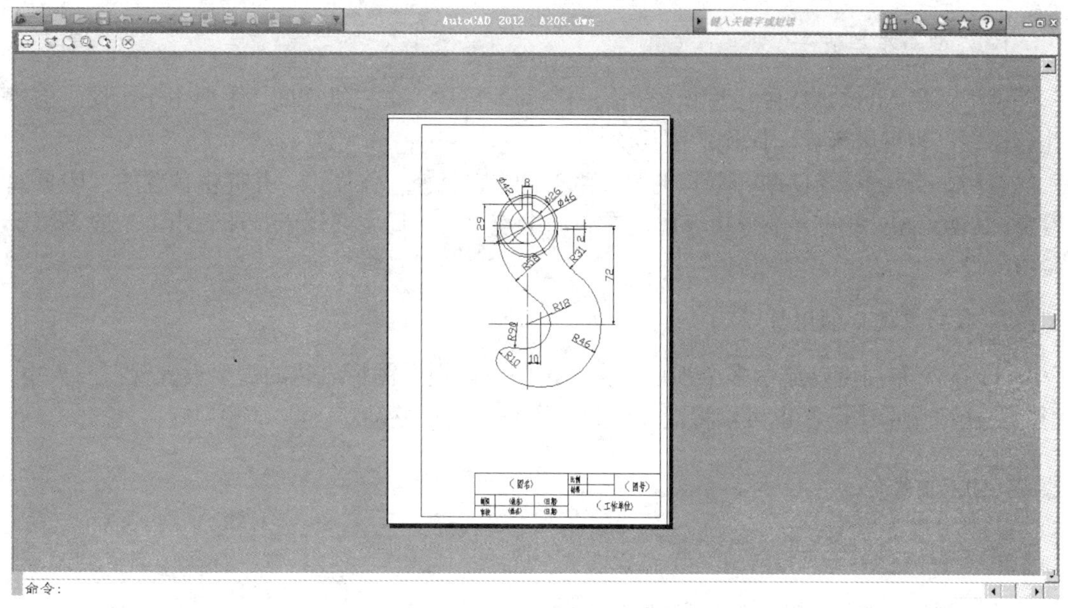

图 7.22　平面图 A203 预览

进行图纸输出时应注意以下两点。

① 利用图纸空间输出图纸时，一般要先进行布局图幅的设置，调整可打印的区域(消

除打印区域的虚线)。具体操作中，在【页面设置管理器】对话框，图纸尺寸选择的规格，比如选取ISO A4(210.00毫米×297.00毫米)，必须与【绘图仪配置编辑器】中【修改标准图纸尺寸(可打印区域)】的图纸尺寸选项保持相同，并调整上、下、左、右边界，所有值全部置“0”。

② 图纸空间输出图纸时，可以直接运用 COPY 等命令，将模型空间的图形复制、粘贴到图纸空间的布局图上再打印。

5. 训练评估

(1) 通过此训练，掌握AutoCAD软件图形输出的方法，能正确进行打印参数的设置，并从布局空间输出图形。

(2) 按照表7-2所示要求进行自我训练评估。

表7-2　训练评估表

工作内容	完成时间	熟练程度	自我评价
(1) 正确地设置及选取打印参数，创建给定图幅的打印布局 (2) 布局空间输出图形，预览图形输出的结果	小于10min	A	
	10～15min	B	
	15～20min	C	
不能完成以上操作	大于20min	不熟练	

7.2　相关知识

1. 模型与布局概念

模型：在AutoCAD中模型指的是绘图空间，它是一个三维空间，主要用于绘图、构建几何模型，也可用于单一比例的图形输出。

布局：在AutoCAD中布局指的是图纸空间，它就像一张图纸，并提供预置的打印页面设置。AutoCAD中的大部分指令可以在布局中使用，布局主要用于打印输出，一般不用于绘图或设计工作。

2. 布局中视口的设置

(1) 一个布局可以显示多个视口，在布局中可以根据图形表达的需要设置视口的大小、形状，视口显示比例，也可以将视口作为一个整体进行移动。

执行方式

◆【移动】

选中视口按Enter键，视口移动到合适的位置。

(2) 调整视口的显示比例。

在布局中输出图形时，可根据需要调整视口与模型空间中视图的比例。

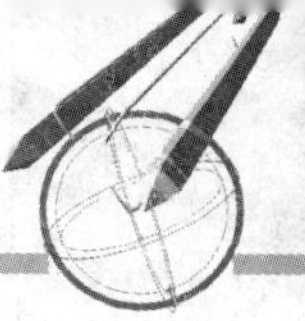

执行方式

◆ 在工具栏空白处右键调出【视口】工具栏，如图 7.23 所示，单击鼠标左键选中视口，然后在工具条上“按图纸缩放”下拉菜单中选择或输入所需的缩放比例，例如：1∶2，结果如图 7.24 所示。

按图纸缩放

图 7.23　【视口】工具栏

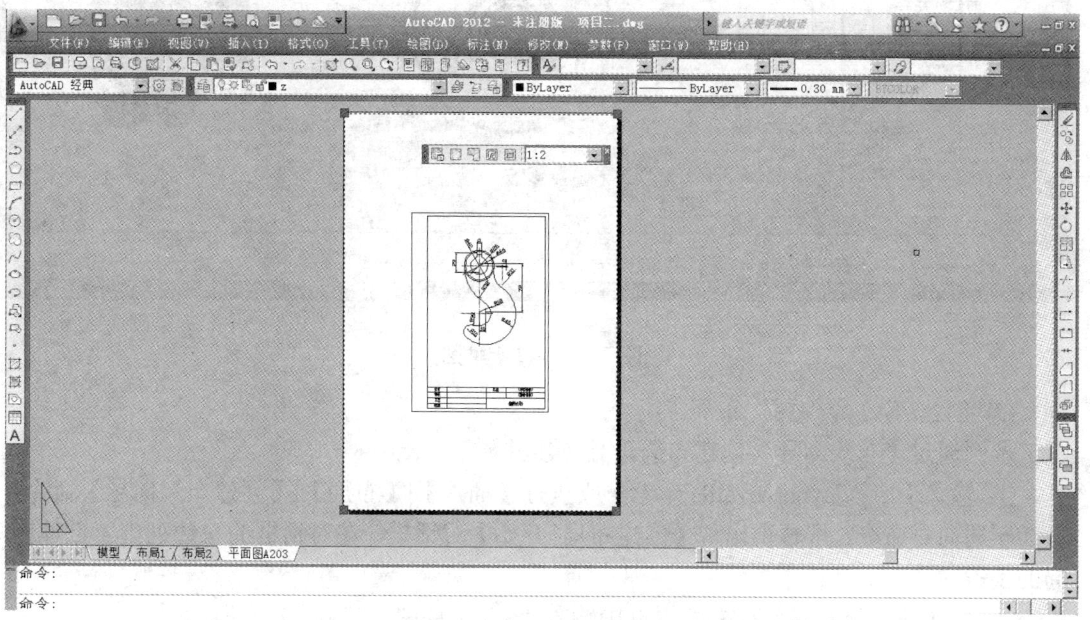

图 7.24　布局在视口中比例按 1∶2 设置

(3) 自行调整视口大小。

执行方式

◆ 单击视口边框，视口边框出现夹点，激活其中一个并进行移动便可调整视口大小。

(4) 浮动视口内可绘制、编辑图形。

执行方式

◆ 在视口内双击左键，视口边界线变粗，进入浮动视口的模型空间。在浮动视口内可以对模型空间内的图形进行操作(绘制、编辑)。

3. 在图纸空间通过布局编排输出多视口图形

利用图纸空间还可以创建多个视口，每个视口显示图形的不同方位，以更清楚、全面地描述模型空间图形的形状与大小。

例：创建 A3 图幅的布局，在 A3 图纸中同时输出零件的视图及轴测图。操作步骤如下。

(1) 打开一个三维模型图“A3 零件图”，如图 7.25 所示。

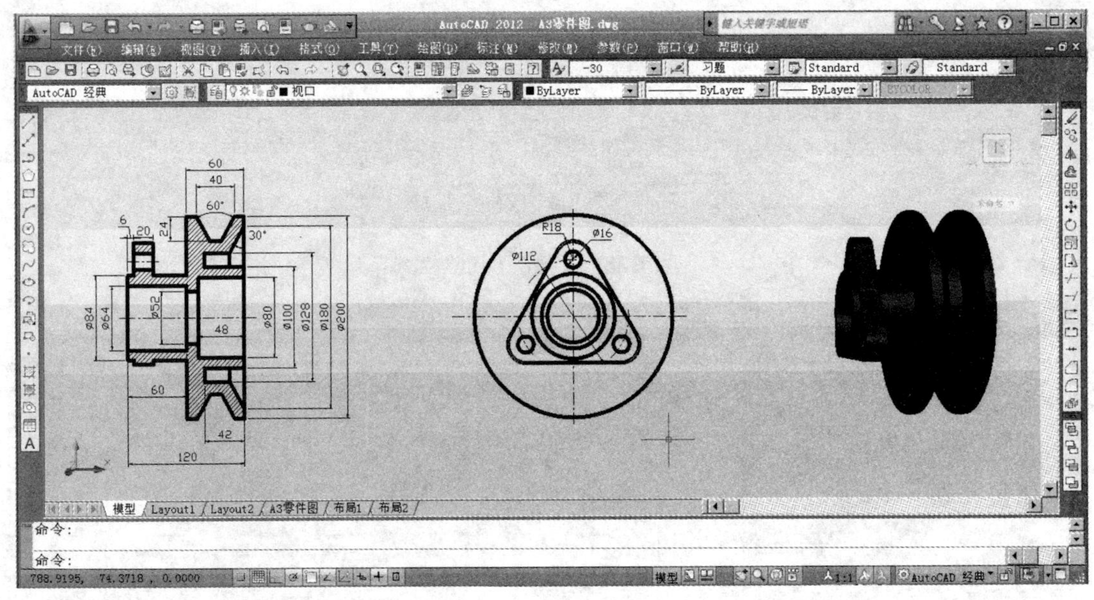

图 7.25 A3 零件图

(2) 创建“A3 零件图”布局。

本例通过“布局向导”创建布局，具体步骤如下。

① 输入命令：layoutwizard ↵，或执行【插入】|【布局】|【创建布局向导】命令，激活布局向导命令，屏幕上出现【创建布局-开始】对话框，在对话框的左边列出了创建布局的步骤。

② 在【输入新布局名称】编辑框中输入“A3 零件图”，如图 7.26 所示。

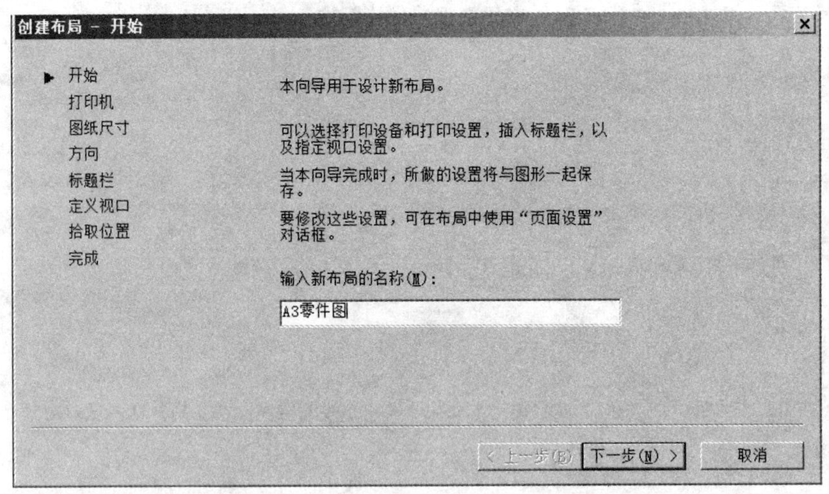

图 7.26 【创建布局-开始】对话框

③ 单击【下一步】按钮，打开【创建布局-打印机】对话框，选择一种已配置好的打印设备，例如电子打印机“DWF6 ePlot.pc3”，如图 7.27 所示。

特别提示

在使用布局向导创建布局之前，必须确认已安装了打印机。如果没有安装打印机，则选择虚拟电子打印机“DWF6 ePlot.pc3”。

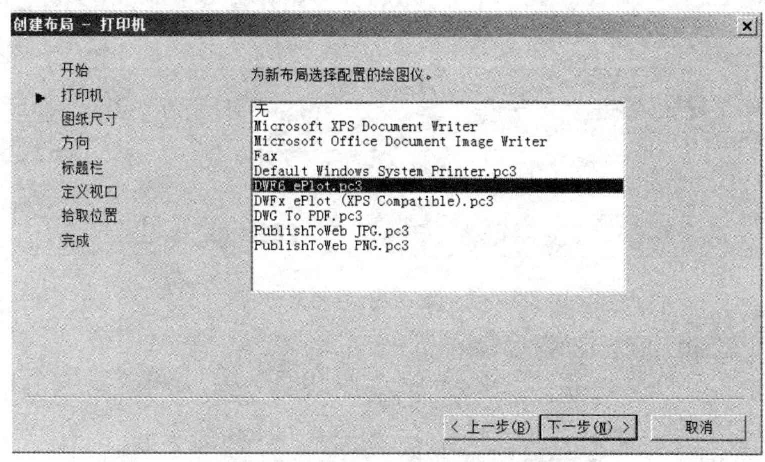

图 7.27 【创建布局-打印机】对话框

④ 单击【下一步】按钮，打开【创建布局-图纸尺寸】对话框，选择“ISO A3 420.00×297.00毫米”图纸幅面，单位“毫米”，如图 7.28 所示。

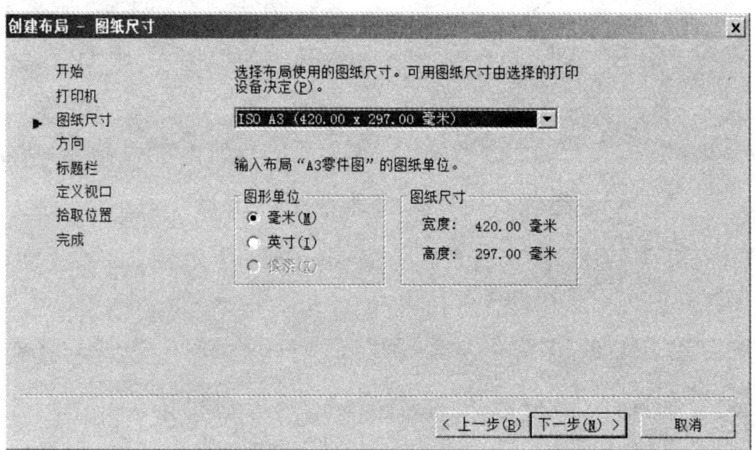

图 7.28 【创建布局-图纸尺寸】对话框

⑤ 单击【下一步】按钮，打开【创建布局-方向】对话框，选择“图形在图纸上的方向”为“横向”，如图 7.29 所示。

⑥ 单击【下一步】按钮，打开【创建布局-标题栏】对话框，标题栏路径选“无”，如图 7.30 所示。用“copy”命令将已绘制好的图框和标题栏直接粘贴在布局中。

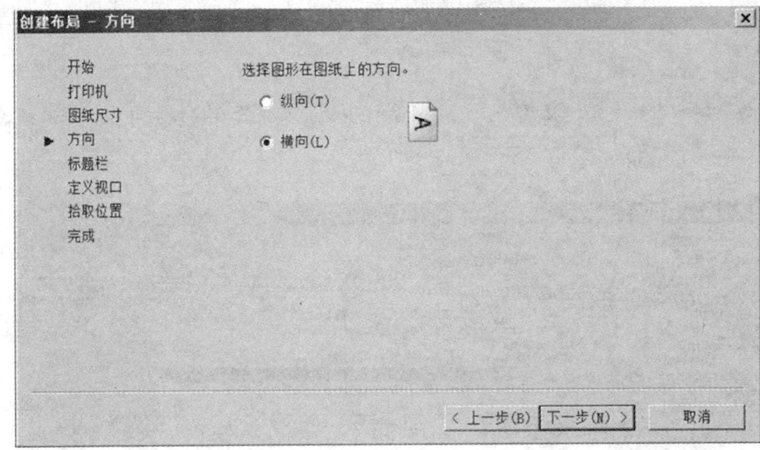

图 7.29 【创建布局-方向】对话框

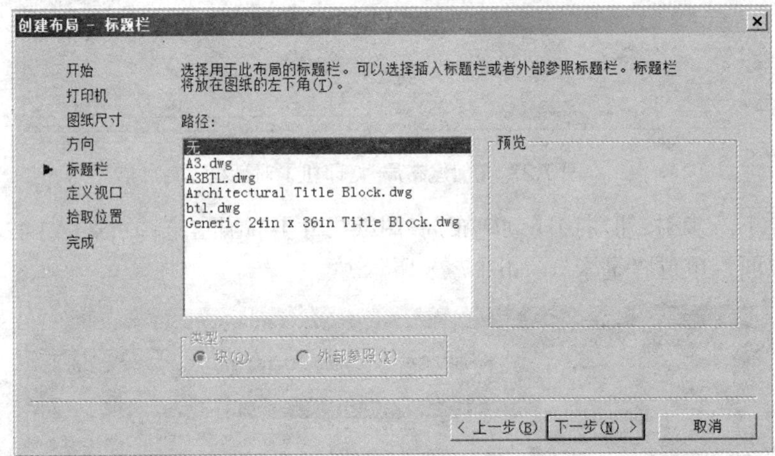

图 7.30 【创建布局-标题栏】对话框

⑦ 单击【下一步】按钮，打开【创建布局-定义视口】对话框，在【视口设置】栏选择无视口，如图 7.31 所示。

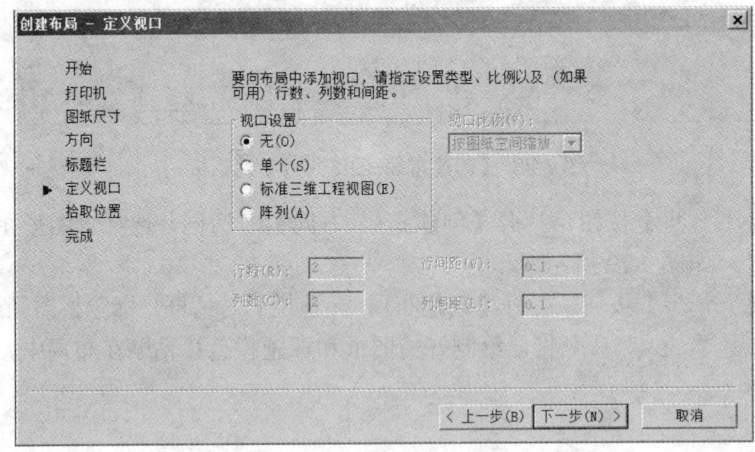

图 7.31 【创建布局-定义视口】对话框

特别提示

因要在一个布局中创建多个视口，所以在此处【视口设置】中选择“无”。

⑧ 因【视口设置】选择“无”，单击【下一步”按钮，跳过【创建布局-拾取位置】对话框，直接打开【创建布局-完成】对话框，如图 7.32 所示，单击【完成】按钮，完成新布局的创建。所创建的布局出现在屏幕上，如图 7.33 所示。

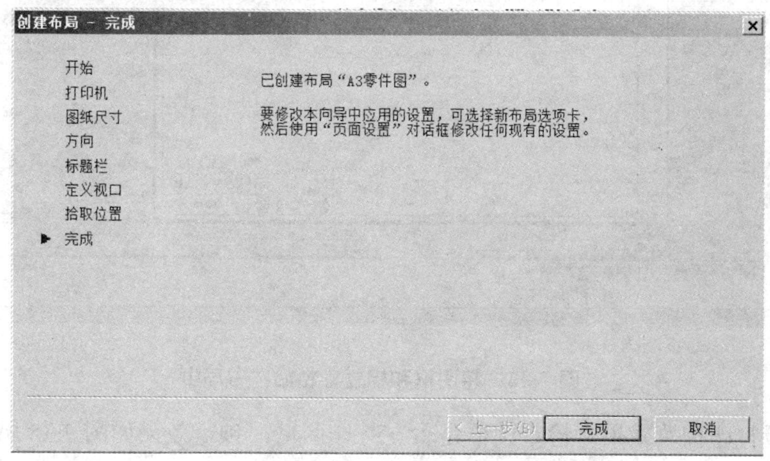

图 7.32 【创建布局-完成】对话框

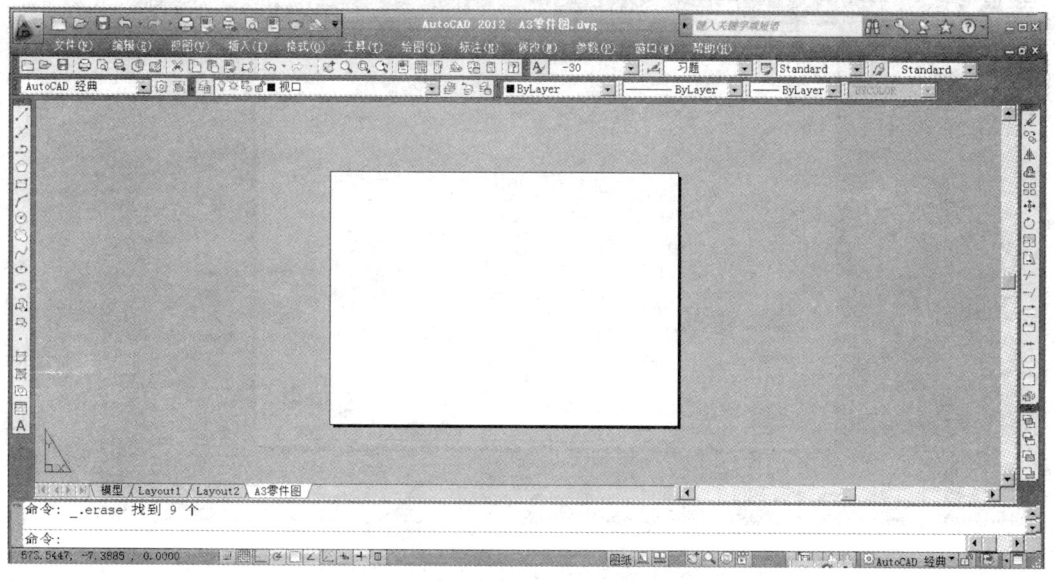

图 7.33　创建布局完成后的布局

⑨ 用“copy”命令将已绘制好的图框和标题栏粘贴到布局中，结果如图 7.34 所示。

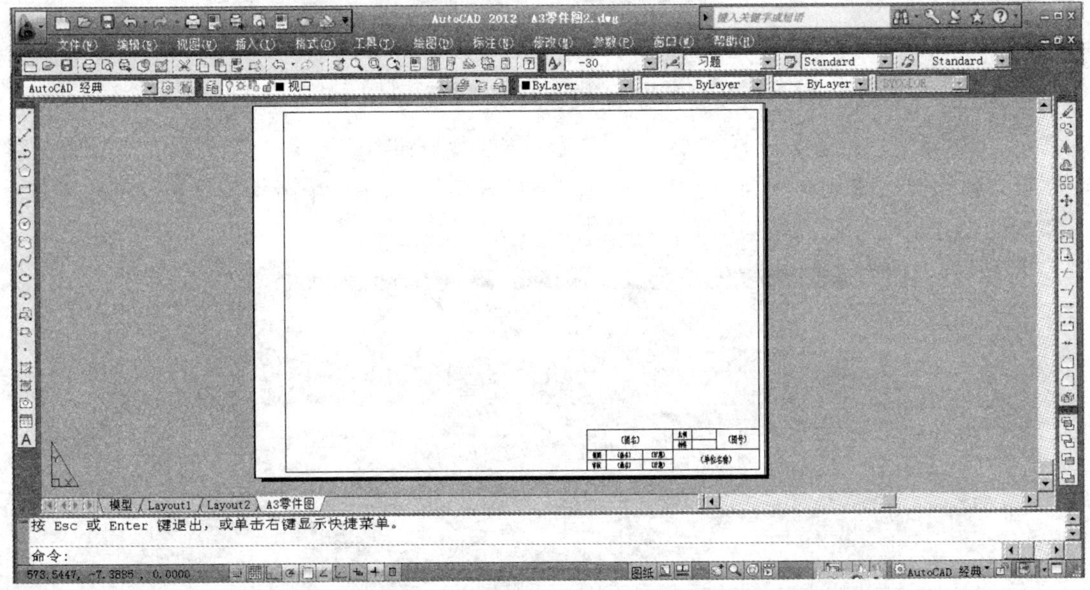

图 7.34　将图框和标题栏粘贴在布局中

⑩ 查看打印预览效果，检查图框是否在打印区域，预览效果如图 7.35 所示。

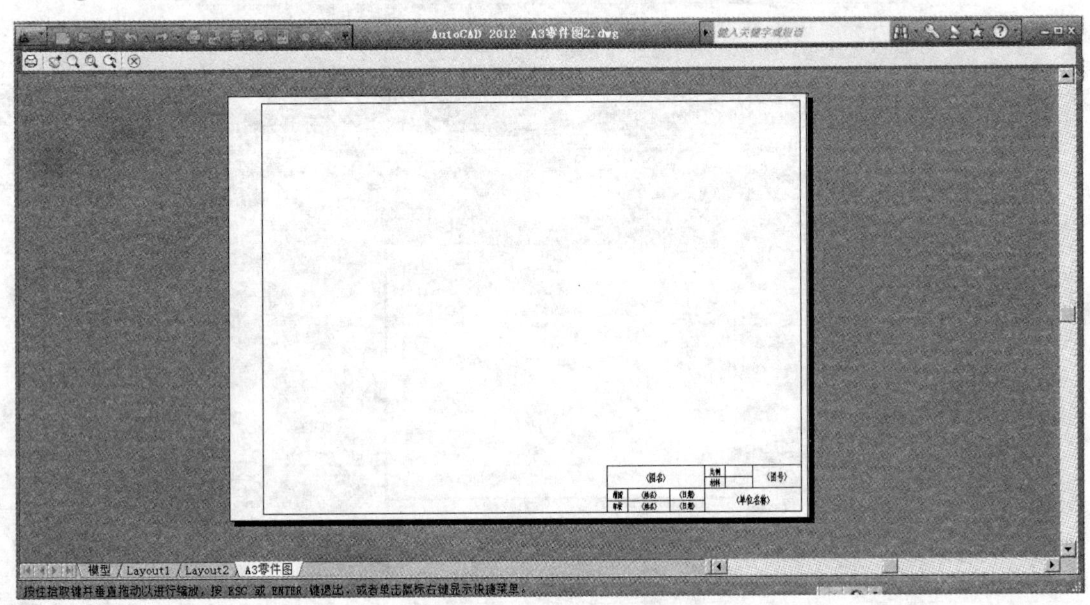

图 7.35　打印预览效果

如果所插入的图框超出了打印区域，需做如下操作：检查图 7.28 所示【创建布局—图纸尺寸】对话框的图纸尺寸，该尺寸应与【绘图仪配置编辑器】中【修改标准图纸尺寸(可打印区域)】的图纸尺寸选项保持相同，并调整上、下、左、右边界，所有值全部置“0”。结果如图 7.35 所示。

创建布局时应注意以下问题。

① 创建布局的方法有 3 种：其一通过【布局】浮动按钮新建布局；其二采用“布局向

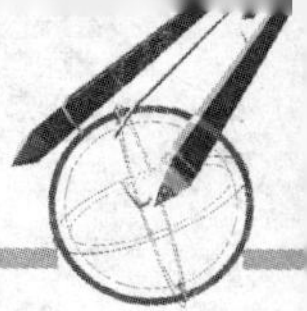

导”创建布局；其三以下拉菜单方式：【文件】|【页面设置管理器】|【新建】，创建布局。

② 在已创建好的布局(图纸空间)可以直接运用绘图、编辑命名绘制图框标题栏；也可以采用复制、粘贴等指令将模型空间或其他图纸空间的图样复制到新建的布局(图纸空间)，提高绘图效率。

③ 模型空间与布局既相对独立又通过视口联系。在布局(图纸空间)状态下，绘制或编辑图样不会影响模型空间的图样改变。布局中可以采用视口表现模型空间的图样，布局中对视口中的图样进行编辑将直接修改到模型空间的图样，此时与模型空间的操作效果是相同的。

(3) 创建多个浮动视口。

创建视口的方法有多种。在一个布局中视口可以是均等的矩形，平铺在图纸上；也可以根据需要有特定的形状，并放到指定位置，创建视口的方法如下。

① 【视图】|【视口】面板按钮。

② 命令行：vports ↵。

(4) 新建一图层名为“视口”，并置为当前图层，单击【视图】|【视口】|【一个视口】选项，AutoCAD 切换到绘图窗口，通过指定两个对角点指定视口的大小和位置，调整图形在视口中的位置，操作结果如图 7.36 所示。

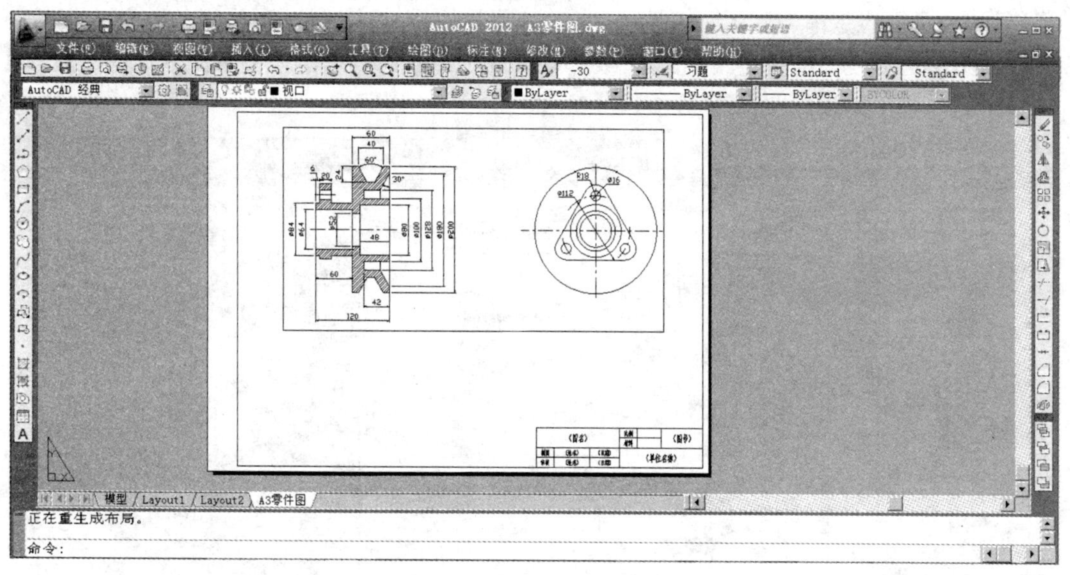

图 7.36　创建单个视口

(5) 创建多边形视口。

① 单击【视图】|【视口】|【多边形视口】选项，命令窗口的提示如下。

<布满>:_p

指定下一点：(在原有视图左下角依次绘制一个多边形)

指定下一个点或 [圆弧(A)/长度(L)/放弃(U)]:

……

操作结果如图 7.37 所示。

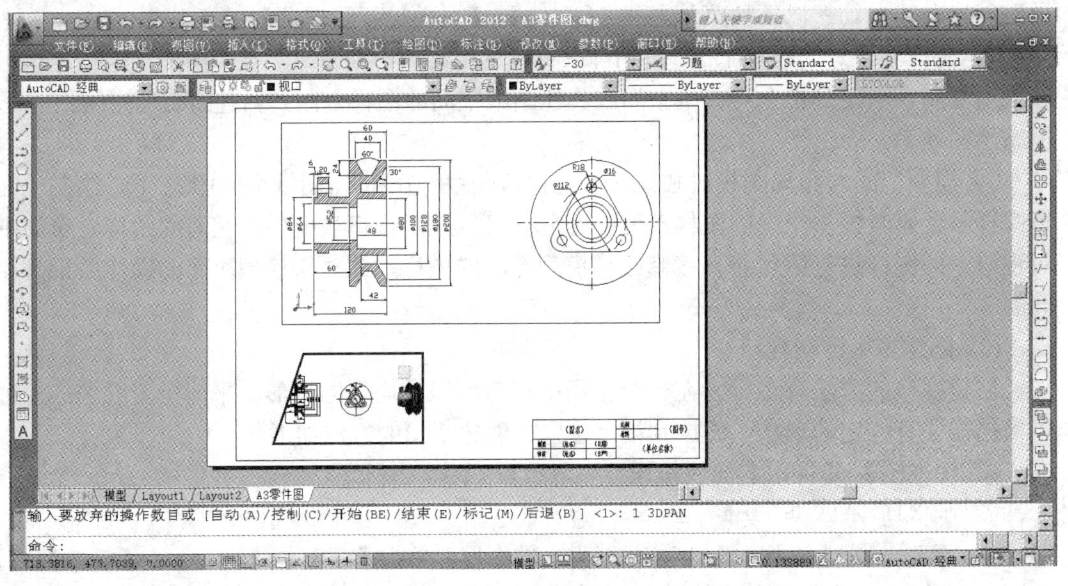

图 7.37　新创建的多边形视口

② 为了更清楚地表达图形，选择西南等轴测视图。具体方法如下。

双击多边形视口，单击【视图】|【三维视图】|【西南等轴测视图】命令，调整图形在视口中的位置，结果如图 7.38 所示。

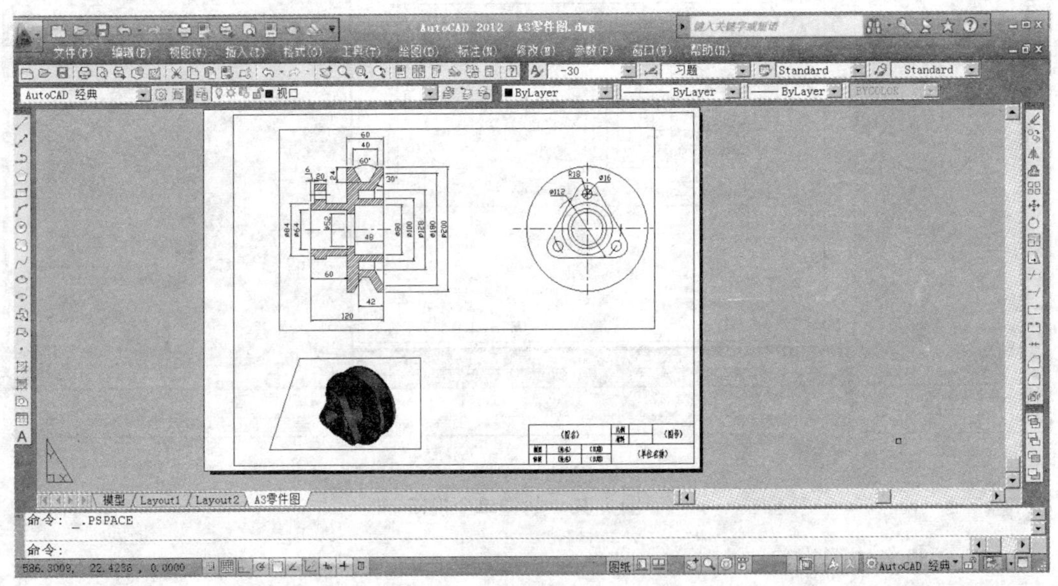

图 7.38　多边形视口中的西南等轴测视图

(6) 将图形对象转换为视口。

① 继续对上例进行操作，激活画圆(circle)命令，在原有视图右下角画圆。

② 单击【视图】|【视口】|【对象】选项后，命令窗口的提示为：指定视口的角点或[开(ON)/关(OFF)/布满(F)/着色打印(S)/锁定(L)/对象(O)/多边形(P)/恢复(R)/图层(LA)/2/3/4]。

<布满>: _o 选择要剪切视口的对象:(单击已绘制的圆)，结果如图 7.39 所示。

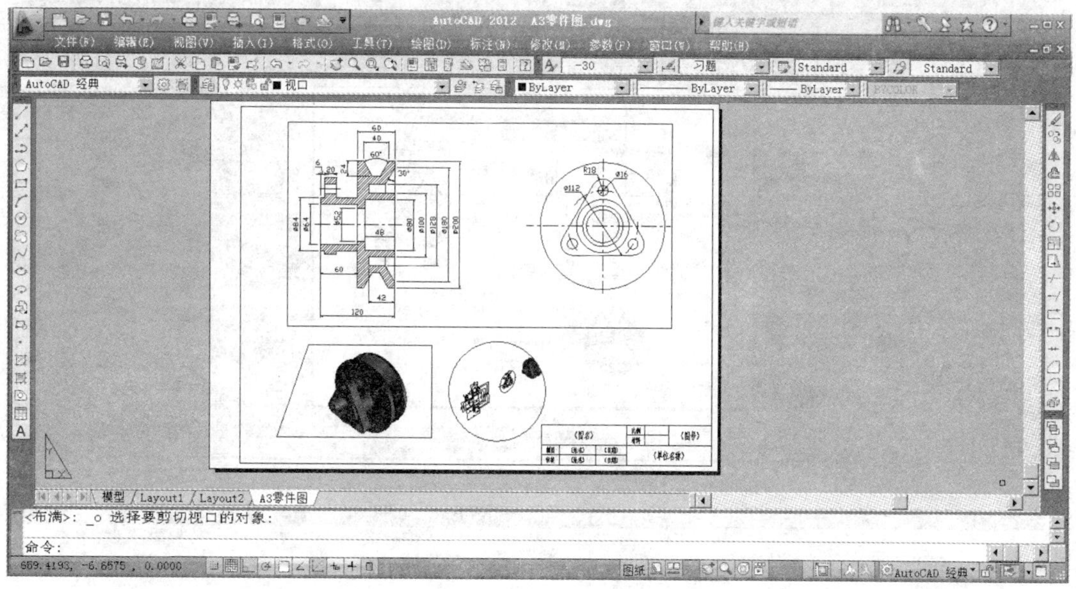

图 7.39　将圆对象转换为视口

③ 根据需要调整图形在视口中的比例及位置，如将左上角剖切部分孔的部分显示在圆形视口中，如图 7.40 所示。

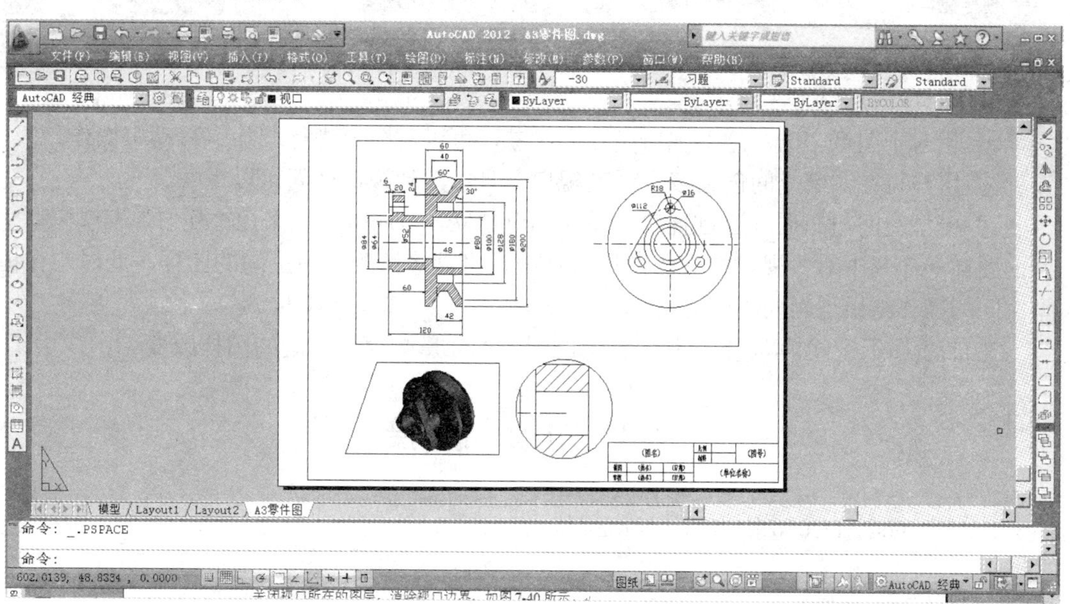

图 7.40　圆形视口中的显示

关闭视口所在的图层，去除视口边界，如图 7.41 所示。

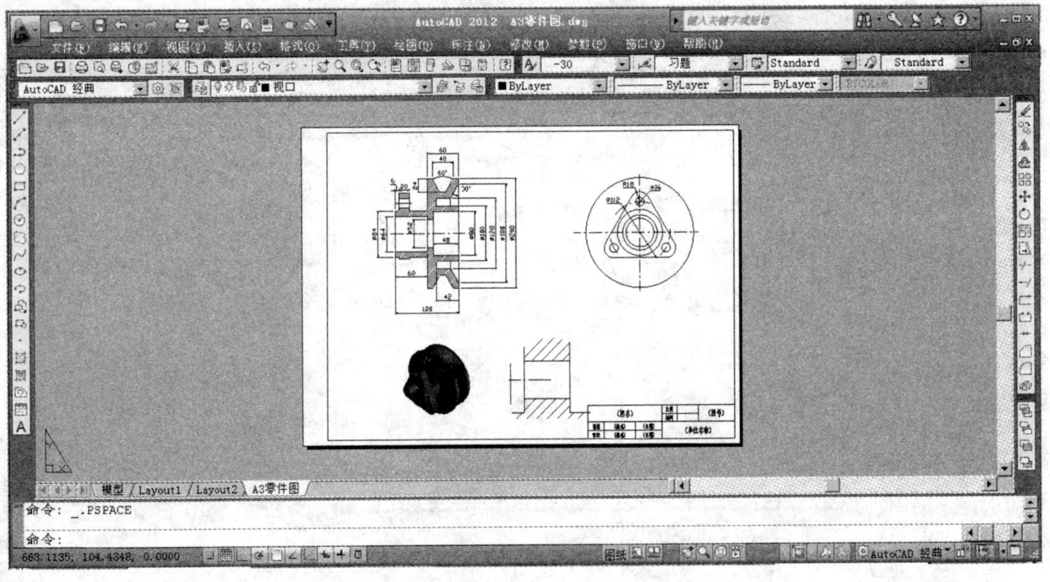

图 7.41 关闭视口所在图层后的显示

特别提示

创建视口后可以根据需要调整视口的显示比例，操作方法前面已介绍。

(7) 调用【打印】命令，进行图纸输出。

操作时应注意以下 3 点。

① 相对于图纸空间，浮动视口是一个对象，可以对图形进行删除、移动等操作。

② 用户可在图纸空间创建多个浮动视口，且各浮动视口之间可以重叠。

③ 模型空间与布局既通过视口联系又相对独立。布局中可以采用“视口”表现模型空间的图样，布局中对“视口”中的图样进行编辑将直接修改模型空间的图样，此时与在模型空间的操作结果是相同的。

在布局(图纸空间)状态下绘制或编辑的图样不会影响模型空间的图样改变。

7.3 知 识 链 接

1. 从 AutoCAD2010 输出到 3ds max 格式

执行方式

菜单栏:【文件】|【输出】

系统弹出【输出数据】对话框，选择保存文件的路径、输入文件名，在文件类型中选择“三维 DWF(*.dwf)”，如图 7.42 所示。

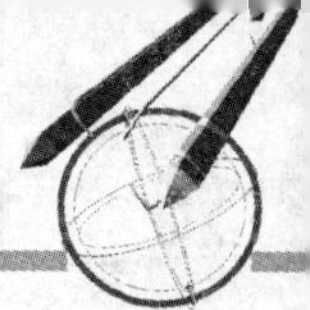

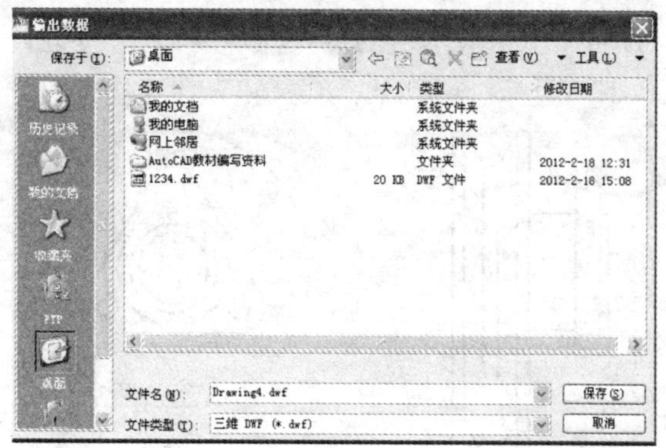

图 7.42　输出数据

2. 从 AutoCAD2010 输出到 Photoshop 格式

执行方式

菜单栏:【文件】|【输出】

系统弹出【输出数据】对话框，选择保存文件的路径、输入文件名，在文件类型中选择“位图(.bmp)”。

7.4　拓 展 训 练

(1) 设置合适的打印参数，在模型空间用 A3 图纸，按 1∶1 的比例打印输出图 7.43。

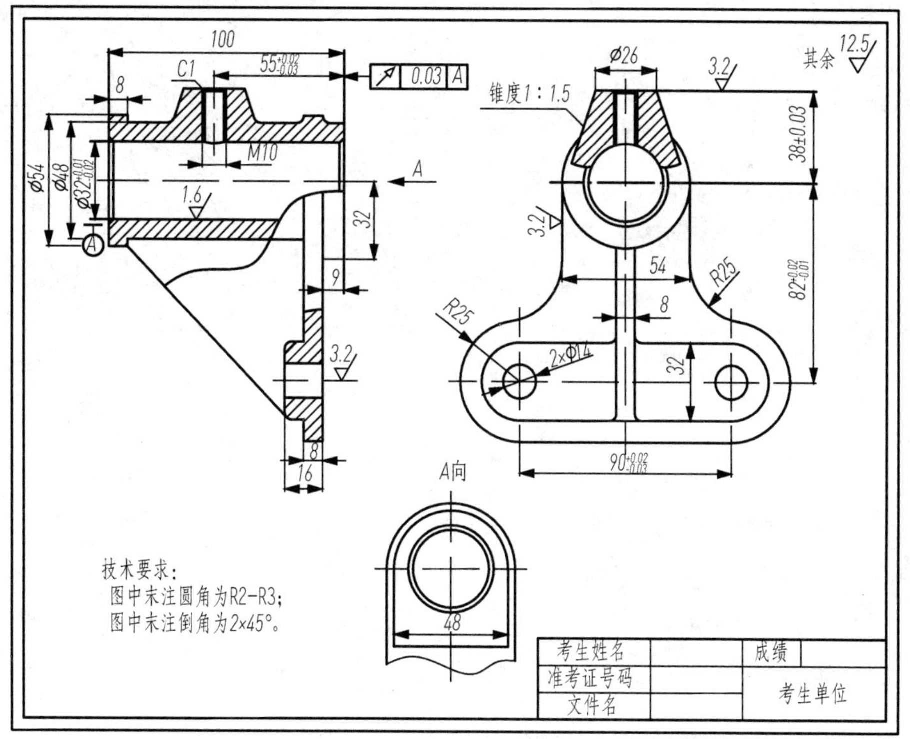

图 7.43　拓展训练图 1

(2) 利用图纸空间打印图纸。要求：创建 A3(横放)图幅的布局，在同一张图纸上打印图 7.44 所示的三视图和轴测图。

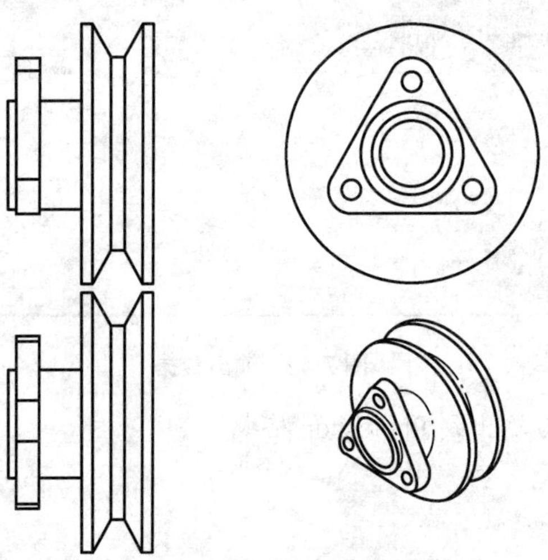

图 7.44　拓展训练图 2

(3) 创建 A2 图幅布局，将图 7.43、图 7.44 布置在一起输出图纸，比例为 1∶1；预览打印效果。

项目8

三维绘图

学习内容

操作与指令	绘制封闭的半轮廓平面图；以【建模】|【旋转】|【拉伸】等二维对象生成三维实体；三维操作、布尔运算等及实体渲染工作
相关知识	三维坐标系知识；三维曲面知识(基本三维曲面、回旋曲面、平移曲面、直纹曲面、边界曲面)；基本实体造型；由二维对象生成三维实体的基本操作(旋转、拉伸、扫掠、放样)、布尔运算； 三维操作
知识链接	观察三维实体的方法，视点、视觉样式与实体渲染
拓展训练	创建零件的实体模型

项目导读

通常的观点认为，AutoCAD 软件的三维绘图功能开发相比其二维绘图来说要逊色，但随着 AutoCAD 软件应用的发展，其三维绘图功能得到了很好的开发。AutoCAD 三维绘图在机械、工业造型设计等行业中得到了越来越多的应用。

AutoCAD 的三维绘图包括三维表面与实体造型。三维图形的创建方式包括线框模型、曲面模型和实体模型 3 种。

线框模型：运用点、三维的直线和曲线对三维对象的轮廓进行建模，从而创建出的三维图形称为线框模型。

由于线框模型不含面的信息，因此不能对线框模型的三维图形进行消隐、渲染等操作。

曲面模型：运用多边形网格定义网格面、空间曲面创建的三维图形为曲面模型。由于曲面模型具有面的特征，因此可以对它进行物理计算以及渲染、着色的操作。曲面不透明，且能挡住视线，曲面模型的三维立体感较强。

实体模型：在 AutoCAD 中，用户不仅可以运用命令直接创建基本的三维实体(例如：球体、圆柱、长方体等)，还可以通过对实体对象进行剖切、装配、干涉等操作，及对实体对象执行各种运算操作(如布尔运算)，创建出各种复杂的三维实体。

实体模型不仅具有线和面的信息，而且还具有实体的特征，可以测出如体积、重心和惯性矩等参数。

本项目以创建实体造型为目标，通过 3 个技能训练任务进行三维实体造型的训练，使读者掌握 AutoCAD 三维绘图的基础知识，掌握图元分析、实体建模、实体编辑、实体渲染的基本方法与操作技巧，具备三维图形的生成及编辑能力，能使用 AutoCAD 软件独立地、熟练地绘制机械、工业产品的三维立体图。

8.1 技能训练任务

8.1.1 技能训练任务 1

1. 工作任务

(1) 创建如图 8.1(a)所示的手柄的三维实体，实体如图 8.1(b)所示。

(2) 完成操作后，以“A801.dwg”为文件名把完成的三维实体存储在指定的工作盘。

(3) 给实体赋予红色塑料的材质。

(4) 建立 4 个视口，并设置视点，视点的坐标分别为：(0，−1，0)，(−1，0，0)，(0，0，1)，(−1，−1，1)，在实体的左、前、上方设置白色点光源灯。

(5) 在西南等轴测图中渲染实体，并输出图形文件 A801.bmp，保存到指定的文件夹。

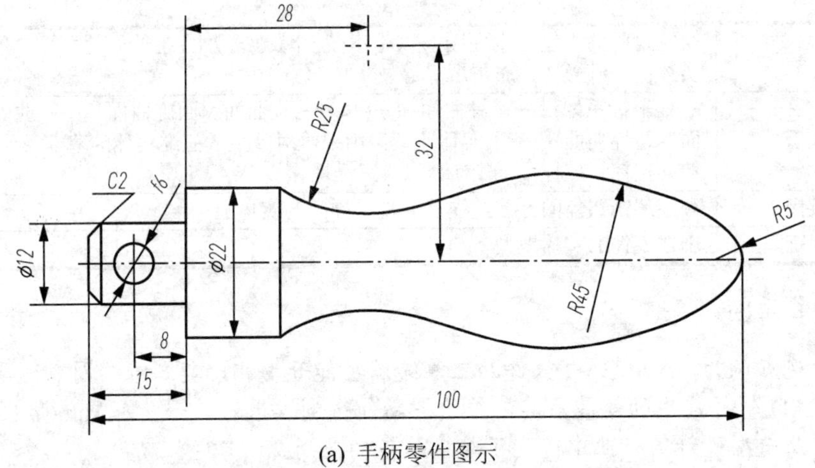

(a) 手柄零件图示

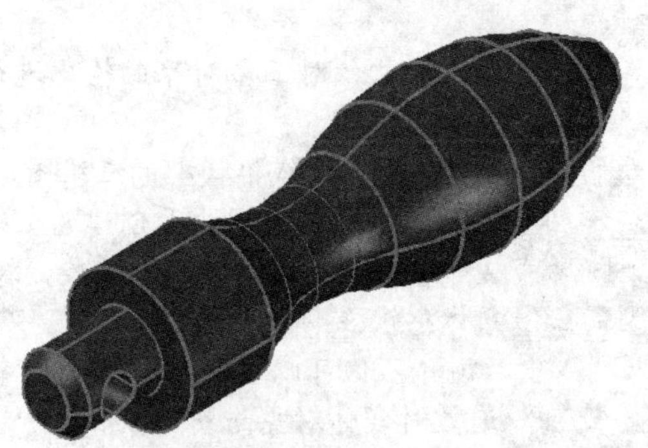

(b) 手柄零件实体模型

图 8.1 手柄零件

2. 任务目标

(1) 掌握三维绘图的基本知识，了解三维建模及编辑的功能。

(2) 树立正确的空间观念，灵活建立和使用三维坐标系，准确地在三维空间中设置视

点，使用【三维视图】菜单生成标准视图。

(3) 了解视口的设置方法，能对实体进行光源设置、材质附着、实体渲染等操作。

(4) 能进行轴类、盘类等回转型特征的零件的三维实体的建模操作。

3. 任务分析

本训练任务包括创建手柄三维实体，对实体赋予材质，按视点的坐标(0，-1，0)，(-1，0，0)，(0，0，1)，(-1，-1，1)建立 4 个视口，在指定位置设置点光源，对实体进行渲染操作并保存图片文件。

(1) 创建手柄的三维实体：首先分析手柄零件图，该图具有回转型零件的特点，在创建手柄的三维图形时，通常先绘制出它的一半二维轮廓，再封闭其轮廓线并形成面域，然后将图形绕其轴线旋转而得三维实体。

(2) 根据任务要求建立 4 个视口，按视点的坐标(0，-1，0)，(-1，0，0)，(0，0，1)，(-1，-1，1)设置为主视图、俯视图、左视图、西南轴测图 4 个视口。通过 4 个视口可以观察光源与手柄实体的相对位置，并按任务要求将白色点光源灯设定在实体的左、前、上方位置。

(3) 对手柄实体赋予红色塑料的材质，对实体进行渲染并输出图形文件 A801.bmp。

4. 操作指引

(1) 创建手柄的三维实体。

① 绘制轮廓。选择菜单栏【视图】|【三维视图】|【平面视图】|【当前 UCS】命令，切换到平面视图，根据 8.1(a)绘制手柄的半轮廓图，如图 8.2 所示。

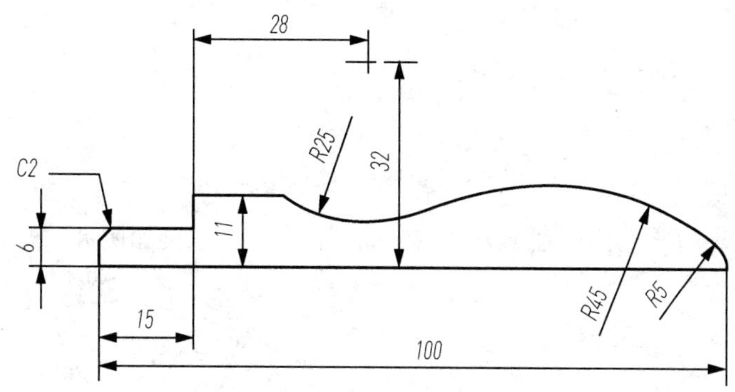

图 8.2 手柄零件半轮廓图

② 创建面域。选择菜单栏【绘图】|【面域】命令，将闭合的多段线创建为面域，如图 8.3 所示。

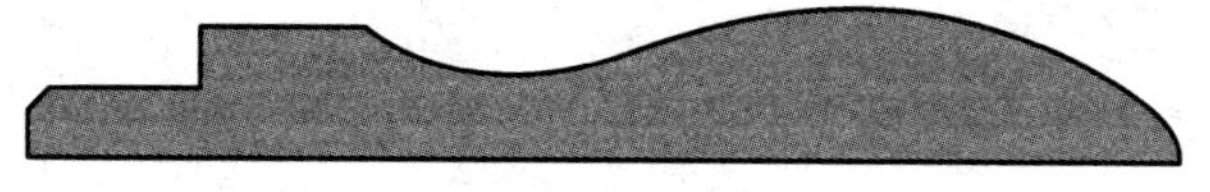

图 8.3 面域

③ 旋转成实体。选择【绘图】|【建模】|【旋转】命令，将转换为面域的半轮廓旋转成实体，结果如图 8.4 所示。

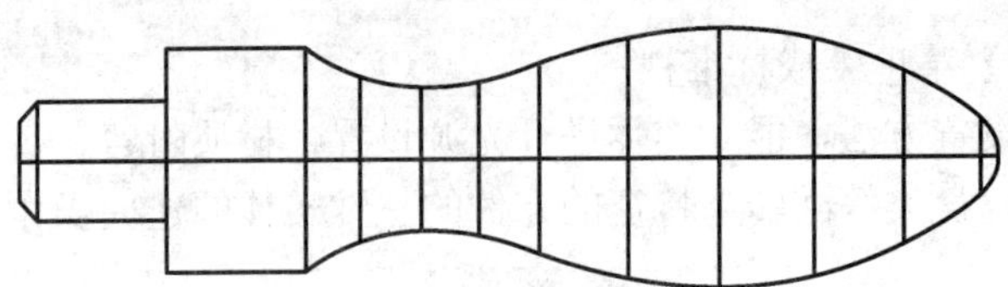

图 8.4　手柄实体

④ 绘制小圆。在距离手柄连接端 8 的位置绘制一个$\phi 6$的小圆，结果如图 8.5 所示。

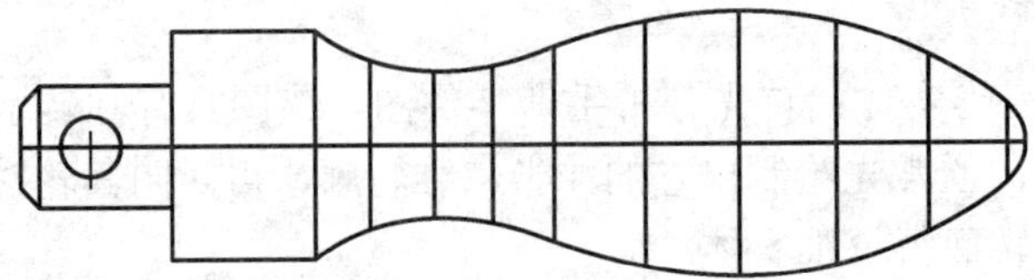

图 8.5　绘制小圆

⑤ 设置视点。选择菜单栏【视图】|【三维视图】|【西南轴测图】命令，完成视点的设置，结果如图 8.6 所示。

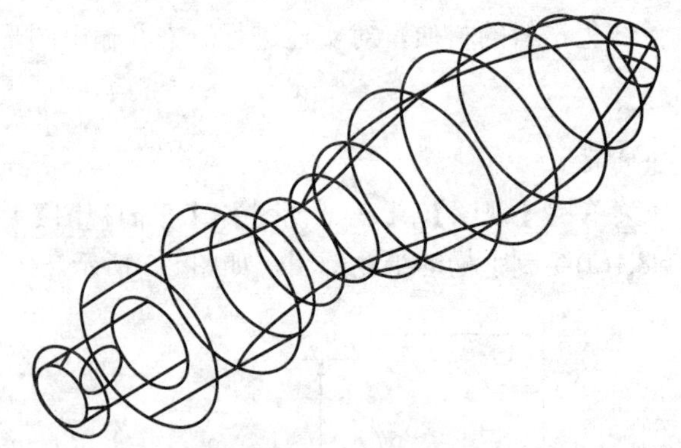

图 8.6　设置视点观察实体

⑥ 移动小圆。将小圆沿 z 轴负方向移动 20 个单位，结果如图 8.7 所示。

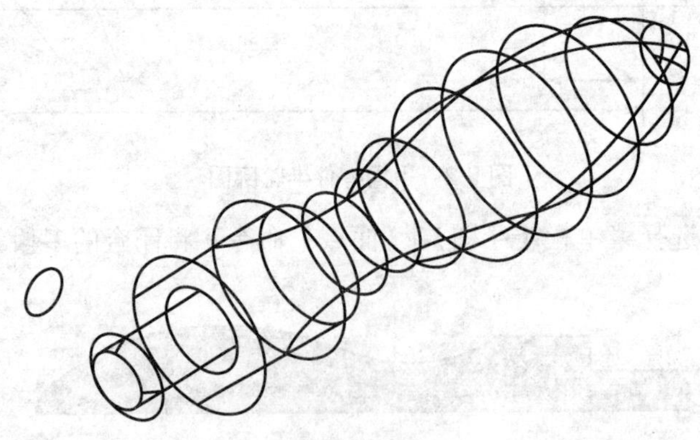

图 8.7　移动小圆

⑦ 拉伸小圆创建圆柱。将$\phi 6$的小圆拉伸，拉伸高度为 40，结果如图 8.8 所示。

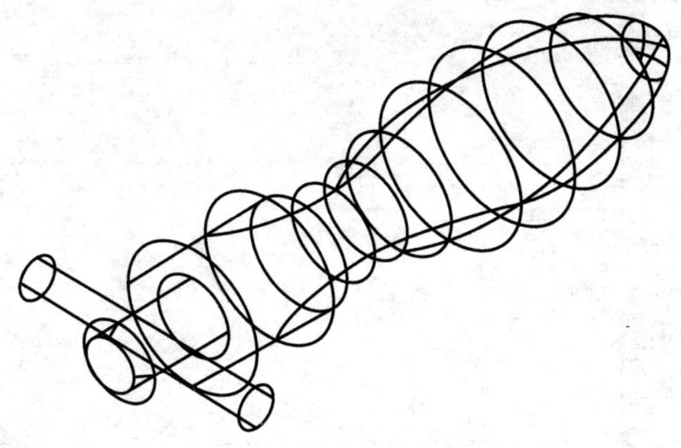

图 8.8 拉伸小圆创建圆柱

⑧ 通过布尔运算创建小圆孔。选择菜单栏【修改】|【实体编辑】|【差集】命令，从手柄实体模型中减去上面小圆柱体的实体模型，结果如图 8.9 所示。

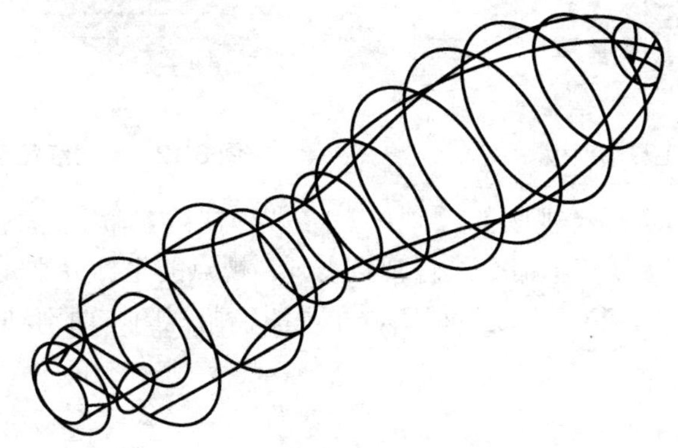

图 8.9 通过布尔运算创建圆孔

⑨ 设置视觉样式。选择菜单栏【视图】|【视觉样式】|【真实】选项，结果如图 8.10 所示。将文件保存在指定的盘，文件名为“A801.dwg”。

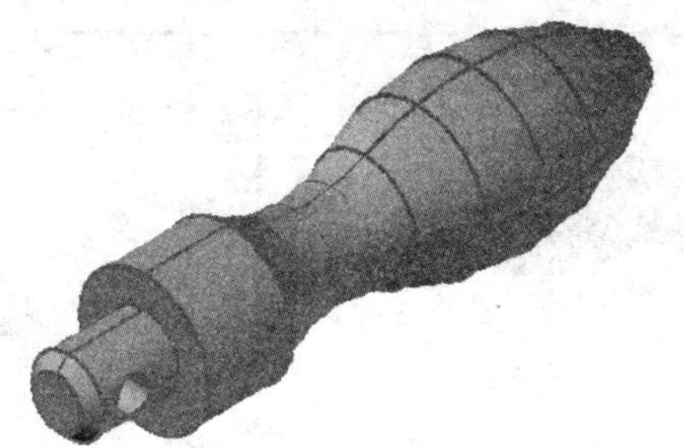

图 8.10 真实视觉样式

(2) 手柄实体渲染。

① 附着材质。选择菜单栏【工具】|【选项板】|【工具选项板】命令，在“工具选项板”(图 8.11)选项框中选择白色塑料的材质，然后选择菜单栏【视图】|【渲染】|【材质】命令打开【材质】对话框将材质颜色改为红色，如图 8.12 所示。

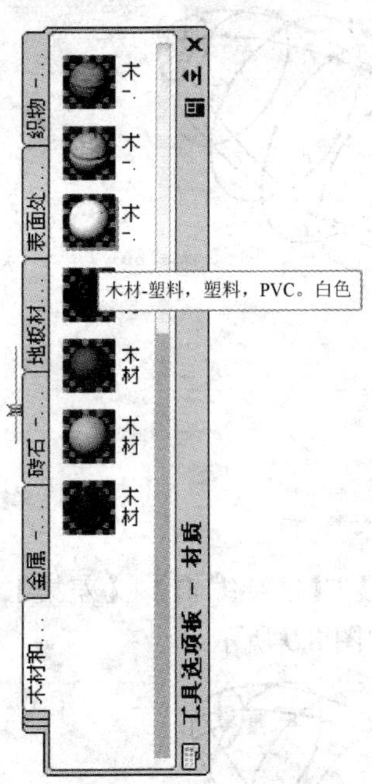

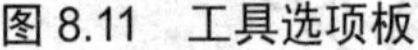

图 8.11　工具选项板　　　　图 8.12　附着红色塑料材质后的手柄

② 设置 4 个视口选择【视图】|【视口】|【四个视口】命令，然后在每个视口里选择【视图】|【三维视图】|【视点】命令进行视点设置。视点的坐标分别是(0，−1，0)，(−1，0，0)，(0，0，1)，(−1，−1，1)，完成主视图、左视图、俯视图、西南轴测图 4 个视口的设置(图 8.13)。

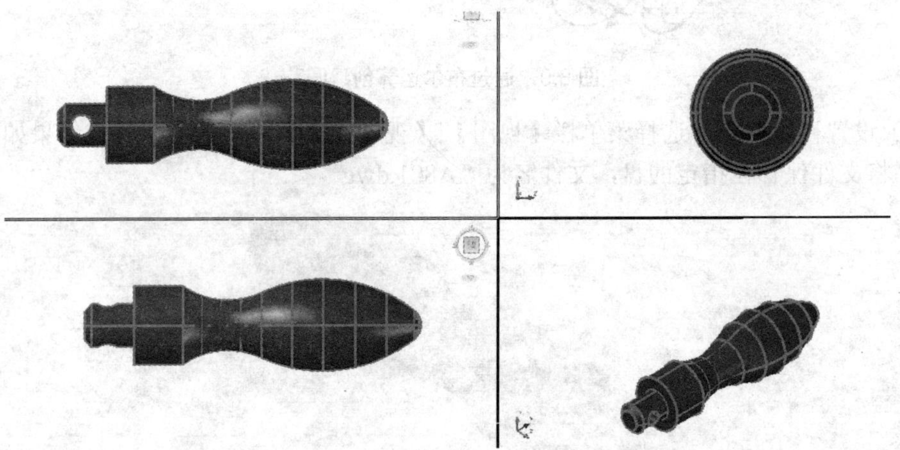

图 8.13　设置 4 个视口

③ 设置点光源。选择【视图】|【渲染】|【光源】|【新建点光源】命令，分别移动点光源在实体左、前、上方 3 个位置设置白色点光源，如图 8.14 所示。

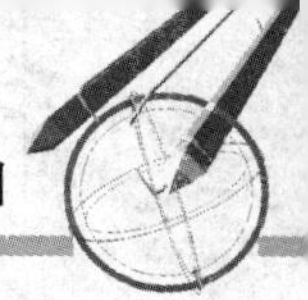

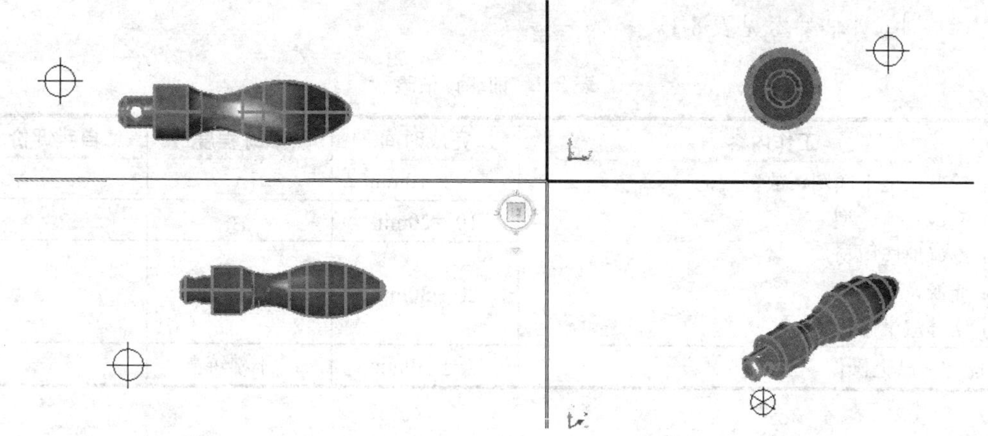

图 8.14　设置点光源

④ 实体渲染。选择【视图】|【渲染】|【渲染】命令完成实体渲染操作，在西南等轴测图中渲染实体。渲染图形如图 8.15 所示。

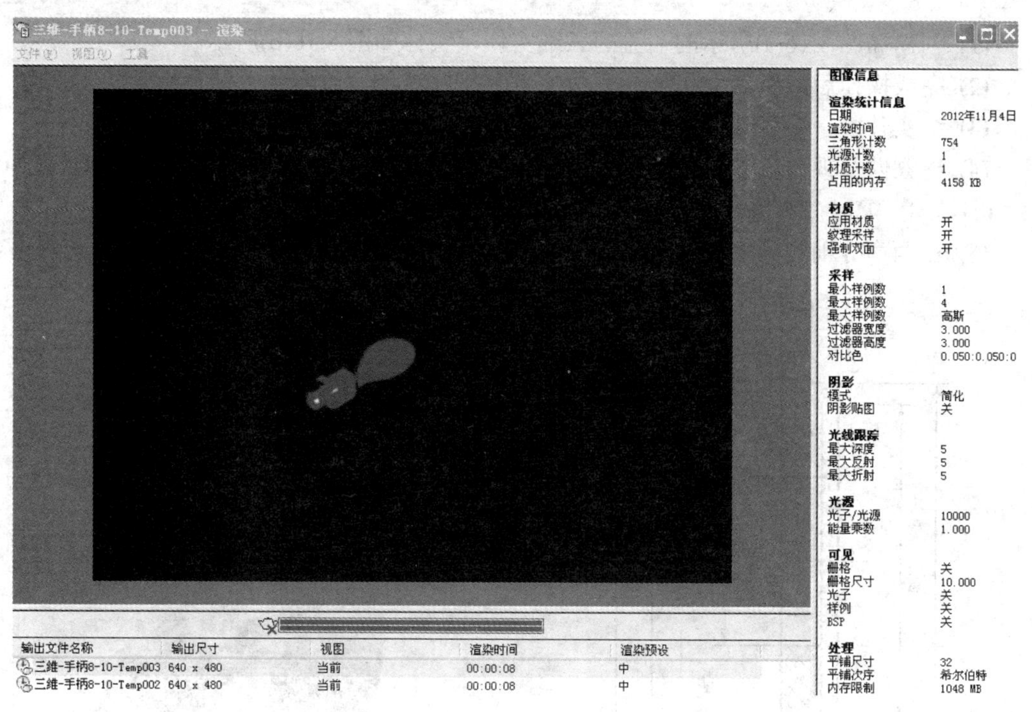

图 8.15　渲染后的图形

⑤ 保存实体渲染后的图片。将文件保存在指定的盘，文件名为“A801.bmp”。

5. 训练评估

(1) 通过此训练，对如何完成工作任务，你用到了哪些操作指令，还有什么其他的绘图技巧与方法？

绘图使用的主要操作指令：____

____。

(2) 训练评估参考见表 8-1。

表 8-1 训练评估表

工作内容	完成时间	熟练程度	自我评价
(1) 绘制二维平面图，放置规范 (2) 完成实体造型 (3) 准确地选用材质 (4) 光源设置正确 (5) 实体渲染并保存	小于 10min	A	
	10～20min	B	
	20～30min	C	
不能完成以上操作	大于 30min	不熟练	

8.1.2 技能训练任务 2

创建端盖的三维实体。

1. 工作任务

(1) 创建如图 8.16(a)所示的端盖的三维实体，实体如图 8.16(b)所示。

(2) 完成操作后，以“A802.dwg”为文件名把完成的三维实体存储在指定的工作盘。

(3) 给实体赋予银色金属钢的材质。

(4) 建立四个视口，并设置视点，视点的坐标分别为：(0，−1，0)，(−1，0，0)，(0，0，1)，(−1，−1，1)，在实体的左、前、上方设置白色点光源灯。

(5) 在西南等轴测图中渲染实体，并输出图形文件 A802.bmp，保存到指定的文件夹。

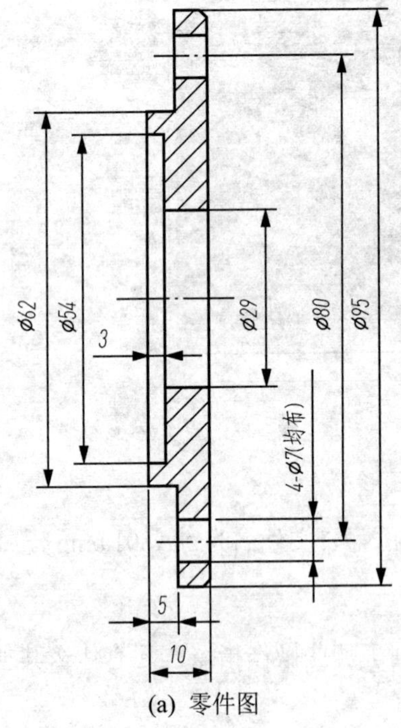

(a) 零件图

(b) 实体模型

图 8.16 端盖零件

2. 任务目标

(1) 熟练掌握三维绘图的基本知识，掌握三维建模及编辑的功能。

(2) 树立正确的空间观念，灵活建立和使用三维坐标系，准确地在三维空间中设置视点，使用【三维视图】菜单生成标准视图。

(3) 了解视口的设置方法，能对实体进行光源设置、材质附着、实体渲染等操作。

(4) 能进行轴类、盘类等回转型特征的零件的三维实体的建模操作。

3. 任务分析

本训练任务包括创建端盖三维实体，对实体赋予材质，按视点的坐标(0，−1，0)，(−1，0，0)，(0，0，1)，(−1，−1，1)建立 4 个视口，在指定位置设置点光源，对实体进行渲染操作并保存图片文件。

(1) 盖的三维实体：首先分析端盖零件图，该图具有回转型零件的特点，在创建端盖的三维图形时，通常先绘制出它的一半二维轮廓，再封闭其轮廓线并形成面域，然后将图形绕其轴线旋转而得三维实体。

(2) 任务要求建立 4 个视口，按视点的坐标(0，−1，0)，(−1，0，0)，(0，0，1)，(−1，−1，1)设置为主视图、俯视图、左视图、西南轴测图 4 个视口。通过 4 个视口可以观察光源与手柄实体的相对位置，并按任务要求将白色点光源灯设定在实体的左、前、上方位置。

(3) 为实体赋予银色金属钢的材质，对实体进行渲染并输出图形文件 A802.bmp。

4. 操作指引

(1) 创建端盖的三维实体。

① 绘制端盖的半轮廓图。选择菜单栏【视图】|【三维视图】|【平面视图】|【当前 UCS】命令，切换到平面视图，根据图 8.16(a)绘制端盖的半轮廓图，如图 8.17 所示。

② 创建封闭多段线。选择菜单栏【修改】|【对象】|【多段线】命令，将绘制的半轮廓图转换为多段线并合并。

③ 旋转成实体。选择【绘图】|【建模】|【旋转】命令，将转换为多段线的半轮廓旋转成实体，通过捕捉左下角和右下角的点定义旋转轴，结果如图 8.18 所示。

④ 设置视点。选择菜单栏【视图】|【三维视图】|【西南轴测图】命令，完成视点的设置，结果如图 8.19 所示。

⑤ 新建 UCS。选择菜单栏【工具】|【新建 UCS】|【原点】命令，将左端面圆心设置为新的 UCS 原点，结果如图 8.20 所示。

⑥ 旋转 UCS。选择菜单栏【工具】|【新建 UCS】|【Y】命令，指定绕 *Y* 轴的旋转角度为 90 度，结果如图 8.21 所示。

⑦ 创建大圆柱体。选择菜单栏【绘图】|【建模】|【圆柱体】命令，指定底面的中心点为(0,0,0)底面半径为 14.5，指定高度为−20，结果如图 8.22 所示。

⑧ 创建小圆柱体。选择菜单栏【绘图】|【建模】|【圆柱体】命令，指定底面的中心点为(40,0,0)，底面半径为 3.5，指定高度为−20，结果如图 8.23 所示。

⑨ 三维阵列。选择菜单栏【修改】|【三维操作】|【三维阵列】命令，将小圆柱沿中心轴环形阵列，将左端面的圆心位置与右端面的圆心位置的连线设置为中心轴，项目数量为 4，结果如图 8.24 所示。

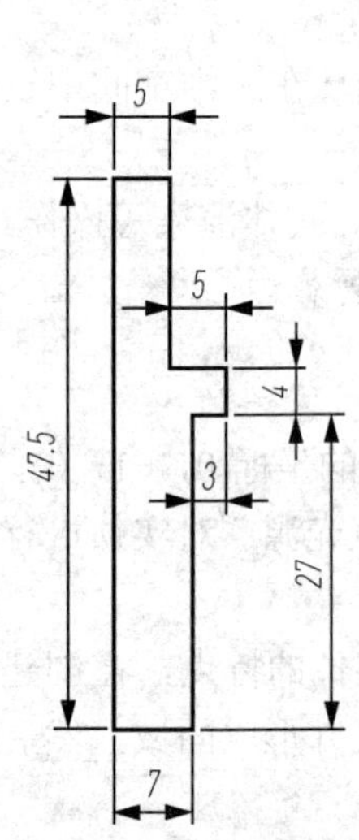

图 8.17　端盖半轮廓图

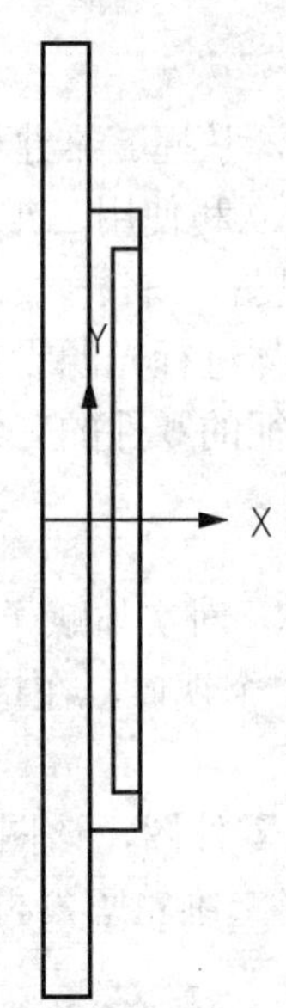

图 8.18　旋转结果

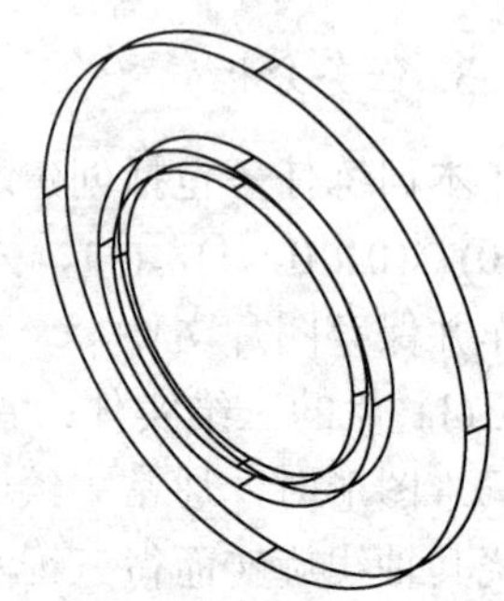

图 8.19　设置视点观测实体

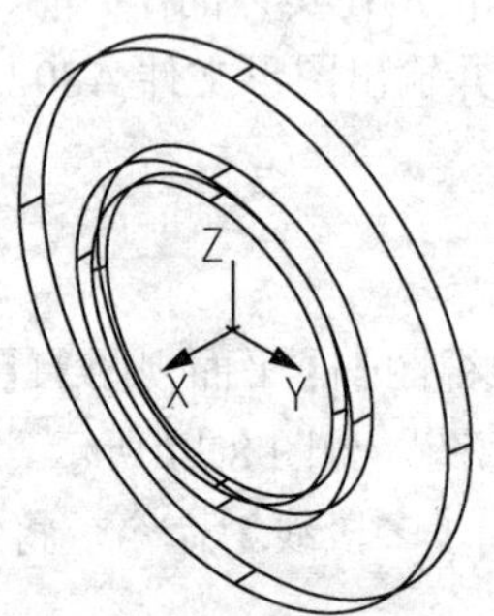

图 8.20　新建 UCS

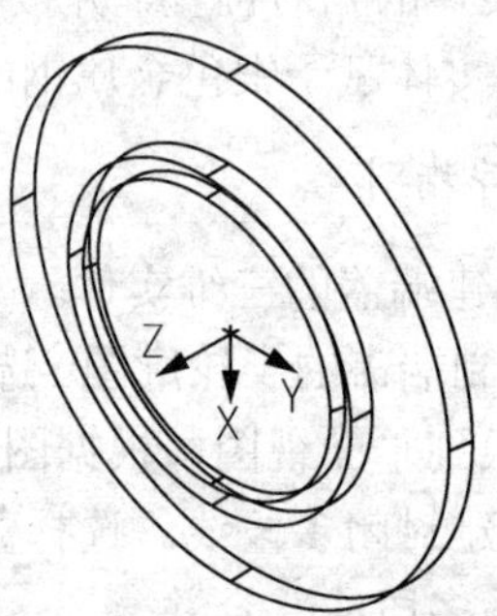

图 8.21　旋转 UCS

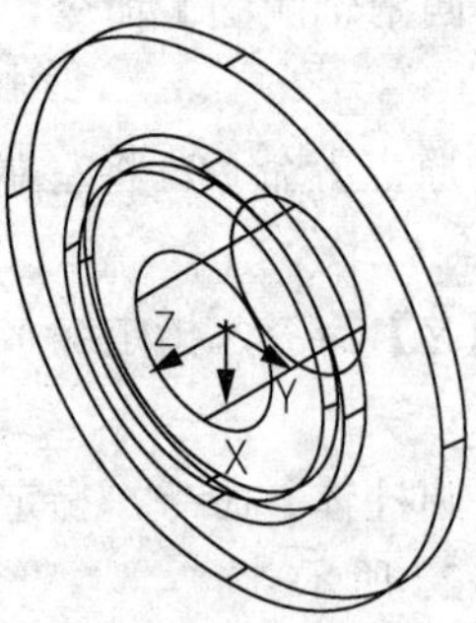

图 8.22 创建大圆柱体

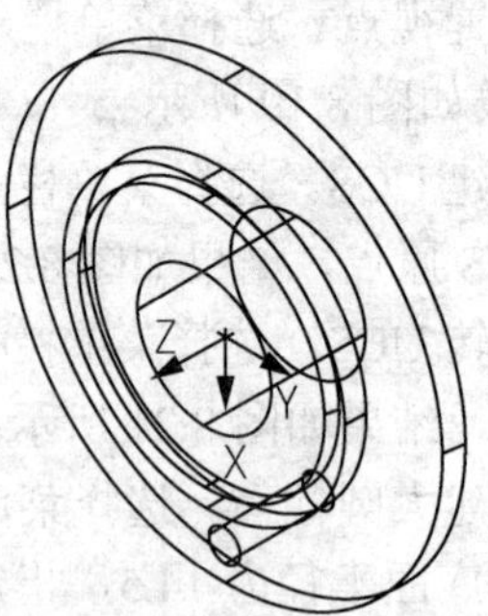

图 8.23　创建小圆柱体

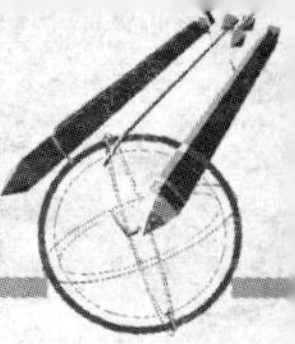

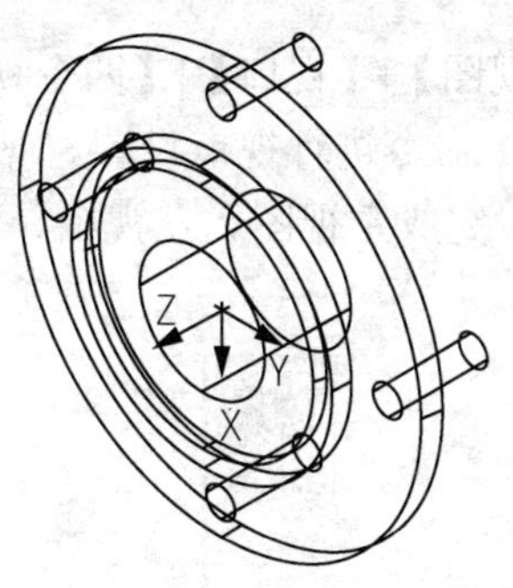

图 8.24 阵列结果

⑩ 布尔运算、设置视觉样式、保存。选择菜单栏【修改】|【实体编辑】|【差集】命令，用端面旋转实体减去大圆柱和 4 个小圆柱，结果如图 8.25 所示。选择菜单栏【视图】|【视觉样式】|【真实】命令，结果如图 8.26 所示。将文件保存在指定的盘，文件名为“A802.dwg”。

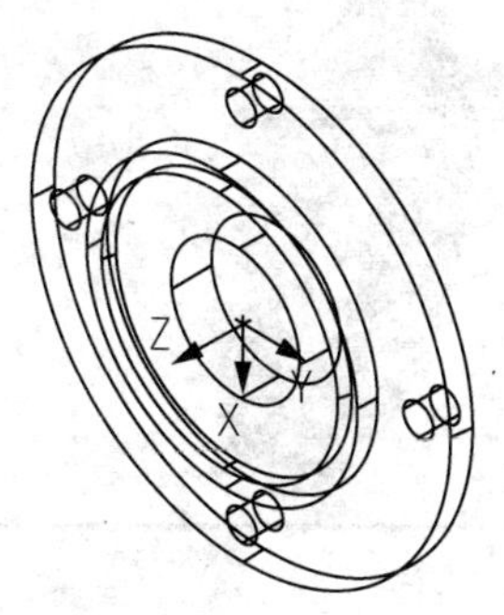

图 8.25 布尔运算(差集)结果

图 8.26 真实视觉样式

(2) 端盖实体渲染。

① 附着材质。选择菜单栏【工具】|【选项板】|【工具选项板】命令，在图 8.27 所示“工具选项板”选项框中选择金属钢的材质，然后选择菜单栏【视图】|【渲染】|【材质】命令打开【材质】对话框将材质颜色改为银色。观察视图结果，如图 8.28 所示。

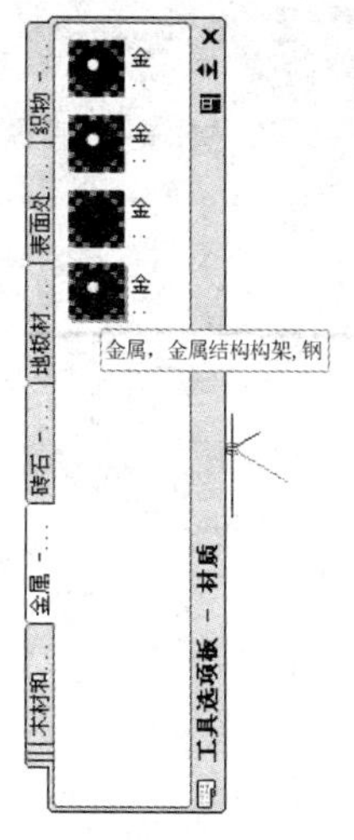

图 8.27 工具选项板

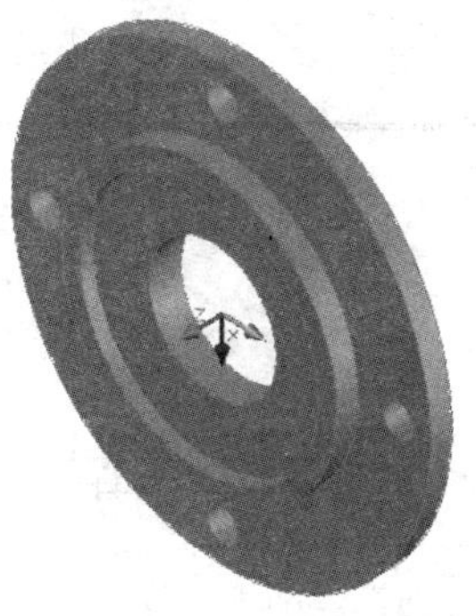

图 8.28 附银色金属钢材质后的端盖效果

② 设置 4 个视口。选择【视图】|【视口】|【四个视口】命令，然后在每个视口里选择【视图】|【三维视图】|【视点】命令进行视点设置。视点的坐标分别是(0，−1，0)，(−1，0，0)，(0，0，1)，(−1，−1，1)，完成主视图、左视图、俯视图、西南轴测图 4 个视口的设置，如图 8.29 所示。

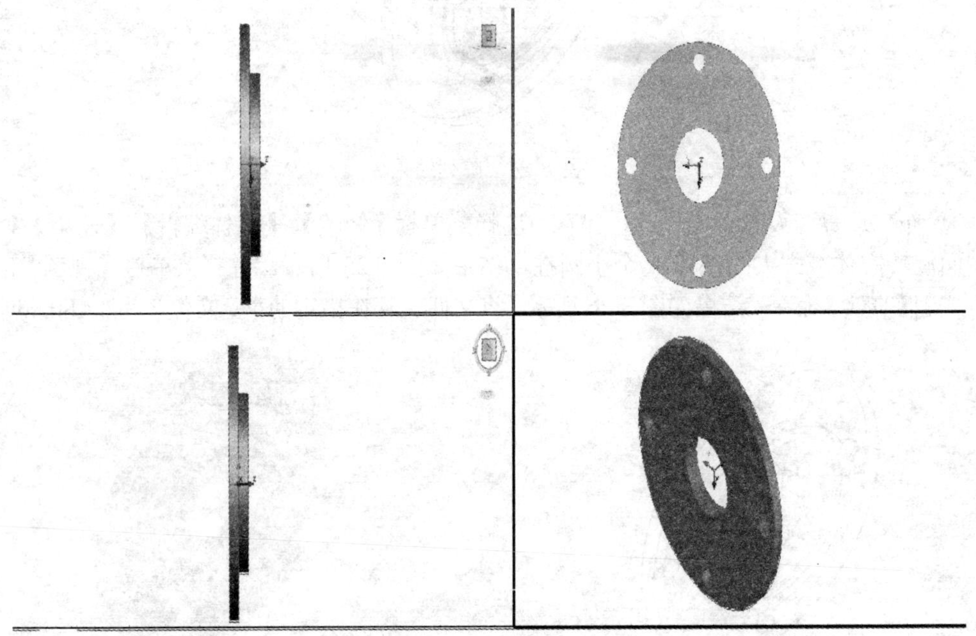

图 8.29　设置四个视口

③ 设置点光源。选择【视图】|【渲染】|【光源】|【新建点光源】命令，分别将光源移动至实体左、前、上方 3 个位置设置白色点光源，如图 8.30 所示。

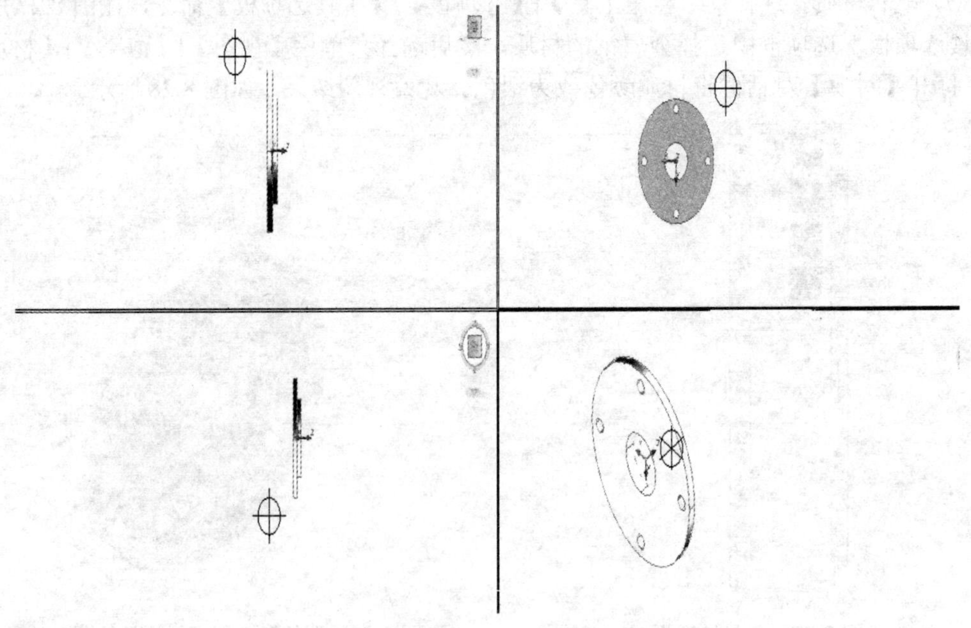

图 8.30　设置点光源

④ 实体渲染。选择【视图】|【渲染】|【渲染】命令完成实体渲染操作，在西南等轴测图中渲染实体。渲染图形如图 8.31 所示。

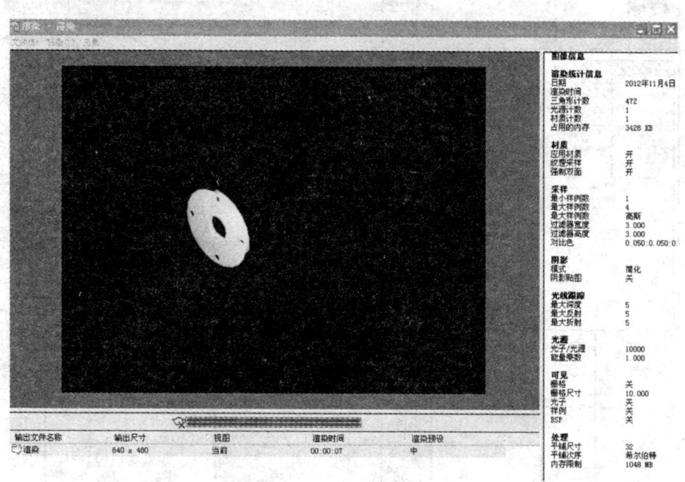

图 8.31　渲染后的图形

⑤ 保存实体渲染后的图片。将文件保存在指定的盘，文件名为“A802.bmp”。

5. 训练评估

(1) 通过此训练，对如何完成工作任务，你用到了哪些操作指令，还有什么其他的绘图技巧与方法？

绘图使用的主要操作指令：____

____。

(2) 训练评估参考见表 8-2。

表 8-2　训练评估表

工作内容	完成时间	熟练程度	自我评价
(1) 绘制二维平面图，放置规范 (2) 完成实体造型 (3) 准确地选用材质 (4) 光源设置正确 (5) 实体渲染并保存	小于 10 min	A	
	10～20min	B	
	20～30min	C	
不能完成以上操作	大于 30min	不熟练	

8.1.3　技能训练任务 3

1. 工作任务

(1) 按图 8.32 所给出的尺寸创建支架零件的三维实体，如图 8.33 所示。以“A803a.dwg”为文件名把完成的三维实体存储在指定的工作盘。

(2) 完成操作后，将支架进行剖切，如图 8.34 所示，以“A803b.dwg”为文件名把剖切后的支架实体存储在指定的工作盘。

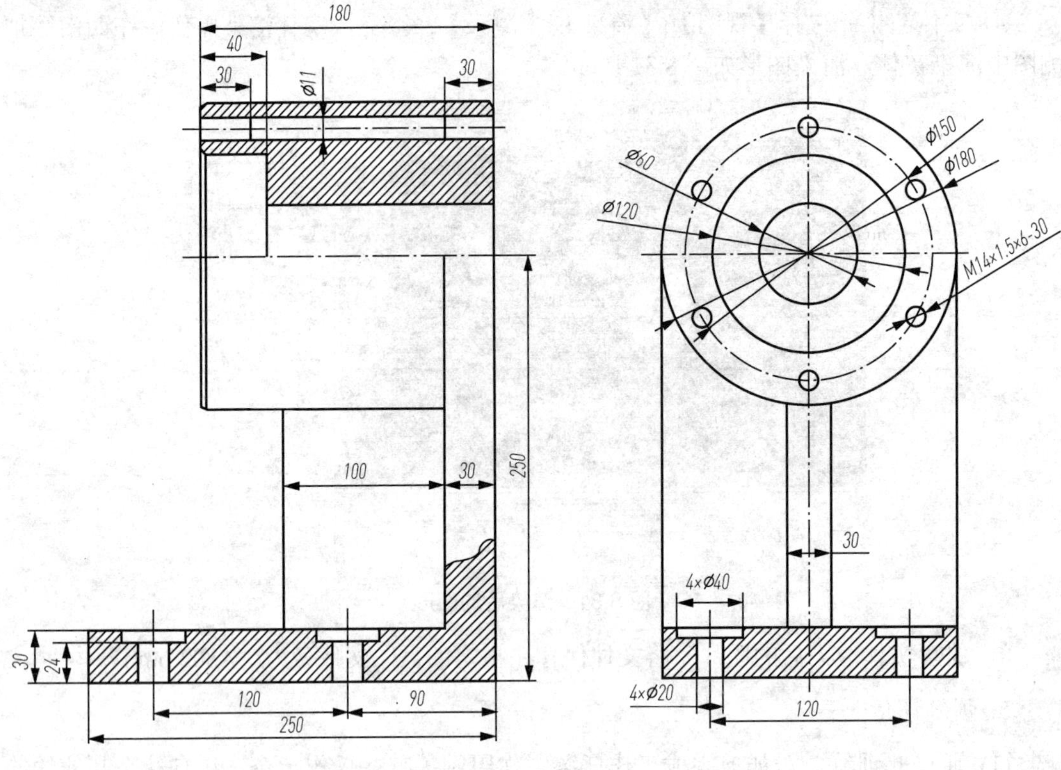

图 8.32 支架零件图

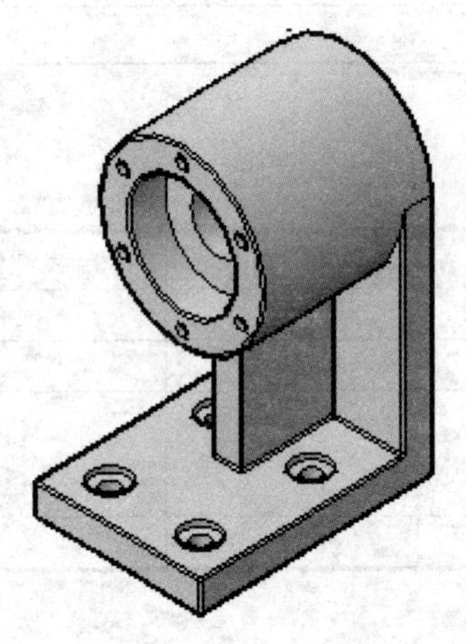

图 8.33 支架三维实体

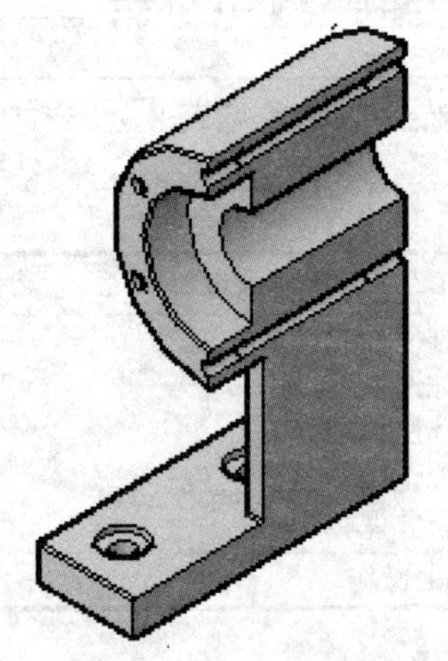

图 8.34 支架三维实体剖切

2. 任务目标

(1) 熟练掌握三维绘图的基本知识，掌握三维建模及编辑的功能。

(2) 树立正确的空间观念，灵活建立和使用三维坐标系，准确地在三维空间中设置视点，使用【三维视图】菜单生成标准视图。

(3) 能进行支架等复杂零件的三维实体的建模操作。

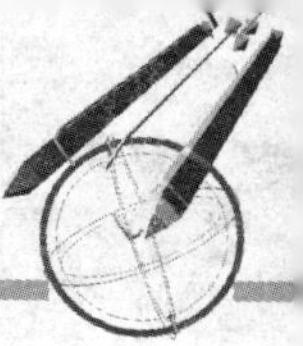

3. 任务分析

本训练任务包括创建支架三维实体，将支架进行剖切并保存图片文件。

(1) 创建支架的三维实体：首先分析支架零件图，该图由底板、肋板、圆柱体、螺钉孔和螺纹孔几个部分组成，在创建支架的三维图形时，通常先绘制出它的各个小零件，再组合成三维实体。

(2) 根据支架的三维实体，将支架进行剖切并输出图形文件 A803.bmp。

4. 操作指引

(1) 坐标系设置。

选择菜单栏【视图】|【三维视图】|【西南等轴测图】命令，设置后的坐标系如图 8.35 所示。

(2) 绘制 3 个长方体。

选择菜单栏【绘图】|【建模】|【长方体】命令，第一个长方体的长、宽、高为(250,180,30)，即该长方体第一个角点与第二个角点的相对坐标是@250,180,30。绘制的长方体如图 8.36 所示。

第二个长方体的长、宽、高为(130, 30, 250)，即该长方体第一个角点与第二个角点的相对坐标是@130,30,250。绘制的长方体如图 8.37 所示。

第三个长方体的长、宽、高为(30, 180, 250)，即该长方体第一个角点与第二个角点的相对坐标是@30,180 ,250。绘制的长方体如图 8.38 所示。

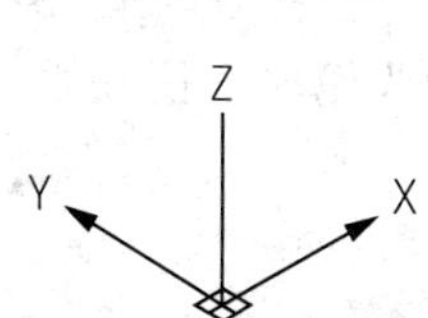

图 8.35　坐标系

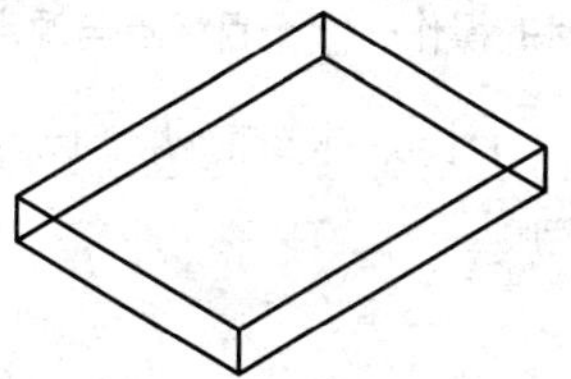

图 8.36　第一个长方体

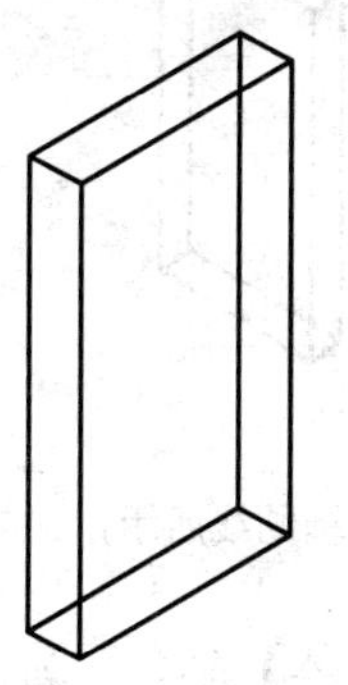

图 8.37　第二个长方体

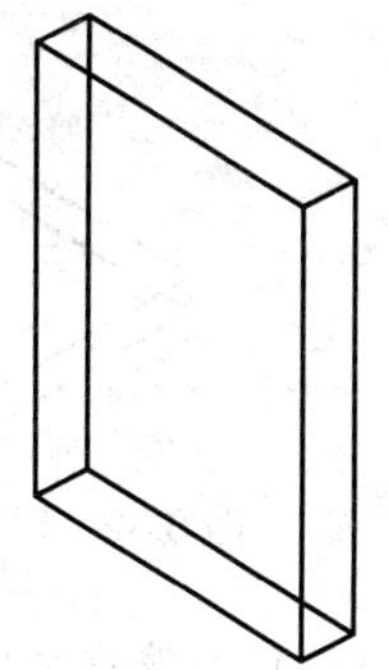

图 8.38　第三个长方体

(3) 两两对齐长方体。

选择菜单栏【修改】|【三维操作】|【对齐】命令，将 3 个长方体两两对齐，对齐前后的长方体如图 8.39 所示。

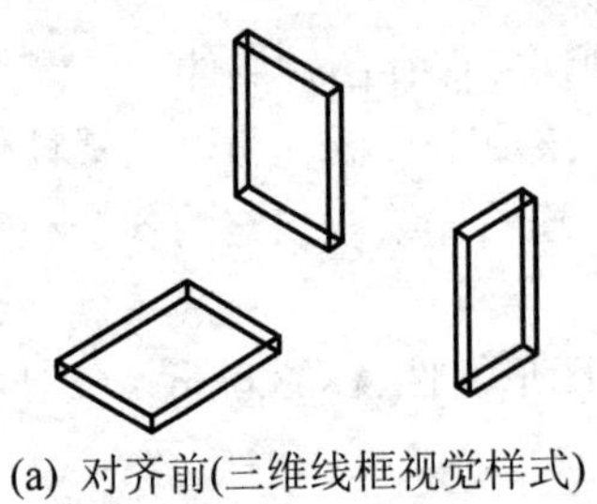

(a) 对齐前(三维线框视觉样式)

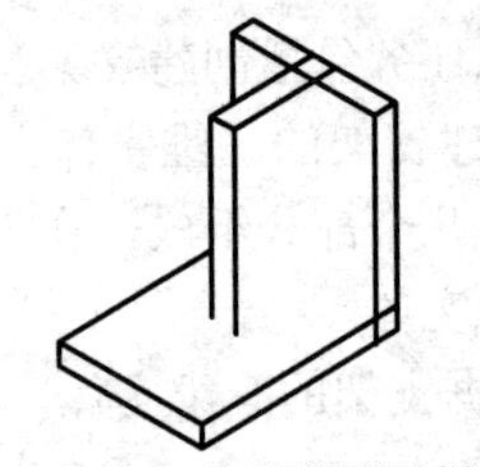

(b) 对齐后(三维隐藏视觉样式)

图 8.39　对齐前后的长方体

将第三个长方体与第一个长方体对齐，选择对齐的对象为第三个长方体，如图 8.40、图 8.41 所示。

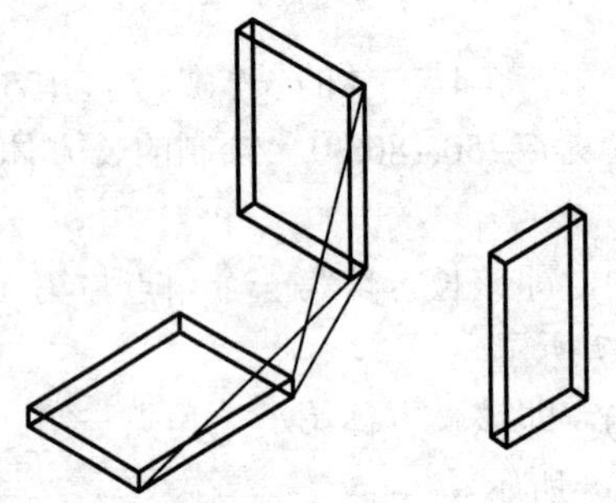

图 8.40　对齐操作一(3 个目标点与源点设置如辅助线所示)

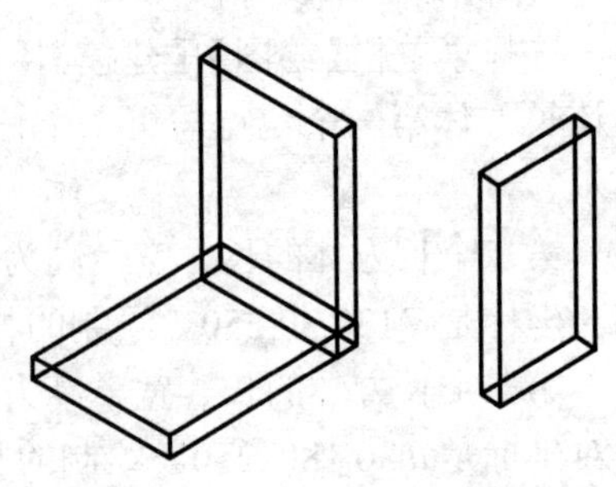

图 8.41　对齐操作一效果

将第二个长方体与前两个长方体对齐，选择对齐的对象为第二个长方体，如图 8.42、图 8.43 所示。

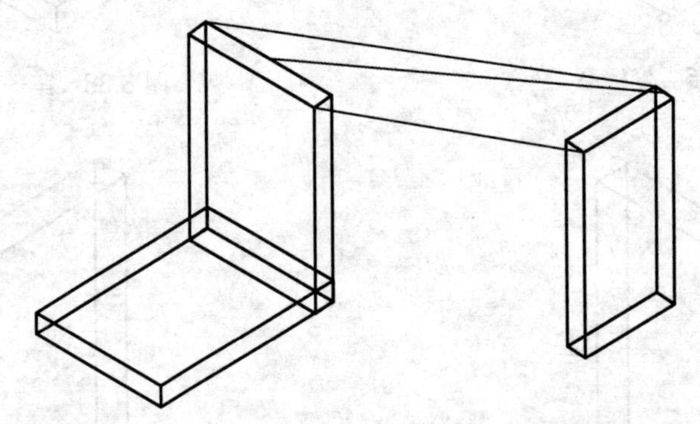

图 8.42　对齐操作二(三个目标点与源点设置如辅助线所示)

(4) 绘制圆柱体。选择菜单栏【绘图】|【建模】|【圆柱体】命令，圆柱体底面半径为 90，高度为 180，如图 8.44(a)所示。

(5) 旋转圆柱体。

选择菜单栏【修改】|【三维操作】|【三维旋转】命令，指点基点为圆柱体的底面圆心，旋转轴为 y 轴，旋转角度为 90 度，旋转后如图 8.44(b)所示。

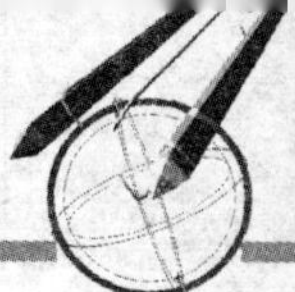

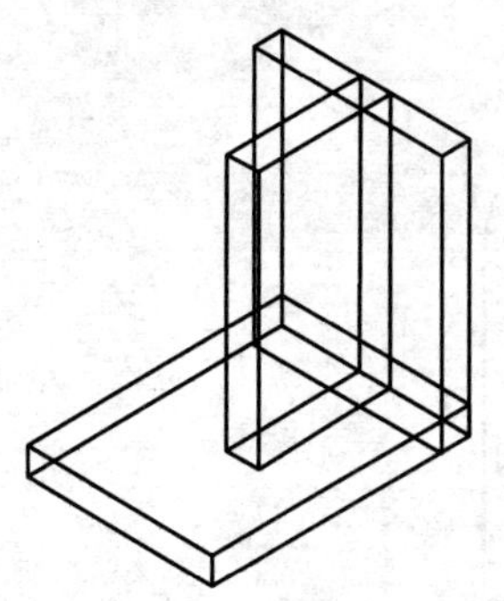

图 8.43　对齐操作二效果(三维线框)

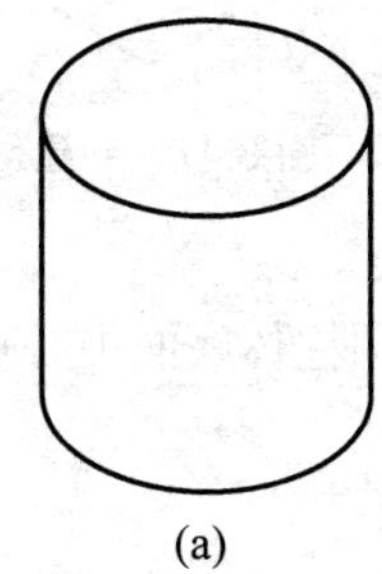

(a)

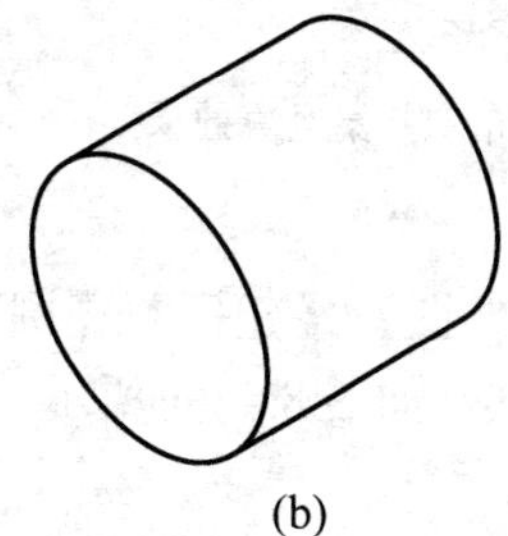

(b)

图 8.44　绘制并旋转圆柱体

(6) 移动圆柱体。

选择菜单栏【修改】|【移动】命令，将圆柱体移动到长方体支架上，基点为圆柱体的上底面圆心，移动路径如图 8.45(a)所示，移动后效果如图 8.45(b)所示。

(7) 布尔并集运算。

选择菜单栏【修改】|【实体编辑】|【并集】命令，将圆柱体和 3 个长方体进行布尔并集运算，运算后如图 8.46 所示。

(8) 新建 UCS。

选择菜单栏【工具】|【新建 UCS】|【三点】命令，将新坐标系的原点设在支架上方圆柱底面中心位置，再选择如图 8.47 所示的 *X* 方向和 *Y* 方向，新坐标系如图 8.47 所示。

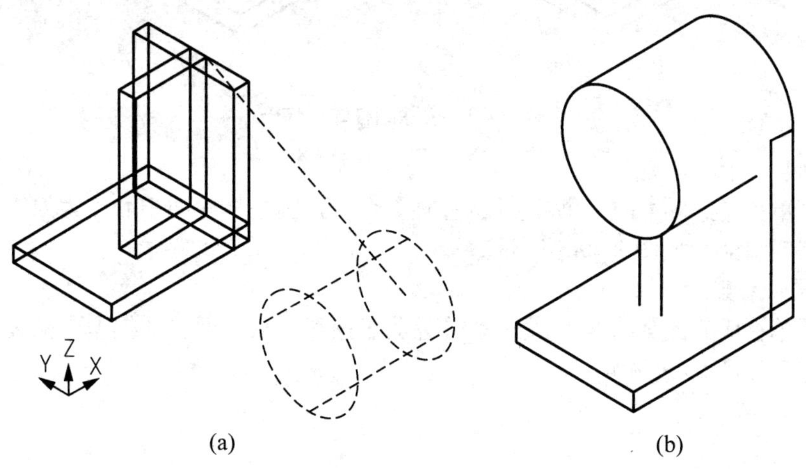

(a)　　(b)

图 8.45　移动圆柱体

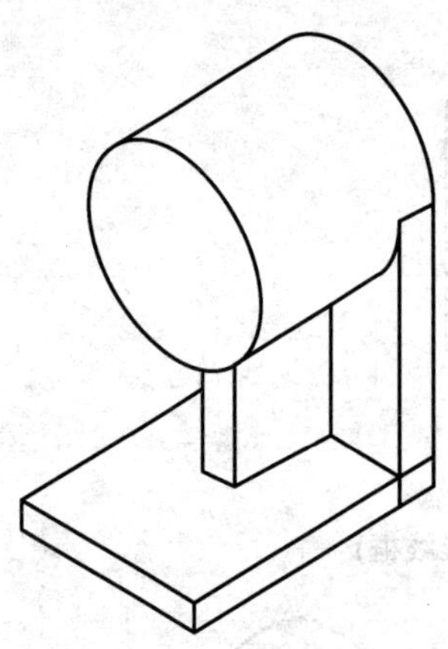

图 8.46　布尔并集运算效果

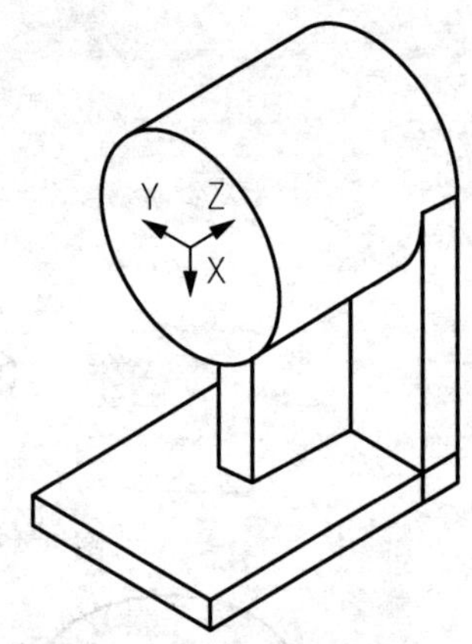

图 8.47　新建坐标系

(9) 画圆柱体。

选择菜单栏【绘图】|【建模】|【圆柱体】命令，以圆柱体底面中心点为原点，底面半径为 60，高度为 40，如图 8.48(a)所示。

(10) 布尔差集运算。

选择菜单栏【修改】|【实体编辑】|【差集】命令，从支架实体模型中减去上面圆柱体的实体模型，如图 8.48(b)所示。

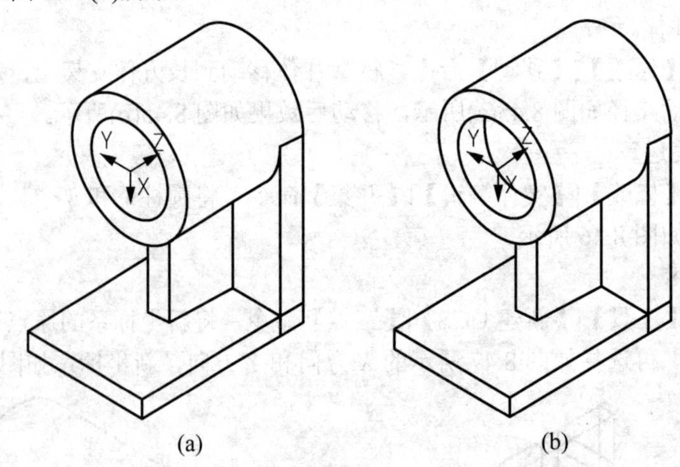

(a)　(b)

图 8.48　去除圆柱体操作一

(11) 画圆柱体。

选择菜单栏【绘图】|【建模】|【圆柱体】命令，圆柱体底面中心点为原点，底面半径为 30，高度为 180，如图 8.49(a)所示。

(12) 布尔差集运算。

选择菜单栏【修改】|【实体编辑】|【差集】命令，从支架实体模型中减去上面圆柱体的实体模型，如图 8.49(b)所示。

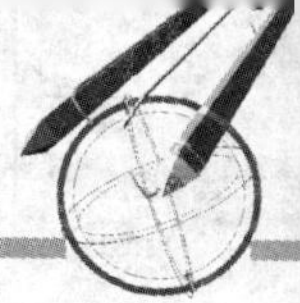

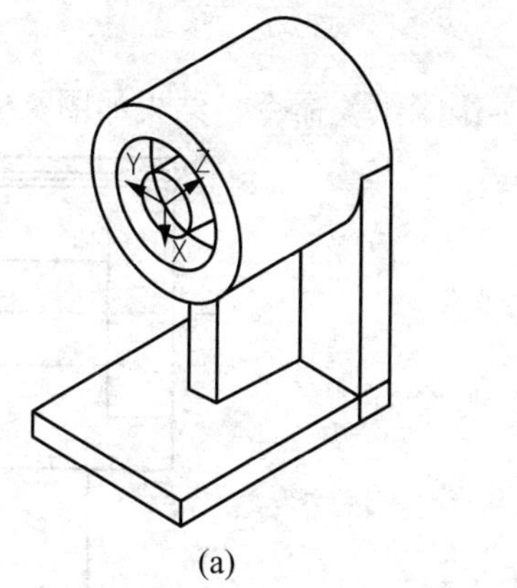

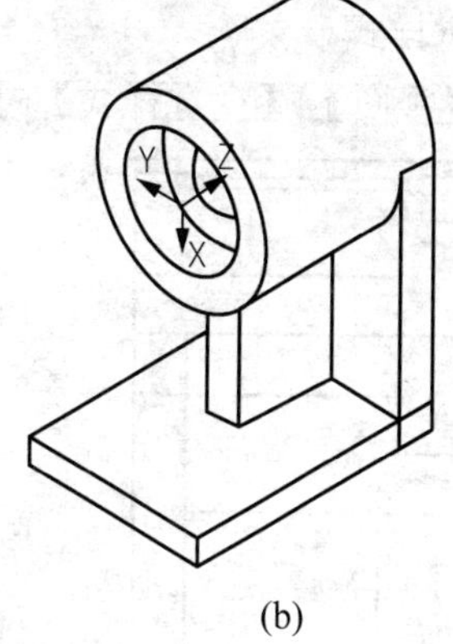

图 8.49 去除圆柱体操作二

(13) 绘制螺纹孔的半轮廓图。

选择菜单栏【视图】|【三维视图】|【平面视图】|【当前 UCS】命令，切换到平面视图，根据 8.32 支架零件图绘制螺纹孔的半轮廓图，如图 8.50 所示。

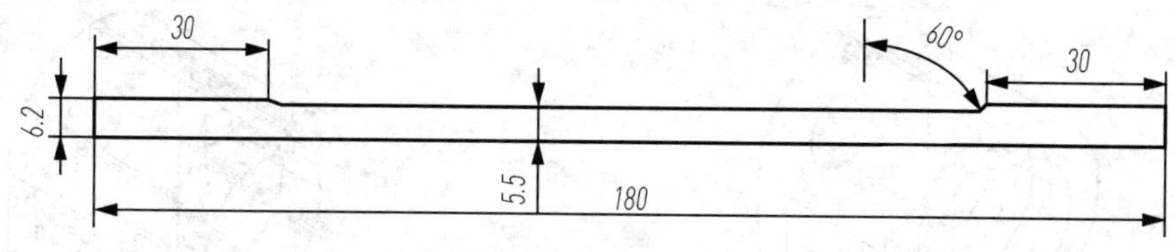

图 8.50 螺纹孔半轮廓图

(14) 创建面域。

选择菜单栏【绘图】|【面域】命令，将闭合的多段线创建为面域，如图 8.51 所示。

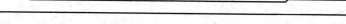

图 8.51 螺纹孔半轮廓图面域

(15) 移动螺纹孔半轮廓图面域。

将转换为面域的半轮廓移动到图 8.52 所示主视图的虚线辅助线位置。

(16) 旋转螺纹孔面域成实体。

选择【绘图】|【建模】|【旋转】命令，将转换为面域的螺纹孔半轮廓旋转成实体，结果如图 8.53 所示。

(17) 设置视点。

选择菜单栏【视图】|【三维视图】|【西南轴测图】命令，结果如图 8.54 所示。

(18) 三维阵列。

选择菜单栏【修改】|【三维操作】|【三维阵列】命令，将螺纹孔沿圆柱中心轴环形阵列，将左端面的圆心位置与右端面的圆心位置的连线设置为中心轴，项目数量为 6，结果如图 8.55 所示。

(19) 布尔运算。

选择菜单栏【修改】|【实体编辑】|【差集】命令，用支架实体减去 6 个螺纹孔，结果如图 8.56 所示。

(20) 设置视觉样式。

选择菜单栏【视图】|【视觉样式】|【三维隐藏】命令，结果如图 8.57 所示。

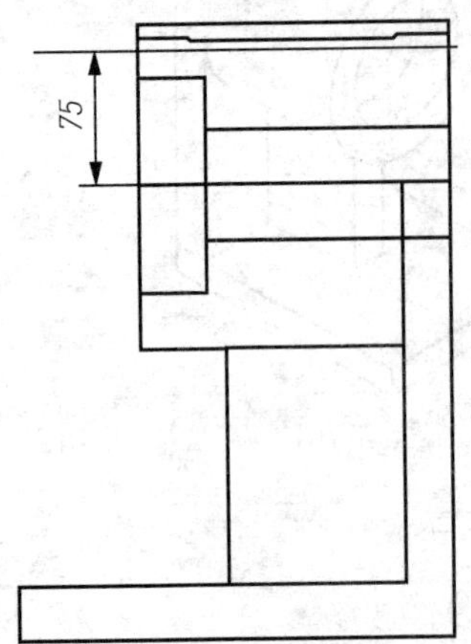

图 8.52 移动面域

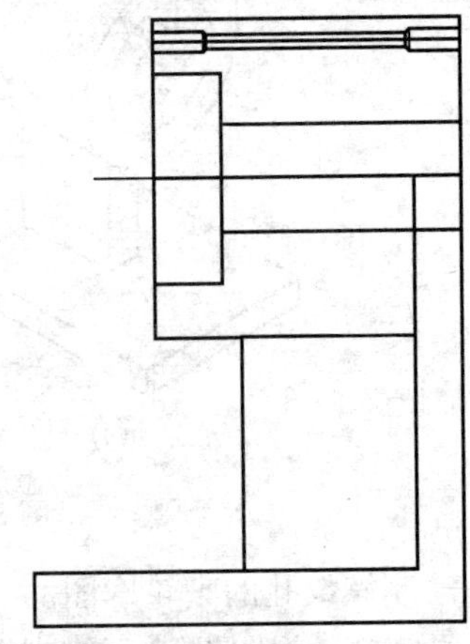

图 8.53 旋转面域成实体

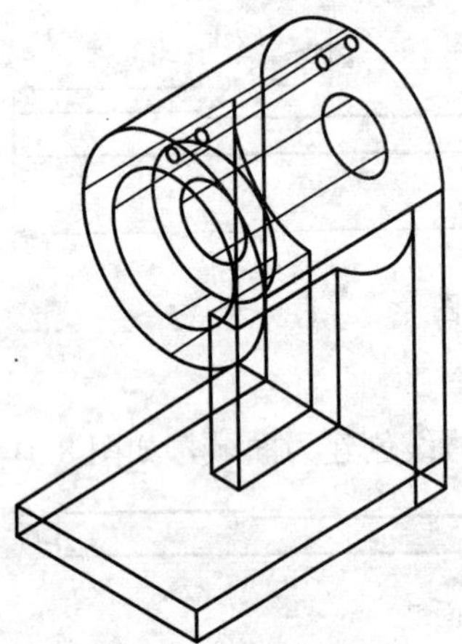

图 8.54 西南轴测图

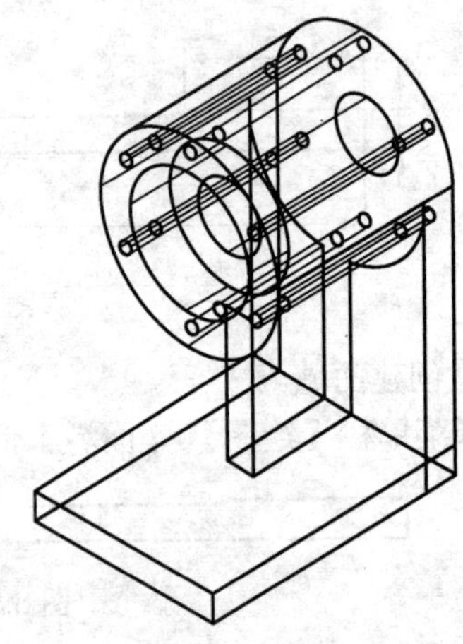

图 8.55 阵列结果

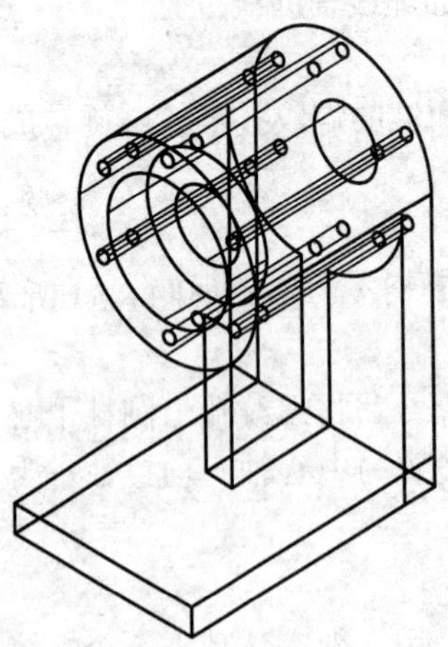

图 8.56 布尔运算(差集)结果

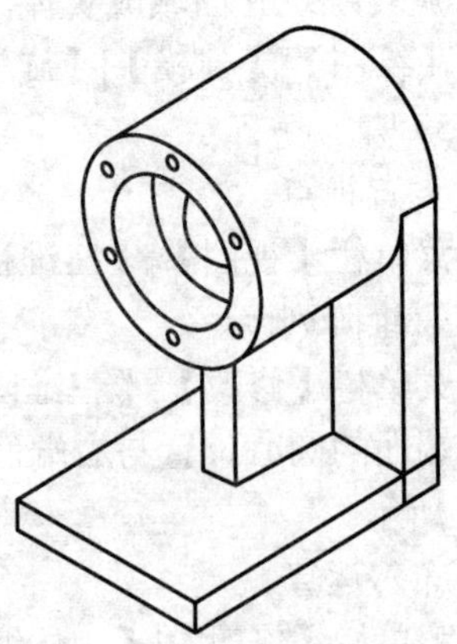

图 8.57 三维隐藏视觉样式

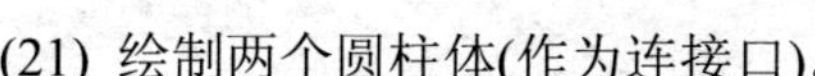

(21) 绘制两个圆柱体(作为连接口)。

选择菜单栏【绘图】|【建模】|【圆柱体】命令，绘制两个圆柱体。一个圆柱体底面半径为 10，高度为 30，另一个圆柱体底面半径为 20，高度为 6，如图 8.58(a)所示。

(22) 移动圆柱体。

选择菜单栏【修改】|【移动】命令，将半径大的圆柱体移动到半径小的圆柱体上，基点为半径大的圆柱体的下底面圆心，移动路径如图 8.58(b)所示，移动后效果如图 8.58(c)所示。

(23) 布尔并集运算。

选择菜单栏【修改】|【实体编辑】|【并集】命令，将以上两个圆柱体进行布尔并集运算，运算后如图 8.59 所示。

(24) 画辅助线。

选择菜单栏【绘图】|【直线】命令在支架底板上绘制两条辅助线，再选择【绘图】|【偏移】命令进行偏移，偏移距离为 40，如图 8.60 所示。

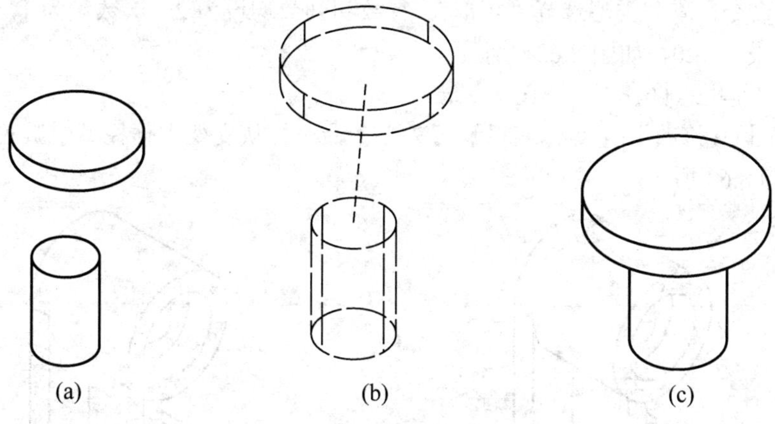

图 8.58　绘制连接口

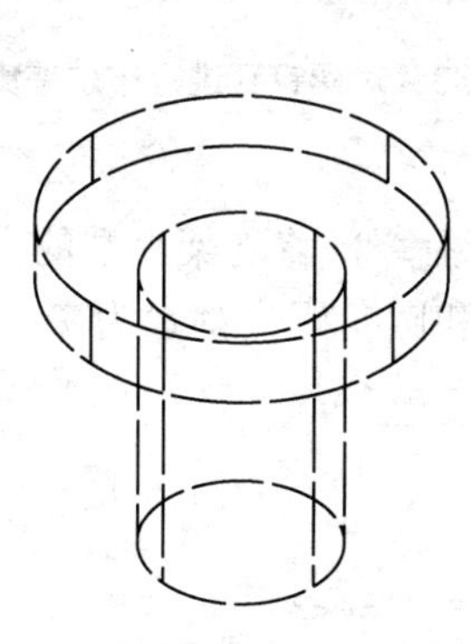

图 8.59　布尔并集运算

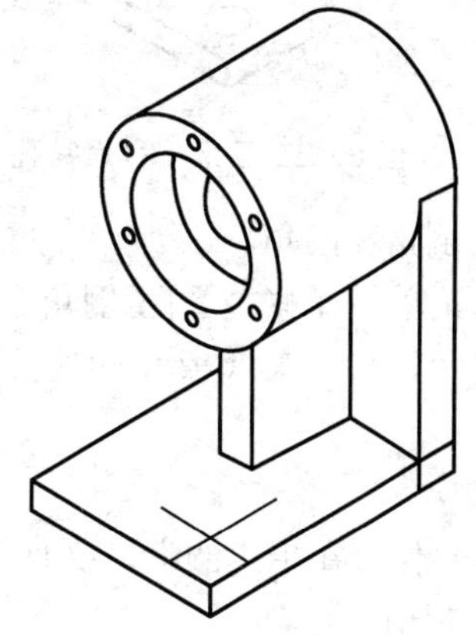

图 8.60　辅助线

(25) 将螺钉孔移动到辅助线的交点上。

选择菜单栏【绘图】|【移动】命令将之前绘制好的螺钉孔复制到上图，并以上底面中心为基点移动到两条辅助线的交点上，移动路径如图 8.61(a)所示，移动后效果图如图 8.61(b)所示。

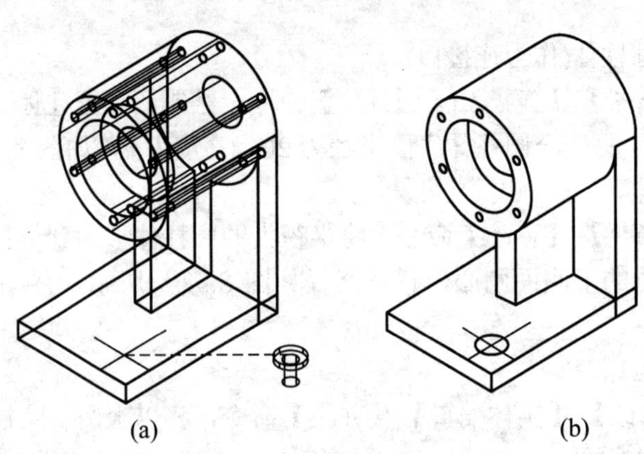

图 8.61　移动螺钉孔

(26) 将螺钉孔三维阵列。

将辅助线删除后，将螺钉孔进行矩形三维阵列，选择菜单栏【修改】|【三维操作】|【三维阵列】命令，阵列类型选择“矩形”，行数和列数均设为 2，层数设为 1，行间距设为 100，列间距设为 120，如图 8.62 所示。

(27) 布尔差集运算。

选择菜单栏【修改】|【实体编辑】|【差集】命令，从支架主体模型中减去连接孔的实体模型，如图 8.63 所示。

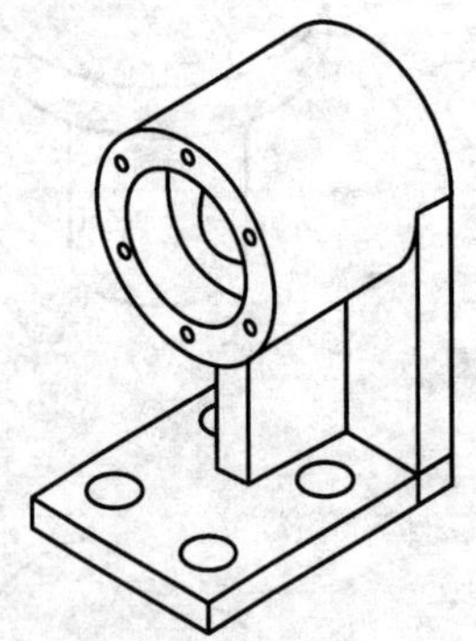

图 8.62　三维阵列螺钉孔

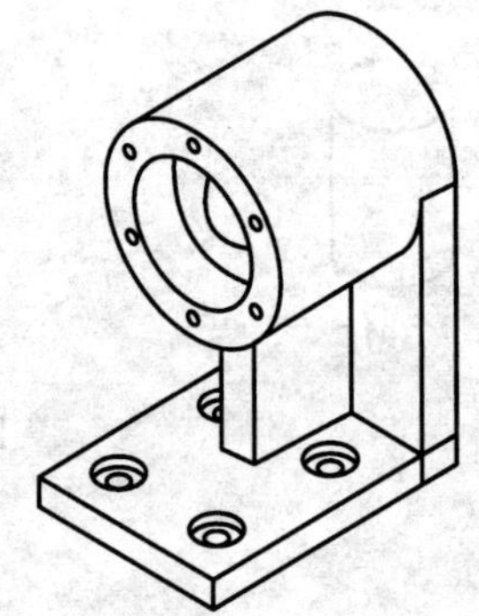

图 8.63　对螺钉孔进行布尔差集运算

(28) 倒角和圆角。

选择菜单栏【修改】|【倒角】和【修改】|【圆角】命令，将支架上端的大圆柱内外圆进行倒角，将支架底板和肋板接触面进行圆角，倒角和圆角距离都设为 2，如图 8.64 所示。

(29) 保存。

将文件保存在指定的盘，文件名为“A803a.dwg”。

(30) 剖切。

选择菜单栏【修改】|【三维操作】|【剖切】命令，剖切点为图 8.65(a)所示辅助线上的三点，剖切后效果如图 8.65(b)所示。

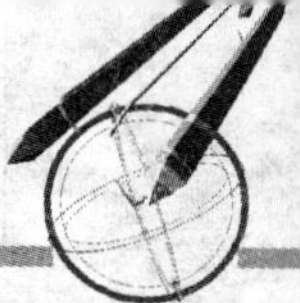

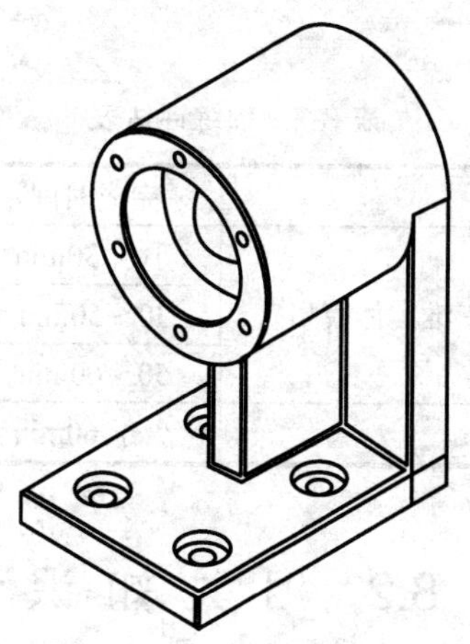

图 8.64　进行倒角和圆角效果

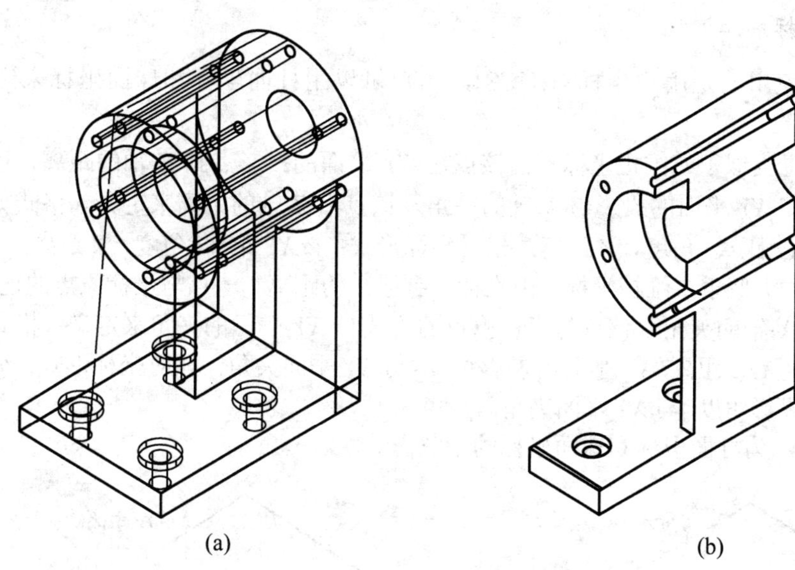

(a)　　(b)

图 8.65　剖切操作

(31) 保存。

将文件保存在指定的盘，文件名为“A803b.dwg”。

5. 训练评估

(1) 通过此训练，对如何完成工作任务，你用到了哪些操作指令，还有哪些其他的绘图技巧与方法？

绘图使用的主要操作指令：______________________________

____。

(2) 训练评估参考见表 8-3。

表 8-3　训练评估表

工作内容	完成时间	熟练程度	自我评价
(1) 创建底板和肋板三维实体模型 (2) 创建圆柱体和螺钉孔、螺纹孔三维实体模型 (3) 进行剖切并保存	小于 30min	A	
	30～50min	B	
	50～60min	C	
不能完成以上操作	大于 60min	不熟练	

8.2　相 关 知 识

8.2.1　三维坐标系

1. 三维坐标系知识

三维绘图使用的是用户坐标系(UCS)，用户可以用柱面坐标和球面坐标来定义点的位置。

柱面坐标：类似于二维极坐标，由该点在 *XY* 平面的投影点到 *Z* 轴的距离、该点与坐标原点的连线在 *XY* 平面的投影与 *X* 轴的夹角及该点沿 *Z* 轴的距离来定义。格式如下：绝对坐标形式：*XY* 距离<角度，*Z* 距离；相对坐标形式：@*XY* 距离<角度，*Z* 距离。

球面坐标：类似于二维极坐标，由坐标点到原点的距离、该点与坐标原点的连线在 *XY* 平面的投影与 *X* 轴的夹角及该点与坐标原点的连线与 *XY* 平面的夹角来定义。格式如下：绝对坐标形式：*XYZ* 距离<*XY* 平面内投影角度<与 *XY* 平面夹角；相对坐标形式：@*XYZ* 距离<*XY* 平面内投影角度<与 *XY* 平面夹角。

图 8.66 所示为柱面坐标和球面坐标的示意图。

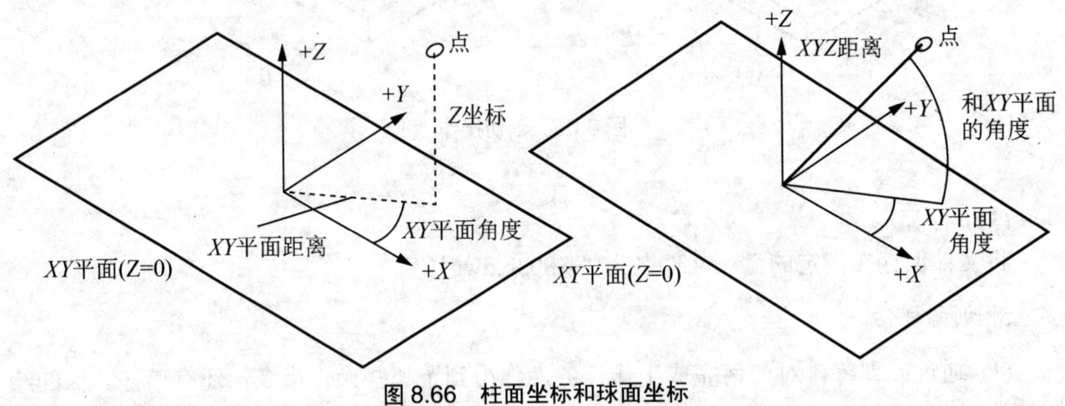

图 8.66　柱面坐标和球面坐标

特别提示

在 AutoCAD 中可以通过“右手定则”简单易行地确定直角坐标系 *Z* 轴的正方向及轴旋转的正方向。

已知 *X*、*Y* 轴的正方向，判别 *Z* 轴的正方向的方法是将右手无名指及小指握拳，拇指、

食指、中指互成垂直方向，其中拇指与 X 轴正方向一致、食指与 Y 轴正方向一致，中指所指的方向则是 Z 轴的正方向。

轴旋转的正方向判别方法是：右手拇指指向所测轴的正方向，其余 4 个手指握成拳状，手指握轴的旋转方向则为该轴旋转的正方向。

2. 建立三维坐标系

AutoCAD 系统默认的坐标系称为世界坐标系(World Coordinate System，简称 WCS)，世界坐标系又称为通用坐标系或绝对坐标系。为了方便绘图，AutoCAD 允许用户根据需要设定坐标系，即用户坐标系(User Coordinate System，简称 UCS)。特别是在绘制三维立体图时，要在同一坐标系中确定三维立体图各个顶点的值有时是相当困难的，采用同一坐标系来绘制三维立体图很不方便。在 AutoCAD 中，用户可以通过改变原点 O(0，0，0)位置，XY 平面和 Z 轴方向等方法，合理地建立用户坐标系(UCS)，利用 UCS 用户将可以很方便地创建三维模型。

执行方式

- 下拉菜单:【工具】|【新建 UCS】|【世界】
- 命令行: UCS
- 工具栏: UCS
- 功能区:【视图】|【坐标】|

选择菜单栏【工具】|【新建 UCS】|【原点】命令，可以设置新 UCS 的原点；选择菜单栏【工具】|【新建 UCS】|【X】、【Y】、【Z】命令，可以旋转 UCS。

新建 UCS 的常用方法有以下几种。

(1) 指定 UCS 的原点；系统提供指定一点、两点或三点 3 种方式定义一个新的 UCS。

① 选项指定单个点，系统将当前 UCS 的原点平移到指定的点位置，X、Y 和 Z 轴的方向保持不变。

② 选项指定两个点，用指定原点及 X 轴正方向定义新的 UCS；

③ 选项指定三个点，用指定原点、X、Y 轴正方向定义新的 UCS。

(2) 指定 XY 平面，定义一个新的 UCS 用户坐标系。

① 使 UCS 与已有的对象对齐。

② 使 UCS 与实体表面对齐。

(3) 使当前 UCS 绕任何轴旋转，以定义新的 UCS 用户坐标系。

8.2.2 三维表面

AutoCAD 可运用三维面、三维网格、三维网格曲面来创建三维模型。常用的三维曲面造型方式有旋转曲面、平移曲面、直纹曲面、边界曲面四种。

1. 绘制三维面

- 下拉菜单：【绘图】|【建模】|【网络】|【三维面】
- 命令行：3DFACE

例：绘制长×宽×高=200×100×50 的三维表面，如图 8.67 所示

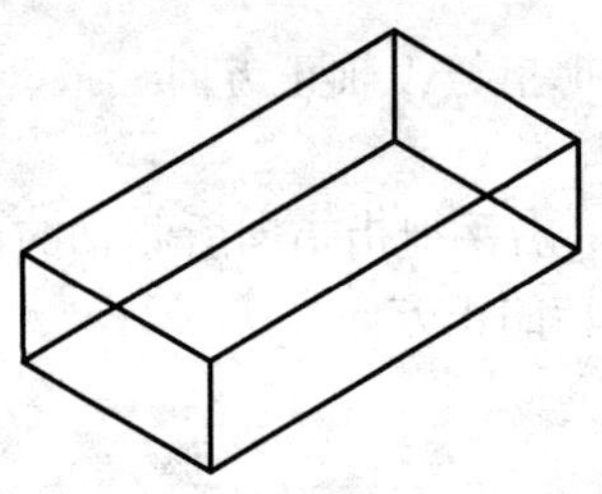

图 8.67　绘制三维表面

操作提示如下。

命令：3DFACE

指定第一点或[不可见(I)]：0，0，0

指定第二点或[不可见(I)]：200，0，0

指定第三点或[不可见(I)]<退出>：200，0，50

指定第四点或[不可见(I)]<创建三侧面>：0，0，50

指定第三点或[不可见(I)]<退出>：0，100，50

指定第四点或[不可见(I)]<创建三侧面>：200，100，50

指定第三点或[不可见(I)]<退出>：200，100，0

指定第四点或[不可见(I)]<创建三侧面>：0，100，0

指定第三点或[不可见(I)]<退出>：0，0，0

指定第四点或[不可见(I)]<创建三侧面>：200，0，0

指定第三点或[不可见(I)]<退出>：(结束)

说明：三维面是通过输入平面顶点的坐标(或鼠标确定空间点)生成的空间平面。选定输入第一点后，其余的点可按顺时针或逆时针方向顺序输入以创建普通三维面。

第一个平面生成后(比如输入 4 个点创建了一个平面)，继续创建第二个平面。第二个平面是以第一个平面的第三点和第四点作为第二个平面的第一点和第二点，则需继续输入第二个平面上的第三点和第四点坐标，才能创建第二个三维平面，按此方法类推，继续输入坐标点可以创建更多平面，直到按 Enter 键结束操作。

特别提示

在输入某一边之前输入“I”命令，则可以使该边不可见，如图 8.68 所示。用户可以通过控制三维面各边的可见性，使立体模型显示更合理、直观。

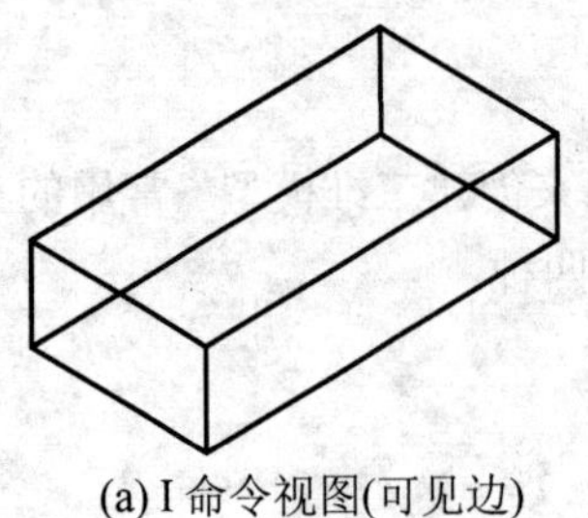

(a) I 命令视图(可见边)　　(b) I 命令视图(不可见边)

图 8.68　控制三维面各边的可见性

2. 绘制三维网格

◆ 下拉菜单：【绘图】|【建模】|【网络】|【三维网格】

◆ 命令行：3DMESH

例：绘制如图 8.69 所示的三维网格。

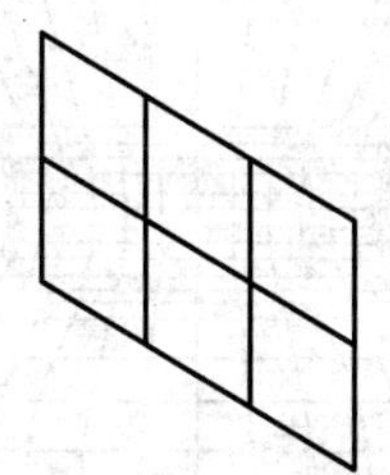

图 8.69　绘制三维网格

操作提示如下。

输入 M 方向上的网格数量：3(行数值范围：可输入 2～256 之间的值)

输入 N 方向上的网格数量：4(列数值范围：可输入 2～256 之间的值)

指定顶点(0，0)的位置：(输入第一行第一列的顶点坐标)(1，1)

指定顶点(0，1)的位置：(输入第一行第二列的顶点坐标)(1，2)

指定顶点(0，2)的位置：(输入第一行第三列的顶点坐标)(1，3)

指定顶点(0，3)的位置：(输入第一行第四列的顶点坐标)(1，4)

指定顶点(1，0)的位置：(输入第二行第一列的顶点坐标)(2，2)

指定顶点(1，1)的位置：(输入第二行第二列的顶点坐标)(2，3)

指定顶点(1，2)的位置：(输入第二行第三列的顶点坐标)(2，4)

指定顶点(1，3)的位置：(输入第二行第四列的顶点坐标)(2，5)

指定顶点(2，0)的位置：(输入第三行第一列的顶点坐标)(3，3)

指定顶点(2，1)的位置：(输入第三行第二列的顶点坐标)(3，4)

指定顶点(2，2)的位置：(输入第三行第三列的顶点坐标)(3，5)

指定顶点(2，3)的位置：(输入第三行第四列的顶点坐标)(3，6)

特别提示

AutoCAD 通过指定顶点生成三维多边形网格，其大小由 M 和 N 网格数决定，M，N 的方向分别沿当前的 UCS 的 *X*、*Y* 方向，网格面上的行和列都是从 0 算起，各行和列的顶点数最大值为 256。

3. 绘制旋转曲面

◆ 下拉菜单：【绘图】|【建模】|【网络】|【旋转曲面】

◆ 命令行：REVSURF

三维网格：回旋曲面属于三维网格图形，修改三维网格的密度(M×N)值，可使曲面变光滑。M×N 其值越大，曲面越光滑。

径线数(M，默认值 6)：沿旋转方向的网格数，可用命令 Surftab1=? 设置径线数值。

纬线数(N，默认值 6)：沿轨迹线方向的网格数，可用命令 Surftab2=?设置纬线数值。

例：按图 8.70 所示的尺寸创建曲面造型(不用标注尺寸)。曲面经线数取 32，纬线数取 8；视口设置为西南等轴测图，观察视图。

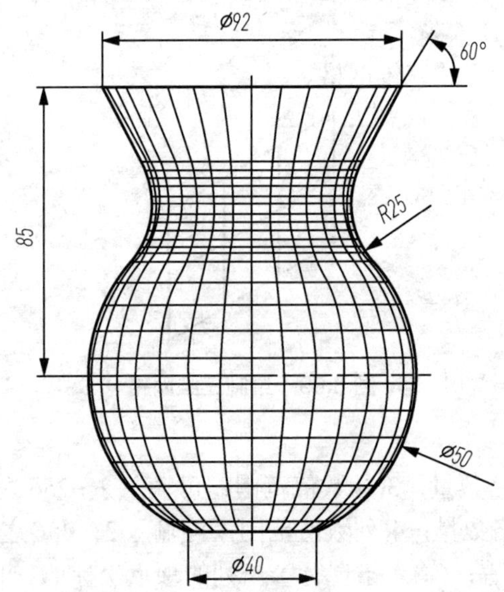

图 8.70　创建曲面造型实例一

操作提示如下。

(1) 绘制线和回转面轮廓线。

设置视口为俯视图，绘制轴线和回转面轮廓线。(图 8.71)

(2) 设置前线框密度：

命令：SURFTAB1 ↵，输入 SURFTAB1 的新值<6>:32

命令：SURFTAB2 ↵，输入 SURFTAB2 的新值<6>:8。

(3) 旋转曲面。

为了方便轮廓线的旋转，可以运用【修改】|【合并】命令将回转面轮廓线先进行合并编辑，再执行旋转命令操作。

命令：REVSURF ↵

选择要旋转的对象：(选择多段线)

选择要定义旋转轴的对象：(选择回转的轴线)

指定起点角度<0>：↵

指定包含角(+=逆时针，-=顺时针)<360>：↵

完成后效果如图 8.72 所示。

(4) 调整视口(西南等轴测图)，观察视图。(图 8.73)

4. 平移曲面

平移曲面造型：通过沿指定方向拉伸轨迹线(轮廓线)及距离生成曲面。

◆ 下拉菜单：【绘图】|【建模】|【网络】|【平移曲面】

◆ 命令行：TABSURF ↵

操作提示：绘制平移曲面的轨迹线和方向矢量线，如图 8.74(a)所示，运用命令：

SURFTAB1、SURFTAB2 设置线框密度，再用命令 TABSURF 生成平移曲面，如图 8.74(b)所示。

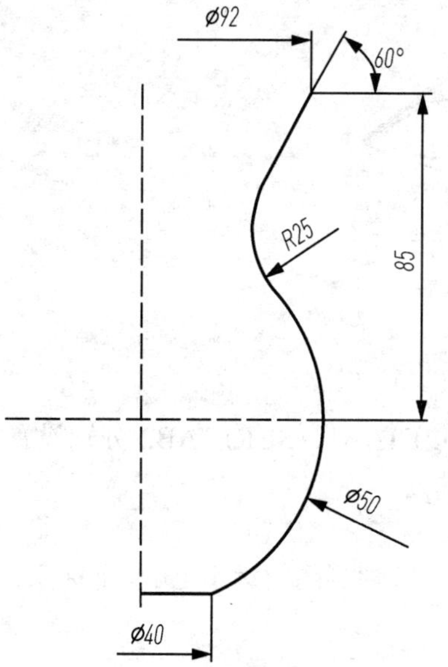

图 8.71　绘制轴线和回转面轮廓线 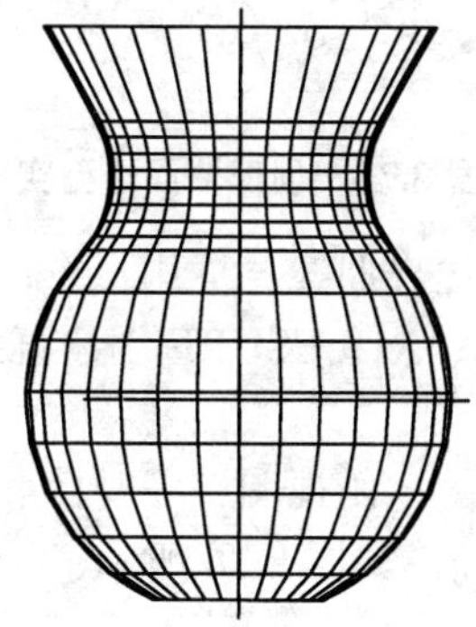　　**图 8.72　旋转后的曲面** 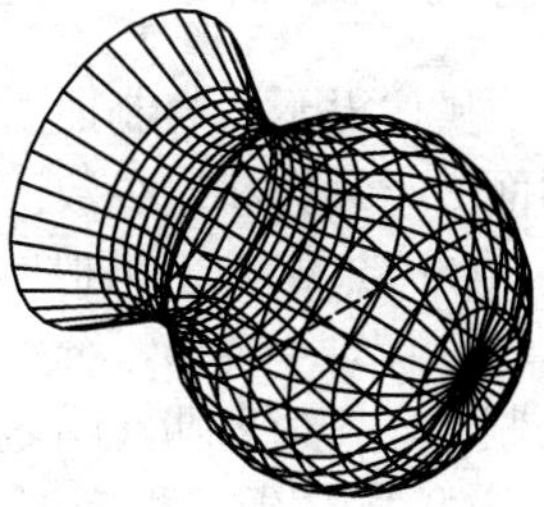　　**图 8.73　西南等轴测图**

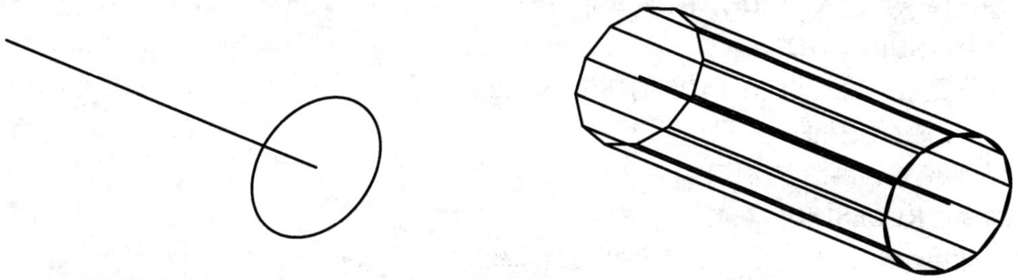

(a) 绘制轨迹线和方向矢量线　　(b) 平移曲面

图 8.74　平移曲面造型

注意以下几点。

① 轨迹线可以是直线、圆、圆弧、椭圆、椭圆弧、多段线、二维或三维等单个对象。

② 向矢量可以是二维或三维多段线，它决定了拉伸方向及距离。

③ 平移方向是从距离拾取点最近的端点指向另一端点，平移距离等于方向矢量长度。

5. 直纹曲面

直纹曲面：通过选择对象(直线、圆、椭圆、样条曲线、多段线及三维多段线等)在选定的两个对象间生成曲面。

◆ 下拉菜单：【绘图】|【建模】|【网络】|【直纹曲面】

◆ 命令行：RULESURF ↵

例：按图 8.75 所示的尺寸创建曲面造型(不用标注尺寸)。曲面经线数取 36，纬线数取 12；设置为视口为西南等轴测图，观察视图。

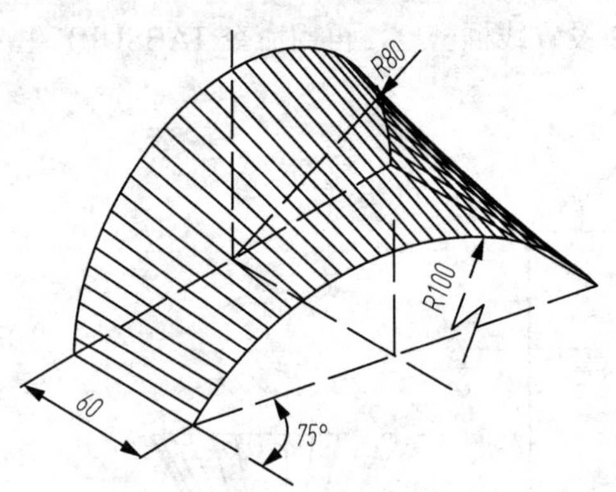

图 8.75　创建曲面造型实例二

操作提示：绘制曲面的 4 条边界曲线，运用命令：SURFTAB1、SURFTAB2 分别设置曲面的经线数和纬线数，再用命令 RULESURF 创建直纹曲面。

(1) 绘制 4 边界曲线。

设置 4 个视口，分别为主视图、俯视图、左视图和西南等轴测图，运用 UCS 坐标系，绘制出 4 条边界曲线(不标注尺寸)，如图 8.76 所示。

(2) 设置前线框密度。

命令：SURFTAB1 ↵

操作提示：输入 SURFTAB1 的新值<6>:36

命令：SURFTAB2 ↵

操作提示：输入 SURFTAB2 的新值<6>:12

(3) 生成直纹曲面

(在西南等轴测图中操作)

命令：RULESURF ↵

选择第一条定义曲线：(选择 *R*80 的圆弧线)

选择第二条定义曲线：(选择 *R*100 的圆弧线)(图 8.77)

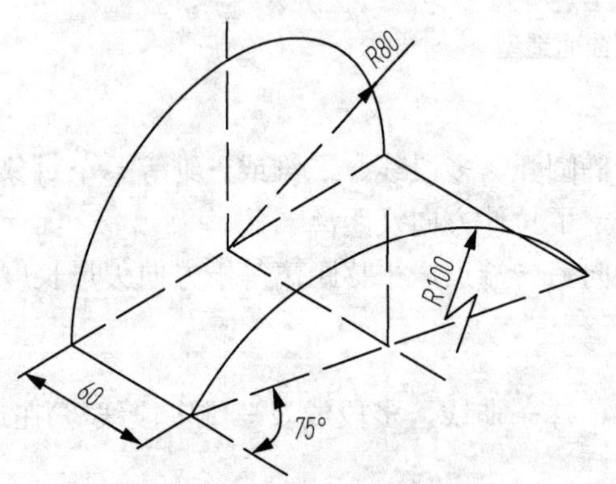

图 8.76　绘制边界曲线

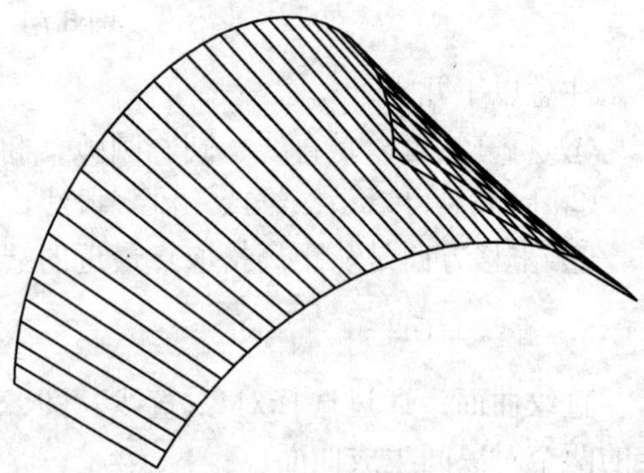

图 8.77　生成的直纹曲面

6. 边界曲面

边界曲面：利用空间 4 条邻接边定义的三维网格曲面。要求 4 条边必须都为单个图元对象，各图元对象之间首尾相连组成一个封闭图形(各图元对象可以在不同平面)。

◆ 下拉菜单：【绘图】|【建模】|【网络】|【边界曲面】

◆ 命令行：EDGESURF ↵

例：按图 8.78 所示的尺寸创建曲面造型(不用标注尺寸)。曲面经线数取 6，纬线数取 8；设置为视口为西南等轴测图，观察视图。

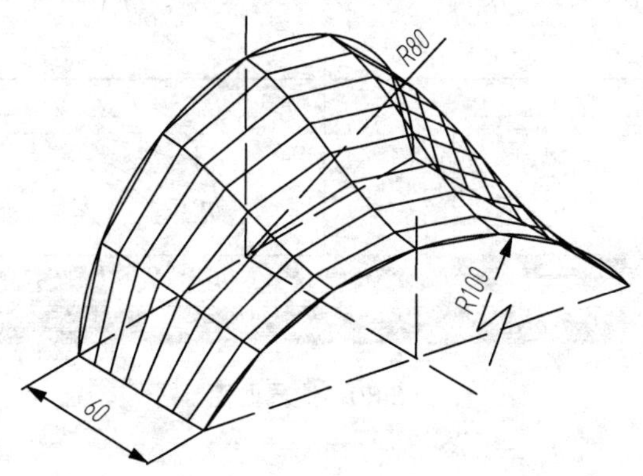

图 8.78　创建曲面造型实例三

操作提示：设置 4 个视口(主视图、俯视图、左视图、西南等轴测图)绘制曲面的 4 条边界曲线，如图 8.79 所示，运用命令：SURFTAB1、SURFTAB2 分别设置曲面的经线数 6 和纬线数 8，再用命令 EDGESURF 创建边界曲面，如图 8.80 所示。

绘制边界曲面操作如下。

(在西南等轴测图中操作)

命令：EDGESURF ↵

选择用作曲面边界的对象 1：(分别选择已绘制的四条边界线)

选择用作曲面边界的对象 2：

选择用作曲面边界的对象 3：

选择用作曲面边界的对象 4：

结果如图 8.80 所示。

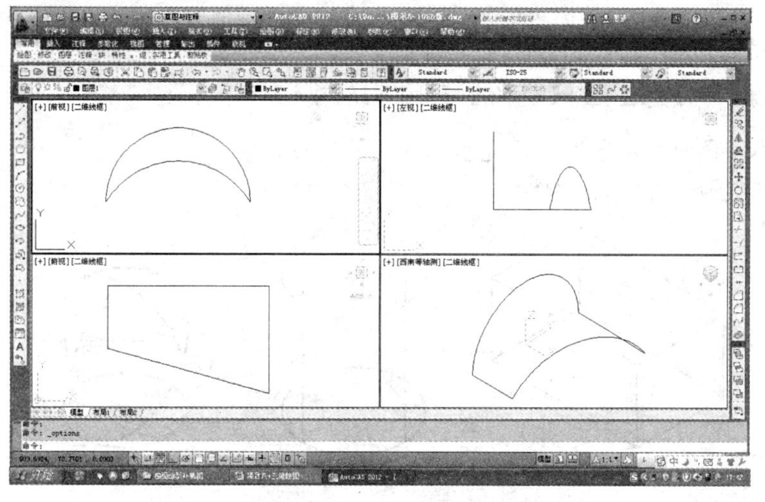

图 8.79　绘制 4 条边界曲线

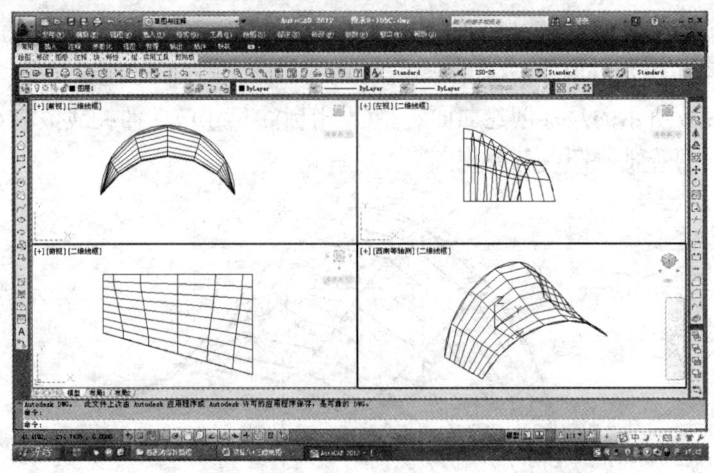

图 8.80　边界曲面

8.2.3　绘制基本实体

基本实体是构成三维实体模型的最基本的元素。

执行方式

◆ 下拉菜单:【绘图】|【建模】|【长方体】、【圆柱体】、【球体】等，如图 8.81 所示。

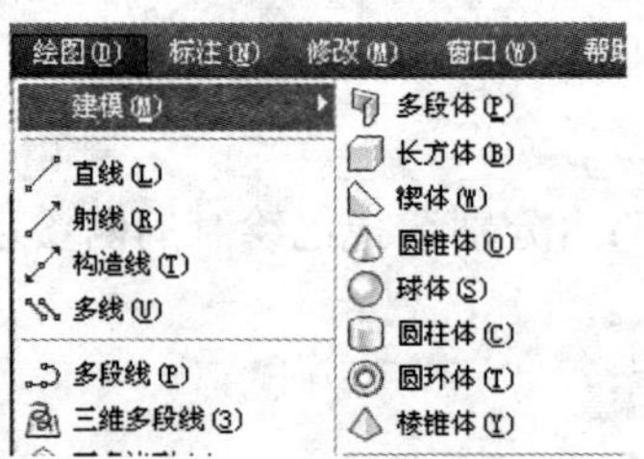

图 8.81　基本实体绘制菜单

◆ 命令行: BOX、CYLINDER、SPHERE、POLYSOLID、WEDGE、CONE、TORUS、PYRAMID ↵
◆ 工具栏: 建模
◆ 功能区:【常用】|【建模】|【长方体】、【圆柱体】、【球体】等。

绘制基本实体时，需根据命令提示输入相应参数。

例如图 8.82 所示的几个实体。

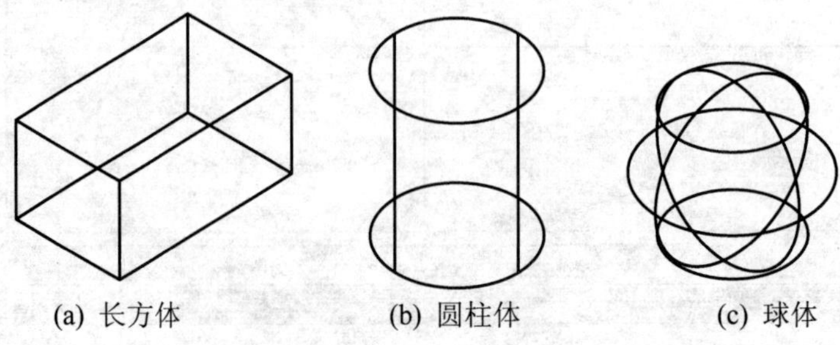

(a) 长方体　(b) 圆柱体　(c) 球体

图 8.82　三维实体图例

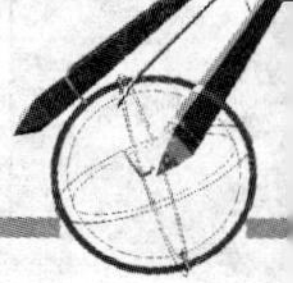

注意，AutoCAD 建模绘制球体和圆柱体等三维图形时，一般用网线(曲面轮廓素线)来显示三维图形的轮廓面，网线值越大，图形看起来更接近三维实物。系统默认曲面网线值：Isolines=4。

Isolines=0 :表示曲面没有网线；用户可以通过键入命令“Isolines”，修改其值后，选择【视图】|【全部重生成】命令可以更新显示。

8.2.4　由二维对象生成三维实体

1. 旋转

旋转用于将二维对象围绕指定轴旋转生成三维实体。

执行方式

- ◆ 下拉菜单：【绘图】|【建模】|【旋转】
- ◆ 命令行：REVOLVE
- ◆ 工具栏：建模
- ◆ 功能区：【常用】|【建模】|

在创建实体时，用于旋转的对象可以是封闭多段线、多边形、圆、椭圆、封闭样条曲线、圆环及封闭区域。三维对象、包含在块中的对象、有交叉或自干涉的多段线不能被旋转，而且每次只能旋转一个对象。

2. 拉伸

拉伸用于将二维图形沿指定的高度和路径拉伸为三维实体。

执行方式

- ◆ 下拉菜单：【绘图】|【建模】|【拉伸】
- ◆ 命令行：EXTRUDE
- ◆ 工具栏：建模
- ◆ 功能区：【常用】|【建模】|

将二维对象拉伸成实体的方法有两种：一种是指定生成实体的倾斜角度和高度，另一种是指定拉伸路径。

3. 扫掠

扫掠用于将对象沿二维或三维路径运动扫描来创建三维实体或曲面。

执行方式

- ◆ 下拉菜单：【绘图】|【建模】|【扫掠】
- ◆ 命令行：SWEEP
- ◆ 工具栏：建模
- ◆ 功能区：【常用】|【建模】|

4. 放样

放样用于将横断面沿指定的路径或导向运动扫描成三维实体。

执行方式

- ◆ 下拉菜单:【绘图】|【建模】|【放样】
- ◆ 命令行: LOFT
- ◆ 工具栏: 建模
- ◆ 功能区:【常用】|【建模】|

横断面指的是具有放样实体截面特征的二维对象，用户使用放样命令时必须指定两个或两个以上的横断面来创建放样实体。

8.2.5 三维操作

三维操作包括三维移动、三维旋转、三维对齐、三维镜像、三维阵列等，这些操作为创建更加复杂的实体模型提供了条件。

执行方式

◆ 下拉菜单:【修改】|【三维操作】|【三维移动】、【三维旋转】、【三维对齐】、【三维镜像】、【三维阵列】等，如图 8.83 所示。

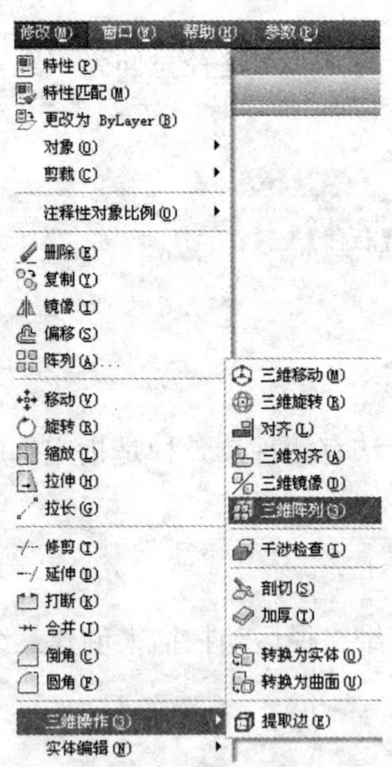

图 8.83 三维操作菜单

- ◆ 命令行: 3DMOVE、3DROTATE、3DALIGN、MIRROR3D、3DARRAY
- ◆ 工具栏: 建模
- ◆ 功能区:【常用】|【修改】|【三维移动】、【三维旋转】、【三维对齐】、【三维镜像】、【三维阵列】

说明：三维操作与二维修改操作相似，在三维操作中要充分利用三维坐标系来准确定位与捕捉操作的图形对象，不能依靠肉眼观察来操作图形对象。三维操作在此就不详细展开，根据命令提示完成参数设置即可。

8.2.6 布尔运算

布尔运算用来确定多个体(曲面或实体)之间的组合关系，通过该运算可将多个形体组合为一个形体，从而实现特殊造型，如孔、槽、凸台、齿轮等。

布尔运算包括并集、差集、交集运算。调用方法如下。

执行方式

- ◆ 下拉菜单:【修改】|【实体编辑】|【并集】、【差集】、【交集】
- ◆ 命令行: UNION、SUBTRACT、INTERSECT
- ◆ 工具栏: 建模
- ◆ 功能区:【常用】|【实体编辑】|【并集】、【差集】、【交集】

操作说明：并集运算是将两个或两个以上的实体(或面域)对象组合成为一个新的组合对象，原来各实体相互重合的部分变为一体。差集运算是将一个对象减去另一个对象从而形成新的组合对象。交集运算是获取两相交实体的公共部分成为新的实体。

8.3 知 识 链 接

8.3.1 视点与视口

1. 视点

视点是指观察图形的方向。

AutoCAD 绘制三维模型时，用户可以通过设置不同方向的平面视图对模型进行观察。图 8.84 所示是三维球体在平面坐标系中和三维视图(西南轴测图)中的显示图形。

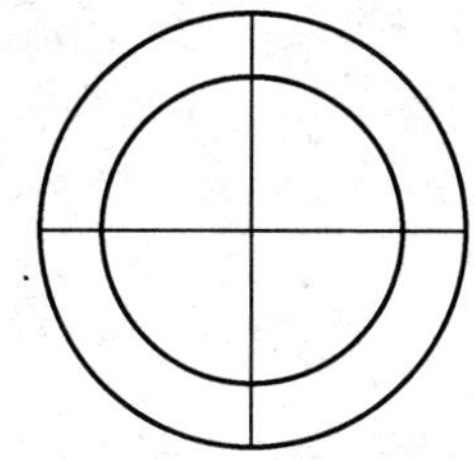

图 8.84 在平面坐标系和三维视图中的球体

设置三维视图的方法如下。

执行方式

- ◆ 下拉菜单:【视图】|【三维视图】|【西南轴测图】、【东南轴测图】、【西北轴测图】、【东北轴测图】、【俯视】、【仰视】、【左视】、【右视】、【前视】、【后视】

◆ 命令行：VIEW

◆ 工具栏：视图

◆ 功能区：【视图】|【视图】|【西南轴测图】、【东南轴测图】、【西北轴测图】、【东北轴测图】、【俯视】、【仰视】、【左视】、【右视】、【前视】、【后视】

在三维视图下拉菜单中还可以进行“视点”、“视点预设”、“平面视图”等设置。一些特殊视点的坐标可参照表 8-4 进行设置。

表 8-4 特殊视点的坐标

菜单项	视点坐标
俯视	(0，0，1)
仰视	(0，0，−1)
左视	(−1，0，0)
右视	(0，−1，0)
主视	(0，1，0)
后视	(0，0，1)
西南轴测图	(−1，−1，1)
东南轴测图	(1，−1，1)
东北轴测图	(1，1，1)
西北轴测图	(−1，1，1)

使用【视图】|【视口】子菜单或者可以设置多个视口，每个视口可以设置不同的视点，便于对比观察。

特别提示

如果用户设置了相对于当前 UCS 的平面视图，就可以在当前视图中，采用二维图形的绘制方法绘制三维图形。

2. 视口

视口用于设置多个窗口观察图形。

执行方式

◆ 下拉菜单：【视图】|【视口】

◆ 命令行：VPORTS

◆ 工具栏：视口

例：运用视口设置，在绘图界面同时观察零件的主视图、俯视图、左视图、西南轴测图，如图 8.85 所示。

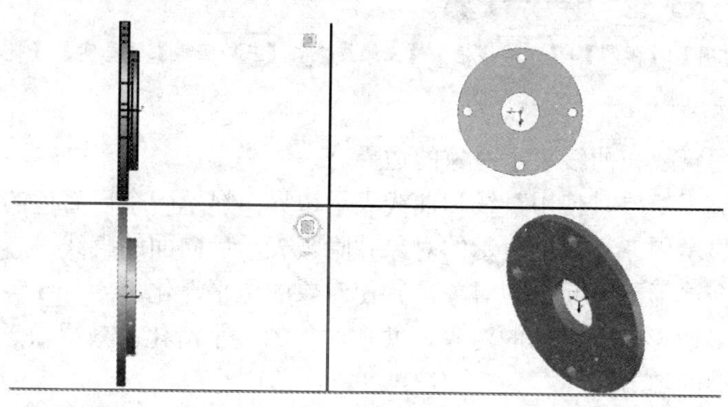

图 8.85 设置四个视口

8.3.2 三维实体的显示形式

AutoCAD 中，三维实体可选用二维线框、三维线框、三维消隐、真实、概念、消隐等显示形式。选用不同的显示形式，既方便对图形操作处理，也可以增强三维实体的视觉效果，便于实体的展示与观察。

1. 消隐

消隐图形：系统将隐藏位于实体背后而被遮挡的部分，以增强三维视觉效果，消隐效果如图 8.86 所示。

执行方式

◆ 下拉菜单:【视图】|【消隐】
◆ 命令行: HIDE
◆ 工具栏: 渲染/消隐

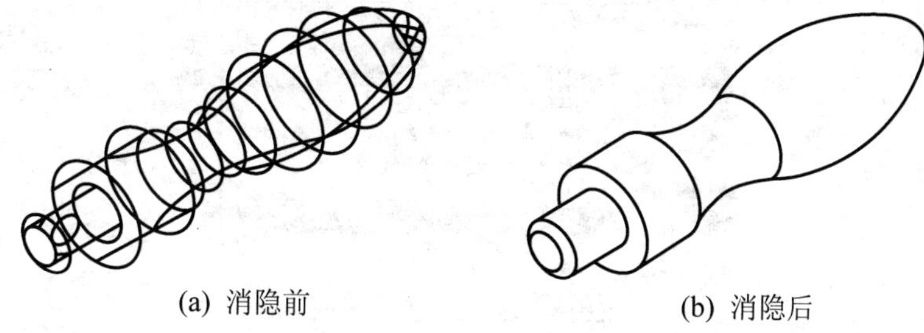

(a) 消隐前　　(b) 消隐后

图 8.86 消隐效果图

2. 视觉样式

视觉样式是一组设置，用来控制视口中边和着色的显示。

◆ 下拉菜单:【视图】|【视觉样式】|【二维线框】、【三维线框】、【三维隐藏】、【真实】、【概念】
◆ 命令行: VSCURRENT

◆ 工具栏：视觉样式

◆ 功能区：【常用】|【视图】|【二维线框】、【三维线框】、【三维隐藏】、【真实】、【概念】

选项说明如下。

二维线框：用直线和曲线表示对象的边界。

三维线框：显示对象时使用直线和曲线表示边界；显示一个已着色的三维 UCS 图标。

三维隐藏：显示用三维线框表示的对象并隐藏表示后向面的直线。

真实：着色多边形平面间的的对象，并使对象的边平滑化。

概念：着色多边形平面间的的对象，并使对象的边平滑化。效果缺乏真实感，但可以更方便地查看模型的细节。

视觉样式管理器的调用方法如下。

执行方式

◆ 下拉菜单：【视图】|【视觉样式】|【视觉样式管理器】或【工具】|【选项板】|【视觉样式】

◆ 命令行：VISUALSTYLES

◆ 工具栏：视觉样式

◆ 功能区：【常用】|【视图】|【视觉样式管理器】

【视觉样式管理器】选项板如图 8.87 所示。

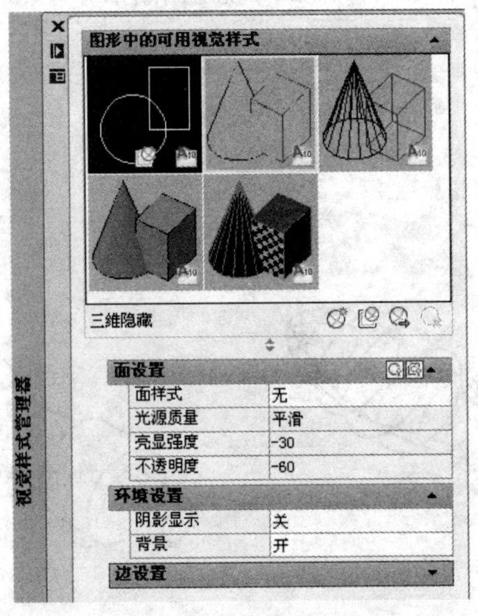

图 8.87 【视觉样式管理器】选项板

用户可在【视觉样式管理器】选项板的“图形中的可用视觉样式”列表中选择不同的视觉样式，设置区中的参数选项也不同，用户可以根据需要在面板中进行相关设置。

在【视觉样式管理器】选项板中，使用工具条中的工具按钮可以创建新的视觉样式、将选定的视觉样式应用于当前视口、将选定的视觉样式输出至工具选项板、删除选定的视觉样式。

8.3.3　实体渲染

实体渲染就是对三维图形对象加上颜色、附着材质，还可以设置灯光、背景、场景等，以更真实地表达图形外观和纹理。增加三维实体的显示效果。实体渲染是三维实体输出前的重要操作，广泛应用于效果图的设计中。

1. 设置光源

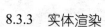

执行方式

◆ 下拉菜单:【视图】|【渲染】|【光源】
◆ 命令行: LIGHT
◆ 工具栏: 渲染/光源工具栏

光源分类：点光源、聚光灯、平行光。新建光源可采用工具栏方式或下拉菜单方式进行。渲染工具栏如图 8.88 所示，光源工具栏如图 8.89 所示。用下拉菜单方式打开光源子菜单的操作如图 8.90 所示。

创建点光源时需要设置点光源的名称、强度、状态、阴影、衰减、颜色等选项。创建聚光灯时还需要设置聚光角(即制定最亮光锥的角度)、照射角(指定定义完整光锥的角度)。在执行光源列表命令后系统打开【模型中的光源】选项板，显示模型中已经建立的光源。在执行阳光特性命令后可以修改已经设置好的阳光特性。

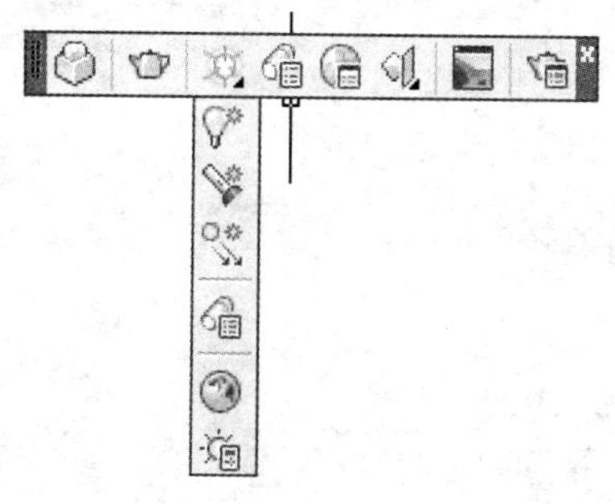

图 8.88　渲染工具栏

图 8.89　光源工具栏

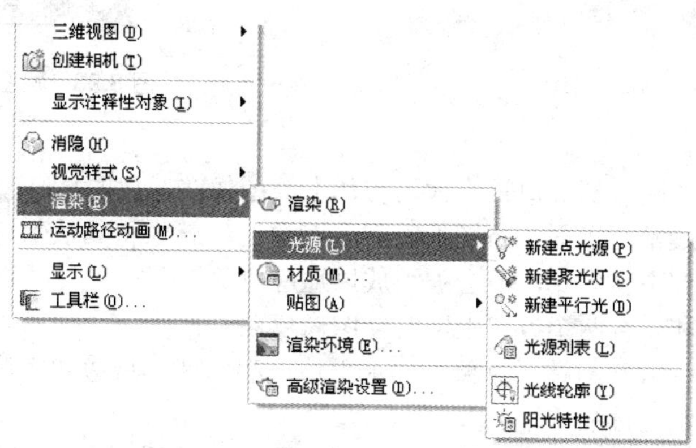

图 8.90　光源子菜单

2. 渲染环境

执行方式

◆ 下拉菜单:【视图】|【渲染】|【渲染环境】
◆ 命令行: RENDERENVIRONMENT ↵
◆ 工具栏: 渲染

执行该命令后弹出如图 8.91 所示的【渲染环境】对话框，可以设置渲染环境的有关参数。

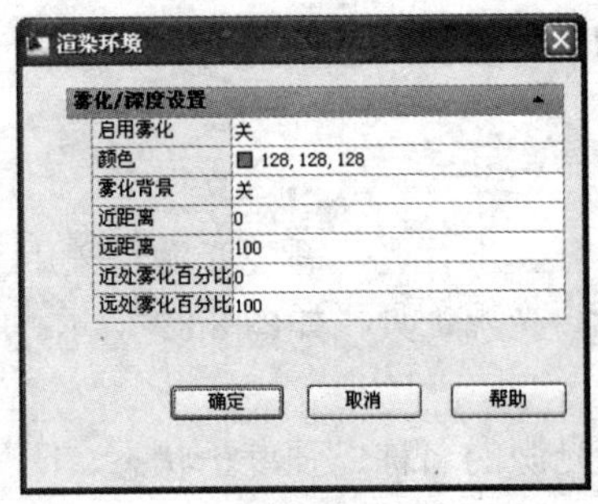

图 8.91 【渲染环境】对话框

3. 贴图

执行方式

◆ 下拉菜单:【视图】|【渲染】|【贴图】
◆ 命令行: MATERIALMAP ↵
◆ 工具栏: 渲染/贴图工具栏(图 8.92，图 8.93)

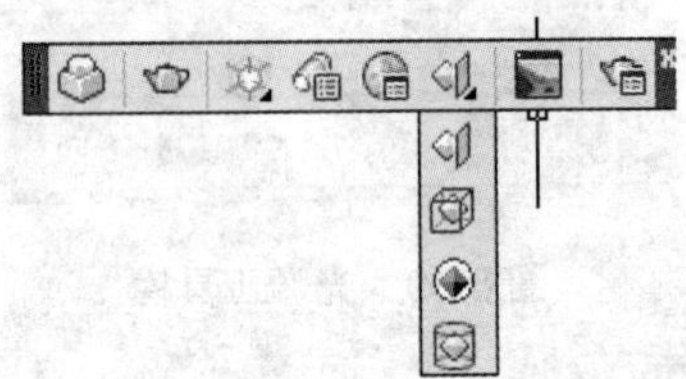

图 8.92 渲染工具栏

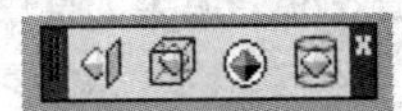

图 8.93 贴图工具栏

选项说明如下。

长方体：将图像映射到类似长方体的实体上，图像在对象的每个面上重复使用。

平面：该贴图最常用于面，将图像映射到对象上，就像将其从幻灯片投影器投影到二维曲面上一样，图像不会失真，但会被缩放以适应对象。

球面：在水平和垂直两个方向上同时使图像弯曲。

柱面：将图像映射到圆柱形对象上，水平边一起弯曲，顶边和底边不会弯曲，图像的高度将沿圆柱体的轴进行缩放。

复制贴图至：可以将贴图从原始对象或面应用到选定对象。

重置贴图：将 UV 坐标重置为贴图的默认坐标。

贴图的功能是在实体附着带纹理的材质后，调整实体或面上纹理贴图的方向。当材质被映射后，调整材质以适应对象的形状。

4. 材质

(1) 附着材质。

使用菜单工具/选项板/【工具栏】选项板或者视图/选项板功能区的【工具栏】选项板，打开相应的选项卡选择所需的材质类型，如图 8.94 所示，在图形界面指定要附着材质的对象。这样就完成了附着材质的操作，当视觉样式选择“真实”时，附着的材质就被显示出来，如图 8.95 所示。

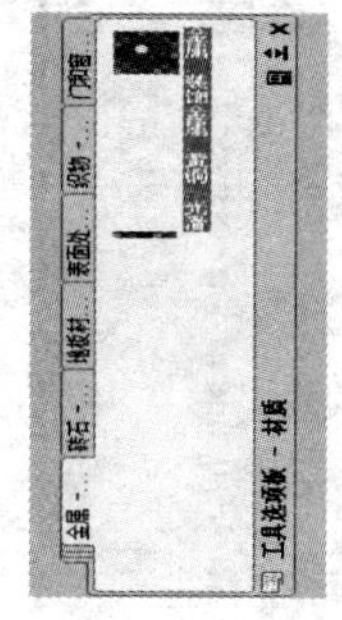

图 8.94　金属选项卡

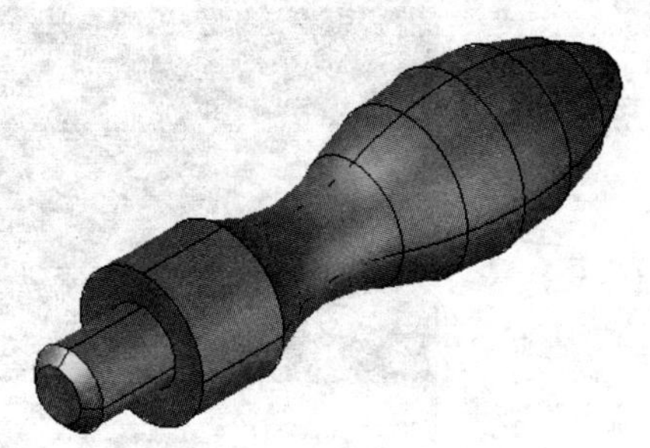

图 8.95　附着黄铜金属材质后的手柄图形

(2) 设置材质。

执行方式

- 下拉菜单:【视图】|【渲染】|【材质】
- 命令行: RMAT
- 工具栏: 渲染

执行该命令后系统弹出如图 8.96 所示的【材质】选项板，可以对材质的有关参数进行设置。

图 8.96 【材质】选项板

5. 渲染

执行方式

- ◆ 下拉菜单:【视图】|【渲染】|【渲染】
- ◆ 命令行: RENDER
- ◆ 工具栏: 渲染

执行该命令后系统弹出如图 8.97 所示的【渲染】对话框，显示渲染结果和相关参数。

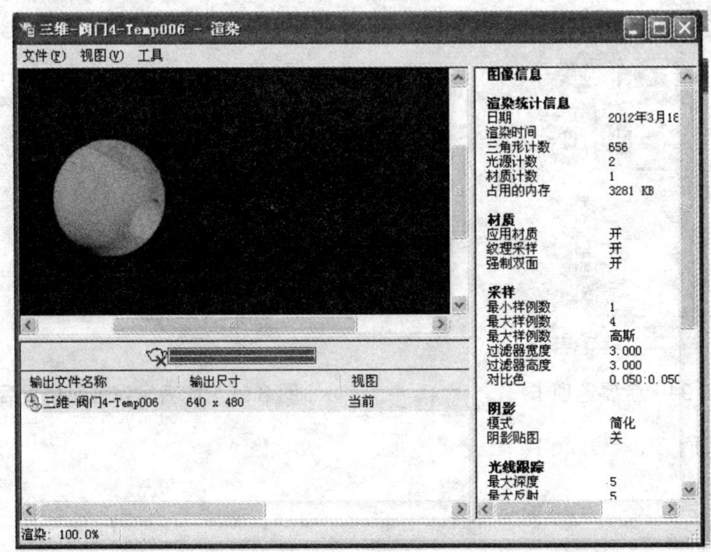

图 8.97 【渲染】对话框

在进行渲染前，可以通过以下方式打开如图 8.98 所示【高级渲染设置】选项板对渲染的有关参数进行设置。

图 8.98 【高级渲染设置】选项卡

执行方式

- 下拉菜单:【视图】|【渲染】|【高级渲染设置】
- 命令行: RPREF
- 工具栏: 渲染

8.4 拓 展 训 练

(1) 创建阀门(图 8.99)。

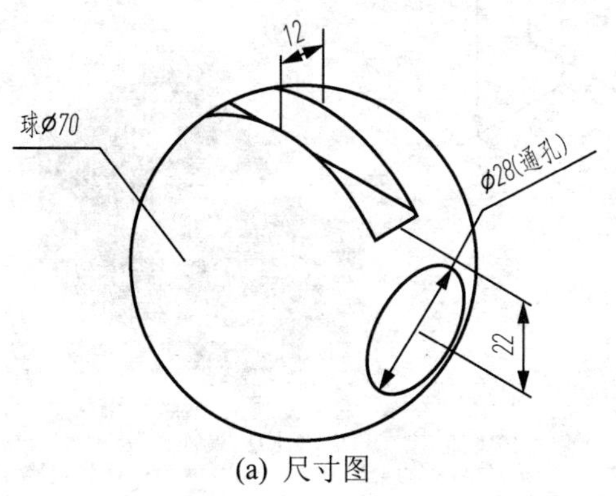

(a) 尺寸图

(b) 实体模型

图 8.99 阀门零件

(提示：用到球体、圆柱体、长方体、差集、新建 UCS 等操作。)

(2) 创建轴承(图 8.100)。

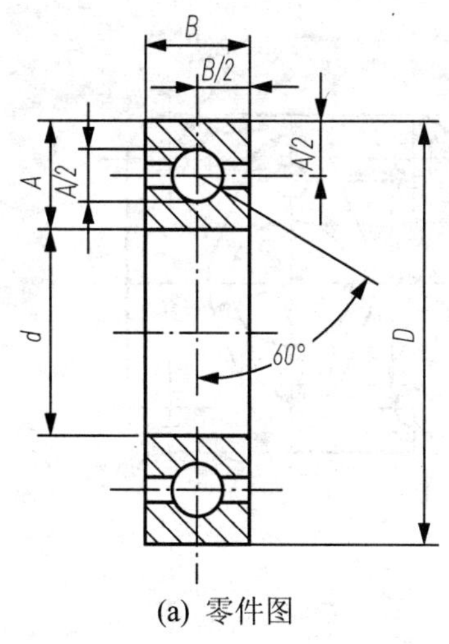

(a) 零件图

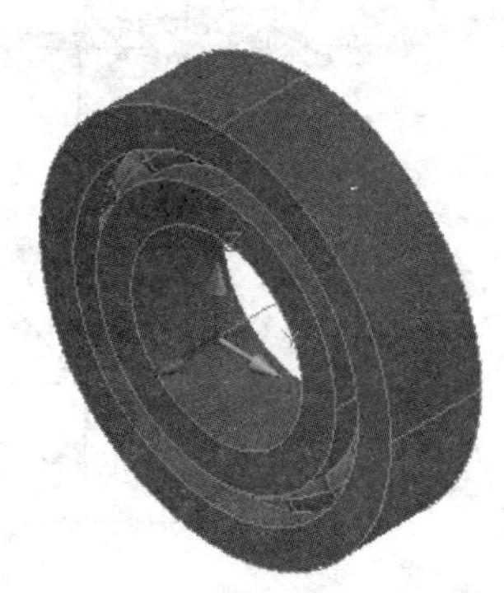

(b) 实体模型

图 8.100 轴承零件

(提示：用到旋转、球体、三维阵列、新建 UCS 等操作。)

(3) 创建定位块(图 8.101)。

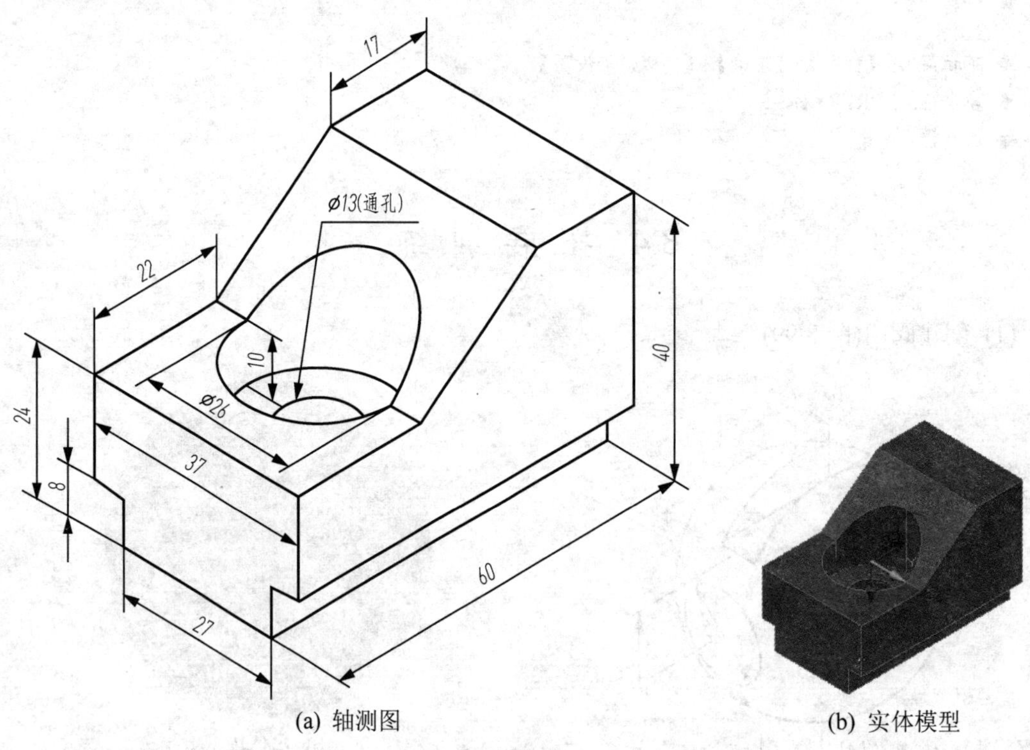

(a) 轴测图　　　　(b) 实体模型

图 8.101　定位块零件

(提示：用到拉伸、圆柱体、差集、并集、新建 UCS 等操作。)

(4) 创建图 8.102 所示旋塞盖零件图的实体模型。

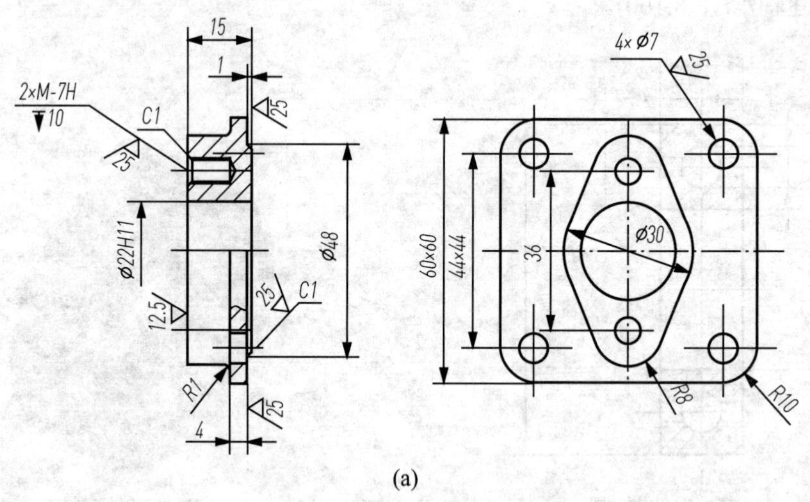

(a)

图 8.102　旋塞盖零件

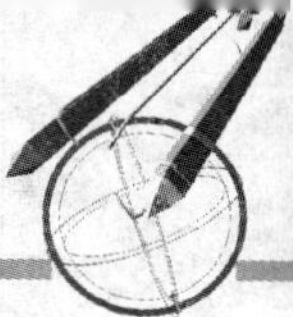

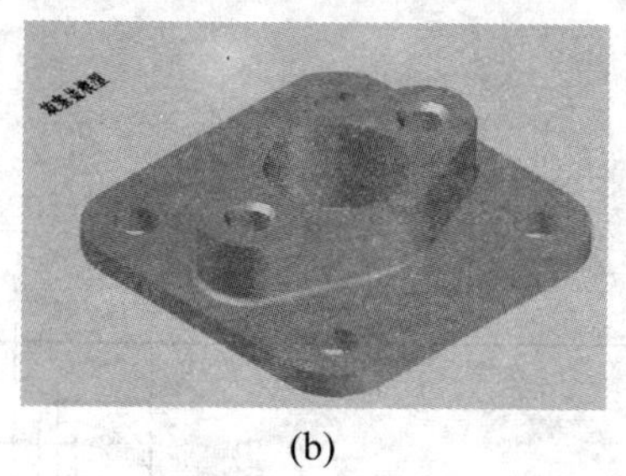

(b)

图 8.102 旋塞盖零件(续)

(5) 创建图 8.103 所示零件图的实体模型。

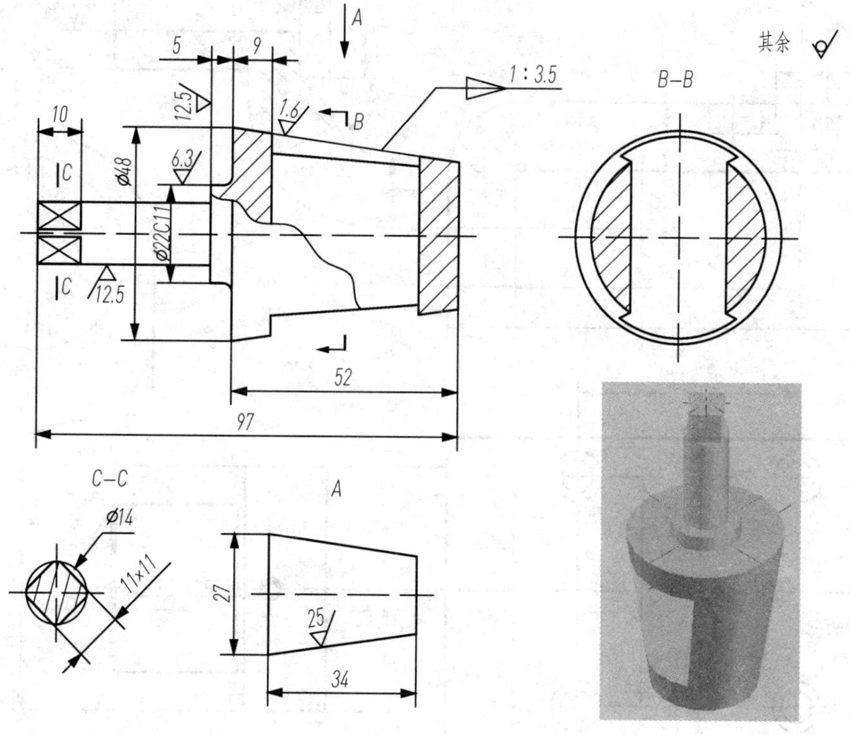

图 8.103 拓展训练(5)零件图

(6) 创建图 8.104 所示零件的实体模型。

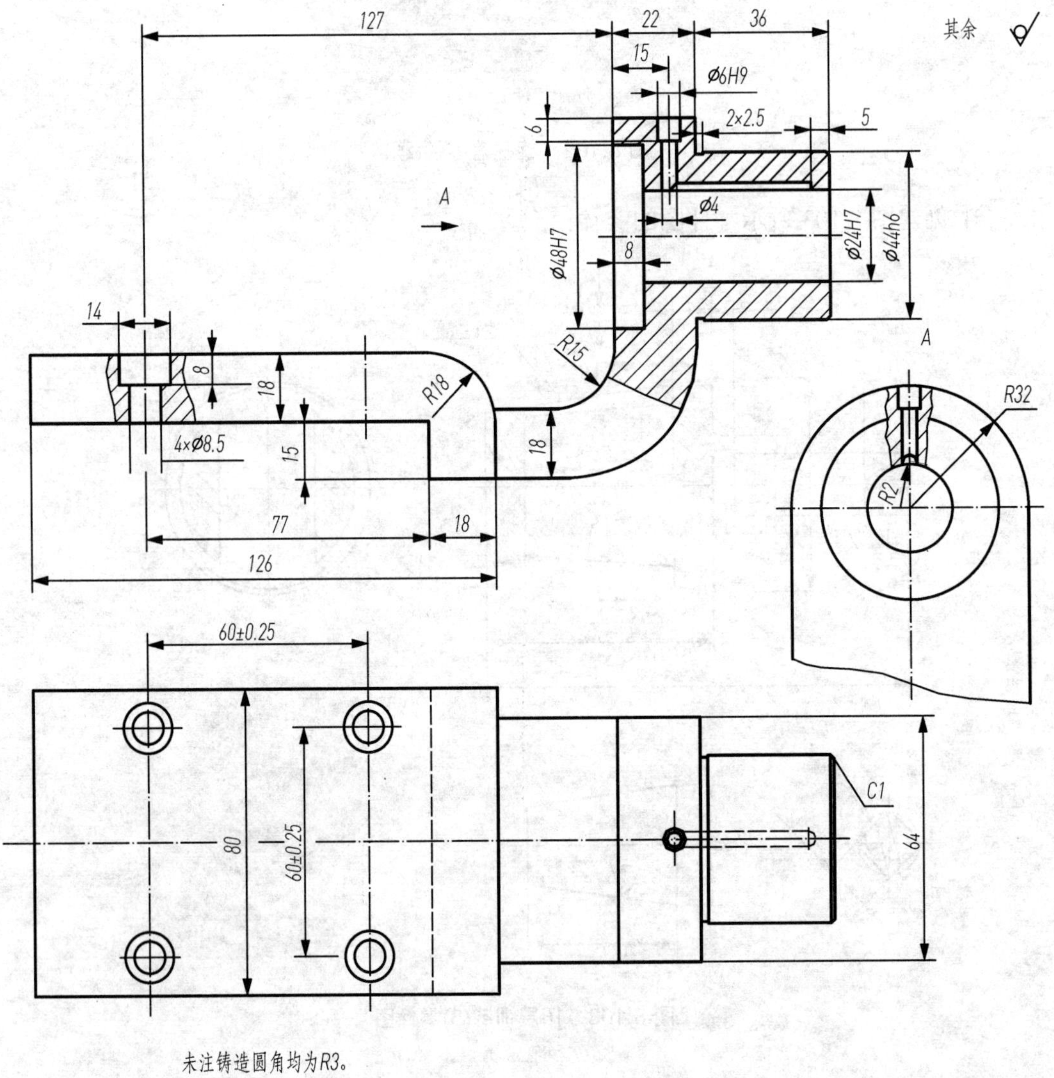

其余

未注铸造圆角均为R3。

图 8.104　拓展训练(6)零件图

(7) 创建图 8.105 所示零件图的实体模型。

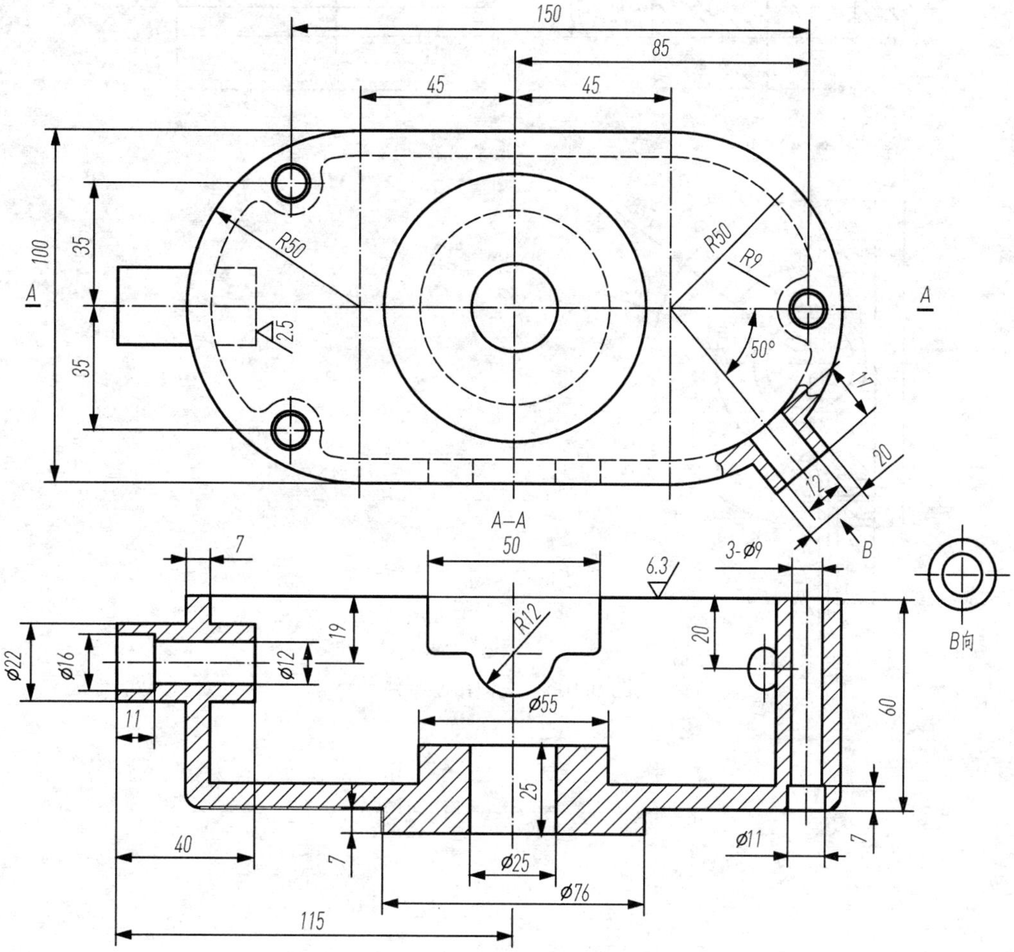

图 8.105 拓展训练(7)零件图

(8) 创建图 8.106 所示虎口钳座零件的实体模型。

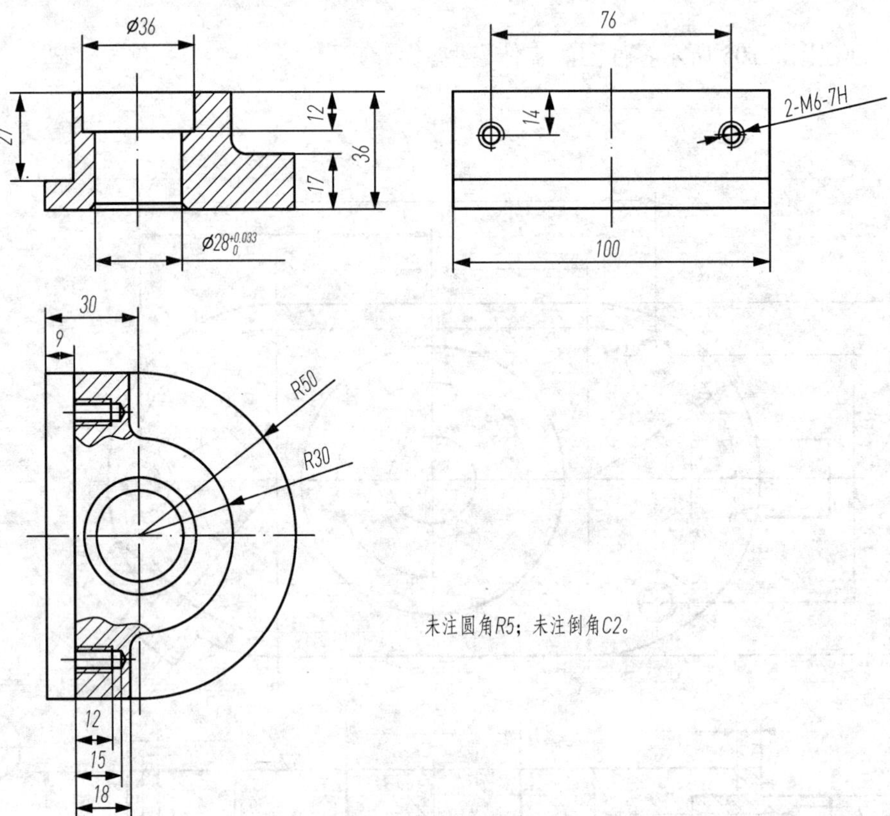

图 8.106　虎口钳座零件

附录1

计算机辅助设计应用技能等级要求与说明(机械类)

1. 计算机辅助设计应用技能相应等级

计算机辅助设计应用技能指利用计算机辅助绘图与设计软件绘制与设计产品的二维工程图、三维立体图的工作技能。根据国家职业资格证书制度，计算机设计应用技能对应的国家职业资格证书是：绘图员(中级)、高级绘图员、绘图师等级。

绘图员：专项技能水平达到中华人民共和国职业资格技能等级四级。绘图员应具备利用计算机辅助设计与设计软件及其相关设备以交互方式独立、熟练地绘图产品的二维工程图的技能。

高级绘图员：专项技能水平达到中华人民共和国职业资格技能等级三级。高级绘图员应能以交互方式独立、熟练地绘制产品的二维工程图；生成产品的三维立体图；利用相应的工具实现用户化的工作环境；掌握其系统的安装与配置。

绘图师：专项技能水平达到中华人民共和国职业资格技能等级二级。绘图师应能以交互方式独立、熟练地绘制产品的二维工程图；生成产品的三维立体图；利用相应的工具实现用户化的工作环境；掌握其系统的安装与配置。具备利用二次开发工具与对话框定义工具的功能，对原系统进行二次开发，扩充其原有功能，提高产品的自动化设计程度。

职业资格证书是指按照国家制定的职业技能标准或任职条件，通过政府认定的考核鉴定机构，对劳动者技能水平或职业资格进行客观公正、科学规范的评价和鉴定，对合格者授予相应的国家职业资格证书。

职业资格证书由中华人民共和国劳动和社会保障部统一印刷，劳动保障部门或国务院有关部门按规定办理和核发。

2. 中级绘图员知识技能要求

1) 知识要求

(1) 掌握机械制图国家标准的基本规定，如图样幅面(图框尺寸、标题栏等)、图线、字体、绘图比例、尺寸标注等。

(2) 掌握几何作图的方法和步骤。

(3) 掌握投影的基本概念、基本规律、物体 3 个投影之间的关系。

(4) 掌握基本立体(平面立体、回转体)的投影特性及立体表面的截交线、相贯线的基本性质。

(5) 掌握形体分析法、线面分析法，通过形体的几个投影构造其空间的三维形象。

(6) 掌握形体的视图表达方法，如全剖视、半剖视、局部剖视等的概念和作图方法。

(7) 掌握零件图的表达方法、表达内容，零件的视图选择、尺寸标注、技术要求等。

(8) 掌握简单装配图的阅读与拆画零件图的方法。

(9) 掌握微机绘图系统的基本组成及操作系统的一般使用知识。

(10) 掌握基本图形的生成及编辑的基本方法和知识。

(11) 掌握复杂图形(如块的定义与插入、外部引用、图案填充等)、尺寸、复杂文本等的生成及编辑的基本方法和知识。

(12) 掌握图形的输出及相关设备的使用方法和知识。

2) 技能要求

(1) 具有基本的操作系统使用能力。

(2) 具有基本图形的生成及编辑能力(绘制平面几何图形的作图能力)。

(3) 具有通过给定形体的两个投影求其第三个投影的能力。

(4) 具有绘制形体的全剖视图、半剖视图、局部剖视图的能力。

(5) 具有复杂图形(如带属性的图形快的定义与插入、图案填充等)、尺寸、复杂文本等的生成及编辑能力。

(6) 具有绘制零件图和拆画简单装配图的能力。

(7) 具有图形的输出及相关设备的使用能力。

实际能力要求达到以下要求。

能使用计算机辅助绘图与设计软件(AutoCAD)及其相关设备以交互方式独立、熟练地绘制产品的二维工程图。

3. 高级绘图员知识技能要求

1) 知识要求

(1) 掌握微机绘图系统的基本组成及操作系统的一般使用知识。

(2) 掌握基本图形的生成及编辑的基本方法和知识。

(3) 掌握复杂图形(如块的定义与插入、外部引用、图案填充等)、尺寸、复杂文本等的生成及编辑的基本方法和知识。

(4) 掌握图形的输出及相关设备的使用方法和知识。

(5) 掌握三维图形的生成及编辑的基本方法和知识。

(6) 掌握三维图形到二维视图的转换方法和知识。

(7) 掌握图纸空间浮动视窗图形显示的方法与知识。

(8) 掌握软件提供的相应的定制工具的使用方法和知识。

(9) 掌握形与汉字的定义与开发方法和知识。

(10) 掌握菜单界面的用户化定义方法和知识。

(11) 掌握 AutoCAD 软件中各种常用文本文件的格式。

(12) 掌握 AutoCAD 软件的安装与系统配置方法和知识。

2) 技能要求

(1) 具有基本的操作系统使用能力。

(2) 具有基本图形的生成及编辑能力。

(3) 具有复杂图形(如块的定义与插入、外部引用、图案填充等)、尺寸、复杂文本等的生成及编辑能力。

(4) 具有图形的输出及相关设备的使用能力。

(5) 具有三维图形的生成及编辑能力。

(6) 具有从三维图形到二维视图的转换能力。

(7) 具有在图纸空间浮动视窗内调整图形显示的能力。

(8) 具有软件提供的相应的定制工具的使用能力。

(9) 具有形与汉字的定义与开发能力。

(10) 具有菜单界面的用户化定义能力。

(11) 具有基本读懂 AutoCAD 软件中各种常用文本文件的能力。

(12) 具有 AutoCAD 软件的安装与系统配置的能力。

实际能力要求达到以下要求。

能使用计算机辅助绘图与设计软件(AutoCAD)及其相关设备以交互方式独立、熟练地绘制产品的二维工程图；生成产品的三维立体图；利用 AutoCAD 提供的相应的工具实现用户化的工作环境：掌握 AutoCAD 系统的安装与配置。

附录2

计算机辅助设计中级技能模拟训练样题(机械类)

(上机操作时间：180分钟)

操作说明：

1．本试卷共6题。

2．考生须在指定的硬盘驱动器下建立一个考生文件夹，文件夹名为考生考号后八位数字。

3. 考生在指定的目录下，查找“绘图员考试资源A”文件，并双击文件，将文件解压到考生文件夹中。

4．依次打开相应的6个图形文件，按题目要求在其上作图，完成后按题目要求保存作图结果，确保文件保存在考生已建立的文件夹中，否则不得分。

5．交卷时需监考确认收卷后才能离开，操作过程中不得擅自关机。

一、基本设置。(8分)

打开图形文件A1.dwg，在其中完成下列工作。

1. 按以下规定设置图层及线型，并设定线型比例。

图层名称	颜色(颜色号)	线型	线宽(mm)
01	绿 (3)	实线 Continuous (粗实线用)	0.5
02	白 (7)	实线 Continuous(细实线、尺寸标注及文字用)	0.25
04	黄 (2)	虚线 ACAD_ISO02W100	0.25
05	红 (1)	点画线 ACAD_ISO04W100	0.25
07	粉红 (6)	双点画线 ACAD_ISO05W100	0.25

2. 按1∶1比例设置A3图幅(横装)一张，留装订边，画出图框线(纸边界线已画出)。

3. 按国家标准的有关规定设置文字样式，然后画出并填写如下图所示的标题栏。不标注尺寸。

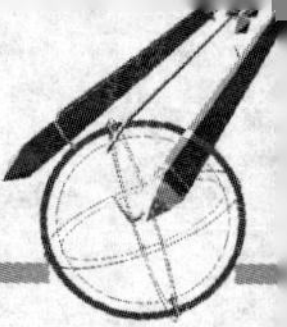

考生姓名		题号	A1
性别		比例	1∶1
身份证号码			
准考证号码			

附图 2.1

4．完成以上各项后，仍然以“考号+原文件名”保存。

二、用 1∶1 比例作出下图，不标注尺寸。(10 分)

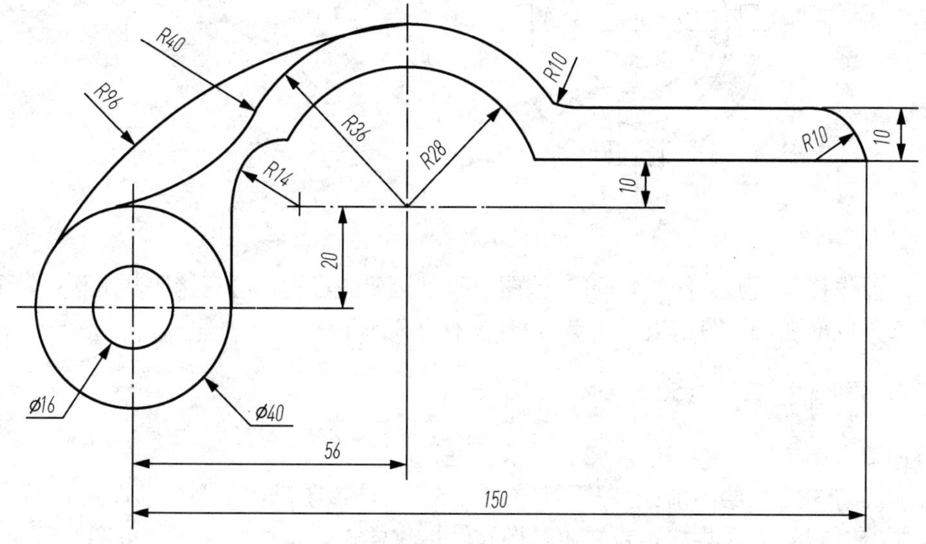

附图 2.2

绘图前先打开图形文件 A2.dwg，该图已作了必要的设置，可直接在其上作图，作图结果以“考号+原文件名”保存。

三、根据已知立体的两个投影作出第三个投影。(10 分)

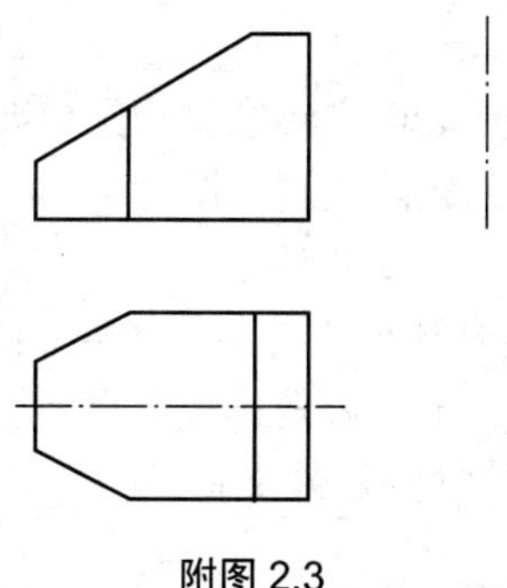

附图 2.3

绘图前先打开图形文件 A3.dwg，该图已作了必要的设置，可直接在其上作图，作图结果以“考号+原文件名”保存。

四、把下图所示立体的主视图画成半剖视图，左视图画成全剖视图。(10 分)

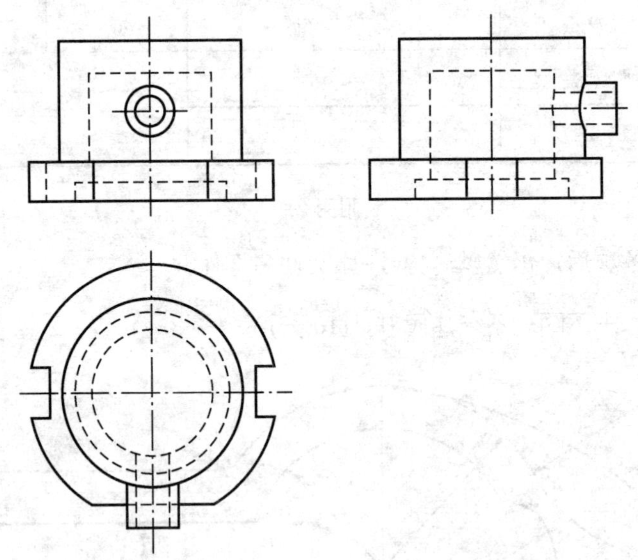

附图 2.4

绘图前先打开图形文件 A4.dwg，该图已作了必要的设置，可直接在其上作图，主视图的右半部分取剖视。作图结果以“考号+原文件名”保存。

五、画零件图(附图 2.5)。(50 分)

具体要求：

1. 画 2 个视图。绘图前先打开图形文件 A5.dwg，该图已作了必要的设置。
2. 按国家标准有关规定，设置机械图尺寸标注样式。
3. 标注 A–A 剖视图的尺寸与粗糙度代号(粗糙度代号要使用带属性的块的方法标注)。
4. 不画图框及标题栏，不用注写右上角的粗糙度代号及“未注圆角…”等字样)。
5. 作图结果以“考号+原文件名”保存。

六、由给出的结构齿轮组件装配图(附图 2.6)拆画零件 1(轴套)的零件图。(12 分)

具体要求：

1. 绘图前先打开图形文件 A6.dwg，该图已作了必要的设置，可直接在该装配图上进行编辑以形成零件图，也可以全部删除重新作图。

2. 选取合适的视图。

3. 标注尺寸。如装配图标注有某尺寸的公差代号，则零件图上该尺寸也要标注上相应的代号。不标注表面粗糙度符号和形位公差符号，也不填写技术要求。

4. 完成操作后，作图结果以“考号+原文件名”保存。

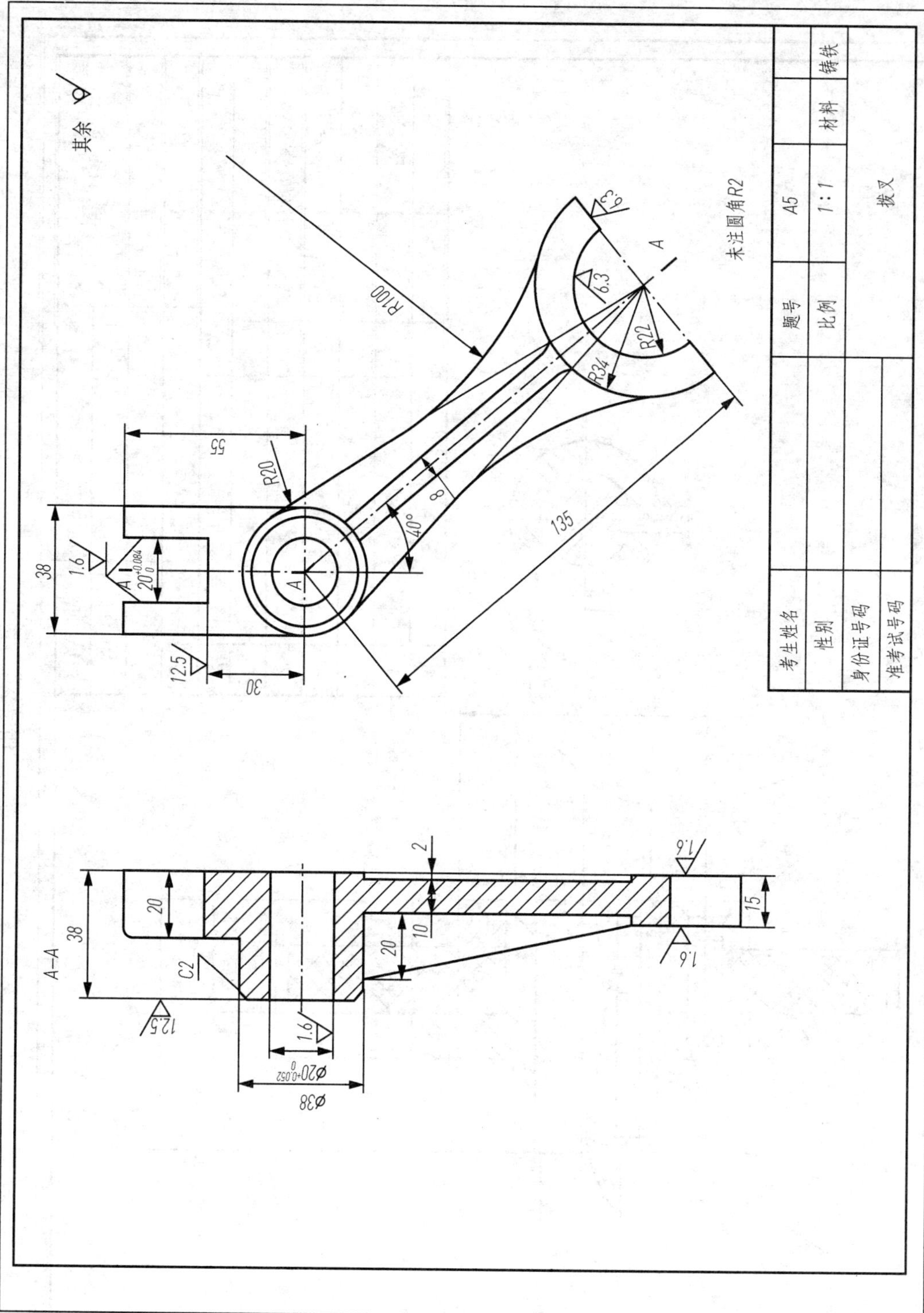
其余
R100
R20
55
38
1.6
A
$20^{+0.084}_{0}$
12.5
30
40°
8
135
R34
R22
6.3
A
未注圆角R2
A—A
38
20
C2
12.5
1.6
$\varnothing 20^{+0.052}_{0}$
$\varnothing 38$
2
10
20
1.6
15
1.6
考生姓名
性别
身份证号码
准考试号码
题号
A5
比例
1 : 1
拨叉
材料
铸铁

附图 2.5

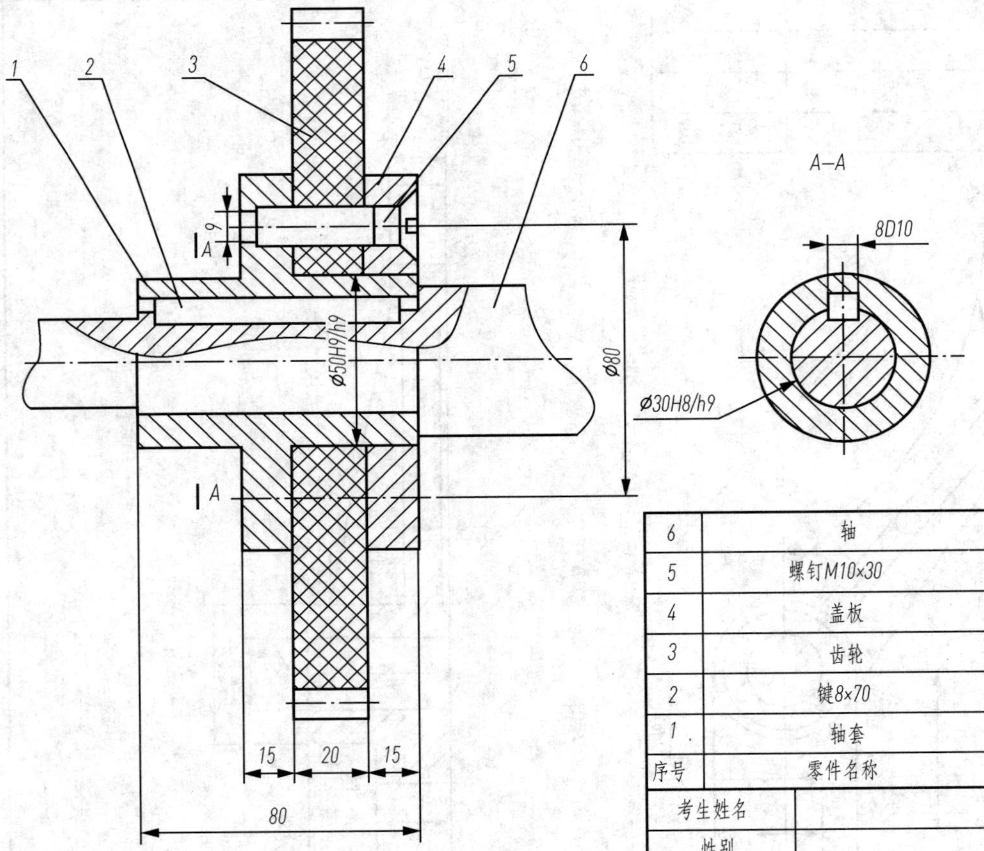

A—A

8D10

Ø30H8/h9

Ø50H9/h9

Ø80

6

15 20 15

80

1 2 3 4 5 6

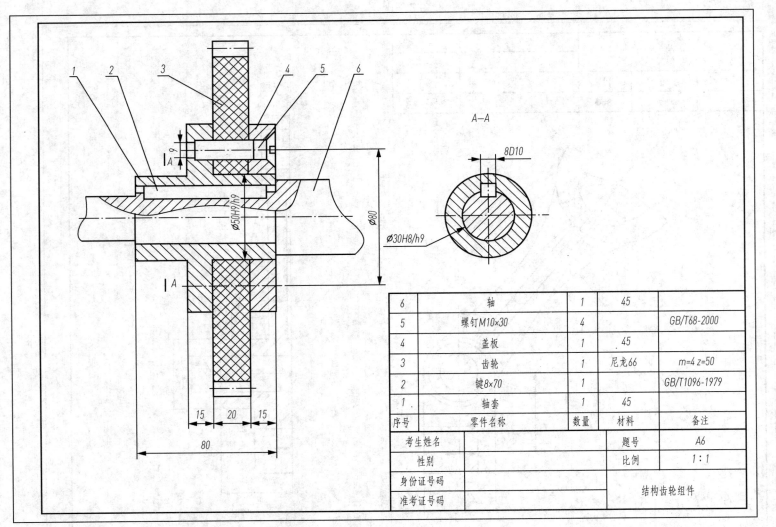

6	轴	1	45	
5	螺钉M10×30	4		GB/T68-2000
4	盖板	1	45	
3	齿轮	1	尼龙66	m=4 z=50
2	键8×70	1		GB/T1096-1979
1	轴套	1	45	
序号	零件名称	数量	材料	备注

考生姓名		题号	A6
性别		比例	1∶1
身份证号码		结构齿轮组件	
准考证号码			

附图 2.6

附录3

计算机辅助设计高级技能模拟训练样题(机械类)

第一卷

(上机操作时间：180 分钟)

操作说明：

1. 技能鉴定分两卷进行，本试卷为第一卷，共两题，考试时间为 180 分钟。
2. 考生须在指定的硬盘驱动器下建立一个考生文件夹，文件夹名为考生考号后八位数字。
3. 考生在指定的目录下，查找“高级绘图员(机械第一卷 A)”文件，并双击文件，将文件解压到考生文件夹中。
4. 所有图纸的标题栏各栏目均要填写，未填写完整的题不评分。
5. 交卷时需监考确认收卷后才能离开，操作过程中不得擅自关机。

一、根据两个视图，画出俯视图，将主视图改画为全剖视图(40 分)

要求：

1. 请打开 CADH1-1.dwg 文件，如图 CADH1-1 所示，根据已给物体两个视图，画出俯视图，将主视图改画为全剖视图。
2. 作图要准确，符合国家标准的规定，投影关系要正确。
3. 完成后，仍以 CADH1-1.dwg 为文件名存入考生文件夹中。

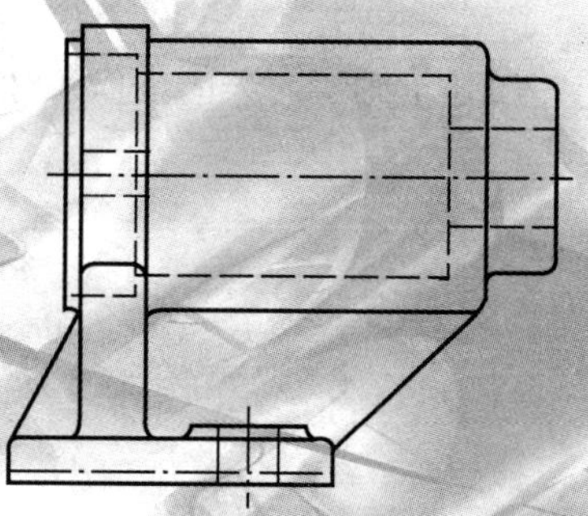

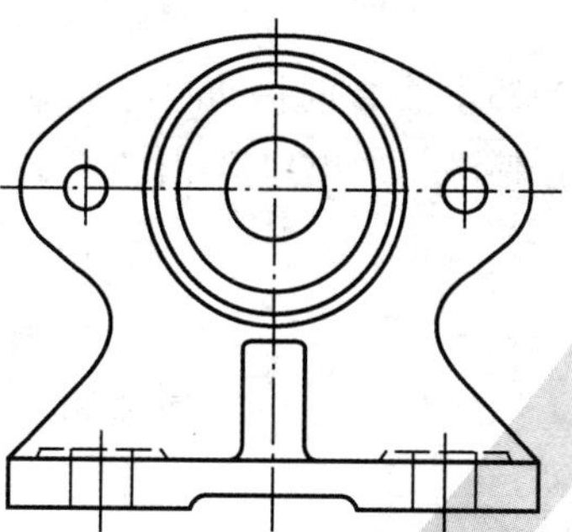

附图 3.1　CADH1-1

二、由装配图拆画零件图(60 分)

题号 CADH1-2 所示为柱塞泵的装配图。

要求：

1. 请打开 CADH1-2.dwg 文件，根据所给的装配图(附图 3.7)，拆画出阀体 10、下阀瓣 11 的零件图，装配图上没有提供的资料应自行设定。

2. 设置一个 A3 图幅的布局，以阀体命名这个布局。将阀体零件图以 1∶1 比例放置其中。不标注零件尺寸、公差代号、表面粗糙度代号。

3. 设置一个 A4 图幅的布局，以下阀瓣命名这个布局。将下阀瓣零件图以 1∶1 比例放置其中；并标注零件尺寸、公差代号、表面粗糙度代号。零件尺寸从装配图中测量，公差代号和表面粗糙度代号的数值自定。

4. 各零件图按需要可作合适的剖视图、断面图等。

5. 完成后，仍以 CADH1-2.dwg 为文件名，保存到考生文件夹中。

工作原理

柱塞泵是输送液体的增压设备。由传动机构带动柱塞按 A 向移动时，泵体内空间增大，压力降低，进口处液体冲开下阀瓣，进入泵体。此时上阀瓣是关闭的(图 CADH1-2-1)。

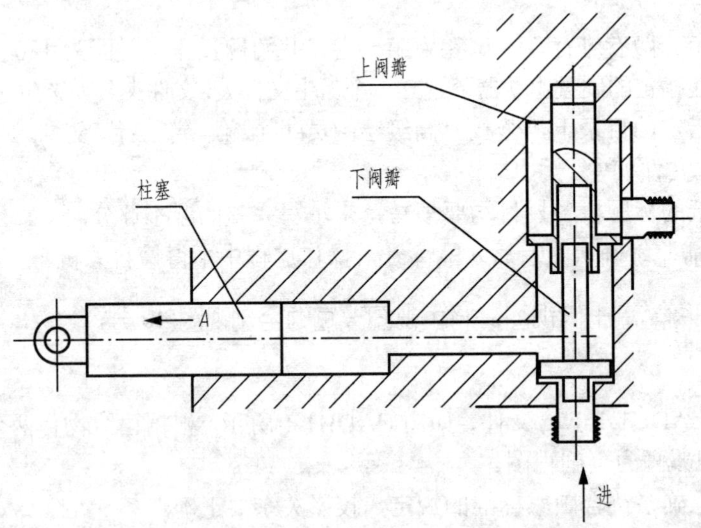

附图 3.2　CADH1-2-1

当柱塞按 B 向移动时，泵体内空间减小，液体受压，压住下阀瓣，关闭进口，冲开上阀瓣，使液体由出口流出(图 CADH1-2-2)。

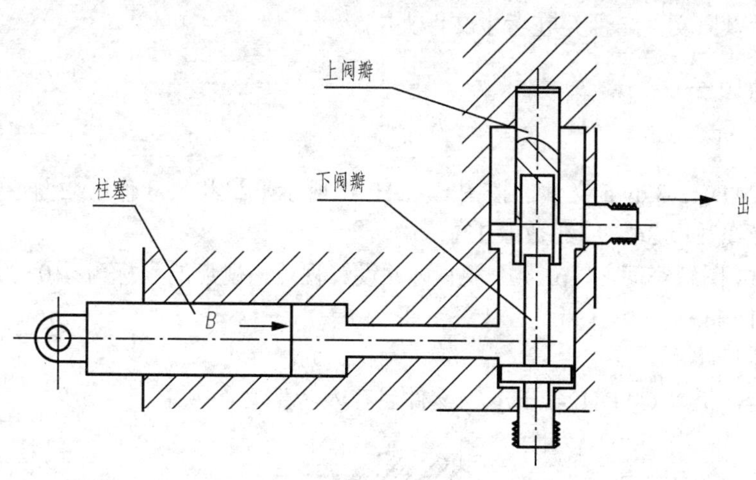

附图 3.3　CADH1-2-2

柱塞不断往复运动使液体可连续地被吸入和输出。

第二卷

(上机操作时间：180 分钟)

考试说明：

1. 技能鉴定分两卷进行，本试卷为第二卷，共五题，考试时间为 180 分钟。
2. 考生须在指定的硬盘驱动器下建立一个考生文件夹，文件夹名为考生考号后八位数字。
3. 考生在指定的目录下，查找“高级绘图员(机械第二卷 A)”文件，并双击文件，将文件解压到考生文件夹中。
4. 所有图纸的标题栏各栏目均要填写，未填写完整的题不评分。
5. 交卷时需监考确认收卷后才能离开，操作过程中不得擅自关机。

一、实体建模及编辑工程图(60 分)

要求：

1. 打开 CADH2-1.dwg 文件，在模型空间创建题号 CADH2-1 所示阀体零件附图 3.8 的实体模型。
2. 设置 A3 图幅的布局，对所创建的实体按零件图的要求生成零件的主、左视图，并作 A-A 剖视、左视图作题目所示的局部剖视。
3. 标注 A-A 剖视图上的尺寸。
4. 完成操作后，仍以 CADH2-1.dwg 为文件名存入考生文件夹。

二、装配体(10 分)

要求：

1. 打开 CADH2-2.dwg，文件中已提供了零件 7、8、9、11 的三维实体，零件 10 是上一题中所创造的阀体零件的实体。
2. 根据题号 CADH2-2 所示的装配图，组装装配体的三维实体，包括零件 7 至零件 11，其中零件 10 作全剖视。

3. 完成后以原文件名保存在考生文件夹中。

三、曲面造型(10 分)

要求：

1. 打开 CADH2-3.dwg 文件，按图 CADH2-1 所示形状和尺寸作出曲面造型。

2. 曲面经线数取 36，纬线数取 12。

3. 设置 A4 图纸空间，建立 4 个视口，并设置视点，视点的坐标为：(0,−1,0)，(−1,0,0)，(0,0,1)，(−1,−1,−1)。

4. 不标注尺寸。

5. 完成后，仍以 CADH2-3.dwg 为文件名存入考生文件夹中。

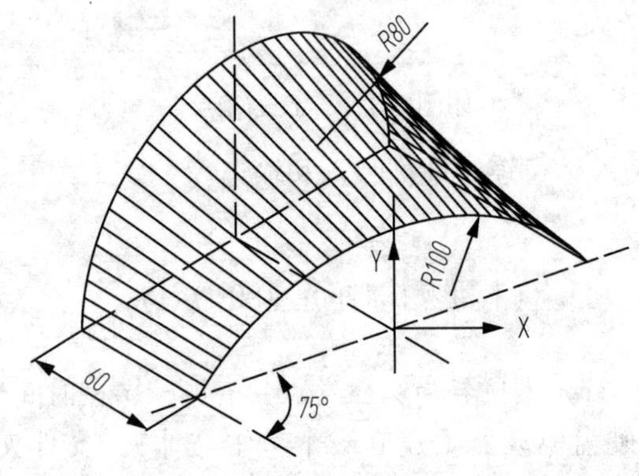

附图 3.4　CADH2-3

四、扫描造型(10 分)

要求：

1. 打开 CADH2-4.dwg，按图 CADH2-4(a)所示，在边长为 100，高度 100 的正方体上画出拆线，并以直径为 10 的小圆进行扫描，结果如(b)所示。

2. 完成操作后，仍以 CADH2-4.dwg 为文件名存入考生文件夹中。

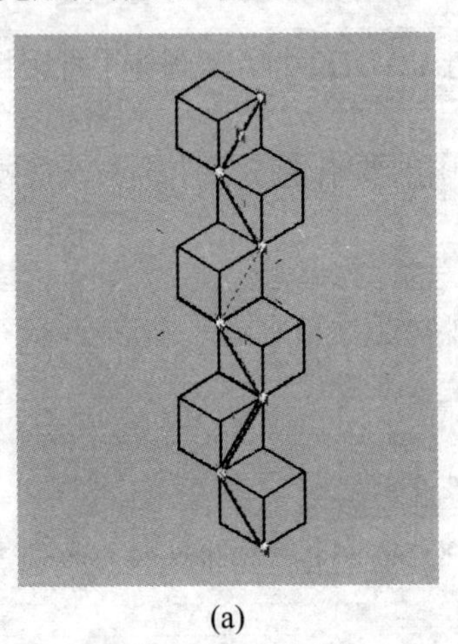

(a)

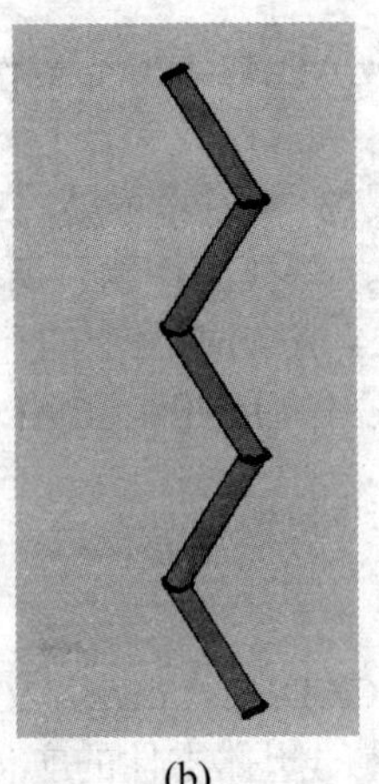

(b)

附图 3.5　CADH2-4

五、放样造型(10 分)

要求：

1. 打开 CADH2-5.dwg，按图 CADH2-5(a)所示(b)图形形状和尺寸作出放样实体。
2. 完成操作后，仍以 CADH2-5.dwg 为文件名存入考生文件夹中。

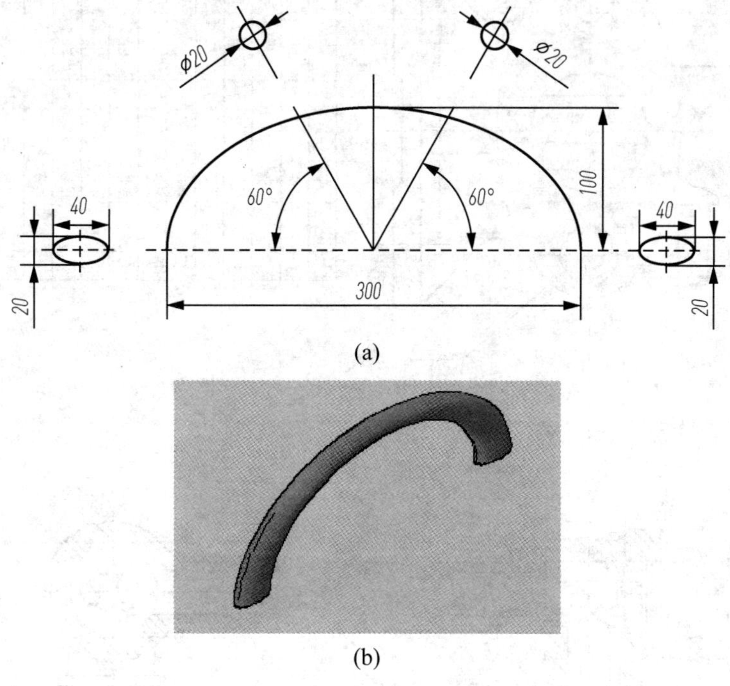

附图 3.6　CADH2-5

附录 3-1-1：柱塞泵装配图(图号：第一卷 CADH1-2)

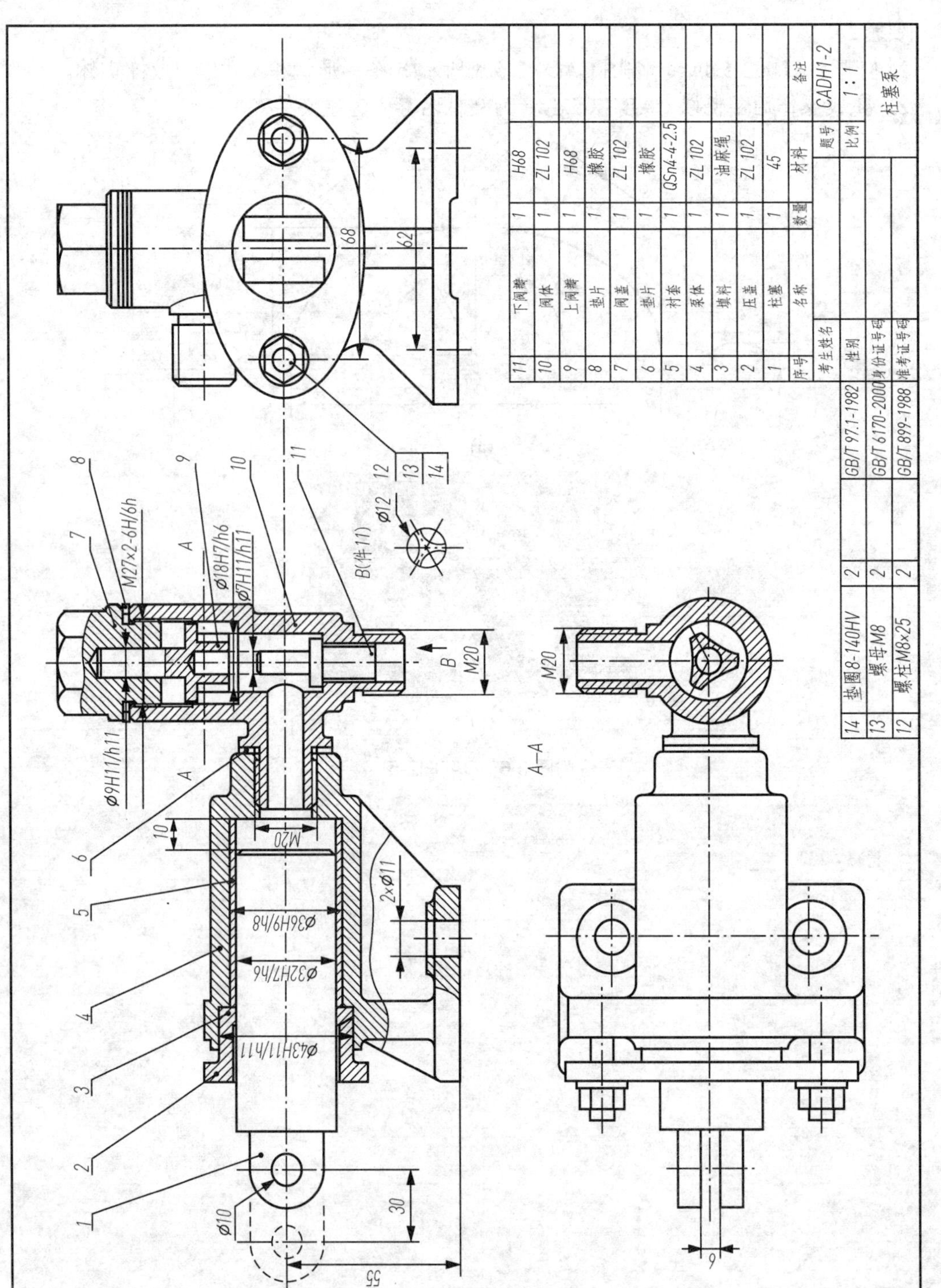

11 下阀瓣 1 H68
10 阀体 1 ZL 102
9 上阀瓣 1 H68
8 垫片 1 橡胶
7 阀盖 1 ZL 102
6 垫片 1 橡胶
5 衬套 1 QSn4-4-2.5
4 泵体 1 ZL 102
3 填料 1 油麻绳
2 压盖 1 ZL 102
1 柱塞 1 45
序号 名称 数量 材料 备注
考生姓名 题号 CADH1-2
性别 比例 1：1
身份证号码 柱塞泵
准考证号码
14 垫圈8-140HV 2 GB/T 97.1-1982
13 螺母M8 2 GB/T 6170-2000
12 螺柱M8×25 2 GB/T 899-1988
M27×2-6H/6h
Ø18H7/h6
Ø7H11/h11
Ø9H11/h11
B(件11)
Ø12
M20
Ø36H9/h8
Ø32H7/h6
Ø43H11/h11
2×Ø11
Ø10
30
55
68
62
10
9
A
A–A
B

附图 3.7

附录 3-2-1：实体建模及编辑工程图(附图，图号：CADH2-1)

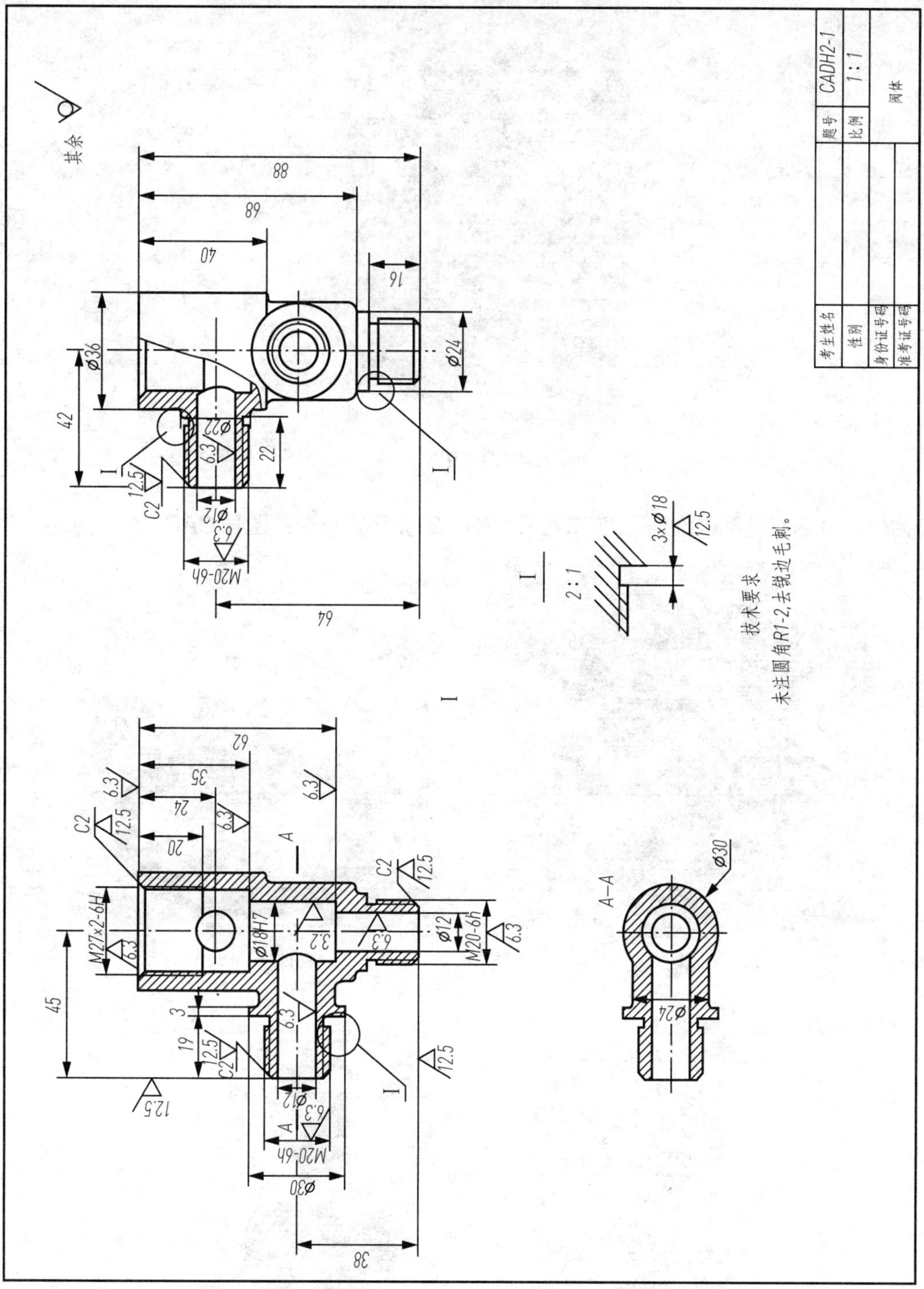

考生姓名		题号	CADH2-1
性别		比例	1:1
身份证号码		阀体	
准考证号码			

技术要求

未注圆角R1-2,去锐边毛刺。

附图 3.8

(件 10：阀体)实体建模参考图样：

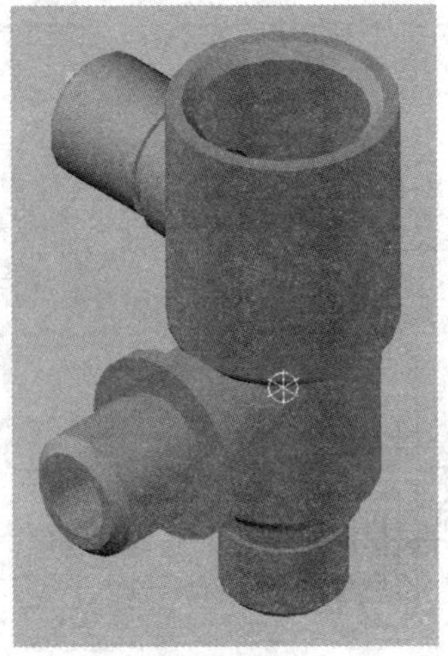

附图 3.9

附录：柱塞泵装配图(图号：第二卷 CADH2-2)参照第一卷：图号 CAD2-1.

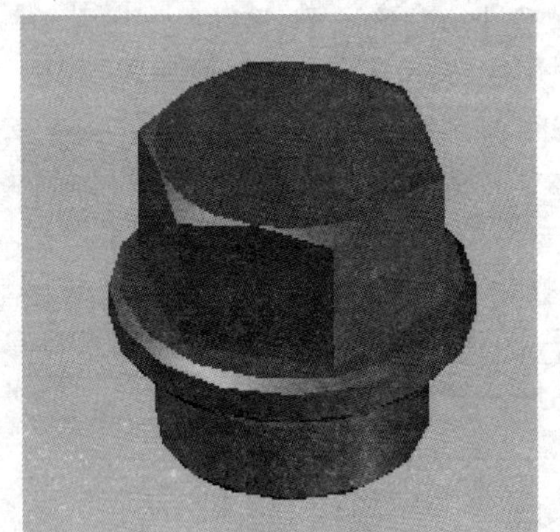

件 7：阀盖

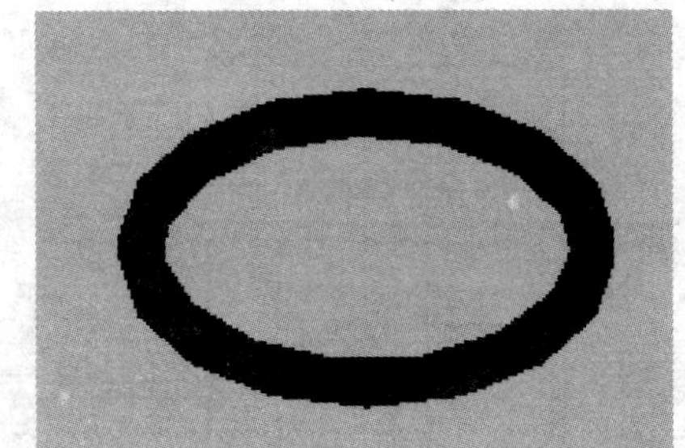

件 8：垫片

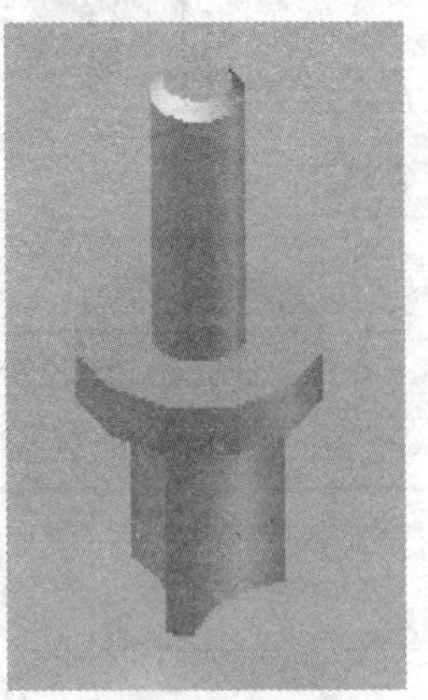

件 9：上阀瓣

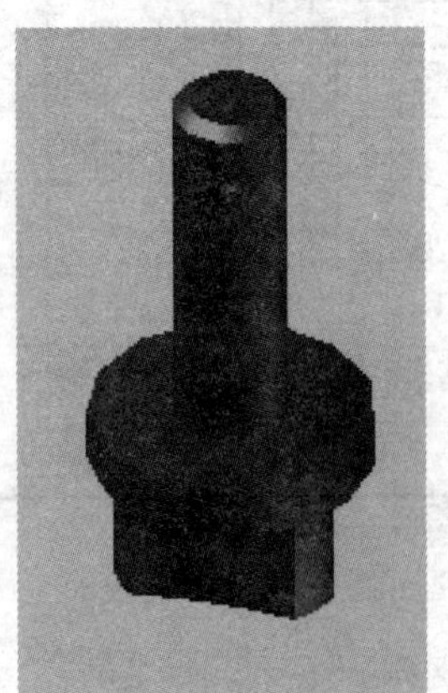

件 11：下阀瓣

阀体组体装配图样

参 考 文 献

[1] 曾令宜. AutoCAD 2006 工程绘图教程[M]. 北京：高等教育出版社，2006.

[2] 计算机辅助设计高级绘图员(AutoCAD)认证复习指导书[M]. 广东省职业技能鉴定指导中心，2002.

[3] 刘林. 广东省中级计算机辅助绘图员职业技能鉴定考试指南(机械类)[M]. 北京：中国劳动社会保障出版社，2005.

[4] 刘林，张瑞秋，张承忠. AutoCAD 2004 高级应用教程[M]. 广州：华南理工大学出版社，2006.

[5] 张英. AutoCAD 2006 基础教程与上机指导[M]. 北京：北京理工大学出版社，2007.

北京大学出版社高职高专机电系列规划教材

序号	书号	书名	编著者	定价	出版日期
1	978-7-301-12181-8	自动控制原理与应用	梁南丁	23.00	2012.1 第 3 次印刷
2	978-7-5038-4869-8	设备状态监测与故障诊断技术	林英志	22.00	2013.2 第 4 次印刷
3	978-7-301-13262-3	实用数控编程与操作	钱东东	32.00	2013.8 第 4 次印刷
4	978-7-301-13383-5	机械专业英语图解教程	朱派龙	22.00	2013.1 第 5 次印刷
5	978-7-301-13582-2	液压与气压传动技术	袁 广	24.00	2013.8 第 5 次印刷
6	978-7-301-13662-1	机械制造技术	宁广庆	42.00	2010.11 第 2 次印刷
7	978-7-301-13574-7	机械制造基础	徐从清	32.00	2012.7 第 3 次印刷
8	978-7-301-13653-9	工程力学	武昭晖	25.00	2011.2 第 3 次印刷
9	978-7-301-13652-2	金工实训	柴增田	22.00	2013.1 第 4 次印刷
10	978-7-301-14470-1	数控编程与操作	刘瑞已	29.00	2011.2 第 2 次印刷
11	978-7-301-13651-5	金属工艺学	柴增田	27.00	2011.6 第 2 次印刷
12	978-7-301-12389-8	电机与拖动	梁南丁	32.00	2011.12 第 2 次印刷
13	978-7-301-13659-1	CAD/CAM 实体造型教程与实训 (Pro/ENGINEER 版)	诸小丽	38.00	2012.1 第 3 次印刷
14	978-7-301-13656-0	机械设计基础	时忠明	25.00	2012.7 第 3 次印刷
15	978-7-301-17122-6	AutoCAD 机械绘图项目教程	张海鹏	36.00	2011.10 第 2 次印刷
16	978-7-301-17148-6	普通机床零件加工	杨雪青	26.00	2013.8 第 2 次印刷
17	978-7-301-17398-5	数控加工技术项目教程	李东君	48.00	2010.8
18	978-7-301-17573-6	AutoCAD 机械绘图基础教程	王长忠	32.00	2013.8 第 2 次印刷
19	978-7-301-17557-6	CAD/CAM 数控编程项目教程(UG 版)	慕 灿	45.00	2012.4 第 2 次印刷
20	978-7-301-17609-2	液压传动	龚肖新	22.00	2010.8
21	978-7-301-17679-5	机械零件数控加工	李 文	38.00	2010.8
22	978-7-301-17608-5	机械加工工艺编制	于爱武	45.00	2012.2 第 2 次印刷
23	978-7-301-17707-5	零件加工信息分析	谢 蕾	46.00	2010.8
24	978-7-301-18357-1	机械制图	徐连孝	27.00	2012.9 第 2 次印刷
25	978-7-301-18143-0	机械制图习题集	徐连孝	20.00	2011.1
26	978-7-301-18470-7	传感器检测技术及应用	王晓敏	35.00	2012.7 第 2 次印刷
27	978-7-301-18471-4	冲压工艺与模具设计	张 芳	39.00	2011.3
28	978-7-301-18852-1	机电专业英语	戴正阳	28.00	2013.8 第 2 次印刷
29	978-7-301-19272-6	电气控制与 PLC 程序设计(松下系列)	姜秀玲	36.00	2011.8
30	978-7-301-19297-9	机械制造工艺及夹具设计	徐 勇	28.00	2011.8
31	978-7-301-19319-8	电力系统自动装置	王 伟	24.00	2011.8
32	978-7-301-19374-7	公差配合与技术测量	庄佃霞	26.00	2013.8 第 2 次印刷
33	978-7-301-19436-2	公差与测量技术	余 键	25.00	2011.9
34	978-7-301-19010-4	AutoCAD 机械绘图基础教程与实训(第 2 版)	欧阳全会	36.00	2013.1 第 2 次印刷
35	978-7-301-19638-0	电气控制与 PLC 应用技术	郭 燕	24.00	2012.1
36	978-7-301-19933-6	冷冲压工艺与模具设计	刘洪贤	32.00	2012.1
37	978-7-301-20002-5	数控机床故障诊断与维修	陈学军	38.00	2012.1
38	978-7-301-20312-5	数控编程与加工项目教程	周晓宏	42.00	2012.3
39	978-7-301-20414-6	Pro/ENGINEER Wildfire 产品设计项目教程	罗 武	31.00	2012.5
40	978-7-301-15692-6	机械制图	吴百中	26.00	2012.7 第 2 次印刷
41	978-7-301-20945-5	数控铣削技术	陈晓罗	42.00	2012.7
42	978-7-301-21053-6	数控车削技术	王军红	28.00	2012.8
43	978-7-301-21119-9	数控机床及其维护	黄应勇	38.00	2012.8
44	978-7-301-20752-9	液压传动与气动技术(第 2 版)	曹建东	40.00	2012.8
45	978-7-301-18630-5	电机与电力拖动	孙英伟	33.00	2011.3
46	978-7-301-16448-8	Pro/ENGINEER Wildfire 设计实训教程	吴志清	38.00	2012.8
47	978-7-301-21239-4	自动生产线安装与调试实训教程	周 洋	30.00	2012.9
48	978-7-301-21269-1	电机控制与实践	徐 锋	34.00	2012.9
49	978-7-301-16770-0	电机拖动与应用实训教程	任娟平	36.00	2012.11
50	978-7-301-20654-6	自动生产线调试与维护	吴有明	28.00	2013.1
51	978-7-301-21988-1	普通机床的检修与维护	宋亚林	33.00	2013.1
52	978-7-301-21873-0	CAD/CAM 数控编程项目教程(CAXA 版)	刘玉春	42.00	2013.3
53	978-7-301-22315-4	低压电气控制安装与调试实训教程	张 郭	24.00	2013.4
54	978-7-301-19848-3	机械制造综合设计及实训	裘俊彦	37.00	2013.4
55	978-7-301-22632-2	机床电气控制与维修	崔兴艳	28.00	2013.7
56	978-7-301-22672-8	机电设备控制基础	王本轶	32.00	2013.7
57	978-7-301-22678-0	模具专业英语图解教程	李东君	22.00	2013.7
58	978-7-301-22917-0	机床电气控制与 PLC 技术	林盛昌	36.00	2013.8
59	978-7-301-22916-3	机械图样的识读与绘制	刘永强	36.00	2013.8
60	978-7-301-23198-2	生产现场管理	金建华	38.00	2013.9
61	978-7-301-22116-7	机械工程专业英语图解教程(第 2 版)	朱派龙	48.00	2013.9
62	978-7-301-23354-2	AutoCAD 应用项目化实训教程	王利华	42.00	2014.1

北京大学出版社高职高专电子信息系列规划教材

序号	书号	书名	编著者	定价	出版日期
1	978-7-301-12180-1	单片机开发应用技术	李国兴	21.00	2010.9 第 2 次印刷
2	978-7-301-12386-7	高频电子线路	李福勤	20.00	2013.8 第 3 次印刷
3	978-7-301-12384-3	电路分析基础	徐　锋	22.00	2010.3 第 2 次印刷
4	978-7-301-13572-3	模拟电子技术及应用	刁修睦	28.00	2012.8 第 3 次印刷
5	978-7-301-12390-4	电力电子技术	梁南丁	29.00	2010.7 第 2 次印刷
6	978-7-301-12383-6	电气控制与 PLC(西门子系列)	李　伟	26.00	2012.3 第 2 次印刷
7	978-7-301-12387-4	电子线路 CAD	殷庆纵	28.00	2012.7 第 4 次印刷
8	978-7-301-12382-9	电气控制及 PLC 应用(三菱系列)	华满香	24.00	2012.5 第 2 次印刷
9	978-7-301-16898-1	单片机设计应用与仿真	陆旭明	26.00	2012.4 第 2 次印刷
10	978-7-301-16830-1	维修电工技能与实训	陈学平	37.00	2010.7
11	978-7-301-17324-4	电机控制与应用	魏润仙	34.00	2010.8
12	978-7-301-17569-9	电工电子技术项目教程	杨德明	32.00	2012.4 第 2 次印刷
13	978-7-301-17696-2	模拟电子技术	蒋　然	35.00	2010.8
14	978-7-301-17712-9	电子技术应用项目式教程	王志伟	32.00	2012.7 第 2 次印刷
15	978-7-301-17730-3	电力电子技术	崔　红	23.00	2010.9
16	978-7-301-17877-5	电子信息专业英语	高金玉	26.00	2011.11 第 2 次印刷
17	978-7-301-17958-1	单片机开发入门及应用实例	熊华波	30.00	2011.1
18	978-7-301-18188-1	可编程控制器应用技术项目教程(西门子)	崔维群	38.00	2013.6 第 2 次印刷
19	978-7-301-18322-9	电子 EDA 技术(Multisim)	刘训非	30.00	2012.7 第 2 次印刷
20	978-7-301-18144-7	数字电子技术项目教程	冯泽虎	28.00	2011.1
21	978-7-301-18519-3	电工技术应用	孙建领	26.00	2011.3
22	978-7-301-18770-8	电机应用技术	郭宝宁	33.00	2011.5
23	978-7-301-18520-9	电子线路分析与应用	梁玉国	34.00	2011.7
24	978-7-301-18622-0	PLC 与变频器控制系统设计与调试	姜永华	34.00	2011.6
25	978-7-301-19310-5	PCB 板的设计与制作	夏淑丽	33.00	2011.8
26	978-7-301-19326-6	综合电子设计与实践	钱卫钧	25.00	2013.8 第 2 次印刷
27	978-7-301-19302-0	基于汇编语言的单片机仿真教程与实训	张秀国	32.00	2011.8
28	978-7-301-19153-8	数字电子技术与应用	宋雪臣	33.00	2011.9
29	978-7-301-19525-3	电工电子技术	倪　涛	38.00	2011.9
30	978-7-301-19953-4	电子技术项目教程	徐超明	38.00	2012.1
31	978-7-301-20000-1	单片机应用技术教程	罗国荣	40.00	2012.2
32	978-7-301-20009-4	数字逻辑与微机原理	宋振辉	49.00	2012.1
33	978-7-301-20706-2	高频电子技术	朱小祥	32.00	2012.6
34	978-7-301-21055-0	单片机应用项目化教程	顾亚文	32.00	2012.8
35	978-7-301-17489-0	单片机原理及应用	陈高锋	32.00	2012.9
36	978-7-301-21147-2	Protel 99 SE 印制电路板设计案例教程	王　静	35.00	2012.8
37	978-7-301-19639-7	电路分析基础(第 2 版)	张丽萍	25.00	2012.9
38	978-7-301-22362-8	电子产品组装与调试实训教程	何　杰	28.00	2013.6
39	978-7-301-22546-2	电工技能实训教程	韩亚军	22.00	2013.6
40	978-7-301-22390-1	单片机开发与实践教程	宋玲玲	24.00	2013.6
41	978-7-301-14453-4	EDA 技术与 VHDL	宋振辉	28.00	2013.8 第 2 次印刷
42	978-7-301-22923-1	电工技术项目教程	徐超明	36.00	2013.8
43	978-7-301-22959-0	电子焊接技术实训教程	梅琼珍	24.00	2013.8